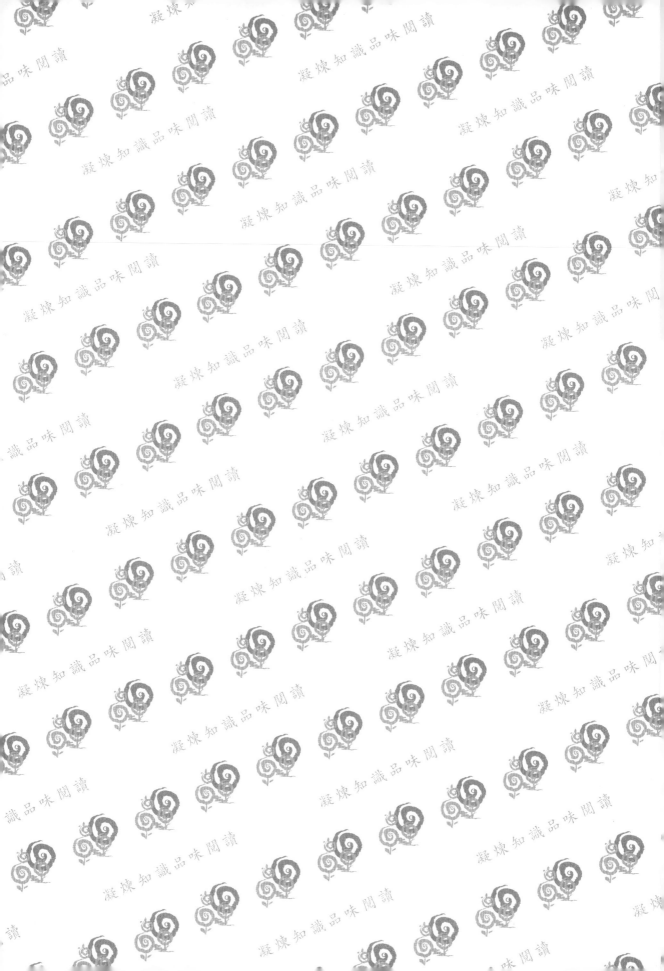

學海節觀 要言不凡

Production management

生產管理

張保隆、伍忠賢 合著

王派榮 校閱

五南圖書出版公司 印行

自　序

先喜歡閱讀（learn to read）

再透過閱讀來學習（read to learn）

——洪蘭教授　中央大學認知神經科學研究所所長

一、顧客的聲音，是我們寫書的指引

我們經常遇到工業工程管理系甚至企管系生產管理組的學生，總會詢問其「最討厭的課程及原因」，八成指向「生產管理」課程，原因大都是「不實用、太多數學公式、太沉悶」，這些原因大都是指教科書。

二、iPhone 讓手機變成大人的遊戲機

蘋果公司董事長史蒂夫・賈伯斯在 2007 年 7 月推出 iPhone 智慧型手機，再加上好玩的付費下載程式，可說是智慧型手機的殺手級應用，賈伯斯推出 iMac（1998 年）、iPod（2001 年）、iTunes（2003 年）、iPhone（2007 年）和 iPad（2010 年），可說是難得的「神」才！

三、學生需求 + 賈伯斯創意 = 本書

本書定位在像 iPhone 這樣的「教科書殺手級應用」，透過下列作法，想讓你愛不釋手。

1.實用

本書以日本豐田汽車公司的「豐田式管理」為經，以台灣電子代工的大宗筆記型電腦代工為緯。用個案分析方式，來說明理論，讓你如同看電視上的烹飪節目，看完就上手！

2.好懂

我們把絕大部分（例如排班）公式放在《作業研究》（2012 年預定出版）中，以便讓本書更容易讀。

也把各部門的關鍵績效指標（KPI），依部門別放在書末附錄 1～13，方便你查索。

3.好讀

本書以《商業周刊》、《天下雙週刊》等寫作方式，希望能讓你輕鬆閱讀。

4.好看

本書大量使用照片，要讓教科書看起來像周刊，讓你喜歡閱讀。

四、感謝

本書內容的完成，有幾位的協助，尤須特別感謝。

在全書架構方面：由表 0.1 可見，本書以公司內生產活動相關部門為對象來寫，此源自中山大學企管系講座教授劉維琪博士的點撥。

在企業參訪方面：國瑞汽車公司（日本豐田在台工廠）董事兼副總王派榮（2010 年退休轉任顧問）、威剛科技（3260）副總程一鵬、萬國科技（3054）等。

在資料查詢方面：吳靜瑜。

在照片提供方面：和泰汽車公司（日本豐田汽車在台總經銷）邱奕嘉向日本豐田的請示照片。

在素材來源方面：報刊是本書企業實務的主要來源，在每章章末，以「註釋」方式寫出內文中各企業人士說法的來源。另一方面也可讓你查詢，以求更進一步了解。

在校閱方面：王派榮（豐田式管理顧問公司總經理）。

我們已盡全力，但因能力有限，難免有所漏誤，伏盼您不吝指正。

張保隆、伍忠賢

2011 年 5 月

目　錄

表目錄

圖目錄

導　論

在本文之前，我們以 5W2H 的架構，綱舉目張說明本書。

1.who（目標讀者）

本書主要是給下列二種人士使用。

- 大二到碩一學生；
- 企業人士。

2.where（相關配件）

本書可供一學年（2，2）或一學期（3 學分）課程使用。

配套措施如下。

另編「教師手冊」，提供教授背景知識、實用個案或更深入內容。

另編《生產管理個案分析》（五南出版），各章跟本書各章一一對稱，即一個個案聚焦討論一個主題，例如第十二章友達的清潔生產。

3.how（如何使用本書）

建議你依下列方式運用本書。

- 手到：每章習題大都是請你依各章的表，找一家公司去填空，用理論去了解公司的實務，如此你便會體會本書跟實務「無縫接軌」。
- 眼到：至少要看電視上「探索頻道」的「製造的原理」或「國家地理頻道」的「生產線上」、「製造工廠」，看看各行各業標竿公司如何做生產。
- 腳到：最好找公司去參訪，更好是去實作、實習。

4.what（本書內容）

由表 0.1 可見，「生產管理」可說是生產管理相關系的入門課程，有了此「知識地圖」，針對學生學習、選課，有很大助益。

企業人士可依所服務的部門，針對特定章節去閱讀。

由於 2012 年起，中央政府進行部會「組織再造」，因此本書皆採用新的部會名稱，例如以「環境資源部」取代「環保署」。

表 0.1　本書架構與相關課程關係

章名	公司部門	大三課程	大四課程
1.生產相關部門	董事會		
2.廠址、產能	董事會、稽核部	工程經濟學	
3.設施規劃	工務部	設施規劃	設施
4.設廠等	總經理、工務部		工廠管理
5.訂單	業務部		
6.產品研發	研發部		
7.策略性採購	策略採購部	供應鏈管理	
8.採購管理	採購部、資材部	電子商務	採購管理
9.綠色生產	品保部		
10.流程	製造部	作業研究	
11.標準動作	製程技術部	工業工程	工作研究
12.環安工衛	環保部、工安室	工業安全衛生法規	工業安全
13.製程品管	製造部品管組	品質管理	
14.產品品管	品質保證部	同上	
15.運籌管理	運籌管理部		運籌管理
16.生產控制	總經理室	管理會計	

1

生產管理快易通

> 俄國貨的競爭優勢「低得可恥」，俄國該創造智慧經濟，生產獨特的知識、新商品與新科技，以及對人類有用的商品和科技，而不是以原物料為基礎的原始經濟。俄國要走出仰賴能源和重工業的經濟模式，轉型為發展資訊科技、通訊和太空等產業。
>
> ——麥維德夫（Dmitry Modvedev） 俄國總統
>
> 經濟日報，2009 年 11 月 13 日，A6 版。

一次看全圖

「有做就有得吃」，這句俚語適用於個人，也適用大部分公司，尤其是靠賣零組件、組裝代工賺錢的電子業。在第一章，我們希望讓你快速進入全書、企業的生產管理的狀況。底下各章則是依生產循環所涉及的公司各部門，一一討論。

本書各章幾乎跟公司各部門一一對應，只有少數幾章（像第七、八章）一次涉及二個以上部門。這在本章第三節中會有提綱挈領的說明。

然而，本章一開始，第一節一定要說明「生產的重要性」，如此才知「為何而戰」（why？），本章跟你日後工作大有關係，你必須成為個中翹楚，才能在職場脫穎而出。

第一節　生產的重要性──台灣製造業的命脈

「台灣製造」（**Made in Taiwan, MIT**）貼切道盡台灣在全球經濟分工中所扮演的角色，狹義一點地說，便是「電子代工島」，即電子產品的代工，買方主要是美國公司。

本節把台灣的公司在全球市場的發展分成三階段，重點不在於產業（產品），而在於全球對台灣製造產品的品質評價。

一、第一階段（1945～1970年）：無所不在的MIT──民生工業

第二次世界大戰後，台灣出口主要是農業加工品，由下一段小方塊中可見，1960年代有幾樣還打到全球第一。

- 1945年，勝利織襪廠成立，織襪取代農業，讓彰化縣社頭鄉成為襪子的故鄉。
- 1967年，生產芭比娃娃的美商美泰兒（Mattel）在新北市泰山區成立美寧公司，是東南亞首家代工公司。
- 1969年，寶成（9904）成立，剛開始生產和出口塑膠鞋；1979年開始承製愛迪達等品牌的運動鞋，台灣成為鞋子代工王國。
- 1979年，台灣遊戲飛機、遙控車模型零組件仰賴進口，賴春霖成立雷虎模型（8033）公司，自行研發，現在已躋身全球前三大遙控模型公司。
- 1987年，福太企業等雨傘製造公司使台灣獲得雨傘王國美名，該年最高峰外銷達120億元。

二、第二階段（1971～1980年）：叫我第一名

1960年代，台灣出現加工出口區；1970年代，台灣出口主要靠紡織業，至於產品也是輕工業，像傘、鞋、網球拍等，因為財力有限，大都是做代工。那時流行「客廳即工廠」，家家戶戶都作拼貼，賺點手工錢，補貼家用。

> ・1966 年，洋菇出口量世界第一（直到 1980 年），被譽為「洋菇王國」。
> ・1967 年，農產品加工罐頭外銷金額，占全台灣出口總額的 12.3%，創歷史高峰。1960 年代，鳳梨、洋菇與蘆筍三大農產品，是台灣外銷的「三罐王」。
> ・1970 年代，蘆筍產量世界第一，台灣有「蘆筍王國」美譽。
> ・1981 年，台灣拆船量三百萬噸，拆船業世界第一。
> ・1983 年，台灣的製傘、製鞋、拆船、自行車和網球拍等 21 項產品列為「世界冠軍產業」。

＊台灣製造 = 劣質品

1970 年代，「台灣製造」根深柢固的低價、粗糙形象，像電影「致命的吸引力」女主角葛倫・克羅絲才走出飯店，手中嶄新的黑傘就被大風雨吹翻時，她氣急敗壞地說：「喔，Made in Taiwan。」

三、第三階段（1981 年迄今）：邁向亞洲矽谷

1981 年起，台灣出口邁入第三階段，石化產品（汽油提煉與塑化產品）等重工業產品占出口比重逐年下降，電子產品等資本密集產業逐漸重要。

> ### 從工業島邁向高科技島──新竹科學園區
> ・1980 年，新竹科學工業園區開幕，帶動台灣往高科技產業發展，有「台灣矽谷」美譽。
> ・1986 年，電腦螢幕、電話、個人電腦等 7 項資訊電子產品，產量世界第一。
> ・2007 年，竹科的 IC 製造、晶圓代工、10 吋以上液晶面板產業市占率在世界排名第一；IC 設計、LED 等排名世界第二。
> ・2008 年，小筆電（全球市占率 99%）、筆記型電腦（92.4%）、主機板（92.2%）、無線區域網路（90.6%）、液晶電腦螢幕（76.8%）等 11 項產品產量名列世界第一。
> ・2010 年，新竹科學園區有 430 家企業、僱用 14 萬員工，營收達 1.17 兆元（半導體占 69.8%），三大園區 2.13 兆元。

(一)成吉思汗打天下——台商

1990 年代，台灣的公司大舉「登陸」，利用大陸廉價土地、勞工，台商幾乎占大陸資訊產品出口的九成。

- 1998 年，台商成為大陸第二大外資，累計實際投資金額為 214.2 億美元，是僅次於香港的第二大外資。至 2011 年 2 月，台商累計投資 6,500 億美元，次於港澳、英屬維京群島、日本、美國，排名大陸第五大外資。
- 2005 年，泰國第三大外資，僅次於日本及美國。
- 2006 年，高棉第三大外資，僅次於馬來西亞和大陸。
- 2008 年，越南第一大外資。
- 2008 年，馬來西亞第三大外資，僅次於美日。

(二)台灣製造＝品質保證

1990 年代起，台灣製造業注入了品質與文化，「買台灣」成為一股新熱潮。打開電視，康寶濃湯不過三十秒左右的電視廣告，旁白不忘強調「百分之百台灣生產」。「台灣製造」不再單純只有「製造地」的意義。買「MIT」，包含買「安心」的成分。

「買台灣」的微妙心理，也是品質、價格交叉對照下，突顯出「附加價值」。

一名在美國著名運動品牌公司工作的布料採購品管主管，每季都要從亞洲三十多個紡織公司中，找出適合下單的對象。她表示，台灣的紡織公司製造的功能布料，設計力強、交貨穩定。因此儘管不景氣，韓國布商砍價搶單，但因品質良率高，縱使價格比南韓、東南亞、大陸製造的布料都高，卻因比日本布料便宜，占有技術絕對優勢。「台灣製造代表研發、生產上很廣大的技術資料庫，很多奇奇怪怪的技術都有公司願意嘗試，解決布料開發上的疑難雜症，」這家美國大品牌公司把台灣作為亞洲布料開發中心。該品牌公司指定所有亞洲布料的開發、檢核，都要在台灣，而亞洲區指定用布，就占該品牌近八成的量。[1]

四、前有強將：美國製造業

美國製造工業占國內生產毛額約 13%，有人擔心產業空洞化。但是，根據美國製造業聯盟（MAPI）分析，美國是全球製造業產值第二高的國家。2007 年美國製造產值 1.6 兆美元（占全球 20%），比起 1987 年的 8,000 億美元也足足成長了一倍。

究竟美國還有那些製造業呢？最主要的有：航太、醫藥、汽車、農工機械、石化材料、能源渦輪、高級電腦、IC 晶片、國防軍品、食品飲料，以及衛生保健等 11 類，分別由如波音、輝瑞、福特、John Deere、艾克森美孚、通用電器（GE，俗譯奇異）、IBM、英特爾、洛克希德、卡夫（Kraff）、寶鹼（P&G）等許多全球知名公司領銜生產，雖然有些元件或模組由國外供應，但重要的關鍵製造，仍以美國的公司為主。

除了大型公司之外，美國也許多中小型製造業，例如位在賓州的 Berner 公司從過去生產廚房家具，變成專為各便利商店及百貨公司設計製造大門出入口氣簾（air curtains）的供應商。由於掌握各型風機、元件及控制系統技術，能結合研發及服務，替客戶提供多樣化的最適產品，因此不易被低價製造取代。

從這些例子可以看出，美國製造業有幾項重要的特色。

1.製造他國無法製造的產品，尤其是大型、複雜、精密、高度系統整合的產品。

2.自由市場競爭，不斷提升效率和創新，並充分借重代工。

3.製造高附加價值、科技及知識密集、差異性高的產品。

4.結合全球品牌及行銷能力的製造。

美國製造業跟大型客戶及市場整合度高，關係密切，除了技術和成本有競爭優勢之外，還涉及高度互信、保密、可靠、安全等複雜而難以取代的商業因素，絕不是一般傳統單純而低價的製造，也不只是靠工資、水電、土地等基本生產要素就能支持。

前工研院院長、玉山科技協會會長李鍾熙認為，這四項都是台灣製造業不容易做到的，台灣以零組件製造為主，欠缺研發及系統整合能力；擅長規格化、低成本的大量生產，而不重視高價值的差異化設計。台灣製造業創新不

足、專利受制於人;多為單純接單代工,較少結合研發和設計服務,更缺乏國際品牌和行銷通路,這些都是台灣製造業更上層樓的重要課題。[2]

五、後有追兵:大陸成為世界工廠

1990 年代起,大陸成為世界工廠;21 世紀,大陸本土公司(俗稱中資公司)在全球市場攻城略地,根據美國經濟預測機構 IHS/Global Insight 研究,2010 年大陸的工業產值超過美國,大陸占全球 19.8%,小贏美國的 19.4%。

簡單地說,任何逛過美國零售商店的人可能都會認為大陸已經是世界最大的製造國,大部分東西的產地都寫著「Made in China」。[3]

中資公司向外資企業(包含台商)學了本事,紛紛從台商公司搶走品牌公司的訂單,最戲劇化的例子是比亞迪集團旗下的比亞迪電子,2007 年起搶了鴻海集團旗下富士康國際控股公司(F.I.H.)的許多訂單。

六、台灣製造業的出路

麥肯錫台灣分公司總經理黃偉權對台灣的公司的建議如下。

如果台灣要想在未來的全球高科技市場中擁有一席之地,它必須有自己的策略。這代表台灣要成就「亞太區矽谷」的這個遠景,有許多策略與動作,是刻不容緩的。

麥肯錫公司建議從下列三方面切入,可帶來約 1,000 億美元的附加價值。其中第二項跟本書有關,因此簡單說明。

1.在全球研發上扮演要角。

2.成為精密製造(precision manufacture)中心:「精密製造」包括醫療設備、光學儀品、精密壓鑄、半導體測試設備,甚至手錶製造等需要精密製造的產品元件。(本書註:1.、2. 項是德國製造業的強項)

3.軟體(註:包括內容)的開發。[4]

三者合稱「製造業服務化」。

第二節　生產活動的組織管理——
兼論生產管理活動的組織設計

　　很多職業的內容，因為跟我們的生活息息相關，因此三歲小孩也懂，例如統一超商店員、公車司機、小學老師。那麼，誰在公司裡處理生產管理相關事務呢？在第一章中越早回答這個問題越好，務實地說，知道學了「生產管理」課程，畢業後到公司能做什麼工作，這對學生的職涯規劃大有幫助，本節回答這個「為何而戰」的問題。

一、什麼是「生產管理」？

　　大學教育最常碰到的問題是「夏蟲不可語冰」，學生由於家庭、經驗因素，沒去過工廠實際看過一輛腳踏車、一支手機的生產過程。甚至也沒看過探索頻道「製造的原理」或國家地理頻道上常播出的「生產線上」等節目。

　　然而，生活中充滿著生產管理的例子，你去買塊炸雞排、買杯珍珠奶茶，都會看到店員在生產，只是你沒看到在生產之前的（產品）研發、（原料）採購甚至生產準備。同樣地，在家中，媽媽作菜便是最常見的生產管理。

　　麻雀雖小，五臟俱全，大公司的生產管理只是比攤商炸雞排複雜一些（牽涉部門、人員變多，生產流程較長）罷了！

二、以公司為例來說明生產管理

　　以公司的功能部門來舉例，便可知道生產管理在做什麼。如同你在義大利麵店打工，你做廚房助理，便可知道跟主廚、外場同仁的關係。

　　美國策略管理大師、哈佛大學商學院教授麥可・波特把公司的企業活動分成核心、支援活動二大類，這即是企業常見的功能部門。也是大學企管系所稱的六管（或七管，再加上國際企業管理）可分別設系所，以供應企業各部門所需人才。

　　財管系畢業生進財務部，資管系進資訊室，一個蘿蔔一個坑；那麼公司的生產管理呢？這個答案可能會寬廣很多，因為「生產管理」所涉及的主題不只是狹義的做出產品（俗稱作業管理），源頭有「採購」，那是採購部的事，供貨公司出貨後，零組件驗收後放在倉庫，那是資材部管的。

三、生產循環與職有專司

攤販只要一個人就能處理生產管理中所有的事,但在公司內,基於專長分工、內部控制(以防止弊端或錯誤),因此生產管理事務拆解成許多活動,各由一、二級部門負責。由頭到尾便可循序漸進地了解生產管理。

(一)生產循環

公司接訂單、生產到出貨,這稱為**生產循環**(**production cycle**),詳見表 1.1,也是公司主要獲利過程,並且附帶引發其他七個循環,合稱八大循環。之所以稱為「循環」,是因為日復一日重複這個「接單─生產─出貨─收款」的過程。

(二)組織設計

生產管理涵蓋的範圍涉及跟產品生產有關的各部門,由表 1.1 可見。

1.狹義

狹義的生管包括採購部、資材部(倉儲)、製程技術部、製造部、環保部、安全衛生部、品質保證部等七個部。製造部(俗稱工廠)只是其中最大一個部,但不是全部,本書第六章到第十三章依序討論。

2.廣義

廣義的生管涵蓋更多部門,例如全球運籌部、資源回收部、售後服務部,本書第十五章將討論。

表 1.1　生產循環與國瑞汽車公司組織架構

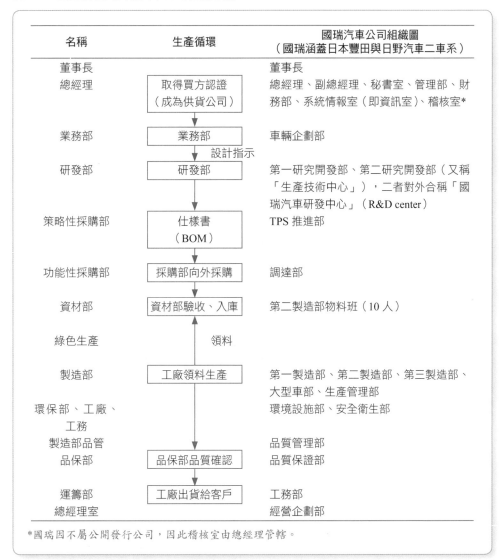

名稱	生產循環	國瑞汽車公司組織圖 （國瑞涵蓋日本豐田與日野汽車二車系）
董事長		董事長
總經理	取得買方認證 （成為供貨公司）	總經理、副總經理、秘書室、管理部、財務部、系統情報室（即資訊室）、稽核室*
業務部	業務部	車輛企劃部
	設計指示	
研發部	研發部	第一研究開發部、第二研究開發部（又稱「生產技術中心」），二者對外合稱「國瑞汽車研發中心」（R&D center）
策略性採購部	仕樣書 （BOM）	TPS 推進部
功能性採購部	採購部向外採購	調達部
資材部	資材部驗收、入庫	第二製造部物料班（10 人）
綠色生產	領料	
製造部	工廠領料生產	第一製造部、第二製造部、第三製造部、大型車部、生產管理部
環保部、工廠、工務		環境設施部、安全衛生部
製造部品管 品保部	品保部品質確認	品質管理部 品質保證部
運籌部 總經理室	工廠出貨給客戶	工務部 經營企劃部

*國瑞因不屬公開發行公司，因此稽核室由總經理管轄。

(三)生產循環跟各功能部門對應

　　生產管理跟業務接單、研發部研發息息相關，由頭到尾來看生產管理跟各功能部門的關係就更清楚了。

　　1.業務部接單

　　業務部向客戶銷售，取得訂單，這是生產管理活動的源頭，公司每個部門都是直接、間接為了滿足客戶而存在。業務代表必須知道生產管理的事包括：

公司能做什麼產品、還有多少生產能量？

2.研發部設計產品

業務部接單後，如果是客戶自訂規格，就交由研發部設計產品，做出仕樣書，比較像拼裝模型說明書。

3.製程技術部設計機器及製程

4.採購部買料

採購部負責去向供貨公司購買零組件，比較像餐廳的採購，既要依仕樣書上的零組件規格（時），又得兼顧「價量質時」四個競爭優勢。因此，採購部人員不只是懂得「貨比三家」便夠了，損益表上營業成本中的原料成本常占營收50%，由此可見採購部的重要性。

5.資材部管料

資材部倉管（即倉庫管理），功能在於原料不被偷，更重要的是，當製造部送來**物料單（bill of material, BOM）**來請料時，要適時適地送達工廠。

6.製造部負責生產

製造部負責訂單排程、員工排班，然後發揮像交響樂團中指揮家的本領，生產出各客戶所需產品。

7.品保部確保品質無誤

製造部生產出的產品是否及格，品質保證部（簡稱品保部）說了才算，基於內部控制考量，製造部跟品保部是平行單位，製造部主管至少是協理，在大公司、工廠多時，製造部主管頭銜是副總，此時，品質長頭銜至少是協理。但是副總無法壓協理，產品驗不過關就是不過關。

8.運籌部出貨

生產管理倒數或最後一步驟是出貨，複雜一點是設立全球運籌副總，管理海外運送、**發貨倉庫（hub）**。最簡單的是，物流公司來收貨，客戶簽收後便了事。

9.維修部負責原廠維修

生產管理最後一個步驟是「**售後服務**」（**after service**），不論是新品出貨後、瑕疵品送回後等的修護後出貨，或者顧客使用期間，經過零售商店（例如筆記型電腦透過燦坤 3C）送回原廠維修。日本索尼公司維修單位名稱為顧客滿意部，名字取得好。

10.回收部負責廢棄物回收

許多國家政府對電子、塑膠產品廢棄時訂有回收政策，因此有些公司設立廢棄物回收部負責。

四、眼見為憑

想形容台灣第一名模林志玲多美，用盡千言萬語，還不如一張照片傳神。同樣地，本段以國瑞汽車公司、台灣積體電路製造公司（2330，簡稱台積電）為例，依序說明生產相關部門、人員職稱。

(一)台灣版豐田的組織架構

日本豐田在台合資公司國瑞汽車公司是典型的製造公司，因為在台銷售是由和泰汽車（2207，2010 年營收 743.7 億元）負責，至於出口則由日本豐田負責調度。

國瑞汽車成立於 1984 年 4 月，2011 年員工數 3,200 人，產能約 16 萬輛汽車，汽車以冠美麗、Altis 為主，另外也涵蓋豐田子公司日野（Hino）的中大型卡車（8～45 噸），在組織圖中稱為「大型車部」，工廠在桃園縣觀音鄉，豐田車製造廠位於公司所在的中壢市中壢工業區。

由表 1.1 可見，依本書架構把國瑞組織圖重新分類，每家公司的組織圖便像由同一個模子印出來，這很簡單，即依波特的價值鏈上的核心活動來排列。

國瑞組織圖有三個特色。

1.沒有採購部、資材部

國瑞資本額 34.6 億元，資本額在上市公司中屬中型，但因在日本有母公司（持股國瑞 70%）日本豐田的協助，因此有些部門無需設立。

(1)沒有採購部、資材部

國瑞的採購單位功能有限，因此沒有大到必須成立採購部。原因有二，很多金屬零件來自日本豐田，此外，每日例行採購由電腦依生產計畫自動產生物料單，供貨公司接到電腦通知後，會依協定，一日分數次（例如三次）送貨至工廠，立刻由插舉車卸貨，由像小火車的物流車運到生產線上各工作站，所以不需要額外設立管倉庫的資材部。這跟喜歡吃新鮮食材的越南人比較像，家庭主婦早午都會去市場採買午、晚餐食材，因此不太需要購置冰箱。

採購人員主要負責新車中的新零組件，這情況不常見，因此不需大張旗鼓設置大單位。

2.豐田生產系統推進部

豐田對供貨公司採取嚴密的協助，希望其品質符合豐田所需水準，基於「品質是製造出來的」。因此，豐田設立**豐田生產系統（Toyota production system, TPS）**推進部，派出客座工程師（guest engineers）去駐廠，扮演製造顧問的角色。他們對生產座椅、車燈（主要來自大陸）不在行，可是憑其多年的豐田式生產管理的經驗，知道從那些切入點可以提高品質或降低成本。但是想方設法、執行仍是由零組件公司負責。

一般公司，大抵由品保部派員駐廠，偏重對零組件公司製程的監督，但不具備製造顧問的能力。

3.品質管理部

製造部內設立廠內品質管理部，重點不在於產品品質檢驗，那是品質保證部（簡稱品保）的事。品質管理部比較偏重員工層級的 **5S（整理、整頓、清潔、清潔和教養）**、小團體層級的品管圈，甚至每天製造部的抓漏（尤其是良率低時）。

(二)看台積電新廠的人力需求

由公司進軍新行業設立新廠的徵人啟事，也很具體可看出其生產管理的組織設計。本處以全球晶圓代工市占率五成的台灣積體電路公司（2330）2009年 8 月，決定進軍太陽能電池事業，11 日董事會提撥 16.5 億元的專款專用資金。10 月 20 日，刊登徵人啟事。

五、主管的稱呼

從主管的職稱看得出誰的職位比較高，以生產管理相關部門來說，四個國家的用詞皆不同。

1.美國公司

外國公司對任何部門主管直稱「○○長」（chief of ○○），例如技術長（chief of technology）、財務長（chief of finance）。至於執行長（CEO）並不是個職位，而是區分董事長制或總裁制，董事長兼執行長時，總裁權限限縮

台積電

誠邀太陽能薄膜技術研發／工程／製造人才

職務名稱	資格條件	
太陽能薄膜設備工程師　Thin-film Solar PV Equipment Engineer 熟悉機電整合自動化，具機台改良能力者及具面板產業經驗者尤佳	學　歷 系　所	大學及碩士以上畢業 電機／電子／光電／ 電信／電力／物理／ 材料／化學／機械／
太陽能技術研發工程師　Solar R&D engineer 半導體物理／材料專長，具 CIGS、a-Si 研發經驗者尤佳		製造／工程等理工科 系
太陽能薄膜製程工程師　Thin-film Solar PV Process Engineer 具 Solar cell/module 製程改善經驗者	經　歷 工作地點	具太陽能產業經驗者 尤佳 新竹及台中
廠務工程師　Factory Engineer 具建廠及運轉流程經驗者	填妥個人履歷資料註明應徵項目 台積電網站	
IE 工程師　Solar PV Industrial Engineering Engineer 具產能、成本及設備配置規畫經驗者	http://www.tsmc.com.tw 人力資源→加入台積→熱門職缺	
生管工程師　Solar PV Production control Engineer 具生產規劃及調配產能經驗者	選擇新事業	
製造工程師　Solar PV Manufacturing Engineer 具 MES／IT／製造經驗者		
品管工程師　Solar PV Quality Engineer 熟悉 IQC／OQC／ISO 驗證業務者		
系統整合工程師　Solar system integration engineer 具太陽能電力系統之最佳化整合設計，規劃及施工管理經驗者		

成營運長（chief of operation, COO），總裁兼執行長時，董事長變成監督者而不是決策者。

　　跟本書相關的還包括採購長、資材長、運籌長。

　　2.日本公司

　　日本公司對各部主管，乾脆稱「部長」，這對台灣人很不習慣，台灣政府八部才稱部長，例如經濟部長。

　　3.香港、英國公司

　　香港承襲英國一些稱呼，例如董事會主席（台灣公司的董事長）、行政總裁（台灣公司的總經理），各部門主管常冠上「總監」一詞，例如生產

「總監」。「director」一字，在台灣譯為處長，譯為總監似不恰當，首先，「監」指的是監督，其次，既有「總」監，那下面一定有很多「分」監，但事實上卻沒有。

恰巧，有許多公司在香港股市上市，入鄉隨俗，取了很港化的職稱。香港公司來台，行不改名，也把香港職稱在台使用。

4.台灣公司

台灣的公司，對各部門頭頭習慣稱為「○○主管」，例如採購主管、資材主管。至於製造部主管的職銜常見依序如下：製造副總、總廠長（當有二個以上工廠時）等。製程技術部主管常見頭銜如下：技術長、總工程師（不宜譯為首席工程師）。

副總級是一級主管、協理（處長）級是二級主管，經理級是三級主管，課長是四級、組長是五級。

六、高階管理階層的職責

生產是公司的命脈，高階管理階層的天職便是守住此命脈，各階層把守的事項與頻率詳見表 1.2，底下簡單說明董事會、總經理，至於各功能部門主管的職責則在相關章節中說明。

(一)事項

本書一以貫之的便是表 0.1，以本章來說明，表 1.1、表 1.2、表 1.3 都是依此架構，如此學習起來很有效率，表 1.2 中第 1 欄是董事會、總經理必須管的轄區，只是董事會「大處著眼」（例如決定各部門政策），總經理暨一級主管設法（即方針管理）去完成任務、達成目標。

1.董事會

董事會負責二大決策：生產決策（即自製或外包），如果要自製，那麼工廠產能（詳見第二章第一節）與位置（詳見第四章第一節）也是董事會決定的。

針對生產政策的執行，董事會除了聽取總經理率生產相關主管報告外，還可透過稽核部作耳目，詳見第三節。針對採購管理、綠色生產（尤其是企業社會責任報告，詳見第九章）與品質管理的一些重大項目、比率，董事會都應列

入監督項目，以讓公司生產活動處於正軌。

2.總經理

總經理的本職是「爭取訂單、依約出貨」，總經理（含總經理室）管的事比董事會廣、細。由表 1.2 可見，每月初，針對事前的，主要是產銷協調會議，決定本月各產品線的產量，進而在零組件行情趨勢分析下，決定安全存貨水準是否調整。

每到月底，生產相關部門月報表出來，總經理定期會跟部門主管開會，了解負缺口（即不利差異）的原因與對策。

表 1.2　高階主管對生產相關事宜的負責事項與管理頻率

章	章名	層級 頻率	功能部門主管 週（報）	（事業部主 管）	總經理 月（報）	董事會 月（報）
2	產能管理					產能利用率
3	設施規劃				設施整備率	
4	生產策略執行				成本率、良率、客訴	廠址、新廠工程進度
5	業務					
6	研發				研發進度	殺手級產品進度管理
7	供應鏈管理				外包比率	一級供貨公司重大事項
8	採購部				產銷協調會議	存貨占營收比率
9	綠色生產				綠色會計制度建立	企業社會責任報告
10	流程規劃					
11	人員					走動管理
12	環安衛				環安衛月報	
13	品質管理 I					
14	品質管理 II				品管月報	品管報告，尤其是客訴處理
15	運籌管理					
16	績效評估				總經理室負責生產相關部門績效評估	

(二)頻率

公司分層負責，基層主管（從股長到副理）負責日常操作，因此必須「苟日新，日日新」，每天出貨要檢討。

中階主管（經理到協理）看週報管理。

高階主管（副總經理以上）看月報管理。

各級主管針對異常事務會採取異常管理，例如股長會對良率低的生產線機檯、員工盯緊些，不會等一天結束了，再來砍砍殺殺。

同樣地，總經理也會針對良率較低的工廠，要求生產副總，必須每週提報改善進度。

(三)關鍵績效指標

「冤有頭，債有主」是**課責制**（**accountability**）最貼切的描述，既然每個人都有其該負的責任，一開始便須把關鍵績效指標定義清楚，這也就是數字管理的精神。

1.關鍵績效指標

在設定**關鍵績效指標**（**Key Performance Indicator, KPI**）時，在流程的每個控制點（相對應的職位）都設立關鍵績效指標，形成一個 KPI 體系，才能全面達到績效管理的目的。

從總經理開始確定關鍵績效指標，再由此分解出各個層級的關鍵績效指標，最後至作業員為止，形成一個牽涉到公司目標的每一個管制點，而構築成一條由上而下（前到後）的流程線路，環環相扣。

在各職位的工作證書裡的**工作職責**（**job responsibility**），這個工作職責欄位內詳細準確地說明工作的內容、時限、任務、工作特徵等，也就是關於從事此項職位工作的人需要做什麼、如何做、為什麼要做的書面說明。同時，為了衡量該員工執行工作職責的效率與產出效果，在工作職責欄位下面設立關鍵績效指標欄位，把前述的每一流程某一職位的關鍵績效指標項目集合在此欄位內，項目不是固定的，可因政策需要增減。

2.數字管理

公司內除了幕僚等約 5% 的人員外，每一層級的關鍵績效指標都很容易有

量化指標，以董事會、總經理與生產相關部門主管來說，常見的績效指數都是「財務報表分析」課程中的常見比率，只有製造部多個產能利用率、良率，但是這些在報刊上也常見，詳見表 1.3。

表 1.3　跟生產相關的關鍵績效指標

組織層級	公式、說明
一、董事會	1.淨值報酬率（ROE）$= \dfrac{盈餘}{（平均）淨值}$
	2.淨值週轉率 $= \dfrac{（年）營收}{淨值}$
	3.每股盈餘 $= \dfrac{盈餘}{（期末）流通在外股數}$
二、總經理	1.資產報酬率 $= \dfrac{盈餘＋利息（稅前）}{資產}$
	2.資產週轉率 $= \dfrac{（年）資產}{（年）營收}$
	3.純益率 $= \dfrac{營業利益}{（年）營收}$
三、採購、資材與製造等	存貨銷售天數 $= \dfrac{（月平均）存貨}{（月平均）營業成本}$
四、製造部	毛益率 $= \dfrac{（營業）毛益}{營業收入}$
(一)對機器設備	1.稼動率（即產能利用率）
	2.產能的損益兩平點
(二)對員工	員工生產力
	1.人均營收
	2.每月、每天、每小時平均產量
	3.$\dfrac{員工產值}{員工薪水} =$ 產出投入比（以貨幣表示）
(三)對產品	良率
	1.製程良率
	2.修整後良率

七、跟生產活動有關的政府機關

　　跟企業生產活動相關的政府主管機關很多，在表 1.4 中，我們一次列出，讓你容易按圖索驥；由第 2 欄可見，經濟部跟企業的關係最密切，政府職務企業，透過企業才能促進經濟發展。

以第二章設廠來說，經濟及能源部工業局（科學園區歸科技部管）的天職是：做好基礎建設，讓水、電、土地、交通（含通訊），甚至住宅、教育無慮，把鳥巢做好，「鳥」自然會飛回來。

表 1.4　公司生產相關活動的主管機關（2012 年起政府部會名稱）

企業活動 \ 主管機關	中央政府		地方政府	財團法人
	部	署、局、處		
chap 4　設廠				
·國外	經濟及能源部*	投審會	工商發展局	
·國內				
·工業區	同上	工業局		
·科學園區	科技部	各區科管局		
(一)環評	環境資源部	環評會		
(二)水	環境資源部	水利署水資源局		
		轄下台灣自來水廠		
(三)電	經濟部	國營會轄下台電公司		
chap 6　產品研發	經濟部	智慧財產局		
		標準檢驗局		
chap 7　供應鏈管理	經濟部	工業局		中衛發展中心
chap 8　採購				
·國外	經濟部	國貿局、標準檢驗局		外貿協會
·國內				
採購管理				工研院等
chap 9　綠色生產	經濟部	能源局		
chap 10　製程技術	經濟部	工業局		生產力中心
chap 11　人工				
chap 12　環（保）	環境資源部		環保局環檢所	
（勞工）安	勞動部		勞工局安檢所	
（全）				
衛（生）	衛生福利部		衛生局	
chap 13　品管 I				生產力中心
chap 14　品管 II	經濟部	標準局		生產力中心
		商品檢驗局		
chap 15　運籌管理				
·出口	財政部／交通部	關稅總局／港務局		
·內銷				

*經濟及能源部簡稱經濟部。

第三節　董事會的廉政公署：稽核部

　　針對生產循環中各部門的活動，直屬於董事會的稽核部在每年11月提出「稽核計畫」，報董事會核准後，股票上市公司提報證券交易所，這項內部控制制度是公司活動項目中很重要的一項。有許多未上市公司將稽核部門設在總經理室，但其功能完全相同。

一、內部稽核的功能

　　內部稽核的功能，詳見表 1.5，通俗地說，稽核部是董事會派出的監軍，監督總經理及其轄下是否有照章行事（即表中的第 1 項「適切性」），第 2 項「符合性」（complaiance）是指對 ISO 等證照的遵循，詳見次段說明。

表 1.5　內部稽核的三項準則

查核	說明
1.適切性（adequacy）	確認公司所建立的管理系統是否滿足相關標準與公司策略、定位及營運方式需要。
2.符合性（complaiance）	大家耳熟能詳的「怎麼說＝怎麼寫＝怎麼做」，說寫做一致的確認。
3.有效性（effect iveness）	有效性稽核首先要確認公司如何定義績效指標（performance index），然後查核資料蒐集、計算、報告與審查，再評估改善成效。

二、組織設計

　　稽核單位可大可小（小到只有一人），大編制大都出現在金融業，總稽核掛副總經理銜，製造業中有稱為稽核中心，主管為協理級；至於「稽核室」則可能主管掛經理銜，甚至還有一人，校長兼撞鐘，即稽核主管兼稽核。

　　不管編制大小、頭銜高低，稽核主管應列席董事會，報告稽核計畫與結果，可見稽核單位的重要。稽核部對生產相關活動的考核範圍比總經理轄下的品保部大太多了。

三、稽核計畫

　　稽核思維已從 ISO 9001:1994 的「條文導向」（clause-based）演變到新

版 ISO 9001:2000 的「流程導向」（process-based）。首先，區別公司主要作業流程及 ISO 的相關條文；接下來，定義各主要作業流程的相關部門；然後，依作業流程規劃跨部門稽核。

　　舉例來說，「供貨公司選擇、評鑑與管理」作業流程涵蓋「採購」與「品保」二個部。當執行品質稽核，相關條文為 7.4.1；執行環境稽核時則為 4.4.6，參考表 1.6。

表 1.6　主要作業流程與 ISO 條文相關矩陣（摘要）

稽核計畫對應圖：

ISO
條文

↑ 1；多*

作業流程

↓ 1；多*

部門

*：指 1 條文對多個作業流程，餘同理。

作業流程	條文要求	ISO 9001:2000	ISO 14001:2004	供應鏈	生產	品保
採購管理	採購	7.4.2	4.4.6			
	供貨公司選擇、評鑑與管理	7.4.1		●		●
	進料與倉儲	7.4.3 7.5.4～7.5.5				
生產管理	組裝與測試	7.5.1～7.5.3 8.2.3～8.2.4		●	●	

資料來源：卡文（2009），第 32 頁表五。

　　甲公司的稽核計畫可以參考表 1.7。

表 1.7　甲公司的內部稽核計畫

正本：採購部李經理
副本：品保部陳經理
目的：2001-1 ISO 9001 & ISO 14001 Surveillance
稽核計畫編號：011A-16　　　　　　稽核類型：Q+E
計畫準備：
主任稽核員：張台生　　　　　　　稽核員：趙光明
稽核日期：2011.10.28　　　　　　稽核時間：09:00～12:00
-01 稽核流程　　　　　　　　　　相關部門：採購、品保
□供貨公司選擇、評鑑與管理（7.4.1/4.4.6）
-02 稽核流程　　　　　　　　　　相關部門：生產、品保
□組裝與測試（7.5.1～7.5.3, 8.2.3～8.2.4）
□包裝與出貨（7.5.1～7.5.3, 7.5.5, 8.2.3～8.2.4）
□外包管理（7.4.1）
共同要求（4.2.1, 4.2.4, 5.1, 5.4.1, 5.5.1, 6.1, 6.3～6.4, 8.1, 8.5）

四、常見的稽核缺失

跟生產有關的二項重大缺失，說明如下。

(一)工程變更紀錄單

客戶要求變更設計，必須跟業務部簽「仕樣書變更紀錄」，研發部據此才去進行修改設計，或製造部才據以生產產品。沒有白紙黑字，屆時客戶會以出貨重大瑕疵，予以退貨，並且依約要求違約的賠償。

(二)出貨率

出貨單上，物流公司或客戶未簽章，這是常見的出貨缺失。一旦物流公司、客戶認帳，這筆出貨可能就收不到帳，整個變成損失，那麼損失可就大了。

五、稽核報告

稽核部針對受「稽核單位」、「作業項目」每月把稽核結果製成稽核報告。

(一)稽核月報

稽核部在月底，把稽核結果，依固定格式製成稽核報告，上呈董事會，並

寄給獨立董事。上面會針對受稽核單位的缺失，提出「稽核部建議事項」，以供董事會裁決。

註　釋

①黃亦筠，「為何大家搶著『買台灣』？」，天下雜誌，2009 年 3 月 25 日，第 58～61 頁。

②經濟日報，2009 年 7 月 31 日，A4 版，李鍾熙。

③工商時報，2009 年 8 月 16 日，C3 版。

④黃偉權，「成為亞太矽谷的三個關鍵」，天下雜誌，2009 年 10 月 21 日，第 30～32 頁。

討論問題

1. 請以表 1.1 為基礎，找一家公司來印證。
2. 請以表 1.2 為基礎，找一家公司的作法來說明。
3. 請以表 1.3 為基礎，找一家公司的作法來說明。
4. 請以表 1.4 為基礎，找一家公司來印證。
5. 請以表 1.5 為基礎，找一家公司來印證。
6. 請以表 1.6 為基礎，找一家公司的生產稽核計畫來印證。

2

產能管理
——董事會的職責

台灣電子產業現有的經營運作方式，未來十年應該還是很有競爭優勢。雖然有大陸在旁追趕，但還不至於衝擊太大。

可是，把時間拉長到未來十年、二十年，台灣就該重新定位，思考除了鞏固高科技島地位外，還應該做些什麼事？

如果能吸引全世界最好的高科技公司來台灣做研發、做精密製造、做軟體開發，不僅可以幫助台灣實現成為亞太區矽谷的遠景，帶動台灣經濟的成長，還有另外二個好處是：一是可以帶動本地企業的技能，二是務實地創造出本地就業機會。

——黃偉權 麥肯錫台灣分公司總經理
天下雜誌，2009 年 10 月 21 日，第 32 頁。

 ## 過猶不及

你有沒有碰過下列情況？

· 帶雨傘，卻沒有下雨？

· 穿長袖衣服，卻出大太陽？

不過，往好的方面想，至少「有備無患」，這是未雨綢繆的好處。連我們（包括中央氣象局）都搞不清楚老天爺的喜怒，那麼更不要說家大業大的公司囉。

本章第一節說明公司該準備多大的產能，以及第二、三節如何做好產能風險管理。由表 2.1 可見，擴廠得砸大錢，只要聽到砸大錢，那一定是董事會管

的。產能常是公司命脈，由此產能風險管理也是董事會的分內事。工廠型態影響產能規模與風險管理，當然也是董事責無旁貸的。

至於工廠廠址也是由董事會決定，基於篇幅平衡考量，延至第四章第二節，跟工廠興建（第五節）一併討論，蓋工廠大都是由總經理管，由營建工程部或外包的營建公司負責。

表 2.1　跟產能相關的決策與本書相關章節

5W2H 架構	決策單位	執行單位	正常營運	風險管理	本書章節
一、規模 （how much?）	董事會			備用產能 （stand-by capacity）	§2.1
二、廠址 （where? 即 site location）	董事會		單一「生產基地」（大陸用詞）	分散數國，至少一省數縣的生產基地	§4.2
三、工廠型態 （what?）	董事會		單功能工廠（focused plant）	多功能工廠，或彈性製造工廠	§2.3 三，或表 2.16
四、興工 （what? 土木、水電工程）	董事會	總經理與營建工程部			§4.5
五、工廠佈置 （how?）	總經理	工務部		一部分彈性隔間	§2.4～2.6

第一節　產能規劃Ⅰ：董事會的權責

家庭中常碰到產能決策，包括房子的大小（例如 45 坪大）、汽車的大小（五或七人座，甚至二人座）、冰箱的容量等。買小了，不夠用，到時可能得「汰小換大」；買大了，多花錢（採購成本和使用費用）。

家庭買房子的決策，在公司稱為**產能規劃**（**capacity planning**），產出能量（**output capacity**）涉及土地、廠房、機器（廠房與機器在經濟學中合稱資本，capital）與配屬的作業員工。不管大小廠，因涉及金額頗大，因此都由董

事會決定，簡單地說，這個看似生產管理的問題，都屬於企管系大四「策略管理」課程的重點，但卻很少仔細討論。製造部在產能決策過程中，扮演專業幕僚的角色，尤其是下列二項。

- ・各機器（設備）供貨公司的機器的優缺點如何？
- ・一手與二手機台的售價。

＊中古機台

「沒錢有沒錢的作法」，沒錢買新賓士車，那就買中古車，不過二手手機倒是紅不起來。

同樣地，二手機台也不少，一大部分是由日本公司關廠或汰舊換新，像日本 ASK（成立於 1996 年 3 月，公司在東京）便是專門在日本收購中古產業機械進行販售、解體、運送、安裝等；在台灣稱為亞斯華科技公司。引進的日本中古機械設備許多是二年內的產品，平均以市價的三成出售。機台項目數千種，包括玻璃鍍膜、濺鍍、超音波洗淨、射出成型、無塵室、顯微鏡、恆溫恆濕槽、潔淨烤箱、研磨機、空壓機、冰水機、堆高機、拖板車、包裝機、幫浦、純水裝置、車床、CNC 銑床、CD/DVD 膠膜綑包機等，以及相關零組件等。①

一、代工公司靠產能吃飯

對任何工業品公司（即零組件供貨公司）、代工公司來說，工廠是最基本的生財器具，機器的**生產能量**（**production capacity**，簡稱產能）影響能接多少訂單。

二、產能的衡量

產能是指某生產單位在一特定期間內（日，週，月）且在既有資源條件下的最大產出上限。

「生產單位」可能是一座工廠、一條生產線、一部機器，或一位作業員。

「產出上限」可能是指一部機器每小時最高可沖壓 400 件沖壓件。

產能、產出（output）幾個相關觀念詳見表 2.2，此表已自圓其說，為了節省篇幅，不再贅述，本書其他地方常見此種寫作方式，尚請見諒。

表 2.2　產能、產出的幾個觀念

產能利用率	說明
110%	最大產能（maximum capacity）是指當生產資源用到極致時，所能達到的最大產出量，然而，此時的產能往往造成資源缺乏效率的利用。
100%	設計產能（design capacity, DC）是指理想狀況下所能達到的最大產出，所以又稱為理想產能（ideal capacity）。是機器不會故障，不會缺乏物料，瑕疵品可以降到最低等情況下的產能。
95%	有效產能（effective capacity, EFC）是指把產品組合、排程所面臨的困難、機器維護及品質等因素考慮之後期望最大的產出，又稱期望產能（expected capacity）。
85%	實際產出（actural output, AO）是指實際產量，由於設備的故障、不良的產出、物料的短缺及一些不可預知的因素，使得實際產出通常比有效產能為少。

$$產能利用率（\textbf{capacity utilization ratio}）= \frac{實際產出（AO）}{設計產能（DC）} \cdots\cdots\cdots\cdots \langle 2\text{-}1 \rangle$$

$$產能效率（\textbf{capacity efficiency}）= \frac{實際產出（AO）}{有效產能（EFC）} \cdots\cdots\cdots\cdots \langle 2\text{-}2 \rangle$$

(一)報刊上最常見的「產能利用率」

在報刊上常見的產能利用率可說是晶圓代工雙雄，其產能短期內固定且外人都算得出來，詳見表 2.3。

由產能利用率可推估其盈虧，以 2009 年第一季，台積電產能利用率低到只有 36%，僅賺 7.5 億元；聯電產能利用率 30%，虧損 81.6 億元。可見，損益兩平點的產能利用率約 35%，比這高，就賺錢了。

幾個可推估的行業還包括面板、筆電代工、汽車業。

表 2.3　台積電及聯電的晶圓出貨量預估（2009.2）

單位：萬片（8吋）

年度	2008/Q4	2009/Q1	2009/Q2	2009/Q3（估）	2009/Q4（估）
台積電					
總產能	247.8	249.5	248.3	243.8	252
晶圓出貨量	153.2	89.2	197.1	220〜230	2.30〜2.40
產能利用率	62%	36%	79%	90〜94%	91〜95%
聯　電					
總產能	115.1	115.1	115.1	115.1	115.1
晶圓出貨量	56.7	38.4	89.8	97〜99	98〜100
產能利用率	48%	30%	79%	84〜86%	85〜87%

註：產能利用率是以出貨量除以總產能來計算。

資料來源：業者公佈資料、設備商預估。

(二)生產管理之母：個體經濟

1776 年萌芽的經濟學可說是管理學之母，例如個體經濟學中的消費者行為，可說是企管七管中行銷管理的基礎；其中公司（俗譯廠商）行為中的生產可說是企管七管中生產管理的基礎。

(三)製造彈性

產能不像鐵箱子，毫無伸縮餘地，相反地，產能比較像胃，在一定範圍內可伸展，但是吃太多食物，人也會撐死。

產能彈性依時間長短可分為短期、長期，詳見表 2.4，經濟學上的短期是指機器設備不變，長期是指產能增加（或減少），各行各業長短期不同；這跟企管以一年內為短期、一至三年為中期，四年以上為長期的定義不同。

在長期，公司可以透過擴廠來增產，或關廠來減產。關廠也不是說關就關，員工安置或資遣常需半年到一年才能順利解決。

表 2.4　製造彈性依時間分類

產能是否可變	短期彈性（**short run flexibility**）	長期彈性（**long run flexibility**）
一、其他名稱	靜態彈性（static flexibility）	動態彈性（dynamic flexibility）
二、說明	在機器產能固定情況，透過「操」機器（例如產能利用率 110% 或挖東牆補西牆的產能調度），員工加班，像擰毛巾、擠檸檬般地硬擠出產能。	在機器產能增加情況下，員工人數也增加。
三、負責人	廠長，最高到總經理（尤其是產能調度時，即調動其他廠來支援本廠）。	董事會

(四)短期製造彈性 I：勞工跟機器間的替代彈性

在短期內，只能就現有機器去發揮到淋漓盡致；有表 2.5 中幾種組合方式，底下詳細說明。

表 2.5　短期製造彈性的組合

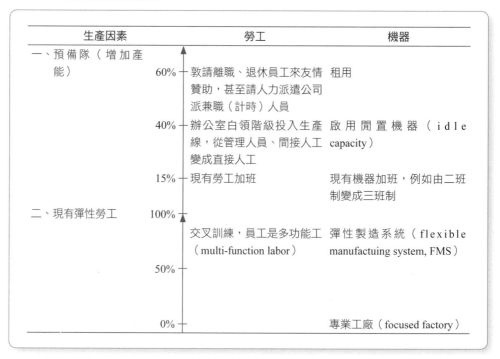

生產因素	勞工	機器
一、預備隊（增加產能）	60% 敦請離職、退休員工來友情贊助，甚至請人力派遣公司派兼職（計時）人員	租用
	40% 辦公室白領階級投入生產線，從管理人員、間接人工變成直接人工	啟用閒置機器（idle capacity）
	15% 現有勞工加班	現有機器加班，例如由二班制變成三班制
二、現有彈性勞工	100% 交叉訓練，員工是多功能工（multi-function labor）	彈性製造系統（flexible manufactuing system, FMS）
	50%	
	0%	專業工廠（focused factory）

1.操機器

當生產線太專精時，此時只能用人海戰術來「操」機器，所以才會出現台積電 12 吋晶圓廠產能利用率達 110% 情況。

2009 年，政府為了刺激內需，對購買 2000 cc 以下國產車少課 3 萬元貨物稅，到 11 月，由於租稅優惠措施期間即將屆滿，一些訂單湧現，汽車製造公司紛紛採取加班方式來趕工，詳見表 2.6，產量至少增加 10%。

汽車公司趕工，零件公司也跟著加班，以江申（1525）來說，11、12 月每日多加班 4 小時，週末也加班。

表 2.6　2009 年 11 月汽車製造公司加班以增產

單位：輛

汽車製造公司	10 月	產量	11 月加班	月產量
國瑞	每天加班 0.5～1 小時	8,500	每天加班 1.5～1.75 小時	10,000
中華	－	3,800	週一、三、五加班 2 小時 週末加班	4,800
裕隆日產	－	3,000	平時每天加班 2 小時	3,400
本田	9 月起，由單班改成雙班	－	週末加班	2,650

資料來源：整理自工商時報，2009 年 11 月 3 日，A16 版，沈美幸。

2.以人替代機器

要是機器都已排三班員工使用，此時採取「人定勝天」方式，勉強可以擠出一些產能；最常見的是人工貼標籤。

(五)短期製造彈性 II：機器間的替代彈性

各機器間程度上都彼此有些互補，當某生產線滿載時，最後的作法是移撥使用，調動其他產品生產線來支援，詳見下一段例子。

(六)短期製造彈性的例子

加班操員工，代價是員工爆肝指數狂飆。要是公司已三班生產，就沒有多

餘機器可供加班，此時，只好調動相似設備來支撐，底下以 2008 年 7 月，日本本田北美廠為例。

2008 年 7 月 12 日，原油飆到一桶 147.2 美元天價，拜油價飆漲之賜，省油汽車成為搶手貨，下單後需等很久才能交車。

本田北美汽車廠展現高度適應力，把卡車廠只花十天就轉換成汽車裝配廠，以滿足消費者對省油汽車的強勁需求。

本田發言人表示，小貨卡 Ridgeline 生產線，改生產喜美（Civic）。本田公司因彈性應變力高，成為 2008 年美國六大汽車公司中唯一增產公司。韓亭頓國家銀行（Huntington National Bank）國際股票基金經理馬特拉克說，高度適應能力，使得本田股價表現拉大，自 2007 年底領先豐田近 14 個百分點。

跟本田的彈性工廠不同，豐田小貨卡的基本設計架構汽車不同，汽車顧問業者 CSM 世界公司分析師羅比內說，豐田把小貨卡車廠轉換成汽車廠可能需費時一年以上。[②]

三、產能水準決策準則

公司是營利事業，最重要的目標是「追求股東財富極大化」，對股票上市（櫃）公司（以後簡稱上市）來說，這是指公司市場價值（股價乘股數）極大化，對未上市公司來說，這是指權益報酬率（ROE）最高，而這也適用於上市公司。

有了這最高指導原則，什麼功能（部門）決策都豁然而解，例如自製抑或外包的生產決策（本章第三節）、產能水準決策等。

1.財務管理課程的資本支出

資本支出（capital expenditure）太文縐縐了，白話一點地說，包括二大類，以晶圓廠為例，由表 2.7 可見，各製程所需的金額。

表 2.7　半導體製程投資金額

單位：億美元

製程世代（奈米）	90～65	45～32	22～12
量產時間	2005～2008 年	2009～2012 年	2013～2016 年
研發費用	3～4	6～9	13
晶圓廠	12 吋	12 吋	18 吋
設廠成本	25～35	35～40	45～60

資料來源：工商時報，2009 年 10 月 3 日，A9 版，涂志豪。

(1)技術採購

技術採購（**technology buy**）主要用於製程提升，這部分指的是研發費用。

(2)產能採購

產能採購（**capacity buy**）包括建置新生產線或建構新廠。

2.「工程經濟學」課程的焦點

「工程經濟學」有一半內容詳細討論財管課程中的資本預算問題，可說是工學院的財務管理課程。

因為其他課程皆有深入討論，本處就不再贅敘。

3.消費者 vs. 競爭者策略

公司競爭策略有二：一是打敗對手的競爭者策略，尤其以削價戰時，稱為**紅海**（**red sea**）策略；一是贏得消費者芳心的消費者策略，常是推出消費者爭購的產品，俗稱**藍海**（**blue sea**）策略。

同樣地，在產能決策時，也是受公司競爭策略的指導，詳見表 2.8，底下詳細說明。

表 2.8　產能水準的二大策略

策略	優點	缺點
一、競爭者策略（competitor strategy），俗稱「推式策略」（push strategy）	1.以逸待勞，迎接市場爆炸性成長。 2.搶單：透過規模經濟效果，殺價從對手手上搶訂單。	常常是產能擴充過大，被自己的重量壓死，2007 年南韓樂金顯示（LGD）、2009 年度日本夏普產能衝過頭，造成產能利用率低而虧損。
二、消費者策略（consumer strategy），俗稱「拉式策略」（pull strategy）	跟著客戶成長，比較穩，比較不會衝過頭，而犯了「擴充太快，以致大而不當」的錯誤。	偶爾當近悅遠來，無法吃下訂單，就只好看到有些訂單流到對手手上，自己難免會有「搥心肝」的難過。

(一)競爭者策略

少數公司採取**競爭者策略**（**competitor strategy**），這在產能決策上最常見的便是半導體、面板業，不管有無訂單，大肆擴廠。

以 2000 年 4 月成立的大陸晶圓代工公司中芯國際為例，連賠 7 年（註：以 2002 年量產起算迄 2009 年，2010 年盈餘 0.14 億美元），來說明盲目設廠的缺點。

1.曾繁城的指桑罵槐

2003 年 12 月 12 日，台積電副董事長曾繁城說：「像海峽對面有一家公司，也沒有客戶，也沒有訂單，卻要蓋五、六座廠」；「有人要搗蛋，我們也沒辦法，台積電是不玩價格戰的，這是『找死』，而且對不起投資人。」[3]

2.你是我心中的痛！

漢鼎亞太（H&Q）是中芯國際的原始股東之一，但因中芯營運一直未見起色導致長期虧損，使得漢鼎亞太投資多年至 2008 年仍是賠錢，2008 年一直想找機會脫手，卻苦無買主。這也讓中芯成了漢鼎亞太董事長徐大麟的投資列表上，眾多豐功偉業中的一個缺憾。[4]

(二)消費者策略

「不見兔子不放鷹」這句俚語貼切描寫產能決策的指導原則：**消費者策略**（**consumer strategy**），也就是業績能見度很高情況，才下單。最簡單的講法，這是需求牽引的產能決策（demand pull）。

> ### 台積電（2330，TSMC）小檔案
>
> 成立：1987 年 2 月
> 董事長：張忠謀
> 總經理：張忠謀
> 公司住址：新竹市新竹科學園區力行 6 路 8 號
> 營收：（2010 年）4,195.4 億元
> 盈餘：（2010 年）1,616.1 億元
> 營收比重：晶圓製造 94%、其他 6%
> 員工數：2 萬人

> ### 18 吋晶圓
>
> 　　在同樣的製程技術下，半導體晶圓的尺寸越大，每單位晶圓可切割出的晶片數量越多，有助降低製造成本。半導體晶圓大小從 2 吋、4 吋、6 吋、8 吋，一路演進到最大的 12 吋，創造晶片製造的生產規模經濟。
>
> 　　以個人電腦晶片為例，一片 18 吋晶圓產出的晶片數，是 12 吋晶圓的二倍以上。

1.台積電是典範

　　全球晶圓代工之王台積電（2330）以權益報酬率 20% 為目標，以此來倒推資本支出水準，這個明確主張來自董事長張忠謀在 2002 年 7 月 25 日的第三季法說會。台積電的資本支出不參考對手（聯華電子，2303）或產業平均比率，而是「惟利是圖」。2009 年 7 月 30 日，第三季法說會，張忠謀強調：「不論是提高資本支出或是投入研發，台積電維持 20% 的權益報酬率是不可改變的目標。」[5]

　　由表 2.9 可見。

1.產能利用率影響權益報酬率

　　撇開 2000 年全球股災引起的 2001 年全球景氣蕭條，由 2003 年起，台積電產能利用率恢復在 90% 以上，只有 2007 年美國次級房貸風暴、2008 年金融海嘯時略降至 85%。即 2003 年起，權益報酬率皆維持在 20% 以上。

2.資本支出影響產能利用率

　　由表中第 10 項資本支出密度（資本支出／營收）發現，2003～2010 年，約維持在 28%。即營收 100 元就得花 28 元用於擴廠或機器汰舊換新（主要是

由 8 吋晶圓廠往 12 吋晶圓廠）。

由表中第 9 項營收資本支出倍數（營收／資本支出）來說，2003～2010
年，約維持 3.57 倍，即每增加 1 元資本支出可頂住 3.57 元營收。（註：本處
不採取增量分析，即每增加 1 元資本支出可創造多少營收。）

3.台積電就是想拉大跟聯電的距離

經過我們採複迴歸分析、相關分析，發現跟台積電資本支出最密切的變
數是聯電的產能（相關係數 0.84），而台積電產能跟聯電產能呈現一定的差
距。似乎可以說台積電的資本支出採取競爭者策略。

表 2.9　台積電資本支出的因果

單位：億元

年	2001	2002	2003	2004	2005	2006	2007	2008	2009	2010
(1)營收	1258	1623	2030	2572	2665	3174	3226	3331	2957	4195
(2)產能	223	283	359	478	596	702.6	995.4	937	993	1129
(3)產能利用率（%）	50	73	90	100	95	102	85	85	95	97
(4)純益	144.8	216	472	923	936	1271	1099	1005	894	1616
(5)權益報酬率（%）	5	8	15	25	22	27	22	21	19.3	30.2
(6)資本支出	702	552	378	811	799	916	845	585	928	1798
(7)研發費用	106	117	127	125	140	167	179	215	216	274
(8) = (7)/(1)研發密度（%）	8.43	7.21	6.26	4.86	5.25	5.26	5.55	6.45	7.3	6.53
(9) = (1)/(6)營收資本支出倍數	1.79	2.94	5.37	3.17	3.34	3.465	3.82	5.69	3.186	2.33
(10) = (6)/(1)資本密度（%）	55.8	34	18.62	31.53	30	28.85	26.19	17.56	31.38	42.86
(11) = (4)/(6)純益資本支出比	0.206	0.39	1.248	1.138	1.17	1.387	1.3	1.72	0.96	0.9

*8 吋晶圓約當量。

資料來源：(1)～(7) 項台積電公司網站。

四、產能政策——需要多大的產能？

任何投資決策都受客觀（例如圖 2.1 中左欄的財力限制）、主觀因素的影響，公司的產能政策一如「財務管理」課程中的營運資金政策，可分為三種，詳見表 2.10，底下詳細說明。

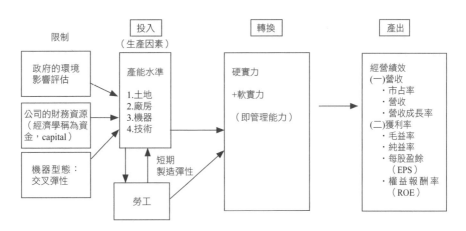

圖 2.1　產能水準的影響因素

1.保守的產能策略

由於對訂單量的不確定，因此公司董事會決定產能時，常會多預留一些產能，這稱為製造彈性（production flexibility），這屬於策略彈性的一部分。最常見的是，當產能利用率（**capacity utilization ratio**）未來可能會持續超過 80% 時，便開始準備擴廠，至少先整地，頂多再加蓋廠房。

許多客戶喜歡這種「有備無患」的代工公司，不用擔心代工公司跳電、某些機器故障以致交貨期延誤。簡單地說，這過多產能（excess capacity）可說是代工公司自行提撥的履約保證，是代工公司為了取得訂單，不得不付出的履約保證費用。

表 2.10　三種產能規模政策

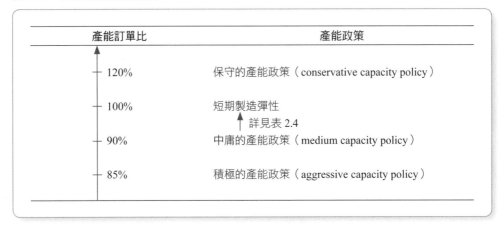

2.中庸的產能政策

大部分公司採取**中庸的產能政策**（**medium capacity policy**）、產能比「可能訂單」略低（以表 2.10 來說，只及 90%），產能缺口透過加班等方式來達成。很多中小企業常加班，不是訂單多，而是機器少一成，只好透過員工加班來補足產能缺口（capacity gap）。

3.積極的產能政策

少數財力有限的公司只好採取**積極的產能政策**（**aggressive capacity policy**），透過三班制把機器操到極限，可說「一個錢當兩個錢」用。一旦機器耍個小脾氣，交期可能得延後，大客戶對這種公司都小生怕怕。

五、產能利用──總經理、製造部的職責

機器所費不貲，每年攤提折舊費，一般來說，產能利用率低於 60%，可能就低於損益兩平點，這時就得找人負責了。

1.產能利用率低，業務部該負責任

由〈2-1〉式可見，**產能利用率**（**utilization rate**，俗稱**稼動率**）低，有二個單位該負責任：一是董事會把產能弄得「大而無當」；二是搶單不力，以致找到的訂單餵不飽工廠，機器、員工只好「閒閒沒代誌」。至於「搶單不力」是研發、製造、業務部的責任，已超出本書範圍。

2.效率低，製造部主管得扛責任

給你月產 100 萬台筆電產能與訂單，但只產出 90 萬台，產能效率只有

90%，製造部主管必須扛責任；除非能把責任推給採購部造成缺料，或是新流感造成一部分員工請教。

第二節　生產管理活動的風險管理

你皮夾內有多少錢？500 元。那你一天花多少錢？300 元。300 元是總體經濟之父凱因斯所指貨幣需求動機的交易動機，多出的 200 元是為了不急之需的「安全動機」。除此之外，在銀行帳戶內，我們也會留一些救命錢。

同樣地，公司生產面（廣義的）的風險管理也是為了預防處理「天有不測風雲，人有旦夕禍福」。由於很多讀者可能沒學過風險管理，因此本節必須提綱挈領的說明。

一、風險管理的重要性

我們常用一些例子來說明風險管理的重要性，以便利商店販售 4 號電池為例，售價 70 元，純益率 20%；被顧客偷走一組（4 個電池）便損失 56 元（70 元×80%），必須賣四組（70 元×4 組×20%）才能把失竊的那一組賺回來。賣出 4 組電池不容易，但是防止一組電池被偷相對容易，例如放在櫃檯前，容易隨時可盯著。

風險管理的重要性在於：賺錢很慢、賠錢很快。因此，公司花多少心思賺錢，也必須花同樣心思預防風險以免賠大錢。

(一)靈活的公司

外界不可抗力事件（天災、人禍，例如颱風、大雪造成停電、供貨公司無法供貨），這些災害（disreption）會導致公司生產停頓。

為了營運持續（business continuity），公司必須維持靈活（resilient entenprise），方法有二：備胎（redundancy 或 slack）與彈性（flexibility）。當然，備胎是要付出代價的，但跟下列一句話的精神一樣：「（員工）訓練的費用高，但不訓練的代價更高」。

(二)風險控制長變得越來越重要

美國柏克萊大學教授尼爾・佛利格斯坦（Neill Fligstein）研究百年來企業管理權的變化，在不同的時代，企業營運上具有策略重要性的功能部門也不同。例如，在 19 世紀鐵路興盛的時代，高層主管來自製造部。綜合型集團興起時，重要的是如何把不同產品賣到不同的地區和市場，因此，高層管理者多半是行銷主管。當企業最關心的事，變成如何籌募營運資金，就輪到財務主管崛起。21 世紀，氣候異常，造成公司的營運風險提高，許多事情必須從風險的角度重新思考，所以風險管理人員可能會升遷到高層。⑥

(三)風險管理的紀律

印度的資訊系統（Infosys）公司承包歐美大公司的資訊委外業務，最怕客戶跳票而做白工，其風險控制長朗嘉納斯（M. D. Ranganath）指出，景氣差時，大家都在談風險管理。他說：「風險管理的一大考驗，是在景氣好時是否行得通。經營階層（即董事會）是否會力挺風控長、不受誘惑，不忽視風控長提出的建議。」當音樂揚起，你需要靠風險管理的紀律，來約束經營階層不要跳舞跳得太忘我。⑦

《從輝煌到湮滅》（*Why smart executives fail*）一書的作者席尼・芬克斯坦歸納失敗企業執行長的七種惡習當中，有四項惡習跟忽略「風險與危機意識」有關，包括：自以為能主導大環境、自以為自己是萬事通、輕忽阻礙的嚴重性、沿襲過去的成功模式。

具備企業風險管理（Enterprise Risk Management, ERM）能力，才能避開各種風暴，做好風險管理的公司可稱為「風險智能型企業」（Risk Intelligent Enterprises）。

二、風險管理照表操課

風險管理的書如過江之鯽，但大都大同小異，信手拈來，下列《決技》一書可說「一步一步」很清楚。

(一)萬變不離其宗

艾娃・魏特勒（Eva Wetterer）在《決技》一書（商智文化出版）指出，

在設想「**最壞情況**」（**worst scenario**）時，應考量以下七個步驟。

    1.會導致什麼情況？

    2.發生的可能性如何？

    3.何時會發生？

    4.可以採取什麼措施，來阻止或降低損害？

    5.可能會產出那些成本？

    6.這些對策有會有那些後果？

    7.最遲必須在何時展開這些對策？

(二)風險管理程序

在大學中設有研究所來專攻「風險管理」，在大學中也有此課程。風險管理的本質仍是管理，偏重重大負面可能事項（即風險）的管理。

既然有「管理」二字，便表示管理程序或循環，在「導論」中已萬流歸宗的說明。風險管理跟其他管理的差別只有一個，即管理事項不同，管理的風險，詳見表 2.11。

表 2.11　風險管理程序

管理活動	規　劃				執行	控制
	目標	問題	構想	決策		
風險管理步驟	趨吉「避凶」	1.情境分析（scenario analysis） 2.風險辨識：預警 (1)不可預期的風暴：黑天鵝事件 (2)可預期的 3.風險評估	應變措施 1.備援計畫（backing plan） 2.應變計畫（contigent plan）	風險管理二大類，詳見表 2.15。		風險理財

第三節　產能規劃Ⅱ：產能風險管理

　　生產管理面最大風險在於製造部，這主要指產能不足，以致無法順利達到出貨目標；最後被買方罰款，甚至買方會因此跑單。這是本節的主軸，一開始時先開門見山地指出，接下來，再像電影一樣，從「全景→近景→特寫」逐步交代。

一、步驟一：風險辨識

　　風險管理的第一步是辨識風險的種類、來源，以開車（騎車）的人來說，風險中之一被倒下的樹砸到，在平時，機率約 500 萬分之一，即開車 500 萬次才會被砸到一次。車禍死亡機率約 50 萬分之一，即 50 萬名坐車的人，有一名會因車禍而喪命，搭飛機的死亡率 300 萬之一，所以航空公司以此數據來說明搭飛機比坐車安全。

　　這些例子都在說明開（坐）車的風險，雖然有危險，但是機率低，大部分的風險是駕駛可以控制的，即「安全（駕駛）是回家惟一的道路」。同樣地，公司風險管理重點在於人，而不在於什麼風險評估模型（即預警系統）。

(一)風險的種類

　　「兵來將擋，水來土掩」這句俚語貼切地描寫針對風險要「對因下藥」。因此，風險管理的第一步釐清風險來源與大小（這在第二步驟：情境分析）。

　　本書討論生產管理，在公司的風險管理地圖（risk map）中（詳見表 2.12），就跟你用谷歌地球（Google Earth）功能找房子一樣，或拍照一樣，依範圍由大到小分為「全景—近景—特寫」，惟有了解全景才抓得住全貌，惟有知道特寫，才不會被魔鬼打敗，因為「魔鬼都在細節中」。

表 2.12　公司風險中製造面的風險管理

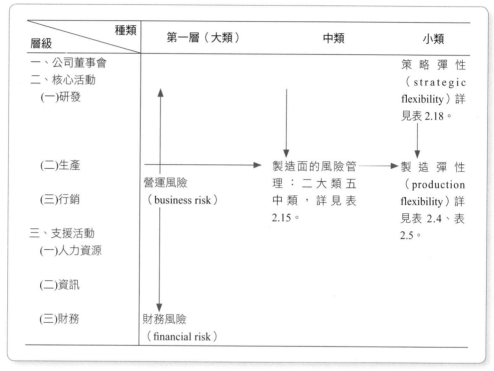

種類 層級	第一層（大類）	中類	小類
一、公司董事會			策略彈性（strategic flexibility）詳見表 2.18。
二、核心活動			
（一）研發			
（二）生產	營運風險（business risk）	製造面的風險管理：二大類五中類，詳見表 2.15。	製造彈性（production flexibility）詳見表 2.4、表 2.5。
（三）行銷			
三、支援活動			
（一）人力資源			
（二）資訊			
（三）財務	財務風險（financial risk）		

1.全景：公司風險

由表 2.12 中第 2 欄可見，**公司風險**（**corporate risk**）分成二大類：營運風險（business risk）與財務風險（financial risk）。

2.近景：營運風險

營運風險由字面便可望文生義，是指來自核心活動（研發、生產、行銷）負面發展的可能結果，很多報刊討論支援活動（財務、人力資源與資訊）中資訊安全管理（簡稱資安）。

3.特寫：生產面的風險管理

本書著眼於生產管理活動的風險管理，本節討論其中的製造彈性。

4.另一個角度的特寫

生產管理面的風險比較偏重「量」的方面，由表 2.13 可見，這包括三方面：缺料風險（針對採購部）、產能不足風險（針對製造部）與「貨無法暢其流」風險（針對運籌部）。

表 2.13　生產管理中重大風險的來源與管理方式

組織層級 價值鏈	部門主管	總經理	董事會
一、採購部			
(一)數量	採購主管針對產業鏈進行監視。	§7.1 二表 7.5 供貨公司分散。	圖 7.3 供應鏈管理
(二)價格	採購部針對重大原料價格走勢預測。	§8.2 原料價格風險避險決策。	
二、製造部			
(一)產能	了解公司機器堪用狀況。	當機器當機,如何援用預備產能、調撥產能以求正常運作。	§2.2 產能風險管理 ‧預備產能。 ‧廠址分散。
(二)勞工	注意就業市場,以免缺工。		
(三)水、電	詳見§12.3 水。		
三、運籌部	港口是否有罷工,機場、道路是否被冰雪、颱風封住而不能使用。		

(二)風險管理的相關部門

公司對風險管理採取分層負責,以生產面的風險管理來說,由上到下三個層級負責風險管理重要程度也不同,詳見表 2.14,底下簡單說明。

1.董事會層級

董事會主要負責生管的風險管理在於本節的製造彈性,尤其是工廠廠址的地區分散與備用產能。

2.總經理層級

總經理主要著眼的生管風險管理的執行,例如行銷面的客戶與訂單,以避免長鞭效應(bullwhip effect)造成存貨囤積過多(即呆料)或人力太多(即呆人)。

3.風控長層級

工業(尤其其中的製造業)內的公司設有**風險控制長(chief risk officer, CRO**,少數譯為風險長),主要負責環境安全(詳見第十二章第一到三節)、勞工安全(第四節)。

表 2.14 公司跟風險管理相關的部門

組織層級	組織設計與本書相關章節	負責事項
一、董事會	董事會中有一些董事組成的「風險管理委員會」	
二、總經理	由總經理暨一些高階管理者組成「危機管理小組」	
三、功能部門		
(一)核心活動		
1.研發管理		
2.生產管理	§12.5 勞工安全衛生室（工衛室）	預防職災所引起的勞工傷害或死亡。
3.行銷管理		
(二)支援活動		
1.財務管理部之風險管理處	§2.2	主要負責公司產險、其次是壽險的買保單、申請理賠事宜。
2.人力資源		
3.資訊管理		

　　風險管理研究所屬於財務管理系的一個分支，是保險學的運用，比較偏重金融業的風險管理。大型跨國企業設有風險管理部（例如海空運為主的長榮集團），偏重處理買保險等風險理財。

二、步驟二：情境分析

　　情境分析（scenario analysis，或情節分析）是找出一些一旦發生，就會使公司運轉失靈的異常事件。

(一)情境

　　情境分析是由歐洲戰爭研究所（位於德國法蘭克福）所發展出來的一套管理工具，透過預先假設各種可能的事態發展，推演在不同的情況下，決策者應採取何種方案，以達成或保全最大利益。

　　在所有推演的情境中，最重要的該屬於「最壞的情況」。這種做最壞打算的用意在於，一旦連最糟糕的狀況都已經事先設想，將來碰到任何狀況，就不會因事情不如預期而不知所措，而能從容地處理。

1.風險管理 vs. 危機管理

「危機管理」可說是風險管理中的一部分,可說是「重大風險」,例如食品公司被千面人在產品中下毒,危機處理的公關作為準則是:第一時間把「話說清楚,講明白」,也就是「誠實是最佳政策」,該道歉的就道歉,偶一犯錯,總經理誠懇道歉,消費者、社會大眾傾向於接受。

(二)機率

風險(**risk**)的定義是「已知機率的損失」,「**不確定**」(**uncertainty**)則是連機率都不知道。

1.已知機率

像 2009 年流行的新流感(H1N1),在不打疫苗情況下,罹病率 30%、罹病死亡率 0.048%,依台灣 2,300 萬人為基礎,二年內可能死亡人數 3,312 人,約占萬分之 1.44。11 月 1 日迄 12 月,分批施打疫苗,罹病率可望降至 10% 以下,可能死亡人口 1,104 人,略低於一般流感致死 4,000 人,這個例子就是典型已知機率。

2.未知機率

沒有長久歷史紀錄的事件,比較不容易掌握其發生機率,用於解釋沒有規則可言的自然現象稱為「混沌理論」(The Chaos Theory),例如地球暖化,以致氣候越來越捉摸不定,可說是「動盪的年代」(The Age of Turbulence)。例如 2009 年 8 月 8 日的八八水災,嘉義縣阿里山的落雨量近 3,000 公厘(即 300 公分),三天內把一年雨量傾盆而下。

預測颱風對公司的生產面很重要,分成下列二個時機。

(1)颱風時防災

在下一段中,會以日本豐田汽車為例,放颱風假以保員工安全。

(2)颱風後

颱風後可能斷水斷電,公司要有對策,以免工廠停擺。

3.「機率高、結局壞」的情況

工廠每天都會發生的風險之一便是員工偷竊,積少成多,日積月累的損失金額也可觀。因此工廠門口常有金屬探測門(像機場安檢門)、警衛有權搜身。

(三)情境＋機率＝風險熱度圖

在已知風險情境、機率情況下，便可以像紅外線攝影機拍出的熱像圖一樣，劃出如圖 2.2 的**風險熱度圖**（**risk heat map**）。

這個圖「言人言殊」，例如美國麻州理工大學（MIT，俗譯麻省理工學院）的運輸與後勤（transpontation & logistics，台灣俗稱運籌）中心的二位教授 Shelli & Rice（2005）稱為「脆弱點地圖」（vulnerability map）。

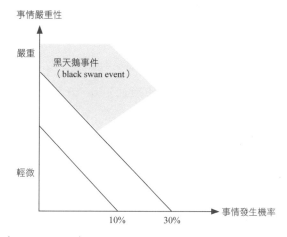

圖 2.2　風險熱度圖（risk heat map）

資料來源：修改自哈佛商業評論，2009 年 10 月，第 97 頁。

1.「機率低，結局慘」的情況──黑天鵝效應

白天鵝是常見的，「萬白叢中一點黑」，反倒顯出黑天鵝的少見，美國通用投資公司（Uninersa Investments）主管納西姆・塔雷伯（Nissim Nicholas Tablet）在《黑天鵝：如何及早發現最不可能發生但總是發生的事》（*The Black Swan: The Impact of the Highly Improbable*；大塊文化出版）書中提出。

他認為很多看來像黑天鵝一樣的稀有事件具有巨大的衝擊力，難以預測，但卻是出現了（在澳洲發現黑天鵝之前，西方人認為天鵝一定是白色的，黑天鵝只是一個笑話）。用固有的模式看未來，只能看到「已知的未知數」，而看不到「未知的未知數」，因此就會屢屢犯錯，看不準未來的趨勢。

這些出人意表的重大事件包括了「九一一」（2000 年）、個人電腦和網際網路的出現、第一次世界大戰等，而事後人類又對此加以自圓其說，作出了

充分的解釋，並且讓它看起來是可以預測的事件。

(四)模擬分析

在公司的營運過程全部電腦化情況下，電腦軟體公司等主張可以在商業智慧（business intelligent）資訊系統上，進行像兵棋推演般的模擬。這樣的「模擬」，你常在電視上看到，例如新聞中會呈現新流感（H1N1）在美國地圖上散播的方向與速度。

同樣地，美國麻州劍橋市的顧問公司的研發長 Eric Bonabeau（2007）採用代理人模型（agent-based models）、網絡理論（network theory），去分析黑天鵝事件對公司營收、採購、製造等的影響。

一方面可以找出內部的破口（loop hole、fatal flows），以避免「物必自腐而後出生」的自「腐」（internal failures）。

(五)風險管理的效益成本分析

「殺雞焉用牛刀」這句俚語貼切說明**「效益成本分析」（cost benefit analysis**，俗譯成本效益分析），人們做任何事都會估算划不划算。同樣地，風險管理只消針對圖 2.2 上深色部分去妥籌對策，至於其他部分，對公司傷得不重，沒必要「拿大砲打小鳥」。

三、步驟三：避險構想

風險永遠會發生，我們很喜歡一段對於唐太宗貞觀之治的描述，唐太宗在位 23 年，天災（旱災、水災）、人禍不斷，但無損於唐太宗跟漢武帝、清聖祖齊名。重點在於「勿恃敵之不來，正恃我有以待之」。例如旱災時五穀欠收，則開官倉以救濟災民。

「這世上唯一可被預料的事情是——世事無常。所以，你必須讓自己隨時具備應變的能力。」這是英國石油前任總裁兼執行長約翰·布朗尼（Lord John Browne）的名言。

(一)風險管理的手段

風險管理的手段可分為二大類、五中類，詳見表 2.15，先綱舉目張，底下逐項說明。

表 2.15　工廠產能的風險管理

二大類、五中類	風險分散			風險移轉	
	隔離	損失控制	組合	移轉	迴避
說明	1.颱風、地震等天災時：停工。 2.「危邦不入，亂邦不居」，對高危險地區不去設廠，有設廠時則撤廠。	當損失將達門檻值時，則「拒絕再玩」。	投資組合方式 1.工廠地區分散。 2.工廠功能分散：以多功工廠取代專業工廠（focused factory）。 3.時間分散：預備產能。	買保險，偏重風險理財。	在代工契約中，載明「不可抗力事件」，以排除我方責任。

(二)風險隔離

2011 年 3 月 11 日下午 1 點 46 分，日本東北部發生芮氏規模 9.0 的超級地震，造成飛機航班取消和鐵路停駛，海陸交通大亂，東北許多地區的民宅遭摧毀，日本企業被迫停產以因應海嘯、地震所帶來的災害。包括本田、豐田等汽車公司，以及許多公司皆停工數天，一些煉油廠運輸停擺。[8]

(三)組合之一：專業工廠 vs. 彈性工廠

如果你在一個工業園區想蓋廠，你會選擇下列那一種方式？

1.一個彈性工廠

設立一個通用工廠，什麼都可以做，優點是生產彈性高。如同美國的終極戰機猛禽（F22），又要兼具匿蹤（B117）、攔截機（空對空），空對地轟炸的功能，一機多用（只差海獵鷹的垂直升降），結果是造價奇貴，一般 F16 約 3,000 萬美元，猛禽逾 1 億美元。

2.二個專業工廠

以仁寶的昆山園區第一基地來說，筆電工廠十個、液晶電視二個，二者組裝原理相近，都是面板加機殼，但是仁寶卻採取「橋是橋，路是路」的涇渭分明的作法。

3.專業工廠

專業工廠（**focused factory**，有譯為聚焦工廠）是個老觀念，1974 年，美國學者史金納（W. Skinner）便把「個人專業分工」（詳見表 2.16 中第 4 列）延伸到製造業的工廠。

專業（focus）指的是產品線、製程技術（process technologies）、地區、顧客群，專業工廠的另一邊是**萬用工廠**（unfocused plants 或 integrated mills），就跟萬用的瑞士刀一樣。

表 2.16　三個組織層級中「focused」的涵義

組織層級	說明
一、公司	聚焦策略（focused strategy）強調公司宜守住本業，不宜撈過界，即不宜從事複合式（或無關）多面化，至於有關多面化是指垂直、水平多面化。一個好問題便是「由航太業（例如美國波音）或航空引擎業（例如普惠，Pratt & Whitney）來管通用電器的子公司奇異航空（GE Aviation）會不會比由多角化經營的通用電器（General Eletric, GE，俗譯奇異）經營績效會更好？」在財務管理中，此稱為「多角化折價」（diversification discount），多角化公司的本益比會比專業公司本益比低。
二、事業部 （即工廠）	事業部或工廠層級，專業工廠經營績效較佳，主要是組織常規（organizational routines）較窄，即組織比較不複雜，比較好管（manageable and controllable）。
三、個人	1900 年代，科學管理時代，強調惟有分工（work specialization）才能夠作得精準又快。 原始想法起自於經濟學之父亞當‧史密斯 1776 年的《國富論》，從當時的工業革命，觀察到分工（division of labor）的妙用。跟專業分工有點不同的是：工作擴大化（job enlargement，做工作前後相關事）、工作豐富化（job enrichment，做些主管的事）。

4.專業工廠效率較高

有關專業工廠還是萬用工廠孰優孰劣，一向是學者實證研究的重點。對於企業來說，只想知道答案，對實證過程興趣不高。從這角度來看，找到一篇一級期刊、重要學者的論文，可能是終南捷徑，美國策略管理期刊 2008 年，刊出哈佛大學商學院教授 Huckman & Zinner 的實證論文，以服務業中的醫院中的人體臨床試驗（clinical trial）為對象。得到結論還是專業公司、專業事業

部、經營績效（產量和生產力）較高，而他們已排除規模（即規模經濟）、公司成立時間（即學習曲線）等。

(四)風險移轉之一：保險作為風險理財來源

公司財產保險每年續保作業多集中在第四季，保單費率取決於企業過去的損失率，以及每年訂定的自負額、天災最高限額等，詳見表 2.17。

台積電的財產保險主要包含火險（附加颱風洪水險）、營業中斷險等，逾 1 兆元的保額是依照台積電廠房、機器設備、存貨以及辦公設備等資產計算出來；美商達信（Marsh）為保險經紀人，擔任居中協調、再保安排的角色，由新光、國泰、兆豐等九家產險公司共同承保，由富邦保險負責出單。

此外，財產保險還包括工程險（含意外險等）。

表 2.17　2009 年大型產險的例子

企業	最低保額	費率	續保日期	保險經紀人
台積電	1 兆元	約 0.03%	10 月 1 日	Marsh（達信），由富邦代表出單
矽品	1,100 億元	約 0.04%	10 月 1 日	Aon（怡安班陶氏），由明台代表出單
旺宏	900 億元	約 0.04%	9 月 1 日	Aon，由明台代表出單

資料來源：產險公司，2009.10.5。

四、步驟四：構想專論
──風險管理手段之一專論：策略彈性

晴天為雨天作準備，未雨綢繆是常見的風險分散管理方式，這涉及下列二個時機。

1.事前：保留一些實力以備不時之需，指策略彈性（strategic flexibility），企業肥肉（**organization slack**）只是其中之部分，「肥肉」（slack）一字很容易懂，駱駝背部 180 公斤的脂肪，主要是為了預防沙漠中的沒水沒草，脂肪分解成水、熱量，可以讓駱駝不吃至少 7 天、不喝至少 3 天。在企管中，slack 這字譯為「餘裕」。

就跟汽車的備胎一樣，為了應付不確定、多變環境，公司也常保有一些「過多資源」（excess resources）以備不時之需（例如臨時插進的一個大訂單），像策略聯盟便有助於提供策略彈性，跟其他多數策略管理的用詞一樣，只是加上「彈性」一詞，這是個 1980 年代的老觀念了。

2.事後：出險後的風險理財（risk financing）。

(一)肥肉的重要性

哈佛大學商學院教授唐納‧薩爾（Donald Sull）在《那些企業不會倒》（天下雜誌，2009 年 10 月）中，強調面對亂世與變局，破除慣性的最佳方式，就是在亂世中保持高度的彈性，隨時因應變化，做到亂中圖強。企業首先應在營運、事業組合、策略層面上發展應有的靈活度，以適應環境的變化。為達到游刃有餘的「彈性」，首先，企業應該多儲備一些資源，縱使有些資源當下無用武之地，有過剩之虞，但如果以長期投資的角度來看，它仍有利用價值，就不該被棄如敝屣。因此，企業必須先分析那些是優良的「肥肉」，有系統、有計畫的儲存與使用。具潛力的人才與現金就是企業最常見的「優良肥肉」，它們除了可協助企業度過寒冬外（耐力），也能在新機會產生的時候，協助企業掌握契機（靈活度）。

(二)全景：策略彈性的分類

策略彈性有三種以上分類方式。

1.依企業活動分類

例如研發彈性（product development flexibility）、製造彈性（coversion flexibility）、物流和行銷彈性（distribution & marketing flexibility），詳見表 2.18。

表 2.18　常見增加公司經營彈性的作法

組織層級、企業功能	作法、說明
一、公司	（複合式）多角化
二、企業功能	稱為「公司肥肉」（organizational slack），作為因應風險的緩衝
（一）核心活動	（buffer）
1.研發	(1)老二主義，以免當老大投資太大，一旦失誤則血本無歸
	(2)多種技術來源
2.採購	‧安全存量，詳見§8.3
3.生產	(1)備用產能
	(2)廠址分散，詳見§4.1
	(3)彈性工廠（flexible factory），跟多功（能）機（器）道理很像
	(4)外包、備用供貨公司，詳見表 7.5
4.行銷	(1)成品存貨以備急單之需
	(2)第二品牌、戰鬥品牌
（二）支援活動	
1.人資	‧備用中高階幕僚以備公司意外快速擴大
2.財務	‧財務肥肉（financial slack），留些救命錢，避免資金週轉不靈
3.資訊管理	‧電腦主機、檔案備份，且置於不同地點
4.其他	‧企業大樓租而不買

註：slack 大都譯為「剩餘」，愚意「肥肉」較傳神。

2.依資源性質分類

資源分為資產、能力二大類，美國伊利諾大學香檳校區商業管理學院教授 Ron Sanchey（1995）畫蛇添足的把資產彈性（asset flexibility）稱為資源彈性，把能力彈性（capability flexibility）稱為協調彈性。策略彈性是資源彈性、協調彈性二者的乘積（即二者相乘的結果），就如同「武力＝武器×士氣」一樣。

(1)資源彈性（resource flexibility）

資源彈性可說是資源在實體面、本身的彈性，最常見的是「一物二用」，在採購學的運用中，最常見的是價值工程，也就是用同樣功能但更便宜的材料來取代。以機器來說，彈性工廠便是製造彈性的典型例子，常常只需換個模子，就可生產不同產品。

(2)協調彈性（coordination flexibility）

「戲法人人會變，各有巧妙不同」，人之可貴，在於很擅長運用工具，

套用資源的定義，前述資源彈性指的是「資產」，而協調彈性指的是人的「能力」。最生活化的協調彈性例子，便是一輛德製金龜車可以擠進多少大人？金龜車的空間就那麼大，剩下的是怎麼有技巧的「塞人」，答案是十三人，看了令人不可思議：「這麼小的車竟然能擠得下這麼多人！」

　　3.依第一、第二預備金來分

　　行政院預算中有第一、第二預備金二道防線，以備天災人禍救急之用，這是貨幣銀行學中三大貨幣需求動機中預防動機的運用。同樣地，公司的策略彈性也可依第一、第二「預備隊」來區分，在財務肥肉方面便很明確，詳見表2.19。

表 2.19　財務肥肉的第一、第二預備金性質

行政院	財務肥肉（以貸款為例）
第一預備金	未動支的貸款額度（以聯華食品為例），貸款額度 5.2 億元，實際需要額度 1.2 億元，其餘未動支額度 4 億元，此部分稱為過度貸款（excess borrowing）
第二預備金	除了現有的貸款額度 5.2 億元，最多還可以再舉債 1.6 億元，假設以負債占總資產 40%（負債比率 40%）來設算舉債能力

(三)策略彈性的效益成本分析

　　保有彈性常必須付出明顯成本，以預備產能（stand-by capacity）100 億元為例，數字例子如下所述，圖示詳見圖 2.3。

　　已知　資金成本率（WACC）5%

　　那麼　預備產能的資金成本

　　　　　= 100 億元×5% = 5 億元，這部分俗稱「資金積壓」。

　　已知　資產週轉率（即營收／資產）2.4 倍（以 2010 年鴻海為例）

　　　　　異常產能需求機率 20%

　　　　　純益率 15%

那麼 閒置產能的效益（純益）

= 100 億元×2.4×15%×20% = 7.2 億元

（潛在商機） （機率）

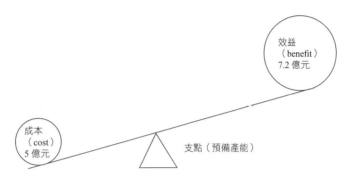

圖 2.3 製造彈性的效益成本分析

五、步驟五：風險管理的決策

對於喜歡看職棒的人來說，王建民、倪福德究係擔任先發、中繼或救援投手，常常津津樂道；這對總教練來說，便是在進行投手人選的風險管理。一旦先發投手壓不住陣腳，只好派中繼投手上場，要是中繼投手也不管用，只好使出殺手鐧派出救援對手。救援投手的球技不見得比較高明，然而卻比較沉穩，臨危不亂。

同樣地，由表 2.20 可見，工廠如意十之八九，此時例行營運，採取**行動計畫**（**action plan, plan A**，俗稱 A 計畫）。一旦有個小閃失，便採取備援計畫，要是有個大閃失，就只好採取應變計畫，有人稱這一套應變措施為風險智能（risk intelligence），底下詳細說明。

「因應變化唯一的方法，就是徹底實踐基本工作。」

──鈴木敏文 日本 7-ELEVEn 公司董事長、日本 7-ELEVEn 之父

表 2.20　三種情境的因應之道

風險衝擊程度	出現機率	情境說明	公司決策	以棒球投手為例
一、巨災情境（catastrophic scenario），尤指像大地震、2009 年 8 月 8 日八八水災這種黑天鵝事件	1%	工廠被拉閘限電，或勞工大罷工	應變計畫（contigent plan, plan C），這是狹義的風險管理 1.請同業代工 2.異地馳援，例如大陸江蘇昆山廠當機，由友廠（廣東深圳、越南廠）支援	救援投手
二、悲觀情境（worse scenario）	9%	・一級供貨公司缺料 ・工廠缺水 ・臨時跳電 ・工廠局部失火	備援計畫（back-up plan, plan B）	中繼投手
三、正常情況	90%		行動計畫（action plan, plan A）	先發投手

(一)備援計畫

風險管理的「18 套劇本」不是劇本，而是玩真的。以任何歌劇（例如「貓」），都有第一女主角，當她倒嗓等情況發生時，第二女主角便遞補上來。就跟棒球一樣，一旦先發投手可能出問題，中繼投手早已在牛棚熱身，隨時可遞補上場。

(二)備援計畫案例：原料第二供貨公司

美國康寧（Corning）是全球第一大玻璃基板公司，全球市占率五成以上，七代線以上基板的市占率達七成以上，因此每當康寧發生事故，總是會對全球面板產生巨大衝擊。

2009 年 8 月，日本康寧靜岡廠因為地震引發火災，導致部分熔爐停止運轉，調度台灣與南韓康寧的產能支援。最後導致台灣面板公司的玻璃供應不足；9 月奇美電、華映與彩晶面板出貨量下降，只有友達持續成長。

2009 年 10 月 19 日（週一），康寧台中廠發生斷電意外，導致五座熔爐停止生產，玻璃從 10 月 26 日起打折供應。

美國康寧公司副董事長暨財務長佛洛斯（James Flaws）當晚（美東時間一大早）上班時間發佈聲明指出，原本預估第四季出貨量將比第三季成長 5%，受到台中廠斷電影響後，第四季出貨將持平，或較第三季衰退，可見影響層面之大。

台中廠因為機器的路由器過熱，導致斷電，五座熔爐中有三座要到 12 月才能恢復生產，剩下二座要到 2010 年 1 月才能復原。[9]

日本旭硝子（AGC）玻璃基板市占率約 28%，但是康寧玻璃基板工廠接連出狀況，旭硝子集團已吸引許多面板公司（報載面板雙雄友達、奇美電）轉單。市場人士估計，其市占率可望上升 2、3 個百分點，達到 31% 左右。[10]

(三)應變計畫

如果以一架飛機四個噴射引擎來說，二個引擎熄火還能飛，此時啟動備援方案，例如找最近機場降落。要是四個引擎全部熄火，只好啟動**應變計畫**（**contigent plan, plan C**）。透過滑翔方式，尋求最近的機場或空地迫降；要是被迫在海上迫降，必須尾部跟海平面呈 9 度夾角，讓飛機能往前滑行，才能保住大部分機身和乘客。碰到什麼機械問題，該如何處理，飛機公司的飛機使用手冊都寫得一清二楚。

如果能效法此精神，把有關公司產能的應變計畫寫好，平時演練（從紙上談兵到兵棋推演的演練），一旦有個三長兩短，應變速度會既快又處理妥當。

同樣地，公司在生產面的風險管理的應變計畫在規劃階段要「談妥」，例如仁寶可找廣達等同業友情支援，借用產能。至於在集團內的「異地救援」，不僅每年要「沙盤推演」（套用總統每年的兵棋推演）。

而且宜套用消防隊的救火演練，拿幾筆小訂單，隨堂考一下各工廠主管支援友廠的能力。

註　釋

①經濟日報，2009 年 8 月 26 日。

②經濟日報，2008 年 7 月 8 日，A9 版，林聰毅。

③工商時報，2003 年 12 月 13 日，A3 版，徐仁全。

④財訊月刊，2009 年 10 月，第 38 頁，王毓雯。

⑤工商時報，2009 年 7 月 31 日，A3 版，涂志豪。

⑥經濟日報，2009 年 12 月 5 日，A3 版，李珣瑛。

⑦經濟日報，2009 年 11 月 26 日，C1 版，陳碧珠。

⑧工商時報，2011 年 3 月 11 日，A2 版。

⑨經濟日報，2009 年 10 月 20 日，A3 版，蕭君暉等。

⑩工商時報，2009 年 10 月 21 日，C15 版，王瑞瑩。

討論問題

1. 以表 2.1 為基礎，舉一家公司來印證。

2. 以表 2.2 為基礎，找一部汽車、機器來舉例說明。

3. 以表 2.4 為基礎，舉一家公司來說明。

4. 以表 2.5 為基礎，舉一家公司來說明。

5. 以圖 2.1 為基礎，舉一家公司來說明。

6. 以表 2.10 為基礎，以一家公司（歷史上）或同一時三家同行公司來說明。

7. 以表 2.11 為基礎，以一家公司來說明。

3

設施規劃
——工務部的職責

佳能科技因台灣資訊產業鏈上下游連結緊密,造就全球唯一系統整合的回收技術。佳能積極在全球佈局,掌握市場先機。

——吳界欣　佳龍科技總經理
經濟日報,2010 年 3 月 29 日,A15 版

工欲善其事,必先利其器

蓋廠過程中,工務部(或設施部)跟營建工程部(或外包營造公司)敲定生產線、動線(原料、產品與人員)。這部分非常重要,往往因設計不良,弄得投產後「卡卡的」。

本章由大到小探討工廠佈置第二～四層次相關問題。

第一節　工廠佈置第二層次決策:廠區空間配置

許多公司的廠區大到像個小鎮,員工數萬人,甚至超過十萬人,在大陸稱為「工業園區」、「生產基地」。

一、工業園區的設計

工業園區兼具製造、生活雙重目的,因此在規劃時,宜請都市規劃專家參與,尤其宜聘請有工廠、住宅設計能力的建築師事務所來規劃。

(一)工作跟生活分開

都市中有工業區、商業區與住宅區的劃分，主要是基於環保等考量，工業園區內，廠區跟生活區的涇渭分明，更有一項心理調劑的功能；如此才不會有「整天上班」的緊繃心理。

由圖 3.1 可見，藉由樹木、小山形成視覺隔離，可以收「柳暗花明又一村」的反差，可以讓廠區跟員工下班後生活區有個「楚河漢界」。

(二)工廠越來越像風景名勝

「工廠管理」越來越強調人性化，終究「人是感性的動物」，心情會影響產量、良率，而賞心悅目的工作環境具有加分效果。尤有甚者，還有觀光工廠的打造，跟餐廳的透明廚房一樣，弄成有如實境秀的臨場感。

1.ㄇ字型空間設計

一般廠區大都採取ㄇ字型的設計，主要是讓大貨車有足夠迴轉空間。

2.工業安全的考量

廠辦建築師在空間設計時，一定會遵守消防法令的消防標準（防火巷等），與環保法令。

工廠或多或少會排放廢氣、噪音，因此工廠宜設於少風方向（例如東西向），至少宜設於經常下風區（例如在亞熱帶，全廠一年只有五個月刮東北風，工廠宜設於北方）。

3.綠化

廠區綠化從 1980 年來已成常識，尤有甚者，越來越多公司把廠區往「生態園區」的方向發展，其中二個特色如下。

(1)生態池

利用濕地作為淨化排放水的生態池，兼具美化功能。

(2)樹木

樹木具有減碳、增加生物多樣性（尤其是吸引鳥類）、綠化、美觀多樣功能。

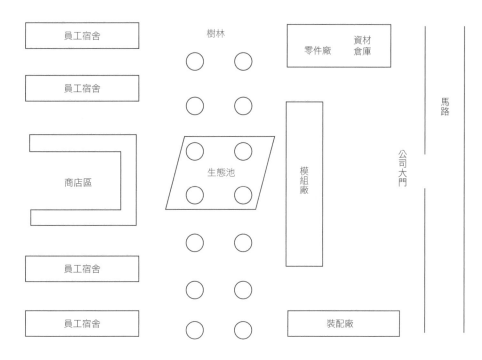

圖 3.1　工業園區與全廠佈置

二、平面園區

　　在工業區中，大部分會採取平面設計方式，但是會預留未來擴廠的空間，大都以草坪方式出現。平面廠區也一定會有大樓，只是跟純大廈型廠房不同，在空間運用時彈性更高。

＊工廠空間設計最簡單：後進前出、右進左出

　　工廠的空間配置非常簡單：「後進前出」或「右進左出」，即「資材倉庫→工廠生產→工廠生產→成品物流」的順序，詳見圖 3.1。

　　工廠內的動線規劃也是一樣，唯一的差別是一字型或ㄇ字型，一字型是上上策，ㄇ字型是次佳方案，往往是廠房長度不夠，只好轉了彎，跟運動場一樣，彎道時輸送帶得減速。以物流來說，原料車進入或成品車出貨，可以共用一個碼頭，地點使用率較高。

三、大廈型園區──廠辦大樓

　　在寸土寸金情況下，大廈型工廠具有更充分利用空間的功能。廠辦大樓可

說把平面廠區塞進立體空間，電梯取代平面道路。

進出貨碼頭仍在一樓（甚至地下室），有時往往必須跟同一大樓的其他公司共用，同一公司不同事業部也會面臨貨梯「塞車」問題。解決之道是協調，例如分時段使用或使用前登記。

大廈型工廠在防火、逃生的考量比平面工廠還多。

第二節　工廠佈置第三層次決策：生產線型態

一旦決定設備的位址，下一個重要的空間配置決策便是在這一位址內如何安排人與機器，設備佈置（facilities layout）。工廠的**全廠佈置**（**systemetic layout** 或 general overall layout），跟家庭室內空間規劃很像，全廠佈置的需求由製造部為主，工務部負責施工。

一、砍一刀，軟、硬分離

許多旅館的浴室強調乾濕分離，各自有淋浴間、浴缸。同樣地，為了方便記憶，以「工務部負責硬體、製造部管軟體」來形容二個部門的功能，大抵八九不離十，詳見表 3.1。

(一)目標

設備佈置的目的在於決定各部門、各工作站或存貨點的位置，而使得製造流程（flow）或流動型態（flow pattern）能夠順暢且能節省移動的成本。簡單地說，是希望建立一個流暢的生產線，使每個工作站的空間、時間為最低，如此方可發揮機器、設施、人力的最佳使用與平衡員工的工作量。

(二)組織設計：負責部門

工廠硬體設備的取得（自製 vs. 外包）、安裝和維修都是由工務部負責，詳見表 3.1。全球最大飛機公司波音公司的部門名稱更容易了解，即設施部（department of facilities），由協理（director）擔任主管。

表 3.1 工務部的職掌

生產過程中所需的設施	施工	營運
	進料碼頭	
部門	↓	
一、資材部	原料倉	
(一)倉儲設備		
(二)料		發料 ↑
二、製造部		・台車
		・輸送帶
		退料
(一)原料	現場倉	
(二)空間佈置	・人、車動線	
	・無塵室：外包給帆宣（6196）	
	・管線	
(三)機台	1.自製或外購	
	2.外購時：一手貨 vs. 二手貨	
(四)產品流	輸送帶	
	天車（吊車）	
(五)品管點		1 級維修：員工
(六)維修		2 級維修：工務部
三、運籌部	成品倉	3 級維修：設備公司
	出貨碼頭	
	↓	
	物流卡車	

(三)聚焦就好

服務業的空間配置比製造業複雜多了，主要是必須考慮顧客，詳見下列二種情況。不過，服務業的場所空間配置宜在服務業管理書中討論。

1.希望便民

在立體空間配置（即樓層分配）方面，以電梯為主動線；在平面空間配置，往往是希望以顧客流動時間最小化為原則，白話一點說：「少走點冤枉路」。

表 3.2 依生產型態把生產方式分類

生產型態 性質	定位生產（**fixed site production**）	零工式生產（**job shop production**）	流程生產（**flow shop production**）
一、又名	專案生產（project production）	工作坊（work shop）	
二、產業	最極端例子就是大廈建築，但是如果採取預鑄工法，則又加入流程生產的特區。	1.最極端的例子，便是瑞士的手工手錶，強調工匠的工藝，法拉利汽車也是如此。 2.機械業最常碰到這種「小量多樣」情況。 3.需要多功能工人（multi-disipline operator，多能工）。	1.連續生產（continuous flow）最極端例子，資本密集式的行業都是，包括煉鋼（例如中國鋼鐵，2002）、石油化學（例如台塑集團的六輕）、玻璃廠（例如美國康寧）。 2.單一產品重複（dedicated repetitive flow）。 3.批量生產（batch flow production）。 4.混合產品重複（mixed-model repetitive flow）。
三、生產線佈置	飛機裝配是典型例子	U 型線或功能式佈置（functional layout）、程序式佈置（process layout）	流水線、直線式或產品式佈置（product layout）

2.希望留住顧客

百貨公司、量販店反倒想方設法，要讓顧客盡量留在店內，如此才讓他們尋寶而挖到寶，多買一些。

二、全廠佈置方法

穆勒（Richard Muther）首先提出「**系統佈置規劃**」（**systematic layout planning, SLP**），以空間需求、供給二方面的五個因素，依英文字母順序排列以便記憶。我們則更進一步，把這分為二方面，詳見圖 3.2，底下詳細說明。

P：Product　產品

Q：Quantity　數量

R：Routing　動線

S：Supporting Service　輔助勞務

T：Time　時間

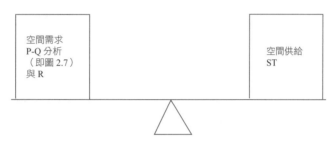

圖 3.2　工廠空間配置的平衡

(一)空間需求

　　跟生產過程有關的四個部門資材、製造、品管、物流，各需要多大面積，由各部門提出。其中製造部宜特別說明，工廠佈置會因產品移動速度與產量而有四種方式，詳見圖 3.3，原本 X 軸是產品、Y 軸是數量，因此稱為 P-Q 分析圖，但本書依經濟學供需圖、X 軸為數量，因此把二軸互換。

　　1.X 軸：產量多寡的生產方式

　　產品本質影響產量，以商用飛機為例，說明表 3.2 中的三種生產方式與圖 3.3 的 X 軸。

　　(1)小量少樣

　　像商用飛機又重又大，組裝一架約需七個工作日，是「小量少樣」的典型。

　　(2)小量多樣

　　金屬零組件業透過工匠去加工金屬零件，透過巧手與精密機械能生產出飛機的一些零件，屬於小量多樣。

　　(3)大量少樣

　　飛機的線纜、扣件（螺絲、螺帽）皆可採取機器連續且大量生產。

2.Y 軸：產品移動速度

生產線輸送帶的速度常常是可以調整的，定位生產比較不動，另一個極端是流程生產，常見的是飲料工廠，飲料裝瓶、加瓶蓋的速度都很快，有時令人目不暇給。

3.動線——誰先誰後

工廠佈置的二大需求是空間大小與行動路線，即經常活動宜安排在主動線上，依照活動順序依序安排空間，如此才可使移動距離最短且不會產生逆向流程（backflow），或交叉流程以致生產線常會因交會而混亂。

如果用脊椎比喻成主動線，那麼肋骨便是副動線，許多城市的交通設計也都是採取此種規劃。

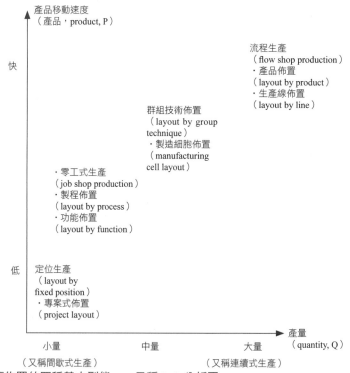

圖 3.3　工廠佈置的四種基本型態——又稱 P-Q 分析圖

4.產品線平衡

達到產品線平衡的程序有五個步驟。

(1)步驟一

定義所有生產線上所從事的**作業（tasks）**並估計每一個作業所需耗用的時間，同時確認各個作業間的先後次序（precedence）。

在下圖中以圓圈代表一個作業，而圈外的數字代表所需花費時間，箭號代表一種先行作業的限制，箭號所指的作業非等到箭號起源的作業完成之後不能先作業。

(2)步驟二

決定每日所需的產出水準（output level），並計算對應於此產出水準的循環時間（cycle time, CT）。把工作站分為幾個工作中心，並保證每一工作中心的流量能順暢，因此每個工作站必須在一定的時間內完成一個產品作業，這也就是循環時間。

$$循環時間（cycle time, CT）= \frac{可供作業時間}{每天產出水準} \cdots\cdots\cdots\cdots\cdots\cdots \quad \langle 3\text{-}1 \rangle$$

或 $CT = \dfrac{OT}{OR}$

以國瑞汽車公司的轎車生產為例。

· 可供作業時間（operation time, OT）

　一天 8 小時，一小時 60 分鐘，共 480 分鐘。

· 每天產出水準（output requirement, OR）

　當產出水準 100 部車時

　循環時間 $= \dfrac{480 \text{ 分鐘}}{100 \text{ 部車}} = 4.8 \text{ 分鐘／車}$

國瑞汽車生產線

圖片提供：國瑞汽車

當產出水準 200 部車時

$$循環時間 = \frac{480\ 分鐘}{200\ 部車} = 2.4\ 分鐘／車$$

國瑞 U 型生產線的輸送帶，正常速度是每個工作站須花 4.8 分鐘走完，一部車就進入下個工作站由另一名員工做下一個工序。

每人 4.8 分鐘的標準時間是以一天 8 小時，每小時 60 分鐘，可生產 100 部車所算出來的。一旦訂單高達一天 200 部車，此時生產線轉速調快到 2.4 分鐘就經過一個工作站。但一道工序一個人標準工時 4.8 分鐘，此時「山不轉，路轉」，每個工作站由二人負責。

(3)步驟三

計算在所需的產出水準之下，最少的工作站數。

$$工作站數（number of work station, N）= \frac{所有作業時間的總和}{循環時間} \cdots \langle 3\text{-}2 \rangle$$

．所有作業時間的總和（total time, TT）。

工作站數的值必須為整數，因此如果求出有小數，則須把整數加上 1，以得出最少的工作站數。

(4)步驟四

經由作業指派給工作中心發展出一個初步的佈置方式。

通常實際工作站數會大於理論上的工作站數,這是因為考慮先行作業、員工的技能及空間等限制。決定理想的工作站數與如何把作業分派至工作站是一個極為複雜的問題,可分為用人腦與電腦軟體二種。

用人腦方式,通常均用啟發式(或近似)(heuristic)方式來求得。最常採用者如作業中有最長作業時間者優先分派,或作業有最少前置作業先分派,或作業及其後繼作業總時間越長者先分派等。

用電腦軟體方式,常見的有下列幾種。

- ASYBL(general electric's assembly line configuration program);
- CALB(computer assembly line balancing);
- COMSOAL(computer method of sequence operation for assembly line)。

(5)步驟五

評估目前的佈置,如果可能經由修改現有佈置產生另一種新的且更佳的佈置。以平衡損失(balance delay, BD)來衡量現有佈置的效率。

$$\text{平衡損失}(\textbf{balance delay, BD}) = \frac{(N \times CT - TT)}{N \times CT} \times 100\% \quad \cdots\cdots \quad \langle 3\text{-}3 \rangle$$

5.空間配置的電腦軟體

幾乎所有室內裝潢公司都有虛擬的、3D 室內裝潢軟體,讓設計師跟顧客(業主)可以眼見為憑。同樣地,工廠空間配置的軟體更多,如下所列(依英文字母順序)。

- ALDEP(automated layout design progrom);
- CORELAP(computerized relationship layout);
- CRAFT(computerized relative allocation of facilities technique);
- FADES(facilities design expert system)。

(二)空間供給

營建公司在蓋廠時,其藍圖主要依據工務部的設施佈置藍圖(facilies layout blueprint),「設施」來自製造部、「佈置」則是製造部跟工務部討論

出的結果。

1.空間就這麼大

由於建築法令（容積率、建蔽率）與公司財力限制，工廠地坪面積有其上限，公司只能在「隔間與通舖」間作抉擇，彈性隔間的好處是隨時可以調整，缺點是犧牲隔音、防塵。

2.調整

空間配置如意算盤是「一廠搞定」，當主廠房不夠時，料倉、品管區皆可分離，工廠跟物流區宜在一起，才一氣呵成。

(三)這是產業特性

「用筷子吃中餐，用刀叉吃西餐」，背後道理很簡單，一塊八英兩的牛排，用筷子怎麼切？

同理，生產線佈置方式可說是筷子、刀叉，路隨山轉。在表 3.2 中，第一列是生產型態的三種分類，不過，你並沒有三選一的權利，只能在其中挑選最適合自己公司的。大體上，生產型態取決於產業；台灣只有極少數情況屬於零工式生產，生活中常見的有打鐵店、銀樓等的老師傅。

台灣絕大部產業都是流程生產，以本書主軸電子業來說，屬於表 3.2 中第 4 欄的單一產品重複流程生產。

＊一個蘿蔔一個坑

每種產品大都只有一種適用生產線佈置方式，例如飛機、大廈主要是採取固定位址佈置。

三、固定位址佈置

固定位址佈置（fixed position layout）又稱為專案式佈置（project layout），此種佈置主要「人動產品不動」，應用在所要製造的產品不動，把所需的工具設備及員工移到製造處來施工，主因是產品太大、太重了，不便移動，例如飛機、船、建築物等。此種佈置的考慮因素是如何使物料的搬運、作業的排程及技術能夠有效組合。

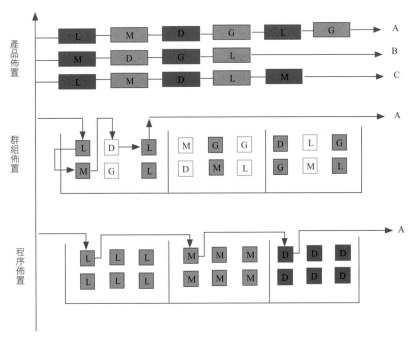

圖 3.4　不同佈置方式的產品製造流程型態

四、零工式生產佈置

零工式生產大都採 U 型生產線或稱**功能佈置（functional layout）**、程序佈置（process layout），以最簡單方式舉例，一個 U 型辦公桌，你從右邊電腦把公文下載，列印出來，拿到正中間修改公文，再放到左邊的公文匣；一個人就能從頭到尾把製程（process）完成。

零工式生產屬於「人不動產品動」，偏重一個人做多道工作程序（「工序」），常見的則屬於精密金屬（例如鐘錶）的加工，一位「師傅」（即工匠）刨或削或磨，把一個齒輪、機芯或表面作好，此時，把一種機器佈置成**工作站（work station）**。公司辦公室的佈置（office layout）大都採取製程佈置。

五、群組技術佈置

群組技術佈置（group technology layout）是介於零工式佈置與產品線佈置中的佈置方式。其生產種類偏向小量多樣，然經過群組技術後，把小量多樣的零工式生產方式變成大量少樣的生產方式，因此，其具有零工生產的彈性大

優點,又具有部分大量生產效率高的好處。

(一)群組技術

針對生產的產品(或稱工件)依照其**設計屬性**(**design attribute**,例如形狀、尺寸)與**製造屬性**(**manufacturing attribute**,例如加工技術、製造過程)的類似程度,分成一些產品族(family,或稱工件族),這就是**群組技術**(**group technology**)。

群組技術於 1925 年由美國 Flanders 提出,1958 年蘇俄 Mitrofanov 命名。如何把技術分群呢?這包括檢視法、分類系統法、生產流程分析法與數學分析法,後者包括階位分群法(ranked order clustering, ROC)、直接分類法與能量束縛分析法等,由於計算過程繁複,讀者有興趣可參考相關書籍。

利用群組技術用以辨識相似元件並聚集成群組,例如一工廠生產 1,000 項元件,經辨識可分成 20 群,每群生產的品項具有類似機器、夾具、治具及刀具,在生產設定上僅有微小變動。

(二)群組技術佈置

對每一個產品族所需的設備做直線佈置,如此每個產品族生產線包括許多機器,這些機器可稱為一個**群組**(**group**)或**細胞**(**cells**),因此群組佈置是由許多群組所組成。群組技術佈置是製程佈置的一種變型,其優點如下。

1. 較快速的工作整備(setup),由於每個群組只生產少數屬性相似產品,因此工具使用數目減少也可減少工作整備的時間。
2. 減少物料搬運與在製品存貨,因為在同一群組中結合數階段的生產過程,減少原料、在製品的運送。
3. 提升員工的專業,由於員工在一有限的製造循環中只從事有限度不同零組件的生產,因此有學習曲線短而快,很快會變成熟手。
4. 員工有較多的參與,因為每個群組為一個小組,必須為整個工作品質負責。

六、產品線佈置

以一條鞭的筆電生產過程中,從頭到尾約 20 位員工,每人往機殼裡加束

西，到最後一站，產品便完成，所以稱為**產品佈置**（**product layout**）、**產品線佈置**（**product line layout**）或直線佈置。此種生產方式一般均按照生產製程順序安排成一條直線的方式。

產品線佈置的基本前提如下。

1.產品傾向標準化，例如 3C 產品、汽車等；大量生產形式可分成裝配線生產（間斷式產品）及連續性生產（流動式產品）二類。其中裝配線生產是把一項工作的全部作業分佈於各工作站以形成裝配線，所以各工作站以大約相同時間完成所分配任務（例如汽車裝配）。

2.數量夠大足以使設備有較高的利用率，即設備投資報酬率高。

佈置型態如下，產品線的形狀可分直線式、L 型、U 型（例如圖 11.8）或分支型（主裝配線加上次裝配線）等，不論那種形式，其設計要點在於**生產線平衡**（**line balancing**），透過分割工作站使得各工作站所花費的時間能夠相等，而不會產生**瓶頸**（**bottleneck**）或閒置。

產品線佈置的缺點如下。

1.對作業員來說，一直做同一動作，容易精神疲乏。

2.生產線採取串聯方式，一人耽誤，易產生「牽一髮而動全身」的後果。

七、混合佈置

混合佈置（**combined** 或 hybrid **layout**）是融合上列幾種佈置而成，例如下列二個例子。

1.全球最大飛機公司波音公司是採固定位址佈置，但 2001 年來為了搶進度（註：一架飛機約 7 個工作天組裝），在後 5% 的部分。飛機往前被拖，這是跟豐田學的汽車組裝，即採取產品式佈置，讓員工覺得飛機已快生產完的動感。

2.豐田汽車的最後一個組裝活動是放進引擎，引擎組裝可說是固定式佈置，作業員在一個定點組裝，等到汽車全裝配好，再把汽車停好，天車把引擎吊進前車箱。

第三節　工廠佈置第四層次決策：細部佈置、設置

工廠佈置的第四層次決策則細到小面積的佈置圖，這分為二部分。

一、細部佈置

工廠的細部佈置是在承接全盤佈置計畫進行較詳細的佈置，最重要工作為考慮物料流程與空間需求後，加上實體限制（包括支柱與通道），而後進行區域分派。

此部分，大抵由工務部負責，從汽車組裝工廠來說，常需考慮表 3.3 的搬運設備與動線。

表 3.3　汽車工廠中的零組件與產品移動

工廠上中下	說明
上方	・天車：這是有人駕駛或搖控的天車。 ・起重機：像把前、後車窗吊至車上，甚至用液壓起重機吊起車身，以便車身跟「動力傳動機構」（包括引擎、變速箱、傳動軸）媒合，此段約需 3 分鐘。
在製品	・汽車軌道，在下列二區中，皆有汽車軌道。 (1)車架整備區 (2)汽車組裝區
模組移動	・氣動檯：在汽車的輪胎裝配站，由工人推氣動檯把輪胎送到裝配站。 ・以牽引車拉動中大型料架的牽引台車（有點像遊樂園觀光小火車），以取代堆高機橫衝直撞。 ・以「自動搬運車」（**automated guided vehicle, AGV**）取代牽引台車，更省工。

二、設置（或安裝）

佈置的最後步驟便是把機器、設備搬入廠房中安裝（install）完畢。

4

生產策略的執行
——總經理立場

高明的企業有高明的作法。成功的企業是人人稱羨的對象，我們總想從成功的企業那兒學到經營方法，因此，常常有書號稱某某企業是多麼成功，例如麥肯錫、惠普（HP）、高盛（Goldman Sachs）、沃爾瑪（Walmart）、西南航空（Southwest Airlines）、3M、通用電器（GE）、日產（Nissan）等，都有專書解析它們當年如何成功。

只是大多數解釋企業成功的書都是瞎子摸象，無法窺知全貌，即使作者是當年的執行長，也難免有主觀的成分來說明成功的原因。

一般公司認為只要想出一個藍海策略就可以長治久安，因此貪圖短期利潤，殊不知公司長期經營要靠文化，管理哲學才能基業長青。而公司文化、經營模式、經營流程、人員流程全部環環相扣。因此要移植豐田制度，必須全套轉移，如果只是移植生產流程，沒有價值工程，也沒有與時俱進的精神和工夫，移植是不會成功的。

——**湯明哲** 台灣大學國企系教授
《實踐豐田模式》一書台灣版「序」。

 ## 靠成本取勝

在代工公司，總經理往往偏重帶業務拚訂單、帶研發拚產品技術，末了，還要帶製造部拚成本、品質；責任重大。

基於篇幅平衡的考量，把原本應放在第一章的「廠址決策」放在本章第一節；第二節以台塑集團為例，說明建廠等相關事宜；第三節，站在總經理室的角度，說明如何從損益表為基礎，制定標準成本，並在各部門執行後，進行差

異分析，至於如何改善則留到第十六章再來討論。成本分析需要資料，本章第四節說明跟生產相關的資料需求。

第一節　工廠佈置第一層次決策：廠址

「工廠佈置」拆開來看是「工廠」與「佈置」的複合詞，「佈置」跟家裡的室內家具佈置相似。這只講對了四分之一，表 4.1 中最低層次的那部分。

工廠佈置最大層級的決策是由董事會決定的「廠址」（工廠的位址），這是本節重點。

一、工廠佈置的決策

工廠佈置的四個層次（由上到下詳見表 4.1 第 1 欄），由表第一列可見，分別由董事會等各組織層級負責。

表 4.1　工廠佈置的決策

5W2H ＼ 組織層級	製程技術部	製造主管（副總）	總經理	董事會
一、where？				
1.廠址（plant location）				√
2.how much？				
產能規模或投資金額				√
3.when？				
設廠時機與進度（第一、二、三期）				√
4.which？				
工廠種類，即專業工廠（focused factory）抑或彈性工廠（FMS）				√
二、what？				
全盤佈置（general overall layout）			√	
三、who？				
細部佈置或區域配置（area allocation）		√		
四、how？				
佈置（layout）	√	√		

二、工廠佈置第一層次決策：廠址──董事會權責

有些課程會討論廠址（plant location，包括工廠、發貨倉庫甚至分店），首先是像「生產管理」這樣的課程；「作業研究」課程則以原料運入、成品運出的運輸成本極小化來做決策準則，即重力中心法（center of gravity method）；至於「國際企業管理」課程則以一章專門來討論，因為事涉稅率、政治風險（例如資產有被政府沒入之虞）等，採取因素評分法（factor rating method）。俗話說「複雜的問題沒有簡單的答案」，我們大抵同意這樣的說法，但是在選址（plants location choices）時，可能就不適用，因為九成的答案都是「大陸」，因為「大陸是世界工廠」。

一部好的小說應循循鋪陳，把讀者吸引直到結局出現。在本節，我們卻採用倒敘法，先介紹結果，再介紹如何得到結果。

(一)廠址的考量

人們經常可以在電視新聞上，看到台灣營收最大公司、全球最大電子代工公司鴻海集團（2317）的董事長郭台銘到重慶市考察、到越南的廠區落成典禮剪綵；報刊則刊載更多有關鴻海又到那裡「插旗」的消息。鴻海集團在五大洲都有設廠，員工數 120 萬人，2003 年起，《天下雜誌》甚至以「電子業成吉思汗」來尊稱郭台銘。

鴻海集團可說是台灣公司在海外設廠範圍最多的公司，以此為對象來說明廠址的決策，大抵可以涵蓋所有公司的情況。在一堆設廠資料中，歸納出鴻海集團二個設廠考量。

地點的選擇，有一半操在客戶（即有組裝廠的客戶）手上，只有另一半操在自己手上。我們以工業營收最大公司鴻海集團為例，來說明廠址的決策。

(二)客戶說了算

由表 4.2 中第 1 欄可見，在「以客戶為尊」的情況，手機龍頭諾基亞要求鴻海集團旗下富士康國際到北京、印度設廠，富士康國際二話不說，立刻跟上。

表 4.2　廠址決策的自主性——以鴻海集團為例

競爭優勢 決策自主性	價　　量　質　　時			時
一、客戶（品牌公司且 　　有組裝廠）指定 　(一)接近市場 　　1.省關稅 　　歐洲：捷克、 　　匈牙利 　　美洲：墨西哥 　　2.時效考量	(1)2003 年 6 月，富士康在 　匈牙利設廠；2005 年加 　碼 2 億美元，是為了接諾 　基亞訂單。 (2)例如 2009 年 9 月 1 日， 　鴻海宣佈收購日本索尼位 　於墨西哥的工廠，取得液 　晶電視代工訂單 (3)2006 年，富士康在印度 　清奈設廠，主要是為了配 　合諾基亞、摩托羅拉。			在大陸的四川省成都 市、重慶市設廠，透過 歐亞鐵路，到歐洲只要 13 天，比華南出口走 海運少 12 天。
(二)成本導向	1992 年，摩托羅拉把亞 洲最大工廠設在大陸天 津；2004 年，富士康也 跟進，在北京科技工業區 設廠，斥資 10 億美元以 上。 2005 年 2 月，富士康接 收巴西瑪瑙斯省組裝廠。			
二、本公司自己挑	1.土地免費：國家為了「引 　資」（引進外資），對重 　大外資會給予工業區的 　土地優惠（例如免費租 　用）。			
(一)大陸	2.勞工便宜 大陸農民工最低薪資約人民 幣 1,200 元（約新台幣 6,300 元）。			1.在環渤海灣經濟圈 　（例如山東），海運 　至美國，省 2 天。 2.在內蒙古、四川的重 　慶、成都設工廠，鐵路 　運輸到歐洲只需 13 天 　比海運快 12 天。
(二)越南	越南勞工薪資只有大陸的二 分之一。 美國對越南有貿易最惠國優 惠。			
(三)印度	勞工薪資更低。			

(三)80：20 原則的運用

在全球那裡設廠？這個問題的答案可以套用「80：20 原則」，八成在大陸，二成在印度、越南或歐洲的捷克、中南美洲的墨西哥或巴西。

全球有 200 國，你不用把描述各國設廠條件的書籍讀完，便會發現君子所見略同。同樣情況也出現挑選在那一個租稅庇護區（tax shelter）替海外投資公司設籍註冊，答案比「80：20 原則」更扯，98% 的台灣公司挑選英屬維京群島（Britisch Virgin Island, BVI），約 2% 挑開曼群島。《國際財務管理》教科書中的國際租稅規劃一章中，花一節甚至一章比較二、三十個租稅庇護區的優劣，看似「公說公有理，婆說婆有理」，但企業界的選擇可用「一面倒」來形容。

(四)以專業顧問公司的資料來說

2009 年 5 月 21 日，美國的全球企業顧問公司 AlixPartners 公佈「2009 年製造／外包成本指數」，指出全球外包便宜排行榜依序為墨西哥、印度和大陸。

該公司分析多種零件製造，以及各種簡單工序和生產線，從小型直流馬達到較複雜的鋁鑄模，然後拿大陸、印度到美國西岸船運港口之後的價格跟美製品相比，2008 年，墨西哥比美國便宜 25%，大陸只便宜 5.5%。

AlixPartners 總經理莫勒說：「二年前，外包大陸理所當然。現在，超吸引人的是墨西哥。」

造成變化的最大因素是匯率和勞力，2005 年底以來，墨幣披索對美元貶值二成，人民幣對美元升值一成一。大陸工資一年上升 7.5%，墨西哥工資以披索計價是上升，但以美元計價是劇降。[1]

(五)大陸製造

興起於 1998 年的「大陸製造」，在近年終於爆發出令世界難以抵擋的競爭優勢。2005 年出口貿易的數字達到 1,400 億美元。隨著大陸商品如潮水般湧出國門，歐美消費者發現「Made in China」已經像空氣一樣，成了生活不可缺少的一部分。

2005 年元旦，住在美國路易斯安那州巴呑魯日（Baton Rouge）的經濟新

聞記者邦加妮（Sara Bongiorni）做了一個很「瘋狂」的決定，她跟家人在一年內不使用「大陸製造」。

她說，這個念頭是在耶誕節期間冒出來的，因為她突然發現家裡每個角落，從電視到網球鞋，再到裝飾耶誕節的燈泡、地板上的西方人偶，無一不是「大陸製造」。讓她沒有想到的是，「這個（一年內不用大陸貨）決定竟然是大麻煩的開始。過去看起來很簡單的事情，都變成令人痛苦的事情。」首先要換掉 4 歲大兒子的大陸製鞋子。結果，兒子只好穿從商品目錄單中找到的 68 美元的義大利運動鞋。家居用品縱使故障也無法修理，因為表面上雖然是「美國製造」，但配件全都是大陸產品。從捕鼠器到住宅外面的電燈、生日蠟燭、爆竹等，想找到不是大陸製造的產品，簡直難如登天。

2006 年，邦加妮把自己的經歷寫成了《沒有「中國製造」的一年》（*A Year Without "Made in China"*，早安財經出版），她得到的結論是：「美國人完全無法擺脫『中國製造』。」她在書末宣佈：「原本想讓大陸貨在我的生活中消失，但後來才明白大陸貨原來已經滲透到我的生活中，這令我非常吃驚。我跟家人決定向現實妥協，否則為此忍受的生活不便和代價真是太大了。」

沒有別的故事比邦加妮的經歷更能說明現實，廉價！廉價！還是廉價！這是「大陸製造」制勝的唯一武器，也是最令世界難以抵擋的競爭優勢。

(六)大陸躍居世界最大出口國

世界貿易組織（WTO）公佈「2009 年世界貿易報告」，大陸超越德國，成為全球最大的商品出口國，詳見表 4.3。

(七)工資低、分散風險，越南仍有吸引力

2008 年 1 月底到 2 月罕見的華中地區大風雪，就讓全球筆電供應鏈為之停擺，選擇到越南設廠，仁寶電腦總經理陳瑞聰說，除了薪資成本外，更重要的理由是風險問題。連客戶也都要求代工公司正視產能過度集中在華中地區的風險。②

表 4.3　2009 年主要國家出口金額排名

單位：億美元

名次			國家	金額
2007 年	**2008 年**	**2009 年**		
1	1	2	德國	14,652
2	2	1	大陸	14,285
3	3	3	美國	13,005
4	4	4	日本	7,823
6	5	5	荷蘭	6,340
5	6	6	法國	6,087
7	7	7	義大利	5,397
9	8	8	比利時	4,770
12	9	9	俄羅斯	4,718
8	10	10	英國	4,580
17	18		台灣	2,556

資料來源：WTO 網站。

　　由表 4.4 可見，越南在勞工成本跟印度打平，土地租金略高，但是越南有很多好處：美國最惠國、東協會員國、區內免關稅。大陸的優點是：勞動人口多、產業鏈完整、政治與匯率穩定，2010 年之「東協十加一」等。

表 4.4　大陸、印度、越南投資環境比較（2010 年）

	大陸	越南	印度
面積（萬平方公里）	960	33	329
人口數（億人）	13.4	0.85	11.3
中間年齡值	33.2	26.4	24.8
識字率	90.9%	90.3%	61.0%
人均國內生產毛額（美元）	4,282	1,162	1,100
產業結構			
・農業	11.9%	20.1%	19.9%
・工業	48.1%	41.8%	19.3%
・服務業	40.0%	38.1%	60.7%
失業率	4.2%	2.0%	7.8%
歐盟反傾銷稅	19.4%	0%	16.8%
勞工成本（每人每月，美元）	150～250	70～100	75～110
土地成本（每平方公尺，美元）	180～400	40～100	15～50

資料來源：美國中央情報局（CIA）、台商經驗與本書更新。

(八)台灣免費資訊不敵免費土地

　　工業區的主管機構是經濟部工業局，北中南科學園區的主管機構是科技部，科學園區土地只租不賣，台灣的土地租售價格遠高於大陸，因此工業局採取提供資料的服務，來吸引公司設廠。

　　2009 年，經濟部工業局首度結合該局管轄的工業區、加工區處的加工出口區、科技部管轄的科學園區、環境資源部的環保科學園區及農業部管轄的農業科學園區，整合各部的土地供需資訊，建立完整的「台灣工業用地供給與服務資訊網」，讓企業了解工業用地的供需現況，詳見表 4.5。

表 4.5　台灣工業用地供給與服務資訊網主要功能

主要功能	內容簡要說明
工業區介紹	包含各類型工業區設立緣起、開發經過、土地配置與公司狀況、未來展望、地理位置與交通狀況等資訊。
工業區公司資料檢索	線上查詢各工業區內公司、產品等資訊，並設定條件查詢。同提供公司分析報表。
購地服務 （查詢即時購地資訊）	線上查詢最近三個月內全國各類工業區可購地資訊，並有條件式查詢介面，分工業區、行政區、產業別、租購優惠、公共設施等條件查詢，及以工業區名稱、需求類別、租售類別、需求坪數、每坪單位等條件查詢。
售地服務 （提供即時購地資訊）	欲提供出售、出租或租售皆可的土地及廠房資訊者，均可登入會員後把資訊刊登於網站上，供各界查詢。
地理資訊系統（即時影像及圖資查詢）	線上查詢結合地理資訊系統技術與網際網路功能所開發出的多平台地理資訊系統，包含工業區地理空間位置分佈、基本資料、工廠位置、工廠土地使用情形、產業分佈、產品查詢等資詢。
工業區統計資訊	提供每年度工業區開發統計分析、工業區公司統計分析、工業區土地廠房租售統計分析，以了解工業區開發現況、公司的產業／所在縣市／所在工業區的分析。
工業區通訊錄	依各類型工業區所在縣市、名稱及相關單位設定條件進行查詢，可查詢出工業區管理單位或公司的主管姓名、電話、傳真、地址、電子郵件住址資訊。

資料來源：經濟部工業局，網址：http://idbpark.moeaidb.gov.tw。

三、頭過身就過

　　設廠必須通過政府的環境影響評估（簡稱環評），大項目詳見表 4.6，底下

以 2009 年的中科四期（彰化縣二林）為例說明。中科四期園區開發計畫 2009
年 4 月初送審環境影響評估說明書迄 2009 年 10 月 13 日通過，在環境資源部
歷經十次會議，恐怕是史上短期內召開最多會議，也是最審慎的一次環評。

中部科學園區管理局預估，四期開發後可創造年營收 9,200 億元，新增 3
萬多個就業機會，總投資額達 1.2 兆元。四期開發土地達 600 餘公頃，等於中
科前三期園區之和，2014 年完工，其中友達擬在此投資 4,000 億元，設立四
座 10 代以上面板廠，中科四期將成為台灣最大面板園區。③

2010 年 7 月 30 日，台北市高等行政法院對中科四期裁決「停止開發」，
行政院抗告成功。

表 4.6 公司設廠需通過環境影響評估的項目

評估項目	說明
1.人文	區內是否有考古遺址？該如何保護？
2.交通	
3.水資源	用水量是否會排擠農業（尤其是水產養殖業）？
4.污染	
(1)水	2009 年 10 月 21 日行政院長吳敦義指示，中科四期廢水以放流管向台灣海峽延伸 3 公里排放，此舉使工程費增至 60 億元以上，施工期間也會拉長。（經濟日報，2009 年 10 月 22 日，A15 版）
(2)空氣污染	石化、水泥等產業比較會有空氣污染問題。

(一)台灣：需要環保許可證

依據環保法規，公司要在工業區購買或承租土地時，必須先取得環保許可
證明文件，公司由當地工業區服務中心單一窗口收件後，統一由工業局審查、
許可與發照。

工業局表示，自從 2004 年起，該局就委請顧問公司協助公司申請環保許
可文件的相關手續，透過公司技術輔導及行政作業的簡化，縮短公司設廠或變
更所需環保許可證明文件取得的時程。

(二)大陸環保政策非常嚴格

在 2004 年至 2007 年，大陸環保部在宏觀調控中表現活躍，憑藉「區域

限批」等一系列舉措，贏得了大眾的尊重和信任，並在 2008 年的政府機構組織調整中，由「總局」升格為「部」（即環境保護部）。

2009 年 8 月 26 日，國務院務會議對部分行業產能過剩和重複建設進行了專門研究，並提出要利用市場、環保、土地等手段防範產能過剩的風險。這被認為是宏觀調控的明確信號，而環保政策作為調控工具再次走上前台。

由大陸八個部委組成的環保督察工作 8 月到 11 月進行，這次大規模的環保檢查，全面了解新增投資專案落實環保政策的情況，包括鋼鐵在內的「兩高」〔高污染（主要指鋼鐵）、高耗能（主要指水泥）〕行業和「過剩」產業，都是調查的重要內容。

對大眾來說，很快就看到久違的「環保風暴」。例如遼寧省環保廳已經對鋼鐵行業下了「重手」。環保廳突擊檢查 84 家鋼鐵企業，發現 21 家企業沒有審批手續。環保廳勒令其中 30 家企業停產，另外 15 家被取締。[4]

2009 年 9 月，被大陸國務院列為新宏觀調控產業之一的水泥業，工業和信息化部（簡稱工信部）下發「水泥行業准入條件（徵求意見稿）」，對水泥行業准入（即核准設立）設置較高的門檻，以控制水泥產能過剩。對於水泥熟料產能低於人均 1,000 公斤的省分，則按「等量淘汰」的原則核准，也就是新上馬的水泥項目必須是新型乾法水泥生產線，且產能跟淘汰的立窯、濕法窯等落後水泥產能保持一致。[5]

＊打個比喻

櫻花（9911）廚具從 1994 年起在昆山設廠，主攻內需市場。大陸櫻花總經理廖金柱形容得好：「沿海的長江三角、珠江三角及環渤海地區是彎曲的弓，長江流域是箭，交會點就是上海。」[6]

四、配合大陸的區域發展計畫，才有糖吃

大陸政府的經濟改革開放從 1978 年開始，針對開發順序，配合大陸政策的公司才可以拿到所需土地與租稅優惠。

(一)充分運用大陸經驗

1990 年代開始，台灣企業紛紛大舉外移，往大陸、東南亞、中南美等地，尋找人工成本最便宜的生產基地，鴻海 1988 年就作領頭羊了。只要一跨

國界，拉長管理線，無論是貨物的運輸、人員招募訓練、供應鏈系統、法令政策或成本結構，都完全不同，而大陸跟台灣同文同種，已降低了初步拉長管理線的學習成本。

到了 2000 年以後，許多台灣公司從大陸外移，帶著這種「製造外移」的經驗，開始走向世界，把大陸經驗運用在他國設廠管理。

(二)台灣接單，大陸生產的典型例子

根據資策會資訊市場情報中心的資料，2008 年台灣海內外生產的資訊硬體產值高達 1,103（註：2009 年 1,078 億美元，2010 年約成長一成）億美元，其中許多產品產量高居世界第一、二位，國際間稱：「台灣是資訊硬體重鎮」；可是其最大生產地在大陸，台商在大陸生產 1,013 億美元，占海內外生產總值的 92%。而大陸資訊硬體產值 1,200 億美元，在世界名列前茅，被國際稱為「資訊硬體生產王國」；但其中台商在大陸生產的 1,013 億美元，也高占其生產總額的 84%，詳見表 4.7。以其中筆電來說，至 2008 年全球生產增為 1.22 億台，台商在大陸生產高達 1.12 億台，占全球出貨量 91.8%，台灣已完全不生產筆電了（註：2005 年 3 月，華碩旗下威碩的中壢廠關廠，是最後一個外移廠）。

表 4.7 台灣筆電代工公司的重要性

大陸生產		台灣接單	歐美日客戶下單
		1,013 億美元	
大陸 1,013 億美元	← 92%		
其他國家	8%		
大陸 1,200 億美元	—————————→		
（台商占 84%，		出口	
即 1,013/1,200）			

(三)大陸發展順序

由於大陸資金有限，因此國土開發只能分區依序進行，詳見表 4.8，底下

簡單說明。

表 4.8　大陸由南到北、由東到西的經濟發展進程

期間 地區	1978～1992 年為主 華南，主要是廣東 省深圳、東莞，以 廣州市為中心，俗 稱珠江三角洲（簡 稱珠三角）	1993～2002 年為主 華東，主要是江蘇 省蘇州、昆山市， 以上海市為中心， 俗稱長江三角洲 （簡稱長三角）	2003 年～今 雙主軸 1.華北，環渤海灣經 　濟圈，以北京、天 　津為中心。 2.中部六省，以湖北 　省武漢市為中心。	2005 年～今 大西部 1.四川省，以重 　慶市為中心。 2.山西省。
產業 代表公 司	傳產 鴻海的龍華園區， 1988 年開始發展	電子，尤其是筆電 廣達、仁寶等	鴻海 1.山東省青島市是鴻 　海的筆電組裝基 　地，富士康（北 　京）是手機基地。 2.2008 年，鴻海把 　光電事業群由廣東 　省搬至武漢市。	鴻海： 1.大重慶投資， 　2009～2012 　年，光筆電廠 　就 10 億美元。 2.山西省南部的 　晉城工業區， 　作為汽車、鴻 　海的廠區。

1.先沿海

1980 年代，珠江三角洲；1990 年代，長江三角洲（以上海為中心）；21世紀起，環渤海與中部六省（以湖北省武漢市為中心）。

2.再內陸

2005 年起，大西部政策啟動，重點在重慶市，其次是四川省成都市。

陸續發展的原因也很簡單：過度開發，2002 年以來，珠三角、長三角台商的北移趨勢相當明顯，北移的原因是，當地政府在經過了近十年的「投資蜜月期」後，開始要求正規繳稅，同時連年調漲的最低工資（甚至缺工）、每逢夏天必然缺電的情況，也讓台商不得不另尋投資綠洲。

(四)珠三角漸成過去式——珠三角騰籠換鳥

「土地告急，資源短缺、人口超載、環境透支」，深圳市 2006 年率先提出四個「難以為繼」：要是延續以往投資拉動、資源消耗的開發模式，不到

20 年，深圳將沒有資源可用。

深圳市的困境，正刻劃著整個珠三角過度發展的窘境。

廣東省因長年的來料加工、出口製造的成長方式，導致產業缺乏自主研發能力，處在全球產業鏈的底端，有七成的製造業屬於中低技術和傳統生產。

種種的發展瓶頸橫互眼前，2008 年 5 月，已感受危急之秋的廣東省政府執行「騰籠換鳥」、「雙轉移」的產業政策，以期廣東省能再度脫胎換骨。希望企業投入到自主研展能力的產業升級中，並把企業轉移至土地、成本都相對有優勢的粵北和東西兩翼，以實現優化區域產業佈局，帶動東西兩翼和粵北山區加快發展的目的。

2008 年底，廣東省官方還大手筆地祭出「五年、人民幣 400 億元」扶持雙轉移的優惠條件，要求廣東省各地方政府要加大財政扶持力度，拓寬資金籌措管道，引導和帶動社會資金（即民間資金）投入，加快產業轉移和勞動力轉移。⑦

(五)「長三角」還是現在式

2000 年起，每年 9 月中旬，台灣的電機與電子同業公會（簡稱電電公會），公佈大陸地區投資環境與風險調查，以「兩力兩度」──城市競爭力、投資環境力、投資風險度和台商推薦度，作為評比大陸城市的指標，2008 年電電公會共發出 2,900 多份問卷。

從過去幾年的結果來看，長三角城市幾乎每年都是綜合實力排名榜上的大贏家，詳見表 4.9。至於台商最早發跡的珠三角，幾年前就已因為不夠法制化，加上接連發生台商人身安全案，早已褪去「台商最愛」的光環。

環渤海城市近年來展現強勁的「接棒」態勢，不過真正的「新秀」屬海西區（即海峽西岸經濟地區，是大陸中央批准，成為對台先試先行的試驗區，詳見圖 4.1），以及背靠「東協加一」的廣西泛北部灣經濟區。⑧

表 4.9　長三角適合設廠的天時地利人和

投資環境	說明
一、天時	長三角開發得早，上海證券集中交易市場有機會成為亞洲華爾街，上海市是大部分外商的亞太總部之所在。
二、地利	
(一)出口	長三角擁有上海港（主要是洋山港）、寧波港等一系列對外通商大口岸，跟國際市場交通順暢。
(二)內銷	在內銷方面，這一帶通過長江，可以直接輻射整個長江流域的廣大內銷市場。 珠江三角洲台商主攻外銷、環渤海經濟區台商主攻內銷，實大異其趣。
(三)產業聚集：產業供應鏈完整程度	長三角投資環境的優勢，另來自上海產業體系帶動的完整產業鏈。上海作為大陸經濟的龍頭，早已擁有門類齊全的產業體系，加以技術人才充沛、居民消費力強、國際聯繫繁盛，實力足以擔當大陸經濟增長的發動機。晚近隨著大陸市場經濟體系的深化與擴大，海內外菁英企業雲集上海，並「外溢」到整個長三角地區。
三、人和	
(一)地主政府的行政效率，即「親商政策」	當地政府對台商的「親商政策」，尤以江蘇省昆山市為典範。昆山市長久以來，把台商當作「共同創業夥伴」，對台商碰到的經營問題，每能立即受理、盡快解決。據稱該市官員，手機對台商 24 小時開放，台商有事可立即通報。該市台商群體之間，建立了良好的互信與互賴關係，是聞名遐邇之事。而近年來，此種「昆山作風」已逐漸「傳導」到整個長三角地區，使長三角各城市在台商的評價中，持續居高不下。
(二)其他	略。

資料來源：整理自工商時報，2009 年 9 月 26 日，A2 版，社論。

1.大陸「中國社科院調查」更全面性

鑑於大陸「中國社科院」的調查更全面性，因此本書引用其報告。

2.省市競爭優勢指標

2011 年 2 月 28 日，大陸的中國社會科學院發佈的《中國省域經濟綜合競爭力發展報告（2009～2010）》，綜合考量了宏觀經濟、產業經濟、可持續發展、財政金融、知識經濟、發展環境、政府作用、發展水準、統籌協調等 9 項指標，結果詳見表 4.10。

2009 年，上海、北京、江蘇三省市繼續坐穩大陸省級行政區經濟綜合競爭力前 3 名。值得注意的是，安徽的競爭力大幅躍進，排名上升了 5 名，

2008 年第 20 名，2009 年躍升為 15 名，進步最快，成了一匹黑馬，表現比較突出的是工業化進程競爭力（提升 6 名）及統籌發展競爭力（提升 7 名）的進步，其中工業化進程競爭力體現在高工業增加值增長率，及工業增加值占 GDP 比重提高。而統籌發展競爭力的提升顯現在固定資產支付使用率及其增長。

表 4.10　大陸省市競爭力排名前 10 名

排名	1	2	3	4	5	6	7	8	9	10
經濟綜合競爭力	上海	北京	江蘇	廣東	浙江	天津	山東	遼寧	福建	內蒙古
可持續發展競爭力	內蒙古	北京	浙江	遼寧	山西	黑龍江	福建	山東	河南	陝西
環境競爭力	山東	廣東	江蘇	浙江	北京	河北	福建	四川	河南	雲南

3.綜合競爭力

綜合競爭力上海排名繼續保持領先，已連續 5 年名列第 1 名。上海有著得天獨厚的優勢，包括經濟、金融、環境發展等一直以來在大陸都保持著領先地位。上海被稱為大陸的經濟、金融、貿易中心。

北京連續 5 年排名第 2，2009 年，在 9 個指標中，北京有 2 個指標排名第 1：財政金融競爭力和知識經濟競爭力。北京的知識經濟競爭力來自北京的教育水準、人才水準等均在大陸領先，知名大學北京占多所，大陸頂尖人才也都聚集在北京。北京有作為首都的優勢，產業競爭有著強大的競爭優勢。因此，財政金融競爭力也在前列，例如，北京擁有全國最多的國營企業總部，也是擁有最多的外資企業總部的城市之一。

4.可持續發展競爭力

可持續發展競爭力包括資源競爭力、環境競爭力和人力資源競爭力三大評價指標。內蒙古、北京、浙江居前三位；其中，浙江省可持續發展競爭力不斷上升。

5.環境競爭力

大陸出版第一部《中國省域環境競爭力發展報告（2005～2009）》。環境競爭力有 5 個要素構成，即生態環境、資源環境、環境管理、環境影響、環境協調。

評價結果，全大陸各個省域環境得分排名分佈情況，分成 3 個區：上游區、中游區和下游區。上游區第 1 到 10 名，依序是：山東、廣東、江蘇、浙江、北京、河北、福建、四川、河南、雲南。[9]

(六)華北有明日之星的架勢

京津冀區域及渤海灣經濟圈，是繼珠三角和長三角之後，大陸經濟成長的「第三大引擎」。

「十一五」規劃（大陸的第十一個五年經濟計畫，2006～2010 年），國務院的區域發展規劃，依照不同地區的資源比較優勢，整合成大型經濟圈的國土發展計畫。區域經濟策略（大陸以「戰略」取代「策略」），對內，在緩和「諸侯經濟」的惡性競爭，拉動內陸經濟的發達；對外，透過經濟區的比較優勢，強化跟海外經濟圈接軌、加速融入全球經濟的經貿策略。

(七)泛北部灣近東協市場

大陸與東盟經濟國內生產毛額 2010 年達 7 兆美元，約占全球九分之一，大陸東盟自由貿易區（台灣稱為東協）於 2010 年 1 月 1 日如期完成，九成的貿易產品零關稅，開放服務貿易市場，形成新興國家最大的自由貿易區。

大陸泛北部灣是「東協加一」框架（台灣稱架構）下新興次區域，包括大陸和越南、馬來西亞、新加坡、印尼、菲律賓、汶萊、泰國等東盟國家，大陸廣西壯族自治區（以前的廣西省）因地處樞紐而備受台商矚目。2005 年以來，台商在廣西的投資每年以 35% 速度增長。

2008 年 1 月，大陸國務院批准實施「廣西北部灣經濟區發展規劃」，象徵廣西北部灣經濟區開發提升為國家級策略。2009 年 5 月，廣西壯族自治區主席馬飆率團赴台，希望跟台企重點合作石油化工、鋼鐵、鋁加工、輕工食品、貨櫃（即集裝箱）製造等。

五、大陸設廠三大要項

設廠時，針對土地的所有權、地質狀況皆應有深入了解，底下簡單說明。

(一)土地使用權證

大陸政府出售土地使用權的制度採取額度制，或者說明是「招、拍、掛」制度：「全國一年要出售多少土地、有多少畝土地可以取得土地使用權證，都由國土資源部總量控制，通稱為『指標』」。

1.一般國有土地

台商在購買土地前，必須先確認地方政府到底有沒有取得該筆土地使用權證的額度指標，才不會陷入土地所引發的投資風險。無法取得土地使用權證最大的問題是不能把土地拿去銀行抵押，集體土地也不能用來融資。

2.集體土地

「集體土地」類似台灣早期農業用地，大陸法律規定很清楚，不允許外商企業在集體土地上從事工業或商業用途。少數狀況，台資企業取得集體土地使用權證，但還是跟一般國有土地「差很大」，無法在市場上自由轉讓，銀行自然不予承認。

(二)地質改善

各種行業工廠對土地承載壓力或其他要求都不相同，舉例來說，上海附近周圍屬於沖積平原，土質較鬆軟，需要更多的打樁成本，所以在土地購買前，必須進行地質、土壤或其他必要探勘作業，確認打樁費用符合建廠預算。

(三)土地出售

大陸工業用地鬆綁，國土資源部發通知，因舊城改造而遷址的工業用地專案，台商持有工業用地遇到都市開發改變，通常有三種處理方式，詳見表4.11。[10]

表 4.11　當土地遇到都市計畫變更用途時處理方式

處理方式	說明
一、地目變更	地方政府把工業用地變更為商業住宅用地，再由台商補價差，台商因此拿到商住用地，身分從製造公司轉變成房地產開發商，可居中開發房地產而獲利。台商最喜歡這種方式。
二、招拍掛制度，2006 年 9 月，國務院規定實施	工業用地必須實行「招拍掛」出讓，是指「招標、拍賣、掛牌出讓」，是指一宗土地有多個買方競爭，市場化程度較高。
三、市價收回	都市開發快速，工業用地緊鄰市中心，地方政府以市價補償台商，收回土地，地方政府再透過「招拍掛」出讓給房地產開發公司。

第二節　營建工程部──公司內的營造公司

當公司的營建工程量大到養活一個營建工程部時，有些公司（例如台塑、奇美、仁寶集團）便會考慮自建。

台塑集團二大事業版圖（石化、科技產業中的 DRAM）皆是資金密集產業，機器、廠房動輒千億元，建廠成本反映在損益表上製造費用的折舊費用，折舊費用占營收比甚至可以高達 10%。因此，台塑集團在降低營建成本的努力可分為二階段。

1.第 1 階段：不讓承包公司偷工減料

在 1990 年以前，台塑集團蓋廠大都外包；此階段，台塑監工人員主要任務在於預防包商偷工減料。

2.第 2 階段：自己蓋

1991 年，台塑集團把機械事業部獨立為台朔重工，從台塑集團第 3 條成長曲線（即六輕）起，開始走向自己蓋廠。

一、贏在起跑點：自己蓋廠，省成本

2005 年 8 月 23 日，台灣塑膠（1301）董事長李志村表示，台塑集團可以落實成本合理化，僅從建廠一手包辦就可以窺出端倪，一般公司建工廠，整

個流程全部外包。台塑集團蓋工廠從採購設備到供應材料全部一手包辦,建材採購成本少了三分之一,使用年限卻更久。負責建廠的人就是日後負責生產的人,如果維修問題一堆,是要負起責任的。

台塑集團本身擁有工務部及台朔重工等協力公司,每座石化廠的興建成本、僅有同業的五至八成,營業成本自然較低。

(一)1980 年,台塑集團就自己蓋廠

台塑降低建廠成本的方式,則是培養內部機械人才和自行設計、製造機器設備。例如台塑的關係企業,以生產高密度聚乙烯(HDPE)、聚丙烯(PP)為主要業務的永嘉公司,在 1980 年規劃建廠時,即是自行負責基本設計、細部設計和工廠建造,只向國外訂購製程和機器,結果建廠成本比一般水準節省了四成,並把節省下來的成本反映回饋在價格上,以增加價格競爭優勢。

(二)對手中油還在委外蓋廠

2009 年 8 月 11 日,中國石油公司(簡稱中油)的第六座輕油裂解工場(簡稱中油六輕,一般六輕指台塑雲林麥寮六輕)動工。

六輕工程得標的中鼎工程董事長余俊彥強調,因為跟南韓公司競標,得標金額很低(230 億元),可以說沒有利潤,而且物價(鋼鐵)又在上漲,因此跟中油簽約後,便立即訂購材料,否則得標金額低、物價又漲,那就得不償失了。

二、台朔重工

台朔重工由台塑、南亞、台化和台塑石化共同投資,四家公司分別持股25%。2004 年資本額 60 億元。

台朔重工成立的目的是,台塑集團一直擴大,必須擁有一定程度的自主建廠能力,才不會處處受制於人,同時,藉由建廠成本的降低,達到提升市場競爭優勢的目的。台朔重工是一家「工程系統整合」的工程公司,台塑麥寮「六輕」(台灣的第六座輕油裂解廠)專業區,從滄海到桑田,汪洋中鋪起陸地,並豎起一座座石化廠的塔、槽等設施,背後的魔術師就是台朔重工。

台朔重工擁有興建六輕的豐富經驗後,引進最先進的煉油設備,除了主要

製程設備（一大部分是從奧地利進口）外，其餘的塔、槽、鋼架、管線等，均可由台朔重工自己做。

三、台朔重工總經理吳國雄

台朔重工總經理吳國雄是台塑創辦人王永在（王永慶的三弟）的二女婿，畢業於中原大學機械系，之前任職於台朔重工的前身台塑機械事業部。

吳國雄相當欣賞日本大型重工公司的工程承製能力，也一直以此為努力的目標。他最常說：「做事最重要的是，全心投入，把工作做得更好。」

四、開發工業區

台朔重工產能過剩，一方面台塑集團往往有一些工業土地，時過境遷，光賣素地，獲利有限。因此蓋成工業區，就成了提高附加價值的作法。位於新北市林口區的華亞科技園區便是代表性例子，台塑集團獲利 200 億元。

五、一開始就有化工廠的人參與

台塑、南亞、台化、台塑石化都有自己的營建部，負責建廠事宜，每家公司約有 400 多人，裡面員工負責的是機械、電機、營建、化工等，其中負責化工廠興建的人比較特別，他們都是由石化廠中調出來，再成立專案小組，協助建廠及擴建事宜。

台塑營建部的一位主管表示，工程設計部提出工程招標案及相關預算，在設計工程標案時，會先估列得標營建公司的合理利潤，以降低營建公司偷工減料或濫竽充數的誘因。也就是說，台塑雖然非常強調降低成本，在發包工程標案時，不見得低價者就能受到青睞，品質還是重要的考慮因素。

工程預算強調最合理價格，而不是最便宜價格，目的就是為了保障品質。「我們要活，也要讓別人能活。」該主管以此說明台塑設計及發包工程的原則。

工程標案需通過總經理室專人審核確定，才能由發包中心統籌招標發包。

為了確保工程品質，台塑針對每一專案工程，都有嚴格的品管及後續評核制度，以確認營造的實力及服務品質，作為往後審核該營造公司投標資格的重要參考依據。[11]

六、台塑的工程專案管理

2000 年，台塑集團把資訊部獨立成台塑網科技公司；2004 年，把工程管理制度 e 化系統賣給統一集團，這套管理制度包括進度管制、工料分析、發包、用料管理、付款、建造費用分析及施工品質管理等，目的是在最短工期內，以最合理的成本，完成品質符合要求的各項工程建設，以確保生產營運時效。

以興建石化廠為例，營建部依據完工目標，考慮各類工程相互的關聯，設定各項工程的合理工期，把進度計畫輸入電腦管制，每週由工程人員填報實際進度進電腦，並由電腦系統查核與進度計畫差異情形，凡進度落後的工程，即列印「工程異常反應及處理單」提示及跟催即時處理，以確保工期。在用料管理方面，工程發包時，在施工品質管理方面，工程管理均相互有作業關聯，同時跟資材、財務等機能也相關。

工程管理制度 e 化系統多次在台塑擴充新廠中獲得印證，展現它的優越性。台塑總管理處麥寮管理部涉外組高級專員蔡昭明說：「六輕高度自動化與電腦化管理，用最少人、創造最大產值。」⑫

第三節 從損益表出發的事業診斷
——降低成本、降低成本、降低成本

法國皇帝拿破崙說過打仗三大成功因素「錢，錢，錢」，有些零售專家認為便利商店三大成功因素「location, location, location」，重複三次，用以強調其重要性。同樣地，我們也可以說公司（尤其是代工公司）的基本目標有三：「降低成本，降低成本，降低成本」（cost reduction, cost reduction, cost reduction）。

「降低成本」一詞的英文
・cost reduction，才符合文法，是複合名詞。
・cost down，不符合文法，是台灣人的洋涇版英文。

一、電子業的宿命：每年降低成本一成

電子業深受**摩爾定理**（**Moore's Law**，晶片價格每 18～24 個月下降一半）的影響，因此舊產品越賣越便宜，品牌公司每年至少降價一成以上。連帶地，便把降低營業成本的責任推給代工公司。

代工公司再把品牌公司的降價壓力局部後轉給中游的模組公司（例如主機板，PCB），中游的模組公司再局部後轉降價壓力給元件公司（像電阻的國巨、電感的鈞寶），元件公司再後轉給原料公司。

二、成本與費用快易通

做生意的人只要懂二個大數字就可以，即〈4-1〉式中的售價、成本。

25 美元（平均獲利）＝250 美元（平均售價，average sale price, ASP）
－225 美元（平均成本）………………………〈4-1〉

做生意是「將本求利」，生產相關部門就是在「價量質時」的四項中，「價」是目標，「量質時」是限制條件，這在工、企管系中以《作業研究》中來討論。簡單地說，生產相關部門主管可能都來自理工農科，但一定要有成本意識，對成本斤斤計較。

甚至連作業員（有些公司稱為從業員）也必須具備清晰的成本觀念，才能把自己視為一個工作站而力求「獲利」一暝大一吋。

(一)成本 vs. 費用

損益表對成本與費用的稱呼，倒是滿涇渭分明的，毛益（一般稱為毛利）項目以上支出的稱為營業成本（不過這包括製造費用），毛益下面的支出稱為費用，最常見的簡稱為管銷費用，美國人習慣稱為 Overhead。

(二)營業成本（或製造成本）複習

在計算成本時，我們追溯產品的直接成本，而分攤產品的間接成本，詳見表 4.12。直接成本比較容易精確追溯，不易造成誤導。問題的癥結多半在於：扭曲了間接成本（製造費用）的分攤（allocation）。**作業基礎成本制**

（activity-based costing, ABC）把間接成本詳加區分，使它的分攤更合理化；精確、合理的成本資訊可以協助企業進行重要的管理決策（例如定價）。

表 4.12 成本的分類

大分類	中分類
一、直接成本（direct cost）	·（直接）原料（direct material）：這些能直接追溯（trace）到產品的材料，叫做「直接原料」。 ·直接人工（direct labor）：這些能直接追溯到產品製造的薪資（例如第一線的生產工人及領班），叫做「直接人工」。
二、間接成本（indirect cost）	·製造費用（manufacturing overhead） ·間接材料 ·間接人工：「間接人工」就是跟生產沒有直接關聯、但又必須僱請的人力，例如打掃廠房的人力。 ·其他製造費用：機器的折舊、保險和維修（例如潤滑油、零配件）與工廠的水電費。

三、損益表上，各部門主管的績效一目了然

公司一級主管的績效在損益表上可以看得一清二楚，這是因為會計報表是公司數字管理的基礎，也提供外部人士（會計學上稱為報表閱讀者，主要是投資人與債權人）。因此，會計科目的設計就跟公司各一級部門（即價值鏈上的核心、支援活動）一一對應，幾乎做到「一個蘿蔔一個坑」，詳見表 4.13。

(一)主管厲不厲害，看損益表就知道

高竿的中醫光憑把脈便可以診斷出病人那裡出了問題，西醫則是透過心電圖、超音波、核磁造影等，迅速了解人的健康情況。同理，事業部經營好或壞，從損益表即可見全貌；但造成經營績效好壞的原因為何呢？損益表也回答你了，它就跟 X 光片一樣，真實反映，除非有人誤導會計部。如此一來，進行事業部策略型態分析非常快，就跟新式的全身健檢一樣，號稱不超過 4 小時，比傳統方式少則一天半快多了。

表 4.13　2010 年某上市公司冷調事業部跟標竿公司損益比較

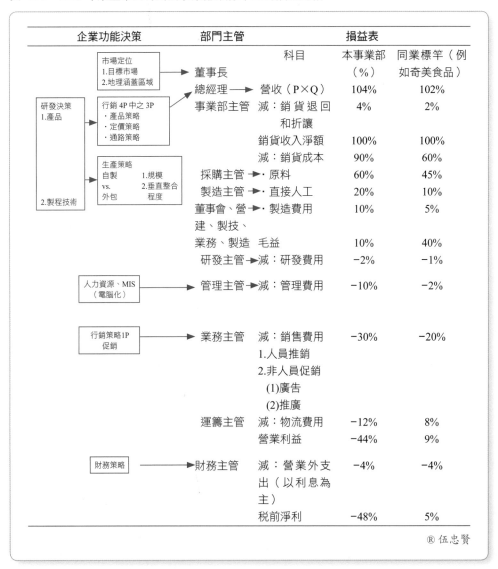

企業功能決策	部門主管	損益表		
		科目	本事業部（%）	同業標竿（例如奇美食品）
市場定位　1.目標市場　2.地理涵蓋區域	董事長			
	總經理	營收（P×Q）	104%	102%
行銷 4P 中之 3P　・產品策略　・定價策略　・通路策略	事業部主管	減：銷貨退回和折讓	4%	2%
研發決策　1.產品		銷貨收入淨額	100%	100%
		減：銷貨成本	90%	60%
生產策略　自製　1.規模　vs.　2.垂直整合　外包　程度	採購主管 → ・原料		60%	45%
	製造主管 → ・直接人工		20%	10%
2.製程技術	董事會、營建、製技、業務、製造	・製造費用	10%	5%
		毛益	10%	40%
	研發主管 →	減：研發費用	−2%	−1%
人力資源、MIS（電腦化）	管理主管 →	減：管理費用	−10%	−2%
行銷策略1P　促銷	業務主管	減：銷售費用　1.人員推銷　2.非人員促銷　(1)廣告　(2)推廣	−30%	−20%
	運籌主管	減：物流費用	−12%	8%
		營業利益	−44%	9%
財務策略	財務主管	減：營業外支出（以利息為主）	−4%	−4%
		稅前淨利	−48%	5%

Ⓡ 伍忠賢

　　由表 4.13，我們可看到損益表反映了研發、生產、行銷、資管、人資、財務等六項企業功能決策的結果；此表跟波特的競爭策略、司徒達賢教授的策略矩陣分析法三合一結合在一起，才發現三面一體。

　　不同的損益項目往往反映不同企業功能的決策和執行，我們以某一食品股票上市公司（簡稱甲公司）冷調事業部來跟標竿企業（例如奇美食品）作比

較，表中和本節中數字都是虛構的。

核心能力替公司創造了價值，而創造價值又可從獲利來分析，這是策略性管理會計的基本精神，不過在本節中，我們將以獨創方式、具體案例來說明。

1.銷貨（或營業）成本

銷貨成本和售價是毛益率的二大決定因素，而銷貨成本主要包括三項目，即材料（食材、包材）、直接人工薪資、製造費用。在冷調食品，有規模經濟的門檻，以包子來說為月產百萬個。但甲公司到第三年時月銷只有三分之一，單位成本每個包子為 6 元，幾乎是奇美食品公司的二倍，出廠價為 4.8 元，也就是每做一個包子，一出廠門就賠 1.2 元；而最後賣掉時，還須加計營業費用，可說是「賣得越多，賠得越多」。結論很明顯，那就是生產決策錯誤，應該不要自製，改採外包方式（至少每個包子還有 1.92 元的毛益，即 4.8 元×40%）。

甲公司採取自製的二個理由都似是而非，底下說明。

(1)冷調廠機器設備的錢來自現金增資，擔心證交所會來查錢是否有被挪用。即然機器已買了，已是沉入成本，下決策時無需考慮「水潑落地難收回」的沉入成本。何況，增資股款半年內必須依申報增資計畫運用，增資後半年時結案，案子早已在二年半前就結了。現在機器設備要怎麼用（甚至出售）早跟證交所、金管會證期局無關了。

(2)早自製早學點經驗：冷調食品又不是高科技產品，技術相當低階、成熟，就因為進入障礙低，整個產業產能嚴重過剩，面臨「營收中度成長、獲利低甚至負」的奇怪階段——一點也不像 BCG 模式上的明日之星階段或產品生命週期上的成長階段。

‧建議：很簡單，先達規模經濟業績再求自製，採行該建議後，毛益率立刻由原 10% 上升為 20%，什麼都不做，反而賺越多，美國大型個人電腦公司（惠普、戴爾）、國內礦泉水業者就是這麼做的，自己不生產，專找人代工。

2.物流費用（包括冷凍倉庫費用）

物流跟生產決策一樣，可分為自運或委外，甲公司採取自運，理由為有些大賣場在契約中要求隨時補貨，每次訂貨量又少，弄得需經常補貨。再加上有

些大賣場卸貨車道常塞車，導致有些代送商不願出車，物流公司把塞車時間也算進運費。自運的費用反而比委外還貴，主要是車輛（包括車輛）使用率低。

    ·建議：做好客戶管理，要是有些大賣場強硬一些，那只好重點管理，找代送商出小車去運，至少比開中型卡車中程配送划算吧！

行銷管理的書把物流決策視為通路策略的一部分，但因損益表中有單獨項目，且比重不小，所以特別獨立討論。

(二)比較標準

學生學習績效至少有三個標準：跟全班第一名比、跟 60 分比（涉及及格不及格）、跟去年比（尤其是進步獎）。同樣地，公司績效是否有進步，也有三個標準，詳見表 4.14。

表 4.14　績效比較標準

層次	優點	缺點
跟同業標竿比（取法其上）	見賢思齊的標竿學習	小心挑選比較對象，以免自不量力，打擊同仁的信心。
跟標準成本比（取法其中）	這適用下列三種情況。 1.自己是產業龍頭，樣樣第一，例如台積電。 2.只想跟自己議定目標比。 3.缺乏同業公開資料，尤其同業沒有股票上市時。	要注意個別差異，例如。 1.各部機器的性能狀況（受機器機型、壽命等因素相比）。
趨勢分析，跟去年相比（取法其下）	至少比以前進步，可得到「最佳進步獎」	忘了跟對手比，往往自己進步少許，對手進步神速，形成「進步太慢，就是落伍」的結果。

1.跟標準比

這是證券分析師、企管學者最喜歡做的，例如面板雙虎（友達 vs. 奇美電）、筆電代工雙雄（廣達 vs. 仁寶）、筆電品牌雙 A（Acer vs. Asus），來個超級比一比。

公司內部也會跟對手、外部標竿比較，分析項目更細，不過，這往往視為機密，外人窺探不到。

2.跟目標比

新股市上市等常須連續三年的財務預測，每季過後，皆須公佈簡式損益表的「預算差異」，並說明差異原因。這又分為下列二情況。

(1)正缺口或有利差異

實際營收 12 億元，大於預算營收的 8 億元，目標達成率 150%，除非是對手爆胎而公司「瞎貓碰到死老鼠」。否則這情況值得開香檳，「高興一晚也就夠」了；乘機論功行賞，提振士氣。

(2)負缺口或不利差異

實際營收 6 億元，只有預算營收的 75%，負缺口達 2 億元。偏離目標值一成以上就必須正視，抽絲剝繭地了解問題出在哪裡。

3.跟過去比

跟過去比，尤其是跟過去二年比，便可進行趨勢分析；了解公司是「向上提升」或「向下沉淪」。

(三)標準成本制

在 20 世紀初期，弗雷德里克‧泰勒（Frederick Taylor）創導「科學管理」（Scientific Management）的概念後，工程師就很努力地嘗試在製造領域中，依據生產流程的特性（分批或分步生產）制定標準，透過「標準委員會」據以建構「標準成本」（standard cost）制度，再跟實際成本對比，分析其差異，追究其原因、並提出改善方案。這種控制的概念具有理工科實驗室的精神，也就是在工廠的生產環境中，嘗試設計（類似實驗室的）「投入—產出」封閉式系統，以材料及人工的投入和產出，作為績效管理的依據，此即早期管理的雛形。

(四)從成會到管會

大二成本會計跟大三的管理會計的關係由圖 4.1 可以一目了然。

1.負責單位不同

實際成本資料的編製是由會計部成本會計課負責，至於差異分析的進行，製造部內的企劃組會做到各生產線，總經理室的經營分析組會做到各事業部，這部分則是管理會計的運用，詳見表 4.15。

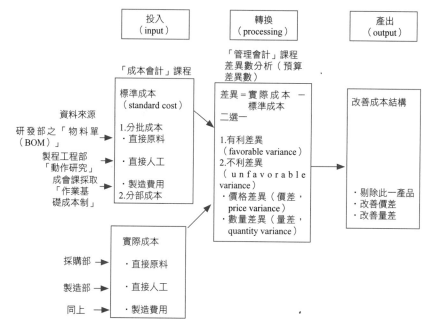

圖 4.1　成本分析圖解

表 4.15　營業成本標準值的提供、負責部門

營業成本項目	提供部門	負責部門
原料	研發部的物料單（bill of material, BOM），此視為理想用料	1.採購部：採購價格往往大於理想價格，稱為「價差」 2.製造部實際用料往往大於理想用料，會產生「量差」
直接人工 製造費用	製造部的標準人工 會計部的成本會計課，依作業基礎會計，把不可分的製造費用分攤到各批商品	製造部 製造部

2.大同小異

　　分析方法都差不多，都是算出**不利差異**（**unfavorable variance**）中的**價格差異**（**price variance**，價差）和**數量差異**（**quantity variance**，量差），邏輯來說，只消懂成本會計或管理會計中的一種就夠了。

3.改善方案

　　由圖 4.1 可見，成本改善方式也很直接。

小咖的夕陽階段（即 BCG 模式中的落水狗）產品且不利差異太大，花力氣去改，可能不划算（即不符合**效益成本分析**），索性吹熄燈號。

至於主力或有展望性產品（即 BCG 模式中的搖錢樹或明日之星階段），必須設法改善價差（例如降低成本）、量差（例如提升良率）。

(五)績效衡量與修正

進行績效衡量，有二項修正功能，一是改正目標（此例是標準成本），另一是改正過程。改正過程常稱為行為修正，這包括「獎善罰惡」，即「好人上天堂，壞人下地獄」。

1.關鍵績效指標

2000 年，台灣開始流行關鍵績效指標（key performance indicator, KPI），最好把績效衡量指標跟平衡計分卡（balance score card, BSC）結合，每個職位依序都有「學習→流程─顧客滿意→財務」四種績效，表 4.13 上的即為每位一級主管的財務績效指標。

2.當責

2008 年時，台灣最大的企管顧問機構生產力中心主推當責（accountability），強調「冤有頭，債有主」外，更強調不只是負責，是要完成「自己承諾的事」，為最終成果負起完全責任。就算有不可抗力的意外，也不能擺出「我責任已盡」的態度，依舊要說明原因、提出解釋、設法解決，讓責任推拖到此為止。

1990 年代杜邦（Dupont）公司推動「當責」的概念與應用，並以「RACI 法則」運用於跨部門、跨國團隊的專案管理中。

表 4.13 中，每個大會計科目幾乎都有一位主管須「扛起責任」，出了問題，「難辭其咎」。

四、台塑管理

1970 年代末，「台塑管理」已成為台灣企業界的顯學；不過，40 年來，很少有人詳細地、有系統地把台塑管理彙總起來。占本書第二多篇幅的公司便是台塑集團，希望能讓你了解台灣之神王永慶的管理方法。

台塑集團中的台塑四寶（台塑、南亞、台化、台塑石化）屬於**資金密集行**

業（**capital intensitive industry**，一般譯為資本密集行業），直接人工的薪資占營收不到 3%。因此，營業成本二大項原料與製造費用（尤其是廠房和設備的折舊費用，在表 4.16 中屬於其他製造費用）占 97%。

表 4.16　台塑集團追求成本領導的三階段作法

成長曲線* 成本項目	第 1 條 （1954 年迄今）	第 2 條 （1979 年迄今）	第 3 條 （1992 年迄今）
一、營業成本		1968 年，成立總管理處著眼於	1984 年，台塑公開招標，使台塑集團具有採購成本優勢
（一）原料成本（即採購）		1.統一採購 2.制度化 3.統一處理支援活動，以規模經濟效果降低成本	海運、陸運自己來，降低營業成本 3 個百分點 垂直整合優勢，石化上中游一貫廠
（二）直接人工 （三）製造費用 　1.機器廠房的折舊費用 　2.其他製造費用	合理化 制度化		1982 年，全面電腦化；1989 年起，線上即時控制；2000 年底，全面實施一日結算 電腦化 Part I：e 化，2000 年起，成立台塑網科技公司，負責e 化
二、管銷費用			§2.3 建廠成本優勢
（一）管理費用（overhead）	逐漸實施責任中心制，迄長庚醫院時才定名	1976 年長庚醫院實施責任中心制，之後全面運用於台塑集團，以降低管銷費用	1.1990 年以前，台塑機械事業部
（二）銷售費用			2.1991 年，成立台朔重工公司

*資料來源：伍忠賢，台塑王朝，五南出版，2006 年 6 月，第 51 頁表 2～4。

重工業皆屬於資金密集行業，設備占資產 40% 以上，高科技業中除了代工業的功能在於組裝，有點勞力密集味道；否則大部分上中游都是資金密集（一座 12 吋晶圓廠 600 億元、一座 8.5 代面板廠 1,200 億元）。

(一)營業成本

想降低成本，仍宜把注意力放在損益表上的成本項目；套用「80：20 原

則」，營業成本占工業產品成本的八成，因此「大處著眼」就從這裡下手。

1.原料成本

台塑集團的產品主要為工業品，工業品中原物料成本占營收比很高，因此能省一分就能多賺一分，台塑集團分二項目省錢。

(1)原料成本

原料成本省錢方式，依序有三。

- 1954～1967 年，主要透過「制度化」，讓採購人員不拿回扣。
- 1968 年成立總管理處，透過統一採購，以享受數量折扣。
- 1998 年以後，台塑六輕投產，台塑集團石化事業享受「肥水不落外人田」的垂直整合的成本節省。

(2)運輸成本

石化原料（即原油）來自中東，而隨著台塑集團的全球化經營，以台灣（尤其是六輕）為中央廚房，中間原料（輕油裂解的產品）運到美國、越南、大陸。因此送往迎來，台塑集團逐漸建立自己的車隊（路運）、船隊（海運），詳見表 4.17 中第 3 欄。

表 4.17　台塑集團降低營建、運輸成本的措施

營運活動	營建	運輸
作法	土木建設（簡稱土建）	原料運入、產品運出
	1.設計：劉培森建築事務所	1.海運
	2.興建：台塑集團的工務部	(1)油輪
	機電建設	(2)貨櫃輪（5 艘）
	1.管線、重工：台朔重工公司	(3)冷凍船（2 艘）
	工業區開發	2.港灣管理
	1.台灣：林口的華亞科技園區	3.路運：台塑汽車貨運公司
	2.越南：仁澤工業區	4.路運重車裝配

2.營建成本

營建部分詳見第三節。

(二)管銷費用

台塑集團以工業品為主,不像消費品得大打廣告,所以銷售費用占營收比重很低,可省錢的空間較小;管銷費用方面只剩管理費用的省錢空間較大。

台塑集團從 1976 年起,透過責任中心制,讓各子公司自動自發的降低各種成本,在收入不變情況下,盈餘自然增加。責任中心制可分二階段發展:成本中心(行政控制)→利潤中心(財務控制),即「薪資—績效連結」。

第四節　資訊部──跟生產相關的電腦軟體需求

製造業中的公司,其資訊部主要功能便是支援生產管理相關部門的硬體、軟體(包括外購軟體)、人員與資料,詳見表 4.18。

表 4.18　跟生產相關活動的主要資管事宜

章節	活動	層級	電腦軟體需求
§4.1	廠址	董事長	
§4.3	成本規劃	總經理	商業智慧(BI)
§5.4	跟客戶資訊共享	業務部	
6	產品研發	研發部	電腦輔助設計(CAD)
7	供應鏈管理	採購	企業資源規劃(ERP)
8	採購	採購部	e 化採購
9	綠色生產	品保部	電腦排程軟體
10	知識管理、	製程技術部	知識管理(KM)
	工業工程		電腦輔助工程(CAE)
			專案管理軟體
11	作業管理	製造部	電子學習(e-learning)
12	環工衛	環工衛	水、電、空調線上監視
13	製程品管	品管組	生產線 e 化(例如 2002 年春雨鋼鐵)
14	品質管理	品保部	
15	運籌管理	運籌部	
16	管理會計	總經理室、製造部	

一、全球複製

一般來說，透過網際網路、網內網路（大部分租用 T1 線路），台商公司大都採取集權化的資訊部。也就是資訊部設在台灣總部或大陸總部（例如昆山市），分成二階段發展。

1.複製台灣的資訊系統

一開始在大陸設廠時，大陸廠的資訊系統大都是由台灣總部移植過去，只是字體改成簡體字以便大陸員工看得懂；物料編號改採當地編碼。

2.本土化

21 世紀後，台商生產以大陸基地為主，資訊系統逐漸本土化。

二、資通訊技術的運用

全球產業的**資通訊技術**（**information communication technology, ICT**）應用趨勢，已由降低成本的供應鏈應用，轉型為供應鏈深化及延伸至設計鏈與客戶鏈的加值應用，同時必須強化上下游鏈結強度並整合營運流程資訊。[13]

三、經濟部工業局的產業資訊計畫

經濟部工業局「製造業價值鏈資訊應用計畫」，以 2008 年的技嘉科技（2376）為例，副董事長劉明雄表示，充分運用 e 化技術建立技嘉國際化品牌，快速複製全球據點的管理綜效，才能提升經營反應速度，強化競爭優勢。在高階主管的策略構想及組織需求指引之下，技嘉的資訊部透過協同運籌模式規劃、流程設計，把客戶端的銷售預測及銷售訂單資訊及全球 Hub（這個字在二千年前的古代機器指的是進料斗，是古字今用，意義偏重在客戶廠旁的倉庫，或稱客戶倉）倉的存貨、庫存異動、在途存貨資料，經由共通作業平台匯入技嘉後端系統，再由系統運算產生補貨計畫通知全球各地客戶、分公司、Hub，達到雙向互動溝通目的，促使全球成品存貨成本降低 22.2%、90 天以上存貨呆滯金額降低 37.5%、工單準時上線率提升 15%、交貨達成率提升 11%，創造很高的經濟效益。[14]

註　釋

①中國時報，2009 年 5 月 22 日，A8 版。

②工商時報，2009 年 3 月 30 日，A9 版，黃智銘。

③經濟日報，2009 年 8 月 11 日，A13 版，黃依歆。

④經濟日報，2009 年 9 月 7 日，A9 版。

⑤經濟日報，2009 年 9 月 9 日，A13 版，楊文琪。

⑥今周刊，2009 年 10 月 19 日，第 74 頁。

⑦經濟日報，2009 年 7 月 5 日，A8 版，林琮盛。

⑧經濟日報，2009 年 9 月 10 日，A9 版，林庭瑤、林安妮。

⑨旺報，2011 年 3 月 1 日，A4 版，何明國。

⑩經濟日報，2009 年 8 月 19 日，A11 版，林庭瑤。

⑪經濟日報，2009 年 8 月 12 日，A14 版，吳秉鍇、邱展光。

⑫經理人月刊，2005 年 5 月，第 85～102 頁，陳昌啓。

⑬經理人月刊，2005 年 5 月，第 69 頁。

⑭經濟日報，2009 年 5 月 26 日，專 4 版，鄒淑文。

討論問題

1. 試找一家公司，以其總經理（含總經理室、總管理處或經營分析室）為對象，了解其對生產管理相關事宜的責任區域。

2. 「工廠廠址的選擇」為什麼是董事會的權責？（Hint：設廠涉及資本支出，在大二財務管理這屬於資本預算問題，涉及金額很大，當然該由董事會決定）

3. 「作業研究」課程中的重力中心法只回答「運輸費用最低的地點」，但是物料、成品運輸費用常不超過售價 10%，請問本法在廠址選擇的觀點為何？

4. 「國際企業管理」課程中對廠址的選擇採取「因素評分法」，但是本書不認為電力應包括在內，主因在大陸、印度的大外資公司有自行發電系統，不怕政府電力公司斷電、分區供電，你同意這看法嗎？

5. 延續上題，甚至有在新加坡等設廠的電子公司，自行興建海水淡化廠，自行取得所需淡水。因此本書不擬採「因素評分法」，而光集中在土地、勞工生產力二項因素，就很容易挑「生產成本最低」地點來設點了，你對這主張的看法如何？

6. 在大陸，有些台商先行申請一大票土地（即用地），要是你會不會這樣做？代價為何？

7. 仁寶的第二生產基地最後仍落腳在昆山市，會不會犯了「所有雞蛋擺在同一個籃子」的問題？

8. 試以一家公司舊廠為例，分析其自製或外包的決策的考量點。（註：請上營造公司去抓營造成本）

9. 試以一家公司的損益表（例如仁寶 vs. 廣達）為對象，套用表 4.13，分析其各部門主管的經營績效。

10.找一篇文章或一篇資管系碩士論文，分析資訊部對製造部的資管支援。

5

業務部跟製造部的密切接合

1992 年為再造宏碁提出微笑曲線理論,「微笑理論」意涵決不是放棄製造,台灣在代工產業領導地位是其他國家所不能及,有這些製造能力基礎下,未來產業發展應在載具(製造能力)上加入知識、品牌等等附加價值,往微笑曲線兩端發展。台灣產業界欠缺的就是「信心」。

——*施振榮* 宏碁創辦人、董事
工商時報,2010 年 9 月 29 日,A14 版。

業務掛帥

在消費品公司,常是業務掛帥,會賣的人最大。在**設計代工公司**(**orignial design manufacturing, ODM**)中研發部(即 ODM 中的設計)可能在公司中最大(主管掛副總頭銜),**製造代工公司**(**orignial equipment manufacturing, OEM**)中製造部主管權可能最大。

然而縱使在代工公司,業務部仍掌握市場訊息、客戶訂單等第一線資料,這影響產能規劃(第二章第一節)、生產數量的決策(第五章第二節)。因此,本書以第五章來說明業務部跟製造部間的密切接合(簡稱密接,常見無縫密接一詞)。

為了讓你明確抓住其要訣,本章舉二種情況,來說明業務部跟製造部如何做到「快狠準」中的「準」(生產數量要準)、「快」(出貨要快)。

1.自產自銷品牌公司

全球平價奢華服飾公司印第紡(Inditex),以旗下佐拉(Zara)聞名,位

於西班牙偏僻的西北部，一半自製、一半外包，如何「從設計到運籌」比對手快五個月，號稱「快速時尚」（fast fashion），一如三分鐘上菜的西式速食餐廳麥當勞。

2.代工公司

以全球第三大個人電腦公司戴爾公司為例，占戴爾公司個人電腦代工訂單一半的仁寶電腦從「業務到品管」（即價值鏈上核心活動）如何強化，以取得新訂單、留住舊訂單。

第一節　客戶認證、送樣

業務代表的主要功能是取得訂單，在產品方面是陪品保部人員送樣取得客戶認證，須經過表 5.1 中第一列「出貨前」三道程序。底下詳細說明。

表 5.1　取得訂單前後各階段公司的相關部門

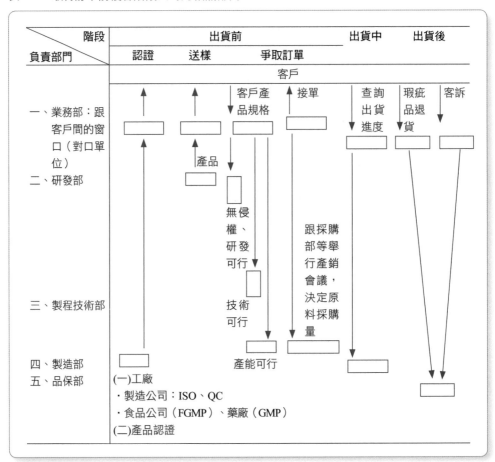

一、認證

　　就跟比賽有資格賽一樣，符合資格代表有一定水準，才能參賽。同樣地，一家公司要取得會內賽資格，至少須符合二個認證。

(一)工廠製程認證

　　這是全球獨立認證機構（例如 ISO、QC）所頒發給公司的，以資證明該公司的工廠、製程符合其規範。

　　從 2009 年 10 月，微軟上市的新作業軟體 Windows 7（簡稱 W7 或視窗第 7 版）來說，主功能之一在觸控螢幕，因此跟觸控螢幕相關股票一下子迸出成為「W7 概念股」，很多家 IC 設計公司、面板公司都爭先恐後於 2009 年 4 月起宣稱取得微軟認證，希望搶得第一批訂單，甚至藉此第一印象，而取得細水長流的單，此即「先行者優勢」（first mover advantage）。

　　＊以藥廠認證 PIC/s 為例

　　衛生福利部 2007 年 12 月的公告如下。

　　1.新設廠、新擴廠等自 2007 年 12 月起需符合國際 PIC/s 認證。

　　2.舊廠需在 2012 年全面符合 PIC/s 認證。

　　上市（櫃）公司中有東洋（2008 年）、2009 年南光、永信和杏輝、健喬信元取得 PIC/s 廠認證。另外，中化 2007 年買下日本三共藥廠，由於通過的是美國食品暨藥物管理局（FDA）認證，2010 年初通過 PIC/s 認證。

　　由於東洋的抗癌藥和歐洲紫杉醇均已拿到國際藥證，而南光投入量產的無菌填充生產線就是為日本客戶量身訂做，二家公司是 PIC/s 認證第一批受惠者。

PIC/s

　　藥品檢驗規範（The Pharmaceutical Inspection Convention, PIC/s）為歐盟地區所發展出的藥廠稽查規範，已普遍成為國際對於藥廠生產品質規範的標準。

　　PIC/s 主要在於確保藥物生產過程中空氣的潔淨度（視藥物生產線，決定空氣中的懸浮粒子必須在多少 ppm 以下）。舊藥廠通常無法達到該空氣潔淨度的標準，所以必須購置新設備、調整生產線，甚至無塵室、風管與電路配線都必須重新設計。

　　衛生福利部鼓勵製藥公司必須符合 PIC/s，原因在於促進品質與生產規模都缺乏競爭優勢的小公司合併，以及推展製藥業跟國際接軌。

(二)產品製程能力認證

但是客戶下單,往往是針對特定產品,因此公司往往研發出新產品或零組件,以提供給客戶認證。

中華映管(2475)總經理邱創儀表示,因應面板薄化的需求,為了切入筆電高階機種面板市場,2009 年第二季開始,積極規劃 8 吋高解析度、高畫質與輕薄省電的高階面板研究。這項產品的試產成功,華映克服在 6 代線試產 0.5T,及 4.5 代線試產 0.4T 易破片的生產技術問題。並且送樣給二家高階迷你筆記型電腦客戶,完成認證程序。

法人指出,華映這款 8 吋高解析度的薄型面板,日系客戶應該是針對被網友評價為「高貴又貴」的索尼高價迷你筆電系列 VAIO P 的高階面板、美系客戶應是戴爾。

該產品特色為應用於雙視窗的螢幕上,仍可以維持高畫質清晰的視覺效果,輕薄的面板設計襯托出高階筆電纖薄輕巧機身,能輕鬆置入外套口袋,單手就能掌握,加上省電設計,更符合節能概念。

華映指出,獨特的面板讓解析度居同尺寸面板最高 220 ppi。同時搭配特殊鍍膜的偏光板,使面板具有抗反射、抗炫光效果,又能維持高畫質,且亮度高達 340 nits。[1]

(三)不要被貼上「血汗工廠」標籤

沃爾瑪大幅壓低產品的價格,迫使品牌公司永無止境的降價,壓力大都落在代工公司等身上。人權分子也注意到,產品背後的製造過程是否有顧及人權、公平、正義的原則。

這些議題隨著網際網路及部落格的普及,快速且深入地傳遞給全球消費者,於是,「道德消費主義」(ethical consumerism)萌芽壯大;儘管這類消費方式成本較高,但接納的人卻越來越多。

道德消費主義最顯著的案例,就是耐吉(NIKE)以大陸及越南的「血汗工廠」(sweat shop)製造運動鞋及運動衣一度被拒買,耐吉只好改弦更張。

(四)白紙黑字

業務部在接單時,必須向買方取得「生產零件核准程序」(production

part approval process, PPAP），這是買方確保供貨公司正確理解了買方工程設計記錄和規範的所有要求，並且在執行所要求的生產節拍下的實際生產過程中，具有持續滿足這些要求的潛在能力。

此程序有 9 項要求。

1.設計記錄；2.工程更改文件（如果有）；3.顧客工程批准（如果要求）；4.設計 FMEA；5.製程流程圖；6.製程 FMEA；7.尺寸結果；8.材料、性能試驗結果；9.初始過程研究。

二、一暝大一吋

「羅馬不是一天造成的」，同樣地，供貨公司對買方的意義（重要程度）也往往循序漸進，由表 5.2 可見，是「過三關」慢慢往上打的。

本處的「買方」指的是一線公司，這是指產業中的前四強，以筆電來說，依序是蘋果公司、惠普、宏碁和戴爾。

二線公司指的是市占率第五到第十的，例如聯想、東芝、華碩；第十名以外的則為三線公司。二線公司量不大，因此一級、二級供貨公司可能各只有一家，像索尼的 VAIO 主要由鴻海代工。

表 5.2　買方對供貨公司重視程度

下單量	0%	5%	20%	100%
地位	認證	嘗試訂單（trial order）	二級供貨公司（secondary source supplier）	一級供貨公司（first source supplier）
以球賽比喻	初賽（三十二隊）	複賽（十六隊）	準決賽（八強）	決賽（四隊拼冠亞軍）
以筆電代工為例		一、電子代工公司（EMS）＊偉創力	二、設計代工公司（ODM）緯創 和碩 英業達	廣達 仁寶 電子代工之王：鴻海

(一)2004 年，設計代工公司 vs. 電子代工公司

3C 融合帶來的另一個挑戰，就是**電子代工公司**（**eletronic manufacturing service, EMS**）跟設計代工公司的界限完全被打破。3C 產品代工這一仗，台灣設計代工公司跟國內外電子代工公司對壘。

1.楚河漢界

2001 年以前，在世界舞台，以廣達、仁寶等台灣公司為主的設計代工公司，跟以代工組裝為主的電子代工公司，雙方各有所長、壁壘分明，而鴻海則被歸類為電子代工公司。

2.設計代工業毛益率破 6%，被逼上梁山

2002 年前起，隨著資訊業跨入微利時代，越來越激烈的競爭，逼著雙方陣營開始跨界搶奪訂單。電子代工業跟設計代工業是混成一團。

全球電子代工公司跟台灣設計代工公司的對決，在 2002～2003 年，隨著國際品牌公司委外設計比重增加，廣達等均瓜分不少原電子代工公司訂單，氣勢不斷高漲。相對地，不涉及設計，強調規模經濟生產的電子代工公司，也紛紛提高研發能量（透過整批挖角，甚至企業併購），去搶廣達等的訂單，到 2010 年，這楚河漢界變得不明了。

三、經營客戶

每一家公司都得經營客戶，尤其是對於有潛力的客戶更不能讓他們有大小眼的感覺。例如以經營蘋果公司為例，鴻海在 2008 年底搶了一筆筆電訂單，2009 年，又被一級代工公司廣達搶回，更接到一體成型桌上型電腦（all-in-one, AIO）訂單，但是鴻海還是接到小筆電代工。

表 5.3　廣達跟鴻海的筆電代工訂單爭奪戰

代工公司角色　　買方	一、一級公司（廣達）	二、二級公司（鴻海）
一、大單	補身體 2009 年起，蘋果公司電腦市占率提高，下單量大。	
二、小單	練身體 2008 年以前，蘋果公司的電腦售價高，曲高和寡，下單量小。	希望目標 鴻海

四、如何避免盜印光碟

為了防範盜版猖獗，2001 年通過的光碟管理條例，規定預錄式光碟製造許可文件記載事項變更時，公司應先向主管機關申請變更，並規定公司製造預錄式光碟或母版，應壓下標示來源識別碼，公司如違反上述規定，將罰鍰 150～300 萬元。

智慧局指出，合法的光碟片經過燒錄後，會在光碟片上面印有二種的管理來源識別碼，包括母版碼，以及透過那一台機器製造而成的模具碼。盜版光碟不會有母版碼，有可能會有模具碼。②

中環、錸德等光碟片業者在接單時，應審視客戶提出權利人授權證明文件。

＊間接侵權規範

智慧局法務室主任石博仁表示，各國有關專利侵權的規定，都必須要侵害到專利的全部技術特徵，但實務上常發生僅有侵害某一核心技術的狀況，再經過進一步組合後，實際已經侵權。例如，甲專利有 A、B、C 三個要件，乙只侵害其中的 A 要件，就不符合專利法的侵權規定；但乙生產的 A，再賣給他人搭配 B、C 要件。

雖然民法有共同侵權的規定，但要件較為寬鬆，為了使專利保護更加完整，智慧局認為有必要增訂。專利法修正草案新增第 100 條「間接侵權」規定，就算專業者本身沒有生產侵權物品，但只要販賣會導致侵權的產品，也有民事賠償責任，台灣代工業首當其衝。

如何避免間接侵權，石博仁表示，間接侵權很難透過契約避免，最好的方式還是要事先調查產品有無侵害到他人的技術，這應該也是產業界的基本認知，如果收到專利權人警告信，被警告疑似侵權，最好立刻停止生產，以免構成「明知」的要件。③

第二節　生產數量的決策

家中每天最常面臨生產數量的人，大都是煮晚餐的太太，如果吃飯人數預

測不準（例如高估），則會有一堆剩菜，有些家庭會把剩菜丟掉。縱使人數預測對了，但是口味不見得容易掌握，有人臨時生病、心情差以致沒胃口，甚至有人因菜色不合以致挑嘴不吃。

任何公司生產數量的決策絕不是件容易的事，過猶不及都不是好事，「剛剛好」可說是可遇不可求。

一、業務部下單，製造部提限制

以內部市場來說，業務部扮演內部「客戶」角色，製造部只提出限制，彼此協調後，決定出貨時程。

簡單地說，所有出貨都是行銷導向的，都是為了把貨賣給顧客，很少公司採取「盲目生產」，即不知道顧客在那裡，便卯起來生產。

(一)推拉之間

由表 5.4 可見**推式生產**（**push production**）、**拉式生產**（**pull production**）的不同，至於「推、拉」這二個字，在所有學科的用法都一樣。最終需求（即消費者）才會「拉」著公司跑。反之，公司以量制價或挾技術優勢推出殺手級產品（killer application）則是想「推」著顧客跑。

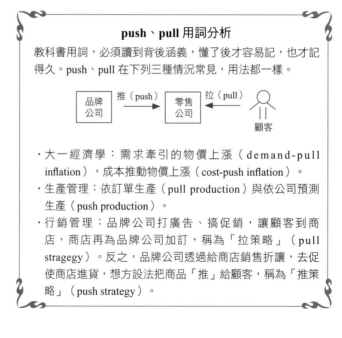

push、pull 用詞分析

教科書用詞，必須讀到背後涵義，懂了後才容易記，也才記得久。push、pull 在下列三種情況常見，用法都一樣。

| 品牌公司 | 推（push）→ | 零售公司 | 拉（pull）← | 顧客 |

- 大一經濟學：需求牽引的物價上漲（demand-pull inflation），成本推動物價上漲（cost-push inflation）。
- 生產管理：依訂單生產（pull production）與依公司預測生產（push production）。
- 行銷管理：品牌公司打廣告、搞促銷，讓顧客到商店，商店再為品牌公司加訂，稱為「拉策略」（pull stragegy）。反之，品牌公司透過給商店銷售折讓，去促使商店進貨，想方設法把商品「推」給顧客，稱為「推策略」（push strategy）。

表 5.4 三種產量的決定方式

決策方式	推式生產（push production）	混合式生產策略（mixed strategy）	拉式生產（pull production）	客戶
一、誤解	被誤解成製造導向		被誤解為行銷導向 ← 拉 人	
二、本質	依預測生產、存貨生產（make to stock），make 或 produe 交互運用。	依預測生產，產量是過去最低需求量。	依訂單生產（produce-to-order）。	
三、優點	比較不會出現缺貨（shortage）情況。對內來說，產能比較容易平衡，即淡旺季比較不明顯，不會有旺季天天加班，淡季時無事可做情況。	大部分品牌公司皆採取此方式，例如八成量依預測生產，二成量依訂單生產。	比較不會出現「滯銷」（供過於求）情況，宣稱「及時生產」（Just-in-Time, JIT）。	
四、缺點	可能會出現「千金難買早知道」的窘境，即生產量太多，以致滯銷。		1.生產成本偏高：因客戶的訂單可能是小量訂單，工廠接「小量多樣」訂單，比較施展不出「規模經濟」（scale of economics）的效果。 2.存貨強調「零庫存」（zero inventory）。	

(二)這是最極端的說法

　　一般把推式生產視為生產導向，把拉式生產視把行銷導向，因此就會出現表 5.4 這種極端的說法，也就是把中資企業視為「無視顧客需求（量），一味地衝量以達規模經濟量或市占率」，其結果往往是「供過於求」。

表 5.5　日本與大陸在製造方面的想法差異

	大陸	日本
市場供給與調度	確保規模的推式生產	因應需求的拉式生產
生產方式	以成本為最優先的壓倒性大量生產	消除浪費、有效率的生產
品質	成本與速度重要性優於品質	徹底追求良率的改善

資料來源：日經 Business，2009.7。

(三)「拉式生產」是特例

拉式生產會消弭成品存貨，但是拉式生產只是特例，例如來料加工的工廠只賺工錢，客戶連原物料都準備好，因此，加工公司可說是零庫存，不過惟二的營運風險來自接不到足夠訂單，而導致產能利用率低於損益兩平點，或良率低以致賠料錢而虧損。

(四)都是行銷導向

公司做生意將本求利，這個道理不用讀「行銷管理」也懂，也就是推式生產、拉式生產都是行銷導向，推式生產是指依預測而生產、拉式生產是依訂單生產。

拉式生產比較像「不見兔子不放鷹」，但缺點是「臨渴而掘井」，手腳要很快，否則會來不及。以學生準備考試來說，有點像等教授劃重點或蒐集考古題後，才「開夜車」、「臨時抱佛腳」。

推式生產比較以逸待勞，以學生準備考試來說，平常就平均的讀書，可能會被自做聰明的同學笑說「唸了一些不考的」，但至少不怕「隨堂考」或是教授出題超出範圍。

(五)豐田本質上採取「混合式生產」

豐田素以拉式生產著稱，即經銷商訂多少車才生產，公司少有成品存貨。然而這只是「謠言」，由下列事實，可見豐田採取混合式生產，即經銷商訂單一定須滿足，自己又預測生產。

1.2008 年度小賠

2008 年度（2008 年 4 月迄 2009 年 3 月）豐田虧損金額 44.48 億美元（1 美元兌 92 日圓），是該公司數十年來第一次虧損。豐田高層艾斯蒙德（Donald V. Esmond）表示：「這個挫折來得又急又快，2008 年是我在汽車產業 40 年中最慘的一年。」

2.高庫存、低稼動率是虧損主因

高庫存、低產能稼動率（年產能 1,143 萬輛，只售出 800 萬輛，產能利用率 70%）是豐田虧損主因，2008 年底時豐田的平均存貨天數上升至 100 天，是該公司目標水準（20～45 天）的二倍。

為了降低庫存到 60 天水位（約是美國三大汽車公司的一般水準），在 2008 年底 2009 年初之際，豐田關閉北美工廠數週。

3.改變所有的錯

加拿大豐田製造部門總裁童蓋（Real C. Tanguay）用簡單說明闡釋其中重大改變，他表示「以前我們的作法是，業務部門告訴製造部門的人說，『你們就生產，然後我們就拿去賣。』現在變成是『如果我們賣得掉，你們再去生產。』」④

4.2009 年度，小賺 26.375 億美元

豐田 2009 年度全球出貨量下滑 13% 至 698 萬輛，銷量變少，但卻能小賺 26.375 億美元，重點在於閉廠以降低成本。

二、以餐廳為例

生產管理的道理到處都一樣，只是複雜程度有別罷了！就近取譬往往可收「簡單易懂」功效。大體來說，開門做生意。必須有東西可賣，因此大部分公司都是採取**混合式生產策略（mixed stratgey）**，先有些成品存貨，當客戶多要一些，再追加產量，由自助餐廳、點菜餐廳都可印證。

(一)自助餐廳

小至學校旁的自助餐廳（一餐 80 元），大到凱悅飯店的歐式自助餐（一餐 800 元），大抵是存貨生產。一旦高朋滿座，也會追加生產，再煮飯、出菜。有良心的自助餐廳，午餐賣剩的，絕不會留到晚上用；晚餐賣剩的，更不可能留到明天中餐用，嘴刁的顧客一下就吃得出來。

(二)高檔餐廳

　　高檔餐廳看似依顧客點餐才生產，但本質上可說混合式生產，先把大部分食材處理好（例如難以解凍），甚至排骨已預炸、煮了一鍋咖哩，要用時，排骨、咖哩再加熱，五分鐘便可出菜，勉強可以說「**訂貨搭配生產**」（**assemble to order**）來形容。

三、過猶不及中的「不及」

　　公司無法如期出貨，業務部可能得依約賠償違約金給買方。但這頂多只占出貨金額二成，本公司可能會賠小錢，此稱為**直接缺貨損失**（**direct shortage loss**）。然而，最大損失在於「客戶流失」，事不過三，連續密集的延誤出貨，會逼得買方轉單，一旦客戶因失望而跑掉，除非有確切補救措施，否則很難讓他回心轉意；此稱為**間接缺貨損失**（**indirect shortage loss**）。

(一)缺貨後遺症

　　缺貨（**out-stock** 或 stock-outs）的原因大都是安全存貨太少等，缺貨的後遺症是行銷學者研究的重點，由於文獻時間久遠，我們不想引用其對品牌公司（當遇到品牌移轉）或零售公司（當遇到**商店移轉，store switching**）的不利影響。

　　我們提出圖 5.1 的架構，把顧客對某品牌商品缺貨的反應予以分類，例如以購買急迫性中「有點急」、「高」品牌忠誠度此一情況來說，顧客好整以暇地到另一家店去買到「非買不可」的商品。這種情況對本商店最不利，因為代表該顧客這次甚至以後流失。以轉換成本來說，此時商店轉換成本低於品牌轉換，在兩害相權取其輕的情況下，顧客只好「換另一家店買」。

　　至於購買急迫性很急（即時間價值很高）、高品牌忠誠度情況下，當該品牌商品有大中小不同規格包裝時，顧客可能會「懶得跑」（不換商店）、「湊和著用」（四罐小瓶可口可樂抵一罐家庭號可口可樂），這稱為「**品項移轉**」（**item switching**）。

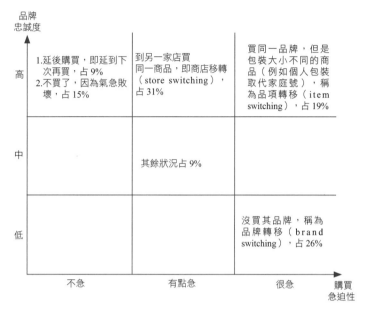

品牌
忠誠度

高
1.延後購買，即延到下次再買，占 9%
2.不買了，因為氣急敗壞，占 15%

到另一家店買同一商品，即商店移轉（store switching），占 31%

買同一品牌，但是包裝大小不同的商品（例如個人包裝取代家庭號），稱為品項轉移（item switching），占 19%

中

其餘狀況占 9%

低

沒買其品牌，稱為品牌轉移（brand switching），占 26%

不急　　　有點急　　　很急　　購買急迫性

圖 5.1　缺貨時消費者的反應

靈感來源：Compo etc. (2000), p.220。

(二)寇斯頓和巴哈拉瓦傑的研究

　　丹尼爾‧寇斯頓跟山塔‧巴哈拉瓦傑（Sundar Bharadwaj）共同合作下，針對來自 29 個國家、600 家商店、71,000 名消費者的市調資料，研究他們對商品缺貨的現象是如何反應。我們把結果放在圖 5.1 中，以節省篇幅。

　　依商品類別不同，21～43% 的人會到另一家店去買這項商品，零售公司常會損失近一半已到手的生意，估計約占一家典型零售公司營收的 8%。由於後果很嚴重，因此有些零售公司把缺貨率上限訂在 2%。

1.零售公司是缺貨的罪魁

　　他們發現零售公司應對缺貨負起絕大部分責任，72% 的存貨不足肇因於錯誤的內部訂貨和補貨習慣：零售商店叫的貨太少或太遲，以致需求預測錯誤或是存貨的錯誤管理。只有 28% 的缺貨現象是由於供應鏈的補貨和規劃的問題，這些問題包括品牌公司所造成的商品嚴重缺貨等。

(三)庫存優勢

　　全美第二大玩具零售公司玩具反斗城在 2003 年遭到沃爾瑪低價痛擊，盈

餘慘跌超過六成。為了扭轉逆勢，玩具反斗城 2004 年提早針對年終旺季把玩具上架，提供更多獨一無二的玩具，在 11 月開始打廣告以招徠買氣。

離聖誕節前幾天，顧客在玩具反斗依然可找到該年度最暢銷的玩具。玩具反斗城對於庫存優勢相當自豪，發言人沃爾表示，在 11 月他們已經要求品牌公司針對熱門商品補貨，因此他們貨源供應穩定，顧客不用擔心白跑一趟。

不過，在沃爾瑪則是完全不同情景，許多熱賣玩具的庫存早就見底，顧客只好乘興而來，敗興而歸。

證券分析師認為，玩具反斗城的庫存優勢讓它一雪前恥，在年終銷售旺季扳回一城。

四、過猶不及中的「過」

大多數開店做生意，一定要有貨可賣，一旦很多貨賣不掉，就會虧損，有些人說「做生意失敗」指是就是這情況。同樣情況，也會發生在品牌公司，當零售公司採取寄賣或少量存貨但隨時訂貨，後者情況跟「及時生產」（Just-in-Time, JIT）情況一樣，是「以鄰為壑」，也就是把品牌公司當倉庫。一般來說，由於有運輸時間等前置時間（lead time），一般品牌公司的成品存貨量約等於一個月銷量。

一旦經濟情況逆轉，銷量打折，原來的一個月成品存量，可能得 1.5～2 個月才賣得完。要是時尚產品（fashion product）就必須採取打折拍賣，才能去化。

第三節　業務部跟製造部間的介面
——做好密接，以避免缺貨或屯料

美國電視影集「殺戮世代」（Generation Kill）是描寫美國於 2003 年 3 月入侵伊拉克，陸戰師中搜索營的真實故事。他們的任務主要是找出敵軍，通知戰鬥團（配有坦克）或和空中支援去達成任務。

同理可說，以找訂單或景氣冷暖來說，業務部扮演搜索營的角色，製造部發揮戰鬥團的功能。

＊銷售預測是業務部的事

預測生產（make to stock）本質上還是由業務部主導，頂多是由產銷會議決定，此時如果總經理主持，總經理就成為下單的決策者。

在大二「行銷管理」課程中，一般在第三章說明「行銷研究」，重點在於 SWOT 分析中的 OT 分析，尤其市場預測（market forecast）。在大三「行銷研究」課程中，再用更多篇幅來談，以得到公司**銷售預測（company sales forecast）**。

一、「過」猶不及中的「過」

「長鞭效應」（bullwhip effect）最白話的比喻是「零售公司打噴嚏，原料供貨公司重感冒」，零售公司下一筆急單（可能只是補庫存 1,000 支手機），品牌公司誤以為這是「冰山一角」，於是下單做 1 萬支手機，等著接後續生意。代工公司搞不清楚前線狀況，於是備 2 萬支手機的料，原料（例如連接器）供貨公司更是看不見前方，擔心以後大單會因缺貨而被搶走，於是備料 10 萬支。你可以想像趕馬的長鞭，鞭把在右邊，往左往供應鏈一層一層蔓延過去，鞭尾離鞭把震動幅度可能五、十倍。

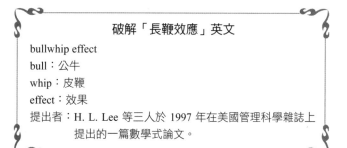

破解「長鞭效應」英文

bullwhip effect
bull：公牛
whip：皮鞭
effect：效果
提出者：H. L. Lee 等三人於 1997 年在美國管理科學雜誌上
　　　　提出的一篇數學式論文。

(一)客戶下單方式

一般來說，在有夥伴關係的供應鏈中，品牌公司會採取下列下訂給代工公司，以筆電代工業為例。

1.一年訂貨計畫

每年 8 月，品牌公司便會跟各代工公司談妥大概的訂單數量、種類、時程，至少讓代工公司有五個月以上時間去擴充（或減少）產能。報刊也很喜歡在此時去訪問各代工公司，刊登出明年的出貨預估值；八九不離十。

2.急單大都是短單

有計畫必定有變化，只是變化一般都只會偏離預算值一、二成，對品牌公司來說，臨時迸出來一張新訂單（很可能是別家公司的客戶轉單），意外之餘，就會緊急下單給代工公司，希望盡快出貨。代工公司接到這急單（rush order）一般都是透過加班來趕工。

但是代工公司的業務代表與中高階主管想要知道的是，這急單是「來如風，去如煙」呢？還是「一葉落而知秋」？品牌公司常會以業務機密為由，守口如瓶。

二、知己知彼，百戰百勝

戰爭致勝的基礎是「知己知彼」，因此，代工公司除了從品牌公司去包打聽（詳見表 5.6 下半段）外，另一方面是要「見林」。因此，每年付費向市調公司（有時稱為市場研究機構）買消息。除了每年 10 月出的今年年鑑與明年預估外，還提供線上更新消息。

(一)你是我的眼

盲人歌手蕭煌奇 2008 年一首暢銷歌「你是我的眼」，貼切描述出公司業務人員的功能，用人體來類比，業務體系（詳見表中業務體系一列）比較像眼睛，製造部比較像手。以投球來說，沒有眼睛指引方向，投手投球就會盲目亂投。

由表 5.6 可見，為了增加景氣可見度，公司花錢向市調公司買資料（一般採會員制，採資料庫與即時新聞報導），公司內部分成業務部、行銷企劃部，雙軌進行市場預測。

總經理甚至是董事長責無旁貸的是公司最高階業務代表（Top Sales），必須主動出擊去搶訂單、維護領土。底下各級業務部人員也必須定期到客戶處走動，了解市場的風吹草動。

表 5.6　市場預測的相關機構

組織 ＼ 產業	第 1C：個人電腦	第 2C：手機	3C：消費電子		
一、公司外市調公司	IC Insights、國際數據公司（IDC） ‧顧能（Gartner） ‧佛瑞斯特（Forrester）、台灣等工研院IEK、資策會MIC	iSuppli	面板相關產品（包括電腦螢幕、液晶電視）Display Search、Display Bank		
二、公司內組織	業務代表	業務經理	業務副總	總經理	董事長
(一)業務體系拜訪大客戶（最低頻率）	1 週	1 週	2 週	1 月	1 季
拜訪大客戶層級	副理	經理	助理副總裁	副總裁，例如仁寶陳瑞聰跟美國客戶打高爾夫球	總裁到董事長，例如鴻海郭台銘拜訪戴爾的麥可‧戴爾
擬獲得資訊	未來 1～2 週的市場動向	未來 1 個月的市場動向	未來 1 季的市場動向	未來半年的市場趨勢	未來 1～2 年的產品、技術趨勢（即技術前瞻）
(二)行銷企劃部			台積電的市場企劃處，編制75 人，進行產業分析		

第四節　供應鏈資訊共享

　　上下游間的資訊共享，主要是想做到供需密接，以免發生「牽一髮而動全身」的長鞭效應。然而，「資訊」指的是零售公司的銷量，這對品牌公司有很多助益，往價值鏈前面推一格，對代工公司來說，最希望產業透明度高，能看

到客戶未來三個月（以上）的訂單。

一、零售公司跟供貨公司資訊共享的好處

零售公司一如軍隊中的偵察兵（古稱斥堠），一旦偵察回報訊息錯誤，往往會「害人害己」。「害人」部分，是指風聲鶴唳的長鞭效應，「害己」部分是指需求預測低估以致造成該賺卻賺不到的缺貨現象。

在電子商務時代，零售公司在價值鏈中扮演承上啟下的樞紐地位，簡單地說，在資訊方面，「供貨公司—（物流公司）—零售公司」間的資訊交流稱為「企業對企業」；「零售公司—顧客」間的資訊交流稱為「**企業對顧客**」（**business to customer, B2C**）。

為了加快「貨暢其流」，電子化或電子商務化是必要的手段，零售公司必須跟後端供貨公司共享資訊，才能避免長鞭效應，積極地說，使供貨公司跟零售公司各蒙其利。這個零售公司跟供貨公司的跨公司資訊共享，屬於總經理級以上的策略決策。

2004 年 4 月 8 日 AC 尼爾森宣佈，品牌公司一年花 10～20 萬元便能買到愛買單店每週的銷售時點資料，引起日用品公司（例如嬌生、聯合利華）的興趣，愛買方面點頭者正是外籍總經理顧士嘉。

老外雖然心態開放，不過單店資料外賣可能直接影響經營區域競爭，所以愛買僅願意提供除自有品牌、鮮食部分的商情。據 AC 尼爾森副總監賴建宇初步估計，愛買 1 年商情營收應有 300～400 萬元。

統一超商、大潤發也有意跟進，跟 AC 尼爾森合作銷售公司資料，這些大公司已經大到不怕資料分享，且開發了許多商店品牌商品和供貨公司為他們量身訂做商品，主要是考慮到把龐大**銷售時點**（**point of sales, POS**）系統資料的整理、報告、販售交給調查公司，可以節省成本和增加收入，統一超商透過統一資訊公司販售銷售時點給品牌公司。

商情資料的販售行情跟零售公司的市場重要性相關，像是各零售行業的龍頭，例如家樂福市占率 44%、統一超商更占半數，就比市占率 12% 的頂好搶手，不只銷售行情較好，零售公司向調查公司拿到拆帳比例也較高。

二、公司間資訊系統的型態

Kuman 和 Van Dissel（1996）把公司間資訊系統（**inter-organization system, IOS**）的型態分為三種，詳見表 5.7。

1.集中式互相依賴型（pooled interdependency）

集中資訊資源的公司間資訊系統（pooled information resource IOS）。

2.循序式互相依賴型（sequential interdependency）

網路的公司間資訊系統（networked IOS）。

3.互惠式互相依賴型（reciprocal interdependency）

供應鏈的公司間資訊系統（value/supply-chain IOS）。

表 5.7　公司間資訊系統屬性

相互依賴型的種類	集中式互相依賴型（pooled interdependency）	循序式互相依賴型（sequential interdependency）	互惠式互相依賴型（reciprocal interdependency）
組成結構			
協調機制	標準和規則	標準、規則、預定時程計畫	標準、規則、預定時程、計畫與相互調整的方式
技術	中間的媒介	串聯	強烈、密集
可架構性	高	中等	低
衝突的可性	低	中等	高
公司間資訊系統種類	集中資訊資源的公司間資訊系統	供應鏈的公司間資訊系統	網路的公司間資訊系統
技術和應用導入的例子	共享資料庫網路應用電子化市場	EDI 應用語音信件傳真文件	CAD/CASE 資料交換、知識庫中心資訊共享視訊會議

資料來源：林福仁、林煌基（2003 年），第 548 頁表 2。

三、製造公司要求零售公司配合──以和泰汽車為例

和泰汽車包含負責生產的國瑞汽車、二大品牌（豐田和凌志）、八大經銷

商、超過 140 家的銷售據點,是汽車業龍頭。

　　在整個汽車供應鏈中,和泰處於中游,必須為上游的製造公司和下游經銷商管理好所有的流程細節,能夠整合上下游產銷資源和資訊系統,是和泰的競爭優勢之一。

　　早在豐田汽車導入台灣時,和泰便已架構好整套中央管理資訊系統,並且強制所有經銷商必須共用這套資訊系統,無論是要領料還是維修,都得照著系統步驟一步一步來,才能正確地打出工作傳票、派單,不遵守的話很難進行任何作業,「資料庫得以建置得非常完整。」透過和泰的資訊系統,員工可以清楚地掌握每個營業據點的售訂狀況、每位車主的維修資料、應收帳款、製造廠裡的生產線進度等。

四、零售公司要求品牌公司配合

　　美國非營利組織 VICS（Voluntary Interindustry Commerce Standards）協會所提出協同規劃、預測和協同補貨（Collaborative Planning, Forecasting and Replenishment, CPFR）觀念,內容涵蓋供應鏈體系所有公司間互動的管理,以及達到其最佳效益的其他活動,期望供應鏈各成員能透過反覆實行綿密的商務協調、互動,而使營運作業同步化。

　　它把上中下游在協同運作時的關鍵問題,先以一套方法論加以解決,之後再導入資訊技術,讓這些預先設定好的遊戲規則能被最佳化地運作。供應鏈的各夥伴先致力於發展共同商業計畫,確保日後能在互信基礎上進行共同需求預測,以降低供給跟需求的落差,從根本問題的解決來提高供應鏈整體效益。

　　CPFR 發展最著名的例子是沃爾瑪,1955 年跟供貨公司 Warner Lambert 和軟體公司,聯合成立供應鏈和需求鏈工作小組,進行 CPFR 的研發和運用。基於 CPFR 供應鏈計畫管理方式的理論和實踐,利用資訊技術整合物流和金流資源。藉由共同管理業務流程和資訊共享,來改善零售公司跟品牌公司的夥伴關係,提高訂單的計畫性、市場預測的準確度、供應鏈動作的效率,以控制存貨週轉率、物流費用。

2.利用資訊系統解決缺貨問題

　　缺貨問題需要引進新的資訊技術方案（IT solutions）和制度的變革,也就

是零售公司跟供貨公司突破組織藩籬。例如美國的「HEB 超市」（H. E. Butt Grocery）和英國聖伯瑞（Sainsbury）超市採用資訊系統，可以正確地利用銷售時點系統的資料，以免缺貨或滯銷。在 1,450 項銷售最快的商品上運用此技術進行追蹤，HEB 得以 8 週內把缺貨率降低二成。聖伯瑞以類似方法追蹤 2,000 項銷路最好的商品，缺貨率下降而營收上升最高可達 23%。

英國特易購量販店把品牌公司主管的責任區延伸到管理店面的貨架，意謂著商店管理階層不再負責訂貨和補貨上架，而是由品牌公司擔任這項工作，緊密合作，改善貨架空間、促銷或新品引進的協調工作。

減少缺貨的現象並不容易，如果認為能夠做的很少或認為沒什麼關係，那麼付出的代價可能更高（不論是金錢方面或是顧客忠誠度）。當企業純益率薄得難以生存時，你還能夠忽視空無一物的貨架所帶來的代價嗎？[5]

五、那麼品牌公司跟代工公司間呢？

代工公司想方設法想了解客戶下筆急單，究竟是客戶也接了一筆急單抑或單純只是建立庫存罷了。夥伴精神之一是「知無不言，言無不盡」，但是品牌公司大抵會基於業務機密的考量，不會「脫褲子」給代工公司看。雖然如此，代工公司仍會試出渾身解數，想讓客戶「和盤托出」，整個過程詳見表 5.8，其中方法之一，是向沃爾瑪買進品牌公司的銷售資料。

表 5.8　品牌公司業務跟代工公司間的介面

供應鏈	機器設備供貨公司	原料（元件、模組）供應公司（vendor）	代工公司（本書主角）	品牌公司（代工公司的買方 buyer）	零售公司（retailor）	顧客（customer）
舉筆電為例說明		奇美電面板 ←	仁寶 ←	戴爾公司←	沃爾瑪 ←	美國消費者

註　釋

①經濟日報，2009 年 8 月 21 日，C5 版，李珣瑛。

②工商時報，2009 年 4 月 30 日，C5 版，侯雅燕。

③經濟日報，2009 年 3 月 24 日，3 版，何蕙安。

④經濟日報，2009 年 5 月 21 日，C3 版，陳培康。

⑤摘修自丹尼爾‧寇斯頓，工商時報，2004 年 7 月 21 日，第 31 版。

討論問題

1. 2009 年 10 月 23 日，微軟的新一代軟體 Windows 7 上市，在此之前，很多 IC 設計公司、面板公司與筆電公司爭先恐後取得認證，請以廣達加上原相（3227）來說明「先行者優勢」（註：可見工商時報，2009 年 10 月 22 日，B1 版的報導）。

2. 以一家公司為例，說明取得 ISO 9000 等認證的程序。

3. 以一家製藥公司為例，說明其取得歐盟地區藥品檢驗規範（PIC/s）的過程。

4. 以表 5.2 為架構，說明一家公司如何步步高升由局外人打到一級代工公司，靠的是什麼？

5. 以一家公司為例，說明其生產數量的決策流程與方法。

6. 以表 5.6 為架構，以一家公司為例，說明其各級管理人員如何鞏固跟大客戶間關係。

7. 以表 5.7 為架構，各舉一家公司為例說明。

8. 以表 5.3 為架構，再舉二家同級公司（例如宏碁 vs. 華碩）為例說明核心能力孰優孰劣。

9. 薄型筆電的機板的表面黏著（SMT）當真必須在無塵室內進行，效果如何？

10. 分析仁寶與廣達市占率、獲利能力的差距原因。（Hint：本題有點超出大二程度，較適合 EMBA 班）

6

研發部跟製造部的密切接合

　　許多企業推動精實管理成效不彰，原因常在於只專注生產範疇，片面、局部實施，忽略豐田式管理除了製造範疇外，更重視市場預測、產品開發設計、生產工程、供貨公司整合管理、產品行銷及售後服務等企業經營運作的整體競爭優勢。

　　「學皮毛，未學到精髓」是多數企業推動精實管理失敗的主因。

——**王派榮**　國瑞汽車顧問
曾任國瑞汽車董事兼副總經理

正確的開始，成功的一半

　　樂聖貝多芬一生譜寫了很多經典的交響樂譜，有一些段落不易演奏，有些指揮家會向他反映，他表示：「這不是為當世所寫的。」他指的是後代的演奏技巧會更佳，就可以達到他的「先見之明」。

　　作曲家比較像公司研發人員，指揮家像公司製程技術部人員，樂師像製造部的員工。必須做好無縫密接，才能擄獲觀眾（公司為例時則為客戶）的心。

　　因此也可見，研發人員在生產管理的重要性，終究「品質是設計、製造出來的，不是檢驗出來的」，而設計（研發包括功能研發和「外觀」設計）更在製造之前，有正確的「投入」（研發），經過「轉換」（製造），才會達成「產出」目標。

　　因此，當業務部傳來客戶需求後，在行銷導向前題下，研發部「投其所好」的去進行研發，製造部（本書的核心）再依樣劃葫蘆。研發部扮演「承上

「啟下」的角色，重要性不言可喻。

本章的重點在於「研發部跟製造部間的密接」，至於研發部管理請參考拙著《科技管理》（五南出版，2010 年 10 月）。

第一節　新產品開發程序

本書以「**產品研發**」（**product R & D**）取代產品設計（product design）一詞，主因在於設計容易讓人有「工業設計」的錯覺，有些人又錯把產品外觀設計認為是工業設計的全部。

一、重點在於密切接合

在《生產管理》書中，討論研發部跟製造部間的關係，重點在於二者間如何密切接合（簡稱密接，如同接力賽跑中的接棒），而不是去討論研發部中的活動，例如新產品開發流程、**新產品開發**（**new product development, NPD**）管理，甚至更細的如何運用電腦輔助設計（CAD）設計出汽車、手機等。

由表 6.1 可見，研發部承「上」（業務部所接訂單），啟「下」（例如製造出仕樣書，以供物料需求規劃，讓採購部採購、製造部生產時有所依循）。

表 6.1　研發部跟生產相關事宜

目標 （競爭優勢）	方法	跟相關部門關係、 本書相關章節
一、價	1.共同零組件	研發部、§6.2
	2.價值分析／價值工程（VA/VE）	採購部、§6.2
二、量	1.為製造而研發（design for manufacturing, DFM）	製程技術部、§6.2
	(1)為裝配而研發（design for assembly, DFA）	
	(2)為作業而研發（design for operations, DFO）	
三、質	1.綠色設計	製程技術部、chap 9
	(1)在研發時即考慮環保	
	(2)「為拆解而研發」（design for disassembly, DFD）	§15.4
	2.為（使用）服務而研發（design for service, DFS）	採購部、製程技術部、製造部、§6.4
四、時	1.同步工程（公司內）	
	(1)公司間：協同商務	

二、以華碩易 PC 為例

2007 年 10 月 16 日，華碩（2357）推出易 PC（Eee PC），開啟全球小筆電（Netbook）的風潮。以易 PC 的研發、製造來說明研發跟製造的密接可說頗具代表性。

表 6.2 一次融合二個學門中對新產品開發的步驟，企管各管不是獨立的，是前後相關的。由表可見，行銷管理偏重對市場（消費者）的了解；而宏碁從美國引進的研發**新產品開發程序**（俗稱 **C 系統**），偏重研發部，因此針對行銷管理中第三步驟**「產品的工程發展」**（**engineering development**）再細分為四個步驟，C2 設計階段（R&D design phase）；C3 樣品試作階段（sample pilot run phase）由研發部負責；C4 工程試作階段（engineering sample pilot run phase）由製程技術部負責；C5 試產階段（product pilot run phase）、C6 量產階段（mass product phase）由製造部負責。

表 6.2　華碩易 PC 的研發過程

年月	行銷管理步驟	新產品開發程序 —C 系統	負責單位	領銜主管
2006.7	構想蒐集（idea collection）	C0 構想階段（proposal phase）	施崇棠發現市場空間	董事長施崇棠
2006.9	構想甄選（idea screening）	C1 規劃階段（planning phase）	跨部門會議	由 2008 年元旦擔任華碩執行長的沈振來主導研發過程。
2006.11	商業分析（business analysis）		同上	
2007.2	產品的工程發展（engineering development）	C2 設計階段（R&D design phase）	一、研發處 1.工業設計部 　・設計研究中心 　・設計課 　・視覺傳達課 2.研發部 3.機構及工業設計部	
2007.5		C3 樣品試作階段（sample pilot run phase）	4.品質確認部	

表 6.2 （續）

年月	行銷管理步驟	新產品開發程序—C 系統	負責單位	領銜主管
2007.8		C4 工程試作階段（engineering sample pilot run phase）	二、製造處 2008 年元旦，華碩分家後，此處分割成為和碩，但易 PC 是由子公司華擎製造，後改由和碩聯合生產。	
		C5 試產階段（product pilot run phase）		
2007.9	市場測試（market test）	C6 量產階段（mass product phase）		
2007.10	上市行銷	1.新品 2.新品廣告	三、產品事業處	曾鏘聲，2008 年元旦擔任副董事長兼品牌長。

第二節　競爭優勢 I：價、量

　　美國哈佛大學商學院教授、全球策略管理大師麥克‧波特（Michael E. Potter）把競爭優勢分成二大類，詳見圖 6.1 X 軸，本書把競爭優勢再予以細分，本節先談「價」、「量」。

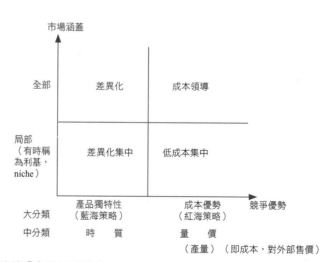

圖 6.1　修正版的波特「事業競爭策略」

一、成本限制下的研發

研發的目標在於「質、時（主要指創新性，其次是時機）」，限制條件是「價、量」，價指的就是波特所指的「成本優勢」，或削價戰的「紅海策略」。

(一)在設計時，省最多

以資本密集的電子加工業來說，原料、製造費用中的機器折舊占製造成本最大；直接人工占比不多，所以，製造部能省錢的空間有限。

正確的開始，成功的一半，在研發階段便決定用料、製造方式，用料影響原料成本，製造方式影響直接人工成本與製造費用，所以寧可在研發時多花些費用、時間，以求取產品成本符合研發時的成本限制條件。底下以表 6.3 中研發五步驟來詳細說明。

表 6.3　研發五步驟──研發跟成本間的關係

研發與步驟	說明
1.構思	構思是把產品概念轉換成產品，是產品化的第一步。以最經濟、較短時間，實現滿足使用者需求，進行摸索並想像應有的產品功能、外型及其他相關服務等的呈現。
2.機能設計	進到機能設計階段，按構思的輪廓，把產品機能狀態依整體、部分、要素加以細項分析。
3.結構設計	結構設計是把機能設計所描述的整體、部分、要素的各層次機能轉換成形狀或結構，因為機能的需求引領了結構材料的運用。
4.材料設計	一般來說，材料設計跟機能和結構設計同時進行。
5.繪製「製造加工圖」	在結構設計、材料設計的過程，零件形狀或裝置一旦決定，即以其作為資料，規定加工方式，並進入「製造加工圖」和製圖階段。

(二)從需求端回推生產：目標成本制

在 1970 年代，日本企業開始使用「目標成本制」（**target costing, TC**），這是「從市場回推」的思考邏輯，產品在推出之前，即針對客戶群做好市調，掌握客戶群願意支付的售價，再從目標售價回推至公司內部的成本資料，與利潤目標，詳見〈6-1〉式和圖 6.2。

目標成本＝目標售價－目標利潤‥‥‥‥‥‥‥‥‥‥‥‥‥‥‥〈6-1〉

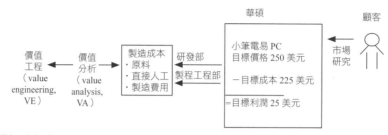

圖 6.2　目標成本法——以易 PC 為例

1.步驟一：價值分析

價值分析（**value analysis, VA**）在計算產品每項功能的成本，由〈6-2〉式可見，以小筆電為例，把每項功能值跟成本值列出，便可求出**價值價格比率**（**value/price ratio**）。針對此比率較低的產品功能去開刀，表示這部分最有改善空間。

$$價值價格比率（value/price ratio）= \frac{功能（function, V）}{成本（cost, C）} \quad〈6\text{-}2〉$$

〈6-2〉式是行銷學上的觀念，普及性高，少數生管書把「價值價格比率」改成「價值」（value）。

表 6.4　產品功能與材料——以華碩易 PC 為例

材料 ＼ 功能	次要功能		基本功能	
	非需要功能	需要功能		
特用型			固態硬碟（SSD）	
精緻型		微軟的 Window 作業系統		車載電腦螢幕
泛用型	·上網防毒軟件	用 Linux 為基礎寫的作業系統	硬碟	筆電級螢幕

(1)功能

產品的功能（function）是顧客對產品價值（value）的主要考量因素。由表 6.4 可見一斑。

(2)材料

大部分產品的主要成本是原料成本，材料屬於產業的基礎設施（infrastructure），是一種嵌入式的科技，對產業影響較為隱性，外表不容易看出它的重要貢獻。材料可分為泛用型、精緻型、**特用型（specialty）**三大類。

特用型材料可賦予產品高度差異性，導入應用時並不是以成本為考量重點，強調跟應用端、服務端密切整合；因此強化特殊功能性材料研發工作，已成為先進國家的發展趨勢。例如以碳纖來做筆電外殼，成本會多出許多，但碳纖用在腳踏車的骨架，可做到減重功能，且強度跟鋼圈相似。要開發出全新、原創性的材料相當困難，利用現有材料賦予它創新應用方式，同樣可以強化既有產業，甚至創造出新的產業。

反之，泛用型、精緻型材料是常見降低材料成本的對象，常用技巧是價值分析、價值工程。

材料包括「零件」（元件，**compoment**）、「組件」（**module**，模組），簡稱零組件，由於電子業產品每年約降價一至三成，因此電子業零組件公司每年都會被買方要降一成以上，零組件公司早有準備，以免買主轉單。

2.步驟二：價值工程

價值工程（value engineering）的目的在於：達到相同產品功能的限制下，追求成本最小，其方法如下。

- 以「80：20 原則」來說，針對基本功能，把特用型材料改採泛用型材料，以節省料錢，但前提是不讓顧客感覺到「減料」。
- 至於「偷工」，即節省直接人工成本，比較不屬於價值工程範圍。

由於抽換原料會影響產品功能，甚至牽一髮而動全身，所以價值分析可由業務人員、採購人員共同進行，但「偷樑換柱」的價值工程卻是由研發人員負責，所以才用「工程」這個字。這種在研發時便設計進來，稱為**「設計入」（design-in）**，其中最常見的情況是「共同零件」、模組設計。

(1)共同零件

研發人員在降低原料成本的貢獻可由下例看出，假設一個產品的毛益 5元，成本 100 元，其中原料成本占了 60%（60 元）。如果原料的採購成本節省一個百分點（0.6 元），而這省下的 0.6 元會增加毛益，從 5 元提高到 5.6元。等於從零件採購節省一個百分點，能讓毛益率上升 12%。

某韓國公司在研發產品時，會根據零件的價格和效能，設計一個零件庫，研發人員必須優先從這個零件庫中挑選零件，不能任意更換。如果非要使用新零件，也要讓採購人員及早參與，以降低採購新零件所必須承擔的價格和效能的風險。

(2)模組設計

模組設計（modular design）是指設計一系列的基本零組件，而後再組合成多樣的產品。例如：個人電腦的零件先行備妥，如下。

‧中央處理器：有英特爾四種規格。

‧主機板：有華碩（中高價）二種、華擎（低價）一種規格。

‧硬碟：有三種規格。

研發部可以用此 10 種零組件（4 + 3 + 3 = 10）組裝成 36 種不同形式的產品（3×4×3 = 36）。

模組設計具有產品故障（在生管中常稱為「失敗」）處容易發現、製造與裝配簡單、零件庫存較少、容易維護修理等優點。然而，模組化的缺點是由於受限於零組件種類有限，因此，產品樣式較少。而由於組件均是模組化，模組很難無法分解，所以壞掉時，往往整片模組整片換，維修成本較高，但維修人工成本則較低，常常是抽出舊卡再插入新卡罷了。

(三)以華碩易 PC 為例說明

易 PC 字面上有三個 E（easy to work, easy to play, easy to learn），而易於付款（easy to pay）的 E 則未列入。

易 PC 的定價是從消費者出發，先抓出市場定位，反推出 249 或 300 美元二款小筆電的目標價格後，由「消費者需求」開始回推，用消費者負擔得起（affordable）的價格，設計出他們最需要的產品，使市占率最大化。

由表 6.5 可見，華碩研發人員採取幾種方法來降低成本，底下挑三樣來說明。因此，易 PC 強調的不是低價，而是夠用；一旦為了降低成本，省了不該省的功能，小筆電就會從「簡單」，變成「簡陋」。像小筆電不搭載光碟機和獨立顯示卡，可說「能省就省」。

表 6.5　華碩易 PC 直接原料降低成本之道

零組件	供貨公司	華碩處理
晶片（中央處理器，CPU）	英特爾（Intel）的凌動（Atom），定價約 100 美元。	透過打算向超微（AMD）購買，牽制英特爾，在 2007 年 2 月英特爾降價供貨。
面板	7 吋面板，原為車用電腦螢幕，需要很強的背光光源。	向友達、彩晶購買，降低背光光源，省點錢。
作業系統	微軟的筆電作業系統 XP 版。	委託加拿大的軟體公司開發，以自由軟體 Linux 為基礎。 2008 年 1 月，XP 版易 PC 上市，比一般 XP 作業系統精簡一些。
防毒軟體		採取試用版，即硬拗，2009 年 1 月 13 日，才採用諾頓網路金大師防毒軟體。

資料來源：張保隆、伍忠賢，科技管理——實務與個案分析，第 10 章。

1.自由軟體

　　一般電腦二大零件，一是英特爾的中央處理器（CPU），另一是微軟的電腦作業系統，這二家市占率各約 85%，形同壟斷。因此各取其公司名字中的半個字，稱為 Wintel（微軟的 Window 中的 Win，與英特爾 Intel）。

　　電腦作業系統約占電腦成本 10%，像蘋果公司的電腦、手機就自行開發。華碩的易 PC 是採用自由軟體（free software）中的 Linux 為基礎，請加拿大一家軟體公司去寫。

> **自由軟體**
>
> 　　自由軟體指一種「公開原始碼的軟體，使用者可自由使用、下載、修改與散佈執行程式及原始碼」。根據自由軟體之父理查・史托曼（Richard Stallman）提出的概念，不管是否為付費軟體，自由軟體都賦予使用者四種自由：使用、研究、散佈、改良的自由。
>
> 　　跟自由軟體概念相近的是「開放原始碼軟體」，但後者僅公開原始碼，不保障使用者下載、傳佈及修改的權利。自由軟體有著作權，是採取較傳統著作權更寬鬆的授權方式，主要有 GPL、BSD 等幾種授權許可，前者最自由，被喻為是 Copyleft，BSD 介於二者之間，被稱為 Copycenter。

2.防毒軟體

　　只有 15% 小筆電有防毒軟體，以表 6.4 來說，品牌公司與顧客似乎都把「防毒」視為次級功能中的「非需要功能」，因此能省則省。

3.為了「輕薄短小」，只好買貴的

　　易 PC 中只有一個模組是採用貴的，即以快閃記憶體為基礎的固態硬碟（SSD）取代硬碟，其優點是體積較小、耐震（硬碟為磁軌制，筆電被摔時，磁軌易刮傷）。為了要做到「小」筆電，所以固態硬碟貴一點也只好買了。

二、產量

　　研發部也會影響製造部的產量，因此，研發部可透過下列二個方式來協助製造部量產，「量產」的目的是為了透過**規模經濟（economies of scale）**，以塑造成本優勢。例如共同零件可減少零件複雜性，作業員作業時更簡單，模組設計使得裝配時更容易標準化，甚至可以減少很多工序（假設單一模組可以採用機器手臂來插件）。

＊為裝配而研發

　　「為裝配而研發」（**design for assembly, DFA**）或稱為經濟製造而設計，其目的在研發產品與製造發展時能考慮產品的可製造性以降低時間與成本。研發工作只占生產成本 5%，但卻影響著七成的製造成本，因此，如何研發容易製造產品，成為降低生產成本極為重要的工作。

為製造而研發的貢獻在於製程簡化並且經過溝通而消除研發與製造之間的障礙，例如零件可利用共同夾具，便可以省略部分夾具，因此製造彈性增加且縮短製造生產前置時間。第十章第三節，以豐田為例，具體說明。

「為製造而研發」有一些基本原則。

1. 盡量以最少的零件來研發。

2. 注意公差範圍，避免過度要求而產生的**過度品質成本**（over-quality cost）。

3. 使用標準化且可更換零件。

4. 在進行組裝時，最底下的零件應能做為其他零件組裝時的基座。

5. 以按扣方式來代替螺絲、螺帽等類的裝配方式。

6. 必須考慮零件順序，以減少裝上的零件必須取下重裝。

7. 零件應容易握持和定位。

第三節　競爭優勢Ⅱ：質──以汽車業的產品先期規劃（APQP）為例

「品質」跟「時效」（品牌公司時指新產品推出的時機，代工公司時指客戶下單後出貨速度）屬於產品獨特性這項競爭優勢。本節分別討論，質跟時有時無法兼顧，為了搶時機，只好趕工，趕工有可能「趕工沒好貨」。相反地，「慢工出細活」，顧到了品質，但卻失了先機。質與時間存在著替換（trade-off，即「有一好，沒兩好」）關係，有賴管理者權衡輕重。

一、品質的重要性

品質究竟有多重要？美國市調公司 PIMS，針對 3,000 家以上公司，分析影響公司盈餘的一百項因素，結果發現，比起市占率、研究開發、行銷等因素，消費者對品質的肯定才是最重要的獲利來源。一個品牌的品質獲得消費者肯定後，它的價格和市占率就會跟著提高，獲利也會增加。企業長期累積的信譽，可能只因為一、二次的事件就遭到損毀。

二、正確的開始，成功的一半

品質夠了就好（**enough good**），追求品質不能無限上綱，因為「一分錢一分貨」，公司追求比客戶需求更高的產品品質，這額外花的「好材料」、「貴機器」的錢卻賺不回來。

三、公司各部門跟品質的關係

「品質是研發、製造出來的，不是檢驗出來的」，一個產品如果故障，原因大都是「研發不當」，少部分原因是製造部「粗製濫造」。

由表 6.6 可見，產品品質需達到客戶的要求，從業務部到售後服務部都息息相關，不只是製造部的責任罷了。

四、共通語言

西餐廳最常出現客訴原因在於「認知不同」，顧客點牛排六分熟，服務生可能聽成七分熟，廚師煎到八分熟，顧客往往會發飆，覺得吃到牛肉乾。

在產品生產時，由於至少事涉業務、研發、製程技術與製造部四個部門，所以必須有系統——標準作業程序（standard operation procedure, SOP）、共通語言，來避免傳話越傳越離譜的「以訛傳訛」結果。這在企管七管中，生產管理花最多篇幅討論，行銷管理、科技管理（主軸在研發管理）課程則比較蜻蜓點水。

五、產品生命週期管理

產品生命週期管理（**Product Lifecycle Management, PLM**）是指產品的「一生」（比較像人的「生老病死」），從「客戶下單（產品構思）」一直到消費者使用後的維修、廢棄物回收，最狹義的說法是把產品生命週期管理視為表 6.6 各部門間的資訊管理。但是產品生命週期管理的範圍也可以很廣，詳見表 6.7。

表 6.6　達到客戶要求品質的各部門作業

部門	活動	作法
一、業務部	掌握顧客需求	狩野紀昭提出的「二維品質模式」（Kano model）系統化的獲得顧客需求和滿意度資訊，這是一種把品質特性和顧客滿意度概念結合，並予以圖形化的方法，把顧客對產品的品質特性看法分為四種：基本需求、線性需求、無異需求和魅力需求。企業可以藉此精準地掌握顧客心聲。
二、研發部	把顧客需求轉換為產品研發	把顧客需求轉換為產品研發，配套的作法例如品質機能展開（Quality Function Development, QFD）。
三、製程技術部、製造部、品保部	產品生產跟設計規格一致	為製造而研發（Design for Manufacturing, DFM）、為裝配而研發（Design for Assembly, DFA）或為作業而研發（Design for Operations, DFO）。運用同步工程和 DFX 的概念，研發人員在早期階段即跟製程技術工程師密切討論，使產品能配合設計、設施、產能及技術，有易製性的效益，且因為縮小變異和簡化而確保品質。
四、行銷部	讓消費者感受產品容易使用	提供產品給消費者時，消費者才能夠感受到使用的容易性，為（使用）服務而研發（Design for Service, DFS），例如雷射筆、簡報器與遙控器等，設計時能考慮使用一般的 4 號電池取代特殊規格的鋰電池或水銀電池，或採用滑蓋設計，讓消費者能方便取得和更換電池。
五、售後服務部	售後服務	方便、快速、品質佳的售後服務，人員的素質與訓練、激勵措施、標準作業程序的建立、工作與流程分析、建立快速有效且合宜的服務補救程序，都是提升售後服務水準不可缺少的作法。

表 6.7　產品生命週期管理

管理三步驟	說明
一、規劃	從企業遠景展開，透過「產品生命週期管理」診斷模型，深入了解企業現有的研發體系，訂定出各項目績效衡量指標及最佳營運方式，並藉由標竿學習業界最佳實務，設定出策略。
二、執行：即研發	1.建立跟策略連結的產品生命週期管理衡量指標。 2.實施流程再設計，在營運流程面上，進行產品組合管理、專案整合管理、產品管理再設計。 3.在運作流程面上，針對客戶需求管理、協同產品設計、供貨公司組件管理及產品資料管理、產品知識管理等進行再設計。 4.進行解決方案的專業評估及選擇。
三、控制 　・評估 　・修正	 評估「產品生命週期管理」專案績效 修正目標或執行方式。

六、以顧客需求為研發根據

　　產品研發必須符合顧客的需求，重點在考慮顧客使用產品故障的可能性、顧客使用產品的反應時間、顧客對產品的認知價值與顧客願意付出的成本。透過「品質機能展開」把顧客的明確需求跟本公司的研發、製造能力一一比較。

1.量身訂做

　　設計代工公司看似替顧客**量身訂做**（**tailor-made**），其實，依顧客可選擇的空間，至少可分為三類，我們用去餐廳吃飯來就近取譬，詳見表 6.8。

表 6.8　三種客製方式

顧客自由度	說明
1.無菜單，顧客自由點餐	顧客主動告知其需求，設計代工公司進行生產。有時，顧客對產品的需求也只有一些抽象的形容，公司必須有能力「說得到，做得到」。
2.自助餐式	公司廣泛提供所有可能的產品要素，由顧客根據其特定的需求，自行把產品要素組成完整的產品。最具體例子便是聯強國際（2347）的通路品牌 Lamel 或台北市光華商場，顧客可以自行選定所想要的電腦螢幕、主機板、鍵盤、硬碟等品牌；大陸的白牌（clone）常採取此「混搭」方式。
3.客飯式（尤其是招牌飯）	企業針對每個分眾市場，研發出最符合該區隔需求的產品，例如生產影印機的公司可以研發出各式各樣的影印機，以符合大量印製、商用、家用等不同區隔的需求。

2.顧客的環保需求

基於環保的考量，研發時產品必須考慮其零組件可回收性，稱為「**為拆解而研發**」（**design for disassembly, DFD**），以符合 ISO 14000 國際認證。

七、品質機能展開

品質機能展開（**quality function development, QFD**）起源於 1972 年三菱 Kobe 造船場，豐田於 1977 年運用，於 1980 年代在美國逐漸風行，三大汽車公司及其協力公司均廣泛地採用。

(一)功能

品質機能展開是一種計畫管理的技巧，把顧客的需求加以分解，而進入製程的每一層面，期使研發、製造、行銷可以彼此配合，以滿足顧客需求。其成效是由於明確抓住顧客需求，所以研發變更減少。

(二)品質屋

如圖 6.3 所示，由於故意劃成房屋的樣子，所以又稱品質屋或屋狀矩陣。

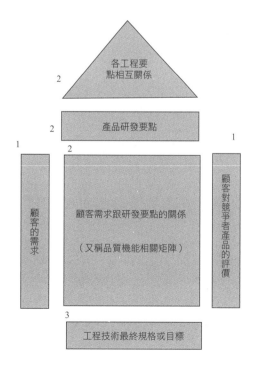

圖 6.3　品質機能展開圖

(三)品質機能展開四個步驟

　　品質機能展開依序可分為四步驟，由圖 6.3 可見，其順序是由左至右、由上至下，一般均以 5W1H 來說明，例如：做什麼、在何時、在何處、為什麼、誰來做與如何做，有時上述的說明也可用魚骨圖加以呈現，詳細說明於下。

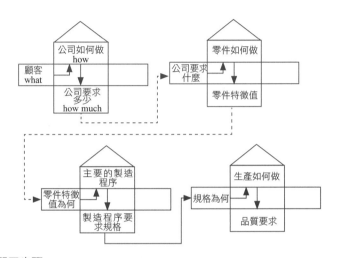

圖 6.4　品質機能展開四步驟

　　1.產品規劃（what）

　　左邊的長方塊描述的是顧客的需求，這是分析的起點，右邊的長方塊描述的是顧客對本公司競爭者產品的評價。

　　2.研發展開（how）

　　第二步工作是把顧客意見轉換為研發屬性、製造工程屬性，並發展成品質機能展開圖表，即顧客需求跟工程設計要點的矩陣關係圖，中間的長方塊是工程設計要點。上方三角形顯示各項工程要點間的關係，下邊的長方塊是綜合結果，顯示各工程要點的最終設計規格或目標。在討論研發屬性時常由研發人員、製程工程師跟管理階層共同決定，最後一步驟為藉由圖 6.2 展開圖以分析產品的優劣點，並以其重要性當作權數以計算其總得分，由此決定產品應包含那些研發屬性。

　　3.製程程序規劃（how much）

　　研發部該把 4 個圖做出來，其中有二個圖跟製造部如何生產產品有關。

(1)立體爆炸圖：此圖在說明產品所需零組件詳圖，其功用在作為研發部跟製造部間的溝通工具。

(2)裝配圖：裝配圖用來說明產品裝配的過程，其利用的符號包括操作與檢驗二者。

4.生產規劃（where）

跟生產規劃有關的包括什麼物料、零組件規格。

(1)物料單

物料單（Bill of Material, BOM，實務上常唸為 bom，而不是唸成BOM，又稱物料清單），是根據所設計各種產品的藍圖（實務稱為圖面），計算應該使用多少原料才能完成產品組裝的表格，其內容一般如表 6.9 所示。我們以在便利商店就可以買到的肉鬆三角飯糰為例，重量 160 公克，售價 22 元，其原料成本 10 元，代工公司出廠價 14 元。

表 6.9　肉鬆三角飯糰物料單內容

圖號編號	零件名稱	零件代號	需求數量	材料說明	單位成本	物料來源
1	米	AA1001	80 公克	台中九號	4.5	外購
2	肉鬆	AA1002	20 公克	新東陽	3.5	外購
3	海苔	AA1003	5 公克	聯華食	1.6	外購
4	醋	AA1004	0.1 公克	工研	0.4	外購
5	水	—	90 公克	—	0	外購

　　物料單比零件表多了零件階層與外購或自製的資料，因此，原料清單可視為詳細的零件表，其用途詳見表 6.10。

表 6.10　物料單的功用

部門	採購部	會計部成會課	製造部
功能	・採購規格 ・採購價格（至少是標準成本） ・作為「物料需求規劃」的投入項	・估計每件產品的生產成本	

(2)零件設計藍圖

零件設計藍圖說明零件的規格、尺寸與公差，一般均利用電腦輔助設計方法完成。

(四)挑個你身邊的產品來舉例

就近取譬最容易引起共鳴，因此我們以大家都吃過的台灣名產鳳梨酥來舉例說明「品質機能展開圖」。2008 年 8 月，Visa 國際組織公佈的旅遊偏好調查報告顯示，鳳梨酥以近七成票數擊敗其他台灣名產，榮登大陸觀光客「必買」名產之冠，2010 年產值估計為 425 億元。[①]

1.顧客需求

了解顧客為何買鳳梨酥，也就是透過行銷研究去了解顧客消費的考量因素（項目和權重）。

(1)項目

從市場調查，得到消費者購買鳳梨酥考慮因素。

‧外皮：外皮採用西式點心的酥餅皮，中外觀光客都能接受。

‧口感：口感的重點之一在於鳳梨餡不黏牙，否則顧客吃了後會不美觀，且必須耗時剔牙。

‧安全性：食品安全之一是指「不添加防腐劑」。

(2)權重

圖 6.5 左邊長方塊的第二項是「顧客需求項目」，這是顧客的偏好。可見，顧客比較注重「酥」（占 25%）、鳳梨味（占 25%），至於創新只占 10%（4/40）。

2.工程特性

台北市糕餅公會為了把鳳梨酥塑成品質有最低標準，因此，針對鳳梨酥的原料、製程擬提出「鳳梨酥大憲章」以規範糕餅烘焙業。詳見下列說明。

(1)項目

‧外皮：規範「模範鳳梨酥」的酥餅皮製程，酥餅皮跟鳳梨醬的重量比應落在 1.3～1.6。

‧鳳梨醬：原料必須符合標準，包括鳳梨醬含鳳梨果肉 20% 以上，含水率應控制在 20% 以下，水不溶纖維量 10% 以上。整體產品含水量不得

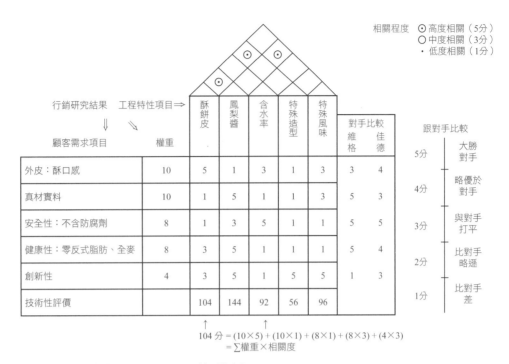

圖 6.5　品質機能展開圖──以鳳梨酥為例

高於 12%。且因含水量低，即使無其他添加物也能長時間保存。

(2)相關程度

顧客需求項目跟工程特性項目間各項目的相關程度，組成相關程度表，三分法：高度相關得 5 分、中度相關 3 分、低度相關 1 分，為求便於計算，本書直接標上數字。

(3)各項得分（技術性評價）

由本公司產品規格工程特性項目跟各項顧客需求的相關程度相乘，加總後可得各工程特性項目的「技術性評價」。

由底部可看出各「工程特性項目」的重要性，最重要的為鳳梨醬（得 144 分），其次是酥餅皮（104 分），最低分是特殊造型（56 分）。

(4)各工程特性間關係

品質屋的屋頂部分是各工程特性因素間的偏相關程度，以第 2 項鳳梨醬來說，跟第 3 項含水率呈高度相關。第 1 項酥餅皮跟第 5 項特殊風味呈高度相關。其餘皆中度或低度相關。

3.跟對手比較

右邊長方塊「競爭性評價」，是指「產品特性跟對手產品比較」，可採取李克特「5 等分尺度」，以跟維格餅家相比為例，本公司有三樣贏（即得 5 分）、一樣平手（即 3 分），一樣輸（即 1 分）。

4.品質不是唯一

「品質機能展開」只考量品質，但不用樣樣打敗對手，因為還須考量成本（此影響售價）。

(五)以台中市日出乳酪蛋糕商行為例

本段以台中市日出乳酪蛋糕商行為例，說明其「土」鳳梨酥的製程成功關鍵，詳見表 6.11。以鳳梨內餡為例，日出希望推出常溫型產品，方便顧客攜帶至國外跟親朋好友共享，研發小組思考著：有什麼食材是可以代表台灣？在找到祕方之前，研發小組也吃足了苦頭，嘗盡失敗，拿了很多鳳梨品種（例如牛奶、金鑽）來熬餡，但是水分太多、纖維太少。研發小組花了三、四個月，在攝氏 40 度高溫的中央廚房裡嘗試熬煮三、四十種餡，味道就是不對。

最後，終於在南投縣鹿鳴鄉找到幾乎快絕跡的「二號品種」鳳梨，果香最濃，經過烘焙，還能保持原來味道。但因季節不同，每批收成的土鳳梨做成的土鳳梨酥內餡的顏色和口味也會有些不同。通常，在 6～9 月鳳梨盛產季，內餡顏色較深，嘗起來較甜；而冬季做出的內餡顏色淺，也較酸。

日出乳酪蛋糕商行

成立：2003 年 1 月 6 日
董事長兼執行長：賴淑芬
商品：鳳梨酥、太陽餅、乳酪蛋糕等 65 種
店數：4 家
員工數：60 人（含中央廚房）

表 6.11 日出乳酪蛋糕商行土鳳梨酥的竅門

顧客需求特性	日出乳酪蛋糕商行作法	某些同業的作法
一、外皮		
1.用油（註：太陽餅）	比利時天然奶油	豬油、酥油
2.麵粉	加了燕麥	普通麵粉
3.烘焙溫度	170℃	
二、內餡		
1.內餡	二號鳳梨，來自南投縣鹿鳴鄉。在無蠅屋中削皮，入鍋熬餡，糖度維持在 78 度。冷卻後，倒入包餡機，把餡料包入餅皮中，入烤箱烘烤。	冬瓜加鳳梨香精，所以鳳梨酥本質是冬瓜酥，冬瓜的優點是方便保存、原料便宜、吃起來不黏牙等。
三、安全性		
1.不含防腐劑	保存期限只有 14 天	保存期間可達 3 個月，因為有加防腐劑（合法添加）。
2.糖（註：以太陽餅為例）	海藻糖、蜂蜜（龍眼蜜）	蔗糖（即砂糖）、香精
四、健康性		
1.反式脂肪	零，採用比利時天然奶油	例如鮮奶油、奶精、玉米粉，優點是成本低、烘焙成功率高

八、健全設計

田口方法（**Taguchi method**）認為在產品研發或生產時，可採取下列三程序，以達到**健全設計**（**robust design**），也就是產品能夠耐得住外部環境不可抗力因素（即雜音），以汽車來說，最常見的便是路況，詳見表 6.12。

表 6.12 田口方法的三個層次

產品範圍	說明
一、系統設計（system design）	採用品質機能展開以了解有幾個設計參數可達到顧客所需的一個需求特性，例如鳳梨酥餅皮的香脆度。
二、參數設計（parameter design）	採取實驗設計方式，以找出那些參數的組合可以達到系統設計的目標。
三、公差設計（tolerance design）	此階段比較像「敏感分析」，也就是在某一參數設計值附近了解些微變化的影響，以適當途徑縮小其公差。方法至少有二。 1.採用更好的油、麵粉； 2.採用更好的烤箱。

至於外界尊稱豐田能達到「無公差設計」，國瑞汽車副總王派榮（註：2010 年退休）認為。

1.公差照樣存在

「無公差」是不可能的，盡一切可能縮小設計圖跟汽車產品的誤差而已，也就是公差一定存在，「雖不滿意，但是可以接受」。

2.不是一蹴可幾

做到可接受的公差，常常是業務部、研發部等相關部門多次會議與努力的結果，沒有一次就做到的。

九、產品品質先期規劃（APQP）——美國三大汽車公司的共同規範

2008 年 11 月起，AIAG 宣佈第二版的「**產品品質先期規劃**」（**Advanced Product Quality Planning, APQP**）開始實施，從只適用美國三大汽車公司 QS-9000 的狀況，進展成適用全球、符合 ISO/TS 16949（註：汽車業專用的 ISO 9000 標準，詳見表 10.9）標準規定的一份參考手冊，詳見表 6.13。

產品品質先期規劃的目的就是讓公司能有效地分配、運用資源，在最短時間內，以最低的成本，研發生產出迎合市場需要的功能、品質與價位的產品。管理階層必須參與規劃的所有過程，提供具體的協助。

表 6.13　APQP 第二版的變更內容整理

主題	變更內容	負責單位*
產品品質規劃基礎	項目和內容皆不變，只是在手冊目錄中列出所有基礎項目。	
產品品質規劃階段	仍是五個階段循環，同樣的輸入、輸出發展邏輯。	
第一階段的輸入	只有「客戶聲音」項變動：「市場研究（客戶聲音之一）」須包括代工公司車輛生產時間與期望數量訊息，也用「習得教訓」（Lessons Learned）與「最佳實務經驗」（Best Practices）取代所有「客戶聲音」中原來的「失誤報告」（Things Gone Wrong『TGW』reports）項目。	業務部
第一階段的輸出	只有「管理階層支持」項變動，特別規範管理者須關注開發時效，也要規劃人力與資源以支援要求的開發能力。	研發部與高階管理部
第二階段的輸出	項數和內容都沒變動，「原型管制計畫」這項輸出移到設計輸出之下。	研發部

表 6.13　（續）

主題	變更內容	負責單位*
第三階段的輸出	1.合併「包裝標準」與「包裝規格」項的標題成為「包裝標準與規格」與內容，使輸出項數為 11 項。 2.「量試管制計畫」內容增加「錯誤防止設施鑑定」項。 3.「管理階層支持」內容則增加作業員人力與訓練供給計畫。	製程技術部
第四階段的輸出	1.「試量產」標題變成「有效量產」（Significant Production Run），內容增加試量產的生產數至少須達到客戶的要求量，以及有效量產結果可展現量產率、當作樣品與標準樣品等敘述； 2.「品質規劃簽結與管理階層支持」內容增加「製造流程圖」與「使用量產製程、設備與人員，展示產能」（Demonstration of required capacity. Using production processes, equipment and personnel.）等二項簽結前需審查的資料。	製程技術部
第五階段的輸出	1.「客戶滿意」與「交貨與服務」的輸出標題為「改善客戶滿意」與「改善交貨與服務」，內容未變動。 2.增加「有效運用習得教訓／最佳實務經驗」一項輸出。	
品質計畫方法論	共二節、以表格化方式說明管制計畫各項內容，但管制計畫格式、解說內容與管制計畫範例跟舊版都相同。	
查檢表	1.查檢表附件前增加「查檢表目的」說明； 2.查檢表名稱和數目相同，查檢項數與內容皆有調整； 3.所有的 SFMEA 名詞都被刪除，多處增加「習得教訓」和「最佳實務經驗」查檢內容。	
附件	去除重複的表格、三大汽車公司特殊性符號及福特汽車公司 DCP 方法等附件，減少成附錄 A～G（第一版附錄 A～L）	
使用表格	只有規劃總結使用的表格名稱為 APPROVALS。	

*為本書所加。

資料來源：楊麗伶（2009），第 20 頁。

(一)跟 ISO/TS 16949 的關係

　　「產品品質先期規劃」第二版手冊在「前言」中表示，第二版內容包括：

與重視客戶流程導向的整合、更新術語和觀念與 ISO/TS 16949 和三大汽車公司的其他核心工具一致、對客戶特定需求只適切指引不提供完整內容。

(二)每階段的交集：管理階層的支持

管理者（此處指研發部以上的主管，例如事業部總經理）必須確實參與整個品質規劃的過程，密切監督各階段的發展狀況、設法提供完成各階段任務必要的各類資源的援助；這是第二版改版的重點，也是「產品品期先期規劃」能否對公司確實有貢獻的關鍵。

(三)第五階段：經驗教訓與最佳實務經驗

第二版在品質規劃循環第五階段增加「5.4（第 5 階段第 4 項）有效運用習得教訓／最佳實務經驗」輸出項目，就是第一階段的第一項輸入「客戶聲音」的主要內容，如此，使得品質規劃循環的第一跟第五階段有了明確的連結點，加強了產品品質規劃的循環性。

1.設計評核

設計評核（**design review**）的功能在鼓勵討論、提出問題、解決問題的方法，其可產生較佳的功能產品研發和較低的生產成本。常運用的方法為「失效模式與效應分析」（failure mode and effects analysis, FMEA），利用流程圖探討產品使用後可能的問題點，並藉由事後分析找出產品的問題關鍵，並予以解決，以得到更良好的產品設計，其分析過程如下，另詳見第十三章第三節一。

(1)產品有那些故障？

(2)產品故障的影響為何？

(3)造成產品故障原因為何？

(4)如何改正此一故障？

2.把「失效模式與效應分析」納入

企業要以最低的成本，研發出符合市場各項需求的產品，必須藉由所有得到的「習得教訓」和「最佳實務經驗」來預防錯誤發生。FMEA 核心工具就是用來記錄與運用「習得教訓」和「最佳實務經驗」，進而預防失誤發生。所以，APQP 第二版的這二項變動意味：從此，APQP 的運作必須跟 FMEA 更緊密結合；而管理階層也要有更具體的協助表現，不能再只是象徵性地在各階段

的文件上簽名即可。

(四)查檢表

在「查檢表」這一段中，說明查檢表是「產品品質先期規劃」各階段最後的步驟，是用來確認規劃工作的完整性與正確性，不是用來打勾或當作品質規劃過程完整應用的證據。這也指正了許多公司常犯的錯誤：以為把查檢表勾一勾，就完成「產品品質先期規劃」程序了。

第四節　競爭優勢Ⅲ：時

美國思科（Cisco System）董事長錢伯斯（John Chambers）的名言：「市場上不是大魚吃小魚，而是快魚吃慢魚」，貼切地形容了電子產品業中靠新產品上市時效的重要性。底下說明「產品改良」和「新產品」二種情況下，如何「以快取勝」，此稱為「速度經濟」（economy of speed）。[2]

一、產品研發時效的意義

研發部的時效（timing）有二個意義。

1.產品研發完成時機

研發部必須依研發計畫進度推出產品，一旦耽誤，整個時間壓力會壓在製造部，此時，製造部只好透過加工趕工甚至外包方式，短期間擠出產能，以彌補來自研發部所造成的時間延後。

2.易於生產

以餐廳來說，「功夫菜」可說是最耗功的，由前處理（切薑絲、蔥花）、烹煮（細火慢燉）到擺盤，因此很多廚師針對功夫菜都想方設法尋求省工之道。同理，前述曾提及「為製造而研發」也兼顧「價量質時」。

二、產品改良時縮短產品上市時間

研發新產品所費不貲，但為了讓消費者覺得公司有在推陳出新，因此常必須進行「產品改良」（product improvement）。索尼採取「設計基礎改良」（design-based incrementalism）的方法，產品族在整個生命週期內不斷改款，改款的幅度雖小，但卻是經常性地進行，因而得以縮短新產品上市時間。在新

產品改變過程中同時考慮創新性與拓普性（topological）。

1.創新性

創新性是指導入新科技以提升產品的功能與品質，例如利用新的馬達以增強其性能。

2.拓普性

拓普性是指把已知的元件進行重組安排或重新製造，例如把元件重新排列後，以獲得較為輕薄短小的產品。

三、新產品搶快上市

同步工程（concurrent engineering, CE）在觀念上把跟產品有關的人員都視為研發的夥伴，所以在作法上，跟顧客、供貨公司，以及公司內部各有關單位一起進行產品研發，積極尋求他們的參與跟資訊的提供。

(一)循序工程 vs. 同步工程

許多行業都喜歡加上「○○工程」，看起來比較有學問，用詞不精準，反倒令人「不知其終」。以生產管理中的循序工程（sequential engineering）與同步工程來說，此處「工程」指的是研發「工程」、製程工程甚至現場工程。

1.就近取譬

「就近取譬」可發揮學習正遷移效果，讓人們可以觸類旁通。由表 6.14 可見，同步工程比較像美國電影少棒賽中，主角所處的弱隊在最後一局，眼看大勢已去，為了挽回頹勢，教練只好使出最後一搏的「打帶跑戰術」。執行順利，可以撈到二、三分，要是不順利，則會被「雙殺」、「三殺」，弄得「偷雞不著蝕把米」的下場。

2.一張圖勝過千言萬語

「一張圖勝過千言萬語」，在這個例子中清楚可見。在表 6.14 中第 3、4 欄，同步工程中，為了搶時效，研發部有個機型的概念，電腦輔助設計出來，製程部立刻開模。萬一研發部改變心意，製造部原來做出的機殼模具就白做了，開模成本往往所費不貲。

這在營建工程也一樣，最典型例子是室內裝潢時，當業主經常突發異想，邊做邊改，裝潢成本、時間可能加倍。

循序工程比較不會有這問題,採取穩紮穩打方式,研發部圖樣 OK 了,製造部才開模,縱使研發部有小改,也不至變動太大。

表 6.14　以打棒球來比喻循序工程與同步工程

研製順序	以棒球比喻	公司部門	甘特圖
循序工程	正常打法	研發部、製程工程部跟製造部依時序而動	
同步工程	打帶跑戰術,壘上球員離開壘包,準備盜壘。	研發部製程工程部	
	優點:贏就贏最多,許多美國少棒電影「攏嘛這樣演」。	製造部同時動起來	原型開模
	缺點:太過冒險,一旦失敗,常容易被「雙殺」、「三殺」。		

(二)公司間的同步工程:協同商務

美國市調公司佛瑞斯特公司(Forrester Research)報告指出,在全球分工及產業西進市場趨勢下,七成以上的公司跟供貨公司、企業夥伴以協同商務作業(CPC)方式緊密互動,及時上市以滿足市場需求。

這概念最早是由美國顧能公司(Gartner Group)及 Aberdeen Group 二家在資訊產業領域相當知名的研究機構於 1990 年提出,協同商務是一種軟體與服務,透過網際網路的技術,讓供應鏈中的各成員能同步作業,以舞龍為例,當掌龍珠的人(以此例說明:客戶),指引方向,龍頭(代工公司)、龍身(上中游供貨公司)也同步跟著動。

第五節　豐田的研發管理──價量質時的競爭優勢

日本豐田汽車貫穿全書,但主要是在製造部分,因此有關豐田的介紹留待第十章,本章說明豐田的研發管理如何塑造價量質時的競爭優勢。

一、豐田產品研發系統

豐田不論什麼東西都會加上「**精實**」（**lean**）二字，例如研發稱為精實產品研發系統（lean product development system），至於豐田製造系統（Toyota Production System, TPS）則是以豐田為稱呼。

豐田的精實產品研發系統共有三大部分：流程、人員和工具技術，和 13 個原則。研發流程和人員二部分詳見表 6.15，不另作說明。

表 6.15 豐田產品研發系統中的二大部分

二項活動	說明
一、產品研發流程方面	
1.關注顧客價值	把產品研發過程中的增值作業、非增值作業區分開來，排除產品研發過程中，造成產品或製造下降的開發活動及浪費。
2.實施前端工程	在產品研發初期，同時對多種研發方案進行探索，以充分解決在研發、製造各階段的潛在問題，達到最適化解決方案，減少額外成本。
3.落實部門協作	在產品研發系統中，把供貨公司整合進來，供貨公司的技術人員長期派駐在豐田的研發部門，此種客座工程師（guest engineer）制度，有助於強化豐田跟零件供貨公司間的緊密協作關係。
4.突破本位隔閡	培養與維持各職能專業領域的卓越團隊能量，突破部門間隔閡，融合各功能專家，使二者達到平衡。
5.同步平準改善	定義價值，讓產品研發處於基本穩健性狀態之後，建立平準化的產品研發流程，應用可使各功能間活動同步化的工具，達到持續改善的目的。
二、培育高技能人員方面	
1.建立總工程師制度	以總工程師（chief engineer）來統一管理整個研發過程，以整合產品研發的效率。
2.現地現物主義	研發人員具有卓越的技術能力是基本的前提，研發人員培育方法，從嚴格的人員甄選流程開始，制定特定專業領域的深度專業知識學習計畫，透過現地現物主義，在現場親身體驗實際執行會有何種問題發生。
3.溝通共好	通過面對面溝通，使研發部跟製造部進行更好的協同作業。
4.科技輔助流程	採用先進技術，來支撐研發人員高效完成產品開發流程。
5.著眼務實成效	採用強而有力的工具來實現標準化，幫助整個研發小組進行學習。透過專案管理把個別學習成果整理在查核表上，以落實改善及學習成效。
6.嚴格管制變異	

資料來源：摘修自黃延彬、邱婉晴。

二、成本

豐田製造系統（TPS）的本質便是「消除浪費」、「及時生產」、「自働化」等精實生產，精實（lean）這個字用健美先生／小姐來舉例最貼切，肌肉都是瘦肉而且緊實，沒有肥肉。

本書以渡邊捷昭擔任採購副總裁、總裁時降低成本的措施（詳見表6.16），來說明採購主管、總裁這二層級在降低成本方面如何各司其職。

表 6.16　渡邊捷昭對豐田降低成本的二階段作法

期間	2000 年～2006 年 5 月	2006 年 6 月～2009 年 5 月
一、職位：渡邊捷昭	採購副總裁	總裁
二、計畫名稱	「21 世紀建構成本競爭優勢」（CCC21）	「價值創新」（value inovation）
三、重點作法	促使豐田及其零組件供貨公司改變它們研發和生產 173 項零組件及系統的方式，使之在無損品質下被簡化且變得較便宜。作法之一：豐田跟供貨公司合作整併無數的配線規格，配線即一束一束的電線和纜線。	價值分析以找出需要簡化的零組件，再透過價值工程以找出共用天線與接收器，以解決汽車的收音機、電視、手機（無線通訊、含 GPS 導航）甚至無線電通訊等。
四、績效	2000～2004 年，成本節省近 100 億美元，採購成本減少三成。	2007～2011 年，降低成本 86.8 億美元。

(一)2000～2006 年 5 月，渡邊擔任採購副總裁階段

豐田的競爭優勢核心是毫不懈怠地削減成本，但不犧牲品質。2000～2006 年 5 月，渡邊擔任採購副總裁，1998 年實行創造「21 世紀建構成本競爭優勢」計畫（Construction of Cost Competitiveness for the 21st Century，簡稱 CCC21），要求把 173 種主要零組件的價格削減 30% 以上。這為他在公司裡換得「成本削減長」的封號。

1.對手的削價戰（即競爭者策略）

有位對手的主管對豐田的一位主管表示：「豐田的零組件成本比同業

高」。豐田花了幾個月時間，針對各車款的零組件一一照對手去比較，在數百項零組件和系統中，豐田只贏過五成多一點，在某些領域幾乎甘拜下風，而且粉碎有關豐田成本優勢的神話，這被豐田認定為不容接受的二流。那簡直是屈辱，渡邊說。

　　2.作法：CCC21

　　詳見表 6.16 第 2 欄。

(二)2006 年 5 月～2009 年 5 月，渡邊擔任總裁

　　2006 年 6 月 23 日，渡邊捷昭出任豐田總裁（日本稱為社長，董事長稱為會長），很多人把他看成看守總裁，任務是好好穩定大局，順利過渡到豐田創辦人的孫子豐田章男接任下任總裁（註：2009 年 6 月接任），沒料到渡邊居然大有作為。主管豐田網路與大陸事業的豐田章男 2006 年升任常務董事，隨時可以坐上總裁的寶座。

日本豐田總裁豐田章男（Akio Toyota）

圖片提供：日本豐田汽車

　　熱愛古典音樂的渡邊從未擔任銷售、財務或製造部門高階職務，1964年，渡邊（1942 年次）進入豐田人事部，主管員工餐廳，然後在總務方面、尤其是在採購部逐步出頭。隨著豐田全球化，在歐美亞洲設廠，採購部的重要

性日增。

他還是歷來知名度最低的豐田總裁,缺少前前任總裁奧田碩圓融的政治手腕,也不像前任總裁張富士夫精通生產和開朗。

在擔任總裁後,渡邊對於繼續削減成本毫不手軟,只不過難度又更高了些,包括鋼鐵等主要原材料漲價等。即便環境艱難,渡邊依然認為豐田還有許多肥肉可以去除。在研發、工程、品管、製造、勞工和品管等成本,都有浪費的灰色地帶,以及改善的空間。

1.降低成本的原因——顧客需求(即消費者策略)

渡邊認為金磚四國的顧客對於汽車需求的共通點便是想買低價東西。但是重點在於製程研發,而不是產品研發(像印度的 6 萬元塔塔汽車),也就是開發能降低成本的技術與製程。開發新技術與製程,讓豐田能以較低的成本製造所有車輛。只要做到這點,豐田就可以為金磚四國生產汽車,也可運用相同製程來降低其他國家的汽車生產成本。[3]

2.在豐田稱為「價值創新」

2006 年起,豐田更追根究柢的實施「價值創新」(value innovation, VI)計畫,例如自問「為什麼一輛車裡裝六十台微電腦?」、「為什麼不讓類似零組件發揮更多功能?」

資深研發人員大橋宏被指派擔任計畫主持人,重點在於「共用零組件」,即「為什麼我們不能讓數量較少的類似零組件發揮更多功能。」

渡邊希望革新(革命性改變),研發部和製造部都希望透過「共用零組件」的作用把一輛車上的零組件減少一半。他也希望買一些快速且有彈性的新工廠來組裝這些簡化的汽車。

他的最終目標:讓車輛成本在 2007～2011 年期間減少 90 億美元,等於每輛車成本約 1,000 美元,之後並持續以類似幅度刪減成本。

2007 年問世的部分汽車從這計畫的努力中獲益,其終極目標(豐田可望在 2011～2020 年間達成)是讓僅一支天線和一個接收器處理一輛汽車的所有無線通訊工作,就如控制遙控車門開關系統的天線和接收器,目前,該項功能是由數十組天線和接收器來完成。[4]

表 6.17　豐田汽車的共同零組件

產品	Altis		Camry	
	1800 cc	2000 cc	2400 cc	3000 cc
一、相同車體	√	跟 2000 cc 共同	√	跟 2400 cc 共同
二、差異				
(一)外觀				
1.水箱罩				
2.車燈				
(二)內在				
1.引擎				
2.車用電腦				
3.配線				
(三)內裝				
1.方向盤				
2.收音機等音響				
3.腳踏墊				
4.座椅皮件				

(三)後遺症

降低成本（尤其是價值工程）可能會帶來「品質降低」的後遺症，底下依渡邊擔任採購副總裁、總裁、卸任後三個時期來說明。

1.2005 年

根據美國交通部國家公路交通安全管理局（NHTSA）統計，豐田 2005 年在美國召回的車輛比賣出的還多，豐田賣出 226 萬輛車，但召回車輛後免費修理 238 萬輛。

2.2006 年

豐田在日本召回的車輛也越來越多，2006 年日本檢方和警方著手調查豐田是否有專業疏失；熊本縣警方7月指控三名豐田汽車品管主管，認為他們在 1999 年就知道 Hilux Surf 休旅車有重大瑕疵，卻遲遲沒有召回檢修，導致發生 2004 年的一起重大車禍。

渡邊在東京一場完全性能展示會上說：「我們希望確認每個環境。在這個過程中，部分車款可能會延後上市。」[5]

渡邊認為總裁的職責就是拉動緊急拉繩，他接任不久就碰上好幾件跟品質有關的問題，公司找來不同領域的專才組成幾個小組，負責分析各個領域發生問題的根本原因。

結果，豐田在好幾個案例中發現，問題出在研發的瑕疵，或者製造所需前置時間（lead time）太短，以致研發人員無法製造夠多的實體原型。

如果豐田當初在產品研發上思考得更透澈，或是有時間進行更多試驗的話，應該可以避免這些問題。

為了防範發生更多問題，渡邊把幾項車款計畫的期限展延半年，即使這樣做會耽擱新車上市的計畫，也在所不惜。逐一檢視公司所有計畫所涉及的產品與市場，然後制定了一個新的產品開發方案：有些計畫的方向改變了，渡邊也停止了一些計畫，就像工人拉繩停下生產線一樣。⑥

3.2007 年

2007 年時，豐田因為類似腳踏墊的瑕疵，在美國召修 5.5 萬輛冠美麗與凌志 ES 350，豐田在此前在美國最大的汽車召修行動，召回 97.8 萬輛汽車，修理駕駛盤的控制瑕疵。

2007 年春，豐田汽車的品質出問題，召修問題車，渡邊立刻在記者會上鞠躬道歉，誓言要找出缺陷車的根本原因。渡邊的道歉令人動容，但也有人認為過於卑屈。

凌志 GS 450h 車款

圖片提供：日本豐田汽車

4.2009 年，連凌志都出問題

2009 年 9 月 27 日，一位加州高速公路巡警開凌志汽車高速行駛時，因為腳踏墊卡住油門，造成汽車失控翻覆，巡警跟他的三位家人喪生。

9 月 29 日，豐田公司美國行銷公司副總裁米勒在記者會上說：「豐田認為這是非常重大的事件，很快就會針對特定的豐田與凌志車款實施安全檢查。」

10 月，豐田發動在美國歷來最大規模的 380 萬輛汽車召回計畫。

底下以豐田集團台灣總代理和泰汽車在台灣的召回廣告為例，說明召回相關事項。[7]

三、產量

在 1998 年，豐田在北美組一輛車要花 21.6 小時，比通用快上 10 小時以上；2006 年，豐田只進步一點點，到 21.3 小時，通用卻幾乎迎頭趕上。

四、品質

日本製造（Made in Japan, MIJ）被視為品質的代名詞，刻板印象是日本公司對品質的堅持要求得吹毛求疵，甚至近乎偏執狂。品質更是豐田稱霸全球三大關鍵成功因素「價」（低油耗）、「質」（低故障、低維修成本）、「時」（推出車款速度快）中很重要的一項，甚至是最最重要的一項。

安全性召回改正

〔TOYOTA Camry、Corolla Altis、Yaris、Wish 車型〕

顧客免費召回改正活動

一、實施安全召回改正活動項目及安全影響

本次安全性召回對象為 Camry、Corolla Altis、Yaris、Wish 計 4 車型。其生產期間如下：

Camry：2006/2/22～2010/2/26

Corolla Altis：2007/12/1～2010/2/26

Yaris：2006/10/12～2010/2/26

Wish：2009/10/1～2010/2/26

有部分車輛之電動窗主開關生產時，因開關內部零件組裝位置發生偏移，造成開關按鍵頻繁使用後，有可能產生操作不順暢或作動不良之現象。

在此狀況下繼續使用時，有可能導致此開關熔損，進而影響行車安全。

二、召回對象車輛的修理內容及聯絡方式

召回對象車輛需要實施電動窗主開關更換。本次入廠更換作業時間約需 30 分鐘。本公司將於 3 月 1 日，以掛號寄送方式聯絡所有對象車輛之客戶。

三、車主注意事項

(1)若您是對象車輛之車主，請儘速與就近的 TOYOTA 各經銷商服務廠聯絡，為您的愛車實施本次召回改正。

(2)如有相關問題，歡迎向國瑞及和泰汽車公司的顧客服務中心聯繫。（免付費服務電話：0800-221345；電子郵件：crda@mail.hotaimotor.com.tw）

四、本召回改正活動，除向交通部報備外，亦將依交通部召回之相關法規實施。

〔製造商〕國瑞汽車公司

地址：台北市松江路 121 號 12 樓

〔總代理商〕和泰汽車公司

地址：台北市松江路 121 號 8 樓

資料來源：中國時報，2011 年 3 月 2 日，A8 版。

(一)豐田信條及世界第一

「顧客至上」始終是豐田的核心信條，甚至公司的**遠景（vision）**是「把世界第一優良的產品，以世界第一快、世界第一便宜的方式製造，並提供世界第一的販賣和服務」。豐田人視品質為最優先，也是最重要的事，更是豐田管理風格的根本。而豐田式生產管理的發展與運作，就是要實現顧客至上的信

條，以及追求品質為世界第一的理念。渡邊指的「世界第一」是品質能一直保持在全球最好的狀態。

2007 年 7 月，數據顯示豐田上半年銷量已經超越通用，成為全球第一大汽車公司。面對這個歷史性的紀錄，渡邊卻顯得淡然以對，他對記者說：「我們從不追求銷量第一，這只是過去的努力所帶的成果。我們想做的是為消費者提供最的產品。」[8]

(二)二組競爭

豐田、日產等全球車款的外觀設計，採取集團內各（國）子公司公開比稿方式，透過內部競爭以追求外觀致勝。

1997 年 10 月，搭載混合動力系統的普銳斯在日本首次亮相，並於 12 月上市。普銳斯讓豐田全球各地的研發中心均有參與新車技術研發的機會，達成集思廣益與腦力激盪的效益。研發過程中，採取比賽的方式，選出最優異的研發成果，這也是此車成功的關鍵之一。

總工程師內山田武（Takeshi Uchiyamada）表示，普銳斯的外型設計是由日本與美國的二組研發小組進行競爭，最後高層依據創新程序及是否符合新車的形象，選擇了美國小組的產品。日本的研發小組雖然稍感失望，不過隨即投入油電混和動力的研發，希望自己能為普銳斯專案有所貢獻。

當內山田武所帶領的動力研發小組，在研發與測試過程中面臨無法解決的問題時，會向公司各地的研發中心求援，然後由該小組評選最佳的解決方案。在 1996 年，最高紀錄是同時有一千個方案在競賽。雖然疑難雜症不斷，代表離成功之路還很遙遠，不過這些問題都在這個公開、分享、競爭的機制下一一得出解決方法，連最關鍵的電池問題都在散熱器與半導體開發出來後得到突破。

(三)豐田品質領先

2010 年，美國最著名的汽車品質市調公司鮑爾市場研究公司（J. D. Power and Associates）公佈 2010 年美國新車品質排名報告，豐田旗下產品持續保持領先，在 10 個類別中囊括 2 個第一。總的來說，美日是大贏家。

鮑爾公司在 2 月到 5 月間，對美國 8.9 萬多名車主進行問卷調查，查詢新

車購買 90 天內發生的問題。每 100 輛新車平均出現 109 個問題，跟 2009 年的 108 個問題相似。

以品牌來說，凌志品質 2007～2008 年都稱霸，2001 年德國跑車保時捷（Porsche）以 100 輛新車平均僅出現 83 個問題居第一，凌志掉到第四。

表 6.18　2010 年全美新車品質排行

排名	品牌	問題數
1	保時捷	83
2	Acura	86
3	賓士	87
4	凌志	88
5	福特	93
6	本田	95
7	現代	102
8	Unicoln	106
9	Infiniti	107
10	富豪	109

註：問題數是指汽車公司每 100 輛新車交車 90 日內，消費者回報發生問題的平均數。

資料來源：J. D. Power & Associates。

五、時效

一般推出新車款的前置時間需要 2 到 3 年左右，豐田推出新車的速度比美國三大汽車公司快 10 個月以上、車款（但主要是小攻款）是通用的二倍多，汽車對安全要求很高，零組件供貨公司的新零組件安全認證便很重要，必須採取同步工程才夠快。

(一)同步工程的味道

豐田在新車零組件供貨方面採取提前參與（front loading）的方式，在新車構想階段，就集結了顧客及供貨公司，利用電腦輔助設計（CAD）、電腦輔助製造（CAM）做出虛擬產品，這樣的協同運作，是提前參與的最大特徵。經驗顯示，初期討論時間雖然會延長，卻不會發生逆流作業的情況。在同一段時間內把大家的問題一起解決，大幅縮短研發時間。

註　釋

①非凡新聞周刊，2010 年 7 月 25 日，第 6 頁，盧映利。

②經濟日報，2009 年 9 月 7 日，A8 版，謝璦竹。

③遠見雜誌，2007 年 7 月，第 95 頁。

④工商時報，2007 年 1 月 15 日，W2 版，陳穎柔。

⑤經濟日報，2006 年 8 月 25 日，A5 版，廖玉玲。

⑥同③，第 94 頁。

⑦中國時報，2011 年 3 月 2 日，A8 版。

⑧經濟日報，2007 年 8 月 12 日，A2 版，陳家齊。

討論問題

1. 在表 6.1 中，我們延續「策略管理」課程中的主張「企業競爭優勢有四：價量質時」，你是否同意此看法，以此為架構，比較二家同業（例如廣達 vs. 仁寶、鴻海 vs. 和碩）的競爭優勢。

2. 以表 6.2 為架構，各舉二個產品（例如蘋果公司的 iPhone 系列）來說明其研發流程。

3. 表 6.1 中的「競爭優勢」在圖 6.1 中便一一對映 X 軸，試以二家公司手機（諾基亞 vs. 蘋果公司）等產品為例，來看其在此圖上的策略來分析。

4. 以表 6.3 為架構，以一個產品的實例為對象，來說明研發五步驟。

5. 以圖 6.3 為架構，以一個產品的實例為對象，說明其目標成本的釐定。

6. 以表 6.7 為架構，舉一個實例來說明。

7. 以圖 6.5 為架構，再舉一個實例來說明，一回生，二回熟，三回通，當你做了三次習題後，也就熟能生巧，多做習題，學到的都是專屬於你。

8. 以表 6.11 為架構，再舉一個產品（例如太陽餅）為例來說明。

9. 以表 6.12 為架構，舉一個產品來說明系統、參數與公差設計。

10. 以表 6.14 為架構，舉一個實例來說明。

7

供應鏈管理
——策略性採購、董事會的採購權責

相較於對手標榜技術領先，不斷推出「祕密武器」，仁寶增強研發實力，也加快垂直整合，包括跟巨騰合資成立機殼公司巨寶，並藉參與華映私募，成為華映第二大股東。

仁寶整合零組件，縮小供貨公司數量，不斷透過製造鏈整合與管理，擠出利潤空間，跟客戶共享，吸引客戶訂單，預估仁寶 2010 年可分得四成宏碁訂單。

——*李立達* 經濟日報記者
經濟日報，2009 年 8 月 8 日，B7版。

貨比三家就夠了嘛？

講到**採購**（procurement），有人想到是逛街、上網購物網站比價，貨比三家，享受找到最低價的快感。那麼公司對外買零組件是否也是如此？你不用到任何一家公司上班，就知道答案，要是公司採購這麼簡單，也就不用設立副總經理級的採購長職位，去帶領數十人的採購部了。

在本書中，尤其是表 7.1，用二章來討論採購管理，這是依下列功能來區分。

一、策略性採購

策略性採購（strategic procurement）常指供應鏈管理，由於茲事體大，而且涉及多個部門（由表 7.1 中可見，至少包括核心活動三部門），因此至少由總經理負責，甚至可能其中重大事項由董事會直接管。由於供應鏈管理牽涉

範疇廣又複雜,因此我們以《供應鏈管理》(五南出版,預定 2012 年出版)專書討論。在表 7.1 中第 1 欄中,我們先預告該書架構,本書只挑其中一些課題來討論。

表 7.1　《供應鏈管理》與本書相關章節

《供應鏈管理》預定架構（章）	影響層面	本書相關章節
1.自製或外購與供貨公司評估	一、策略面	§7.1 策略性採購
2.供應鏈風險管理	二、功能面：核心活動	§2.2 產能的風險管理
3.策略性採購——夥伴關係的建立		§7.1.3 採購的風險管理
		§7.2 策略性採購管理
4.研發管理——研發委外與共同研發	(一)研發管理	§7.3 三步驟五豐田的委外
5.知識管理		研發
6.功能性採購		§7.3 豐田的供應鏈管理
	(二)製造管理	§8.4 功能性採購管理、
7.組織設計		§8.5 採購作業執行、
——中央 vs. 地區供應鏈		
8.夥伴關係的建立		§8.3 二(二)組織設計
9.綠色供應鏈		
10.供應鏈的環工衛		華碩的綠色生產（教師手冊）
11.品質管理		
12.運籌管理		
13.資訊管理		§15.4 廢棄物回收
——資訊分享到電子商務	(三)行銷管理	§7.4 電子商務
14.人資管理	三、功能面：支援活動	
15.財務管理	(一)資訊管理	
16.績效評估	(二)人資管理	
	(三)財務管理	

二、功能性採購

　　策略的另二邊包括戰術（功能部門層級）、戰技（基層、員工）,但是一般人可能無法望文生義,因此本書把戰術性採購稱為功能性採購。這是由採購部主管當家做主的轄區,留待第八章說明。

第一節　策略性採購──董事會的採購決策

　　董事會對採購的決策集中在表 7.2 第 1 欄的第一項與第二項的(一)策略性採購，這二項合稱**供應鏈策略**（**supply chain strategy**），有別於功能性的採購管理。本節討論表中第一項、第二項(二)策略性採購典範留待第三節討論。

　　在報刊上常見的**供應鏈管理**（**supply chain management**）常指圖 7.1 這樣的產業上中下游的關係，尤其是指零組件供貨公司是誰，宜稱為「產業鏈」。但是論文上的供應鏈管理指的是供應鏈策略、執行、控制。開宗明義地在此講清楚，以免雞同鴨講。

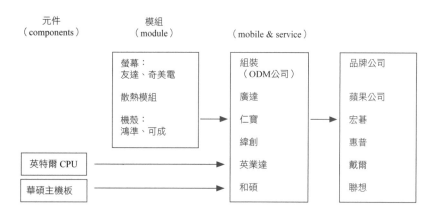

圖 7.1　筆記型電腦的零組件來源
　　　──以鴻海集團 CMMS 模式為架構

一、第一層決策：董事會的決策

　　主婦每天都會面臨自己煮或外面吃（包括買便當菜回家吃）的決策，自己煮吃起來比較健康，但是缺點是得買廚具、買菜做菜也耗時間。

　　公司內，同樣有這類問題，由於事關重大，底下三個決策大都由董事會決定。

表 7.2　供應鏈策略與採購管理

說明	不常見	常見
一、外購（此階段稱為 make-buy decision）	策略性自製－外包分析（strategic make-buy analysis） ・策略性外包策略 ・外包策略決策樹	外包過度（too much outsourcing）
(一)零組件垂直程度（又稱價值鏈結構）	企業內交易，垂直整合程度高，尤其是鴻海的 CMMS 經營方式。	市場交易
(二)外購過度	製造代工，至少還擁有研發的「根」。	設計代工，即研發外包（technology outsourcing），以後會喪失研發的根。
(三)外購幅度（風險管理）		拆開來，一個零組件外包給二家供貨公司，以免全部外包給同一家，而培養了對手。所以可以劃出供應鏈地圖（supply chain maps）。
二、供貨公司管理（supplier management）	或稱供應鏈策略（supply chain strategy）	
(一)策略性採購	夥伴關係	競爭或市場（交易）關係
1.供貨公司家數	偏重 2～3 家固定供貨公司	偏重經常改變供貨公司
2.行銷面：資訊交換	√	－
3.研發面：委外研發	√，利用零組件公司來研發，稱為外部研發（outside innovation）之一，因此劃出研發供應鏈地圖，此涉及公司的研發策略（innovation strategies）。	√
4.製造面：品質改善的協助	√	－
(二)採購管理：功能性採購	依供貨公司研發、產能與組織能力來挑選供貨公司。	此部分從供貨公司「價量質時」（QSC）來評估供貨公司。

(一)自製 vs. 外購——企業內交易 vs. 市場交易

公司對零組件照樣會面臨「自製抑或外購決策」（**make-buy decision**），經濟學者的考量重點之一在交易成本。其中，尤以 2009 年諾貝爾經濟學獎二位得主之一的奧利佛・威廉森（Oliver E. Williamson），發揚光大的**交易成本**

理論（**transaction cost theory**）最為著名。該理論的精髓是，每完成一項交易，就會有**交易成本**（**transaction cost**），交易產生的問題（例如發生訴訟或糾紛）越大，企業就越傾向以成本較低的企業內交易取代成本更高的市場交易。

交易成本可分為有形、無形成本，無形成本最難衡量，一旦零組件公司投機取巧，提供劣品（包括舊品翻修冒充新品）而買方又沒驗出。買方出貨後，發生產品故障，此時對信譽是很大打擊，對訂單的衝擊非常大。

交易成本小檔案

1937 年，羅納德·科斯（Ronald Coase）提出「交易成本理論」（transaction cost theory），有三階段成本。

·交易前：主要是搜尋成本、防止投機（詐騙）衍生出「資訊經濟學」。

·交易中：主要是議價（即談判成本）、訂約（需要付出律師費用）、銀貨兩訖的風險管理。

·交易後：關係維持、再議約成本。

1.企業內交易（即自製）

為了避免過高的零組件採購與交易成本，像仁寶集團採取垂直整合，上中下游都自己來，稱為「一條鞭」或企業內交易（intra-company transaction），此處「企業」指的是「集團」。

仁寶集團一條鞭（即上中下游全包）的垂直整合優點很多，但是缺點是風險過度集中，一旦面臨景氣衰退時，會被過高的機器投資等壓得喘不過氣來。為了避免此缺點，自製與外購比重設定為六比四，當外部市場供給緊繃時，靠自給比率六成，至少可滿足基本需求，不至於停工停產。此外，六成自給比率也構成外購時堅強的談判基礎。

2.市場交易（即外購）

外購是常態，原因有二：一是零組件公司有技術優勢，這來自術業有專攻；二是規模經濟效果，零組件公司的客戶多，產能大，可享受規模經濟。

「貨比三家」是一般顧客購物的習慣，偶爾對選購品的購買有寵顧性，許

多百貨公司透過聯名卡、會員特賣會等方式,希望培養顧客的忠誠度。不管有無忠誠度,幾乎沒有人會說消費者跟商店之間有夥伴關係,這在企業對企業間交易也是常態,大抵是「銀貨兩訖」的市場交易關係。

3.市場交易的典型:大部分美國的公司

1980 年代,美國公司學習日本公司,推動「品質改革運動」(quality movement),有些美國公司表面上採用了日本公司的合作夥伴方式,他們大刀闊斧地減少往來的供貨公司數目,跟最後存留下來的供貨公司簽定長期合約,並且鼓勵第一級的供貨公司,主動管理比較外圍的小供貨公司;同時還讓第一級供貨公司擔任「生產子系統」的頭頭,而不是只生產零件,藉此協助供貨公司共同擔起提高品質、降低成本,以及準時交貨的責任。

在邁向 21 世紀之時,由於二項新增的因素,使得成本又再次成為美國公司選擇供貨公司的最主要考量:第一,美國公司可以更輕易地從全球各地採購,尤其是從大陸。他們很快就下了結論,認為低廉工資所帶來的立即利益,勝過投資於長期合作關係所能帶來的好處;第二,由於網際網路科技的發展與散播,讓公司可以更有效率,也更殘酷地逼迫供貨公司,在價格上相互競爭。受到這二項因素的影響,美國的買方跟供貨公司之間的關係迅速惡化,甚至比 1980 年代之前更糟糕。舉例來說,在美國的汽車業中,福特利用線上「低價競標」的方式,取得最低價格的零件;通用汽車所制定的合約讓他們可以隨時轉換報價更低的供貨公司,美國三大汽車公司跟供貨公司之間或多或少都存在著對立的關係,甚至對供貨公司十分嚴苛,只給他們短期合約,而且採購決策通常只考慮價格;一旦供貨公司出問題,美國的汽車公司典型的反應就是終止合約。

4.交易管理

整個外界採購交易會衍生出交易成本,降低交易成本的方法稱為交易管理(transaction management),這偏向「採購管理」課程,本書只點到為此。

(二)外購幅度

台灣的公司喜歡稱「根留台灣」,「根」主要指「研發」,指的是「沒有三兩三,那敢上梁山」。

1.無根外購

對零組件外購常見的**研發外包**（technology outsouring），也就是借重零組件公司的研發能力，此屬於**策略性槓桿**（strategic leverage）的一大部分，重點在於善用**外部研發**（outside innovation）。把上中游各零組件公司的研發能力串聯起來稱為**「技術供應鏈」**（technology supply chain）。

不過，這部分的風險比品牌公司的設計代工外包小很多，因為以製造代工公司為例，對零組件等材料研發不用心，至少還擁有製造能力。

2.有根外購

有根外購比較少見。

(三)外購結構

外購屬於外包的一種，最怕的是「飼老鼠咬布袋」，把全部零組件集中向一家公司購買，造成技術外溢，讓零組件公司學了一身功夫，甚至「青出於藍更甚於藍」，徒弟搶師父的生意。為了避免養癰遺患，一般作法有二。

1.垂直分散

上游的零件、中游的組件各向不同公司購買，以避免一家公司洞悉你公司組裝的大部分過程。最常見方式是外購元件（know-down parts），再交由組件公司（例如電動天窗或倒車雷達）組裝，讓他搞不清楚「前因」，甚至「後果」（即此組件的用途）。

2.水平分散

同一組件交由二家一級公司生產，另外，又把小單交給二家二級公司，詳見圖 7.3。這除了防止單一供貨公司掐住你喉嚨外，另一個好處是風險分散，預留備胎（俗稱**第二供貨來源**，secondary source），以免一家供貨公司有個三長兩短。

二、第二層決策：夥伴關係 vs. 競爭關係

買方跟供貨公司存在垂直競爭關係，買方的本能是壓低進貨成本，如此一來，便壓縮了供貨公司的利潤，看似「你賺我輸」的零和遊戲。

但是，如果把念頭一轉，大家都在同一艘船上，在跟另一對手的供應鏈拚輸贏。此時，便需要供應鏈團結一致、同舟共濟，使出渾身解數，台灣的公司

習慣稱此為「打群架」，又稱「中心－衛星工廠體系」（簡稱中衛體系）。

(一)夥伴關係

「上陣父子兵，打虎親兄弟」這句俚語貼切描寫上下游間的**夥伴關係**（**partnership**，「伙計」指的是員工）。夥伴關係是種觀念突破，尤其在單向倚賴（dependence）情況，「大不欺小」更難能可貴。

1.你泥中有我，我泥中有我

美國哈佛大學商學院師生 Gulati & Sytch（2008）所做的實證研究，支持互賴型的「買方－供貨公司關係」有助於促進彼此共創價值；套句俗語說，彼此把餅做大，大家都得利。反之，單向的倚賴某大客戶，買方往往恃寵而驕，剝削供貨公司，短期內買方受益，也就是說，沒有把餅做大，只求在同一個餅中分更多。長期則有損彼此關係，供貨公司可能不思進步或移情別戀。

2.中衛體系的夥伴關係

中衛體系的夥伴關係表現在很多方面，依序如下。

(1)利潤共享

「有錢大家賺」是夥伴關係的最佳寫照，買方不剝削供貨公司，更高格調的是採取公平交易（fair exchange），買方不讓賣方吃虧。但買方給予賣方「**目標定價制度**」（**target pricing system**），買方協助供貨公司降低成本。

反之，當原料價格上漲，買方也會允許供貨公司合理漲價。1990 年代中期躍升為鞋業霸主的耐吉，企業經營理念明定跟**夥伴共生（Kyosei）**的政策。2007 年原物料上漲，耐吉是第一家同意訂單漲價，宣稱跟代工公司（例如台灣的寶成）、原材料供貨公司共體時艱的品牌公司，堪稱是堅持夥伴關係政策（partner approach）的典範。這個動向已經成為主流，許多品牌公司以耐吉為師。

(2)誠信 vs. 機會主義

買方對供貨公司「不離不棄」，套句流行話就是「不劈腿」；除非供貨公司不夠格（例如價格未達目標），否則買賣雙方的關係甚至會持續數十年。

(3)協助

買方常是大公司，零組件公司常是小公司，在整個價值鏈（企業活動）

中，買方會在其中某些部分給予供貨公司協助。詳見表 7.3。

表 7.3　品牌製造公司對供貨公司有關企業活動協助

價值鏈活動	供貨公司（俗稱供應商）	客戶：品牌製造公司（俗稱中心公司）
一、核心活動		
（一）研發	買方跟賣方共同研發（俗稱協同商務），至少，供貨公司專為買方研發零組件，買方稱此為外部研發（outside innovation）或研發外包（technology outsourcing）。	
（二）生產		
1.機器設備	客戶把機器置於供貨公司內，但僅限於製造該客戶的訂單產品。	
2.生產改良	豐田派出「駐廠工程師」到一級供貨公司。豐田協助各類零組件公司組成協會，交流以求進步。	
（三）行銷	買方透過資訊分享，避免供貨公司出現長鞭效應。	
二、支援活動		
（一）資訊	1.逆向：由中游的公司（例如豐田）向上（零組件公司）、向下（經銷商）的資訊系統跟其相容。2.順向：由上游公司向下要求中下游公司跟其資訊系統相容，最有名的是中國鋼鐵公司（2002）。	
（二）財務	1980 年代，台灣推動「中衛體系」的信用額度共享的財務協助，中心公司替衛星公司發行的交易型商業本票擔任保證人。	
（三）人力資源		

（二）市場交易關係

在買賣方處於市場交易關係時，依交易順序可分為二階段建立關係。

1.第一階段：彼此放心

第一階段，當雙方都是「沒沒無名」時，需要像表 7.4 中的說明一樣，各自採取一些努力，讓對方釋懷。

表 7.4　買賣雙方皆應設法讓對方安心

對	客戶自己	供貨公司
買方	準備更充足完整的資訊，提供給賣方，學習展現自己的營運穩定與長期銷售實力，以便向潛在供貨公司自我推銷。 針對每個重要的零組件，都要安排備援的供貨公司。	要求買方提供現在或過去供貨公司的推薦，建立追蹤買方風險的持續流程，例如，買方應做一份供貨公司的供應鏈圖表。
供貨公司	要求買方以第三方認證，證明財務健全，營收或營運紀錄定期提供銷售預測。	

2.第二階段

供貨市場的穩定狀況會影響買方採取對應的治理方式，因圖 7.2 可見供應鏈治理（supply chain governance）的型態。

(1)當市場供應充分時

當市場供給無虞時，買方大可挑精撿瘦。

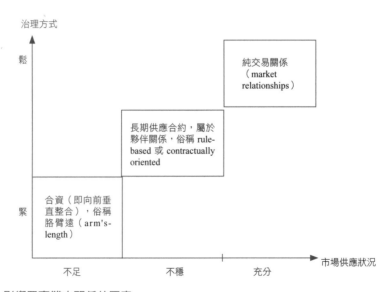

圖 7.2　影響買賣雙方關係的因素

(2)當供給不穩時

當供給起伏伏時，買方會學食品公司跟農戶間的契約農作（契作）方式，訂立長期供應合約，要是把整廠產能都預訂下來，則稱為「包廠」。

(3)當供不應求時

當供不應求時，買方常會透過入股供貨公司方式，希望供貨公司「肥水不落外人田」。

三、採購的數量風險管理

針對供貨公司的數量風險管理，可依「價量質時」等四個競爭優勢（挑選供貨公司的項目，詳見表 8.13）來擬定因應之道。

表 7.5　對供貨公司的風險管理

競爭優勢	作法
一、價	供貨公司彼此競爭、牽制。 1.一級供貨公司：二家。 2.二級供貨公司：二家。
二、量	1.地區分散：供貨公司宜選擇有跨國工廠者，以便在某一國供貨公司的工廠因故無法出貨時，能由另一國的工廠來支援。 2.預備產能：希望一級供貨公司有預備產能，以應付買方的急單。 3.對供貨公司財務的預警系統。
三、質 　(一)生產過程中	在供貨公司生產過程中，買方的駐廠工程師便參與，了解供貨公司生產的可能問題。
(二)出貨前	由公司品管部派人去供貨公司生產線末端驗貨，尤其當運輸時間很久時，可先發現問題以採取因應措施。
四、時 　(一)運輸時效	買方自己要有安全存貨（safety stock），至少能撐個「極短期」，讓公司有個緩衝時間，採取備援計畫（back-up plan）。
(二)商業機密、專利等智財權的維護	1.產業鏈打散：不讓一家代工公司包山包海的「了解太多」。 2.配方由我方掌握。

第二節　策略性採購管理
——德國寶馬汽車公司的經驗

採購是個專業，因此公司設立**採購部（purchasing department** 或 **procurement division**）來執行採購活動。

本章的重點不在於採購部的日常作業，而是採購部在公司生產管理活動中所扮演的角色。本節一半內容來自全球最大豪華汽車公司德國巴伐利亞機械製造廠公司（BMW，俗稱寶馬汽車）前採購部副總裁、現任慕尼黑科技大學高級講師 Wolf（2005）的文章。

一、策略性採購涵義

策略性採購這個名詞很容易了解，像化學品一樣把它分解成基本化學元素。

1.策略性

「策略性」（strategic）指的是董事會管的事，董事會管大事，這是指對營收、盈餘有顯著（例如 20% 以上）影響的事。

2.採購

在公司叫採購，個人則稱為購物、血拚（shopping）、買東西。

(一)策略性採購

企管七管中，各可以加上「策略性」（strategic）三個字，例如策略性行銷，其定義都是一樣。此處以**策略性採購（strategic procurement**）為例，詳見表 7.6。

表 7.6　策略性採購的涵義

涵義	說明
策略性	強調採購具有策略性重要性，即採購足以強化公司「價量質時」的競爭優勢。即採購部不是功能（或戰術）部門，而是有影響大局重要性的策略性部門。
採購	強調採購部要以策略角度來管理採購部，例如採取 SWOT 分析、實用 BCG 等策略管理的分析方法來進行採購作業管理。

(二)策略性採購管理

在本書，把供應鏈管理視為橫跨策略性、功能性採購，雖然美國許多學者把供應鏈管理跟策略性採購視為同義字，而功能性採購所面臨的產業上中下游稱為產業鏈。

二、策略性採購管理

有比較才容易看出異同，在表 7.7 中，先把策略性跟功能性採購管理做表比較，功能性採購管理留待第八章第四、五節說明，本段先說明策略性採購的管理。

表 7.7　策略性與功能性採購管理比較

管理活動	麥肯錫 7S	策略性採購	功能性採購
一、規劃	0.目標	(1)對單一供貨公司：追求產品生命週期成本極低。 (2)對所有供貨公司：追求總成本極低。	對每筆交易追求成本最低。
	1.策略（strategy）		
	2.組織設計（structure）	由策略性採購部負責	由功能性採購部負責
	3.獎勵制度（reward system）	重要的採購人員（buyer），薪水可以跟其主管相同，以表彰公司肯定其貢獻。	比較像行政部門，採取成本中心制。
	4.企業文化（shared value，偏重部門文化）	(1)即相關部門團隊合作； (2)知識分享。	有可能為了達到「採購成本極小化」的目標，太過偏執，以致犧牲了請購部門（製造部）的利益。
二、執行	5.用人（staffing）三種能力，詳見表 7.10。	以人際關係能力、領導能力為主。	以專業能力（零組件專業知識、法律、語文）為主。
	6.領導型態（style）	比較像研發部門，偏重激發部屬的創意、活力。	比較像行政部門，偏重「不要錯」。
	7.領導技巧（skill）	比較採取文化控制	比較採取行政控制
三、控制			

生產管理

(○)目標

董事會對採購部的定位，連帶地決定了採購部的目標。策略性採購情況下，董事會對採購部設定的目標範圍也較廣，涵蓋「價量質時」四項競爭優勢，比重各有不同，詳見表 7.8 中的上半部。

如果硬要以數學函數來表示，在表 7.8 中的策略性採購「目標」一項，以下列方式表示。

min **LCTC**（**total life cycle cost**，即總產品壽命週期成本，可視為長期成本，英文簡寫的英文是 life cycle total cost），這是跨期的，包括研發、零組件成本的極小化。

min TC_i，追求某一期的原料總成本最小。

表 7.8　策略性與功能性採購部的目標與作法

功能	目標	作法
一、策略性採購（strategic procurement）	長期成本績效，採購部的功能在於建立公司內外的「能力網絡」（networks of competence）	(一)對內：跟各部門分享知識 1.源頭管理：從研發部在做產品研發時，便提供針對原料種類等的知識，偏重價值工程。 2.跟製程技術部、製造部等分享採購部所擁有的專業知識，有助於提升公司的製程能力。
二、戰術（tactical 或 technical）性採購	短期降價（price cuts），採購部扮演功能部門的功能	(二)對外：跟供貨公司分享知識 1.透過貨比三家方式，以找到符合規格的最便宜供貨來源。 2.透過壓力壓榨（squeeze）原供貨公司降價。

資料來源：整理自 Wolf（2005），pp.17～20。

(一)策略

採購人員採取雙贏策略（win-win），某種程度可說競合關係。

(二)組織設計

由於零組件占營收（或更細的營業成本）常高達 50%，因此採購部在公

司組織圖上常高達一級單位，採購部主管（或稱採購長）職稱是副總。

表 7.9，依策略性採購、功能性採購來說明採購部的組織設計。

中衛體系中，中心公司常會把衛星公司（俗稱衛星工廠）依行業組成協會，各自練功，詳見表 7.12 中第 6 項。美國麻州理工大學管理學院教授 Sgourev & Zuckerman 稱此為產業同輩網絡（industry peer networks, IPNS），他所指的比中衛體系中的協會定義寬鬆很多。

表 7.9　採購部的組織設計

功能	規劃	執行	控制
一、策略性採購	供應鏈管理		
1.日本豐田	豐田式管理推進部，俗稱駐廠工程師		
2.德國寶馬汽車	成本工程師（cost engineer）		
二、功能性採購	統購課	採購課或發包中心	總經理室的經營分析組

(三)獎勵制度

資深採購人員雖沒帶兵，但是因為涉及的採購金額大，因此貢獻大。其薪酬甚至可以跟其單位主管相同。

(四)企業文化

採購部必須創造一個跟其他相關部門團隊合作的企業文化，才能發揮其策略貢獻。

其中之一便是充分溝通，透過公司內網站，**成本工程師（cost engineers）**可以上傳其工作日誌，分享其工作心得。各國子公司的採購訂單也會上傳，大小採購決策都可受公評。

另一方式是分權，母公司採購部專攻高金額或重要性高的事，「大處著眼」，各國子公司偏重「小處著手」。套用匯豐銀行的宣傳詞：「全球視野，地方智慧」。

生產管理

(五)用人

策略性採購情況，宜聘用具備內外部整合能力的專業人士，講得抽象一些，比較像產業管理人才。

1.採購人員所需能力

採購是專業，不是找個會殺價，或是會上網「貨比三家」的人就了事。

由表 7.10 可見，**採購人員（buyer** 或 purchasing agent）所需具備管理能力的資格，在功能性採購時，「專業能力」是「一定要的啦」，在策略性採購時，「人際關係能力」、「領導能力」更顯得重要。

表 7.10　採購人員需具備的能力

能力種類	專業能力	人際關係能力	領導能力
說明	採購專業（purchasing profession） ·專業知識（technical know-how），詳見表 7.11。 ·訂約所需的法律知識。 ·語文，大部分採購涉及跨國。	·誠信（integrity、trust），例如不拿回扣。 ·人際關係能力，尤其是建立人際關係技巧（relationship-building skills）。	·有責任感。 ·樂在工作。 ·著重創新。

資料來源：同表 7.8，pp.19～20。

2.採購人員來源

至於成本工程師比較像表 1.1 中的「豐田式」生管推進部，扮演駐廠工程師角色，不負責採購。由表 7.11 可見成本工程師的功能，其人員可以來自公司內的研發、製程技術部或製造部。

184

表 7.11　採購人員如何提升「價」、「質」競爭優勢

競爭優勢來源	職稱	說明
價	成本工程師（cost engineers）	由公司的製造部員工來擔任成本工程師，有能力把零組件供貨公司的成本結構分析出來，在供貨公司研發新零組件時，成本工程師可以協助其降低成本，例如減少沖壓機器的投資、改善製程、降低成本。 成本工程師的實力強到可以經營零組件工廠、原料工廠甚至組裝線。因此可作為研發部、製程技術部跟供貨公司的界面。
質	採購人員（buyer、purchasing agent）必須具備技術專業（technical expertise 或 process knowledge）	由業界專家出任採購人員，採取「以夷制夷」方式。 1.鋼鐵業人才：汽車主要是鐵件等。 2.營建業人才：因為公司蓋廠，需要採購建材與找營造公司。 3.資訊業人才：車用電子大都跟資訊有關。

資料來源：同表 7.8，pp.18～19。

(六)領導型態

　　策略性採購部對內對外比較像顧問，因此，部門主管除了一般採購主管所需具備的任勞任怨（尤其是常出差去看廠、甚至協調進度）的性格外，更需要放任部屬去嘗試與容忍犯錯。

第三節　豐田的供應鏈管理
——策略性採購的典範

　　豐田的製造管理已成為全球大量、規格化、高品質的最佳實務典範，其內容為業界常識。豐田怎樣輔導供貨公司進行知識交流也史不絕書，許多汽車、電子、航太業都應視為標竿學習。

　　本節以二篇實地研究文獻為基礎，輔以我們參訪國瑞汽車的了解，抽絲剝繭說明豐田的供應鏈管理。

一、啥人甲我比？

美國汽車公司通常要花 2 至 3 年來設計新車，豐田與本田卻只要 1 至 1 年半便可完成。2002 年，美國汽車市調公司鮑爾公司的研究發現，在跟供貨公司合作發展創新方面，供貨公司把豐田評比為表現最好的汽車公司之一，而本田則是「優於業界平均水準」，克萊斯勒、福特和通用汽車低於平均水準。

2003 年，美國密西根州的 Planning Perspective 市調公司進行美國汽車業製造商供貨公司關係中，最重要的評量之一的「製造代工標竿調查」（OEM Benchmark Survey），豐田與本田汽車被評為供貨公司最希望合作的公司，從「信任」到「預見的商機」等 17 項評比中，豐田與本田全都領先同業，緊跟在後的是日產汽車（Nissan）。

部分的供貨公司都認為豐田與本田是他們最好、但也是最嚴格的客戶。這兩家公司制定了很高的標準，期望合作夥伴必須提升自己的素質，達成這些標準；不過，豐田與本田也會協助供貨公司來達成標準。很明顯地，這二家公司以雙贏的心態來經營供應鏈。

二、豐田跟供貨公司的夥伴關係

創立「豐田式生產管理系統」（TOYOTA Production System, TPS）的大野耐一（Taiichi Ohno）說過：「靠欺凌供貨公司來達成母公司的商業成就，是完全違反豐田式生產管理系統的精神的。」在這句話中最關鍵的部分是「母公司」一詞，這代表了雙方的互信和共利，共同攜手營造長期夥伴關係。同時，這個關係中也包含了紀律以及對進步、成長的期望。

豐田式生產管理（系統）小檔案

豐田式生產管理系統（TPS）是一種技術，也是一種經營理念。1945 年，由日本豐田副總裁大野耐一，依據徹底消除浪費，以及不斷追求製造方法的合理性，所創設一種成功的生產方式，於 1973 年第二次石油危機爆發之後，受到廣大的矚目和研究。

三、以萊克與崔的研究為架構來說明

萊克與崔二位教授研究美國和日本的汽車製造業長達 20 年，在 1999 到 2002 年間，他們訪問了豐田、本田 50 位管理者（北美和日本都有），其中幾位是美國分公司的離職員工；另外，也訪問了 40 家北美汽車零件供貨公司的管理者；同時參觀了豐田與本田在美國的工廠、供貨公司工廠和技術中心、肯塔基州的豐田汽車技術中心，以及俄亥俄州的美國本田採購辦公室。他們發現，這二家公司都使用了類似的方法，跟美國供貨公司發展出緊密夥伴關係，稱為「**買方—供貨公司夥伴關係**」（**manufacturer supplier partnerships**）。

藉由建立「供貨公司合作夥伴關係的六階段」，這二家汽車公司創造了一個良好基礎，讓其供貨公司不斷學習、進步。由表 7.12 可見，這六大步驟是依序且全套進行。

表 7.12 建立供貨公司合作夥伴關係的六步驟

步驟	作法
1.了解供貨公司的運作 (1)了解供貨公司 (2)實地了解供貨公司如何運作 (3)尊重供貨公司的能力 (4)全心投入，追求共榮	惟有豐田能夠跟供貨公司一樣了解所有的運作，才能建立夥伴關係的基礎。豐田了解夥伴的營運過程與企業文化不會投機取巧，豐田用「實地實材」，來派遣駐廠工程師，親自去學習了解供貨公司運作的作法。豐田堅持自總裁以下各階層主管都應該親自到供貨公司了解其運作過程。
2.化解對立，共創雙贏 (1)每一個零件都尋求 2 到 3 家供貨公司 (2)創造相容的生產理念與系統 (3)跟供貨公司合資成立公司，以移轉知識及維持管理	豐田把「挑起供貨公司間的競爭」這種需求，轉化成為「強化與現有供貨公司關係」的商機。豐田投注了大量的人力與物力，提升一級供貨公司研發產品的能力，長期合作夥伴（例如 Denso、Aisin and Araco）可以獨家為其研發汽車零件。
3.監督供貨公司 (1)每月寄送評分卡給核心供貨公司 (2)立即且持續地提供意見給供貨公司 (3)讓資深管理者投入解決問題的過程	供貨公司的角色非常重要，豐田利用供貨公司評分表來評量供貨公司的績效，為他們設立目標，並且隨時監視他們的表現。 一級供貨公司沒能達成準時交貨的目標，在他們錯過交貨時間後的幾小時內，豐田立即對這家公司展開嚴密的檢討，供貨公司必須向豐田解釋自己將如何找出延遲交貨的原因，大概需要花多久的時間，以及會採取那些措施，以便在未來改正這種情況。在問題解決之前，供貨公司必須向豐田承諾，他們會自己負擔額外的

表 7.12 （續）

步驟	作法
	成本來加班，以加快交貨的速度。如果供貨公司沒有辦法找出發生問題的原因，豐田會立即派遣小組來幫助他們，駐廠工程師會引導大家思考解決問題的流程，不過供貨公司自己必須負責執行改善方案。
4.開發供貨公司的技術能力 (1)建立供貨公司解決問題的技巧 (2)發展共同術語 (3)磨練核心供貨公司的研發能力	豐田成立「客座工程師訓練計畫」，要求一級供貨公司派遣幾位研發人員到豐田，與「母公司」的研發人員一起工作 2 到 3 年。這些供貨公司的研發人員會逐漸了解整個產品研發過程，然後替豐田提出新的設計想法。豐田也幫助供貨公司建立學習途徑，像是輪調員工或進行跨國產品開發專案。例如，豐田在日本跟 Denso 有合作生產，日本豐田營運中心與日本的 Denso 便把技術各自移轉給密西根州的「豐田汽車技術中心」及美國 Denso，再由這二個單位一起合作，為美國市場開發零件。
5.經常但選擇性地分享資訊 (1)設定明確的開會時間、地點與議程 (2)使用制式方式來分享資訊 (3)堅持精確的資料蒐集 (4)只分享必要的資訊	豐田相信，跟供貨公司的溝通及分享資訊，都應該是有選擇性、而且是經過組織的。所有的會議都要有清楚的議程及明確的時間地點；跟供貨公司分享資訊也必須使用制式的方式。 以第二類零件（包含跟車體外殼與內裝有連結的零件）的研發來說，豐田跟供貨公司密切合作研發這些零件，供貨公司必須在豐田汽車廠內的「豐田汽車技術中心」，參與同一個專案的供貨公司會被聚集在一個「設計房」裡，一起工作。跟豐田研發人員密集討論之後，豐田新車型屬於機密資訊，為了確保機密不外洩，供貨公司研發人員必須使用豐田的電腦輔助設計系統，替新車設計零件。
6.實行共同改善計畫 (1)跟供貨公司交換各項最佳實務作法 (2)在供貨公司的工廠發起「持續改善計畫」 (3)設立供貨公司協會	為求成功，供貨公司協會必須由豐田領導、豐田跟供貨公司間的夥伴關係、持續追求進步的企業文化，以及供應網絡中所有成員的共同學習，這就是豐田創立協會的最終目標。

資料來源：整理自萊克與崔（2004 年），第119～125頁。

萊克與崔小檔案

傑弗瑞‧萊克（Jeffrey K. Liker）

liker@umich.edu

密西根州安亞柏市密西根大學工業與營運工程教授。

萊克著《豐田模式：精實標竿企業的十四大管理原則》

（*The TOYOTA Way: 14 Manageable Principles From the World's Greatest Manufacturer*）。

湯瑪斯‧崔（崔永勳，Thomas Y. Choi）

thomas.choi@asu.edu

亞歷桑納州立大學 W.P. 凱利管理學院供應鏈管理學教授。

1.步驟一：了解你的供貨公司如何運作

如果豐田在沒有先了解供貨公司前就施行管理，會讓供貨公司誤以為跟豐田是處於利害衝突的狀態，因而做出「賽局理論」（尤其是囚犯兩難）裡提到的自保行為。

豐田跟大部分對手不同，會不厭其煩地去了解供貨公司的一切。豐田深信，這個實地學習的過程要花很多時間，但事實證明，這對供貨公司與豐田雙方都是非常值得的。

2.步驟二：化解對立，達成雙贏

針對每一種零件，豐田會開發二到三家的供貨公司。

從產品研發階段開始，就鼓勵供貨公司之間相互競爭，豐田要求其北美的幾家供貨公司為每一項新車計畫設計輪胎，根據供貨公司所提供的資料以及自己的路測，評估輪胎的性能；最後把訂單簽給表現最好的供貨公司。被選中的供貨公司可以得到該車款未來所有的輪胎訂單；不過，要是供貨公司表現退步，豐田會把下一張訂單改簽給其他供貨公司；反之，如果供貨公司的表現有進步，豐田可能會給這家供貨公司機會，贏得另一項新車的訂單，重新奪回市占率。

(1)1988～2004 年，強森控制公司例子

豐田會刺激供貨公司之間互相競爭，尤其是當這種競爭原本根本不存在時。不過，他們只會在現有供貨公司的支持下才這麼做。當豐田在 1988 年決定於肯塔基州生產新車時，他們選中了強森控制公司（Johnson Controls）來

提供汽車座椅,這家公司想要在附近擴充其生產設備,但豐田卻希望強森公司不要這麼做,部分的原因是因為豐田認為擴廠需要很大的投資,這會稀釋掉強森公司的盈餘。豐田向強森公司提出一項建議:利用現有的設備以生產出更多的座椅,這項挑戰在一開始看似不可能的任務,不過在豐田駐廠工程師的協助下,強森公司調整了生產線,降低了庫存,進而能夠利用現有的設備來替豐田生產座椅。這次的經驗讓強森公司了解到,僅僅能夠準時交貨是不夠的;他們必須採用一套系統,持續降低成本並且提升品質,如此才能讓強森公司跟豐田在公司經營理念上更加契合。

1995 年,當豐田想要開發新座椅來源時,並沒有去找其他美國公司,而是找了強森公司,問他們有沒有興趣跟豐田在日本最大的汽車座椅公司 Araco 合資,成立公司(Araco 計畫進軍美國市場)。強森公司跟 Araco 在 1994 年於美國共同成立了一家新公司內裝大師(Trim Masters),雙方各持有 40% 的股權,而豐田則持有另外的 20%。強森公司跟內裝大師公司一開始就劃清界線,並在各方面都把彼此視為對手。2003 年,內裝大師公司成了強森公司爭取豐田座椅合約的頭號勁敵,內裝大師公司占有豐田座椅 32% 訂單;而強森公司占 56%,強森公司因為投資了內裝大師公司,而享受到這家公司成功所帶來的利益。

(2)2003 年的成本競爭優勢計畫

以「創造 21 世紀成本競爭優勢計畫」為例,在萊克與崔的訪問過程中,沒有聽到任何供貨公司抱怨此計畫是不公平的;相反地,供貨公司都希望能夠提供豐田所期望的價格降幅。供貨公司相信,豐田會有「精實生產程序」的方式來幫助他們達成目標。也就是因為豐田對供貨公司這種「嚴格的愛」,讓供貨公司變得在未來更有競爭優勢,也能獲得更高的利潤。

這個計畫看來像是為了降低成本的短期作法,但事實上,這些都是學習過程中的各種嘗試。例如,豐田認為是要創造出一個挑戰性的環境,供貨公司必須仔細檢視每一個營運上的假設,才能不斷進步,以達到目標,這稱為「**目標成本系統**」(**target-costing system**)。

3.步驟三:監督供貨公司

豐田每個月都把計分卡寄給供貨公司的高級管理階層,供貨公司評分報

告包含六部分：品質、交貨速度、交貨數量、過去的表現、意外報告，以及評語。「意外報告」一項下又有「品質」及「交貨速度」二個子項目，豐田利用「評語」來指出問題所在，例如，豐田會寫「『零件說明與編號』的標籤錯誤。提出的補救方法並不適當」。

豐田期望其核心供貨公司都能夠達到他們所設定的目標，例如品質或交貨速度等目標。如果有一家公司沒有達到目標，豐田會立即採取應變措施。

4.步驟四：發展相容的技術能力

在供貨公司出貨發生問題的時候，豐田的作法跟美國同業相反；他們期望供貨公司的高階主管能夠一起參與，討論如何解決問題。這樣的期望時常會造成問題。例如，在 1997 年，一家北美的供貨公司遇到了一個跟研發相關的品質問題，豐田技術中心副總裁馬上邀請供貨公司的高階主管，共同討論這個問題。當這位高階主管來到豐田時，很明顯地對問題及成因並不清楚，他說：「我通常並不會參與這麼細節的事」，他向豐田表達歉意，並堅定地向豐田的副總裁保證，他回去一定會解決這個問題。不過，這種程度的參與對豐田的管理者來說，並不足夠。豐田技術副總裁要求這位美國高階主管親自了解問題所在後，再回來跟他們談論解決方案。豐田發現由日本矢崎化工公司（Yazaki Corporation）所生產的線路裝置在品質上有問題，矢崎的總經理馬上飛到豐田位於喬治城的工廠，親自花時間在生產線上觀察，了解豐田的作業員如何組裝這一裝置。在總經理親自出馬，了解全部的狀況後，矢崎才向豐田報告解決問題方式。

5.步驟五：經常但選擇性的分享資訊

豐田跟供貨公司進行同步研發，也就是豐田在研發新車款時，供貨公司也同時研發零件。因此，豐田必須把新車款的零件規格告知供貨公司。

(1)透過外部整合加速新產品研發

新產品研發的整合型態越形複雜，包括跨功能小組的整合、跨程序及同步工程整合、資源整合、供應鏈及外部整合（供貨公司及顧客參與）和知識整合。

整合（integration）是一種管理上的途徑（approach），透過跨部門的協調及新產品發展活動的互動而產生。成功的整合主要建立在產品研發小組成員

間的合作上，並可透過組織結構、獎勵制度及工作地點的調整、資通訊技術的運用、正式的整合管理程序及非正式的社會系統等機制來促進。

整合包括公司內部整合（internal integration）與外部整合，**外部整合（external integration）**牽涉到透過網際網路關係，公司從外部團體（供貨公司及顧客等）獲得可用於新產品研發過程的資源及知識的能力。

外部整合邀集供貨公司的參與，產品研發小組成員可藉此吸收供貨公司的關鍵能力與資訊並加以利用，這將有助於新產品的發展及未來產品發展過程中問題產生時，加以克服及修正，這屬於**外部研發（outside innovation）**之一（另一種是跟顧客合作）。

(2)術業有專攻

由表 7.12 中第 5 項的說明可見，豐田把零組件的研發交由零組件公司去做，以利用其專業能力，但卻牢牢掌握其進度。

(3)聯合研發是常例

聯合研發是汽車公司跟零組件公司間的慣例，以鍛造鋁合金技術起家的巧新科技（1563），2009 年跟英國積架（Jaguar）公司協同研發 XXR 車款第 2 代跑車的鋁合金輪圈，獨家供貨。①

巧新科技（1563）小檔案

成立：1994 年
董事長：吳宗仁
總經理：石呈深
公司地址：雲林縣斗六市雲科路 3 段 80 號
業界排名：台灣最大、全球第三大鍛造鋁合金輪圈製造公司
營收：（2010 年）約 30 億元
盈餘：（2010 年）約 3 億元

6.步驟六：實行共同改進計畫──豐田的供貨公司協會制度

豐田只從大陸或印度買零件，關鍵零組件大都在美日等地購買或自製，主因是因豐田認為供貨公司的研發能力比成本低廉重要。

很多美國供貨公司在第一次接到豐田的訂單時，都會高興地慶祝，因為他

們知道,除了獲得一筆新生意外,他們有機會去學習、進步,並且提升他們在其他顧客間的名聲。因為豐田是「精實管理」的典範,他們會為供貨公司帶來全面性進步。

「精實生產」的概念是由豐田首度提出,目的在於把製程廢料減至最低,使生產力臻於最佳狀態,這個作法把品管概念導入製程當中,同時兼顧減低成本。簡單地說,豐田利用「豐田式生產管理系統」來協助供貨公司改善,美國一家供貨公司的副總裁表示:「我們曾經跟美國三大汽車公司採購部的持續改善專家討論過,他們想來看看我們在做什麼,但看了之後卻沒有給我們什麼建議。可是豐田讓我們看到,豐田式生產管理將如何改善我們的生產系統,如今,我們可說是豐田的模範供貨公司。」

(1)分級供貨公司制度

豐田採取以產品別採取雁行理論,套句俗話說即是「上司管下司,鋤頭管畚箕」,每一個國家選一家「**優先供貨公司**」(**most favored supplier**)或稱**一級供貨公司**(**first-tier supplier**),詳見圖 7.3。由師兄帶領師弟進行品管等,即擔任該系統的整合者,重點是各產品別的供貨公司協會各自練功。

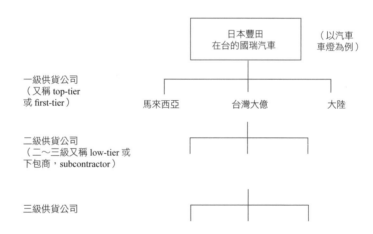

圖 7.3　分級供貨公司制度

(2)三級的供應鏈知識分享

美國二家大學教授 Dyer & Hatch(2004)以訪談方式,來協助外界了解豐田如何促進供應鏈內各公司彼此分享知識。由表 7.13 可見,共有三層級,

底下詳細說明。他們把豐田內的此功能歸屬於廣義的採購部，重點有二。

- 13 天比 6 天：豐田的駐廠工程師一年到廠 13 天，美國三大（**Big Three**）汽車公司才 6 天。
- 免費 vs. 付費：豐田的駐廠工程師協助供貨公司降低成本，但不會要求後者降價，但是通用汽車會如此做，以致有些供貨公司不喜歡通用汽車的員工來參訪。

表 7.13　豐田對供應鏈的知識管理

組織層級	日文名稱	功能	本書相關章節
一、供貨公司協會（supplier associations），日本豐田從 1977 年開始如此做。	kyohokai，在美國成立一家公司，TSSC 專門做對外的知識分享。	同一產品（例如車燈）的上中下游組成供貨公司協會，同行間共同練功，每個協會約 50 家公司，在工廠參訪方面，該工廠只消公開豐田駐廠工程師輔導部分即可，以維護其商業祕密。	§7.3
二、學習團體 jishuken 或（learning teams），日本豐田從 1977 年開始如此做。	jishukenkyukai	每個學習團體約 6～12 家供貨公司，在現場分享生產管理知識。	
三、駐廠工程師（consulting group），日本豐田從 1960 年代開始如此做。	豐田式生產推進部，這是狹義的作業管理諮詢部（OMCD）	由豐田外派工程師進駐一級供貨公司，擔任駐廠工程師，每回到供貨公司 3.1 天，一年 4.2 次。 ・6 位資深人員：每人負責 2 家豐田工廠、10 家供貨公司。 ・50 位資淺人員：15～20 位是常任，30～35 位是輪調的，每位約 3～5 年。	表 1.1

資料來源：整理自 Dyer & Hatch（2004），pp.58～60。

7.供貨公司協會的運作

豐田組成供貨公司協會,只有願意跟其他供貨公司分享最佳實務的公司才能加入,加入後必須把工廠開放給其他公司參觀,透過每月聯誼分享各公司的新作法。豐田 60 位駐廠工程師(production expatriates)派駐各供貨公司,協助他們解決問題、發展最佳實務,再加以輪調,使最佳實務快速散播。豐田把供貨公司組成幾個協會,迅速在各供貨公司中輪流見習,以刺激發展新知識。豐田對各一級供貨公司予以投資,在其董事會占有一席,再把法人代表董事輪調到各一組供貨公司,進行經營新知交流。豐田利用各種機制,讓供貨公司跟豐田共同創造新知,擴展成網路組織式的學習。

8.美國的藍草區製造協會

以豐田 1989 年在北美的「藍草區製造協會」(Blue Grass Automotive Manufacturing Association, BAMA)為例,協會日文稱為「企業聯盟」(keiretsu),一個跟著母公司學習、進步、繁榮,緊密結合的供貨公司網絡。

協會舉辦各種「學習小組活動」(jishuken),幫助自己和供貨公司一起學習如何改進生產流程,供貨公司的高階主管和工程師會在一位豐田駐廠工程師的帶領下,分析工廠作業流程以便改進。這讓供貨公司的管理者可以在不同的環境裡,親身體驗「豐田式生產管理系統」的精髓。這些活動也可以讓豐田所有的供貨公司建立良好關係,因為這些供貨公司的代表在一整年當中,有許多機會可以聚集在一起分享經驗、資訊,以及他們所關心的事項。

「藍草區製造協會」會幫助那些有意改進的供貨公司,舉例來說,在2000 年時,田納西州的排氣系統公司 Tenneco's Smithville 決定要發起一項精實生產的改造行動,他們向「藍草區製造協會」求助。透過協會的幫助,Tenneco 的管理者選出了美國最好的精實生產供貨公司,逐一進行工廠參觀訪問,這些參訪幫助他們建立了具體的想法。他們先從公司裡挑選出一位精實生產的專家,然後展開為期一年的改造行動,其中包括改變工廠的平面配置。到了 2002 年,Tenneco 工廠把員工數減少 39%,「直接人工效率」提高了92%,減少 500 萬美元的庫存,材料不良率由每百萬有 638 個降低到 44 個,進而贏得豐田所頒發的「品質與交貨表現優異」獎項。Tenneco 學習能力很

強，不過他們也有幸擁有「藍草區製造協會」這位好老師。

9.適用情況

我們常見把豐田對供貨公司的管理神化，但缺點如下。

- Kamath & Liker（1994）認為此制度不適合產品壽命短、高度客製化、小量生產的高科技產業。

- 就維繫中衛體系的動力來說，比較像金庸筆下《笑傲江湖》中日月神教教主東方不敗、任我行採取三屍丸來控制各堂主，而各堂口可視為各產品別的產品協會。

豐田的供貨公司體系並不是人人學得來的，主要是豐田很強（尤其業績），所以對供貨公司才能強勢，表現在各供貨公司不准供貨給其他汽車公司。對夥伴的學習來說，則是同一類產品（例如車燈）的供貨公司各自成立一個協會，因為是同行且同質性高，創意數目比較少，而且豐田主導性很強。

四、裕隆汽車的協力會組織

前述對供貨公司協會運作細節交代有限，本書以台灣的裕隆汽車（2201）作法予以補充。日本的汽車公司對供貨公司的管理方式大同小異，由裕隆集團旗下的裕隆汽車便可見日本汽車公司的作法。

在供應鏈管理方面於 1990 年 2 月成立協力會，來強化跟供貨公司之間的夥伴關係，並藉由各式的品質改善與成本降低活動來提升會員的核心能。

裕隆汽車（2201）小檔案

成立：1953 年 9 月

董事長：嚴凱泰

總經理：陳國榮

工廠：苗栗縣三義鄉

營收：（2010 年） 320 億元

盈餘：（2010 年） 40.84 億元

營收比重：車輛 89%、零件 9%、其他 2%

員工數：2,200 人

(一)協會任務

協力會的任務是在結合各會員以相互鑽研謀求企業體質強化，以群體力量增加對外競爭優勢。以優良品質、合理價格、適時交期來供應零組件以達中心工廠生產活動的協力，並以互相互惠追求共同利益為最終目標。

協力會為協助會員公司在遭遇天然災害如水災、地震及火災時，能在最短時間內有效動員各會員公司間資源，發揮人溺己溺的精神，及時給予復原協助，將損失降至最低，以維持供應鏈的正常運作。

(二)活動

為達成上述目標，協力會的主要活動如表 7.14 所述。

表 7.14　裕隆汽車協力會的活動項目

活動項目	激動內容	參加對象
一、管理改善活動	技術開發、品質管理及經營管理的研習與交流觀摩。 有關物料製造與檢驗設備及人員互助支援事項。	
1.國內合理化觀摩	觀摩會員公司及其他體系公司合理化的作法。	全體會員
2.國外合理化觀摩	觀摩技術母廠（此處指日本日產汽車）體系具成本競爭優勢的衛星公司。	全體會員
3.東京車展		全體會員
二、訓練活動	舉辦訓練及學術講座； 舉辦相關專業知識的觀摩和競賽。	
舉例	採購合約管理及相關法務常識； 經營管理、創新管理、合理化改善； 全員參與生產保全／全面品質管理、全面生產管理、降低成本專案、企業再造、生產效率分析與控制標準工時的設定與運用。	全體會員
三、聯誼活動		
理監事會	會務報告 會務討論及中衛意見交流	理監事
會員大會	國內外最新產經局勢報告、會務報告及討論、優良公司頒獎、中心公司（即裕隆）業務報告。	全體會員廠經營者
運動交流	高爾夫球賽	全體會員的經營者
區會會議	區會務報告及討論、中心公司業務報告、中衛意見交流。	各區會員經營者
區會自主活動	各區會的管理、訓練聯誼活動。	各區會員

(三)組織

協力會的組織請見圖 7.4。

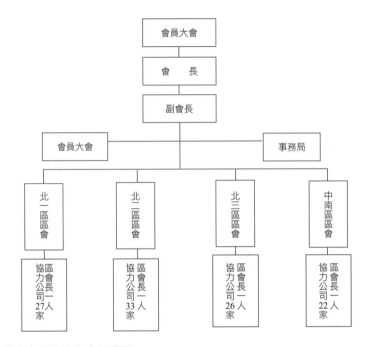

圖 7.4 裕隆汽車公司協力會組織圖

第四節 電子商務──企業對企業的網路採購

1995 年以來，隨著網際網路資訊技術的普及，零售公司對資訊技術的運用，從內部的電腦化，走出門去，串起顧客跟品牌公司，稱為電子化（e化），用途是**電子商務**（**electronic commerce, EC**），詳見圖 7.5；在零售業的運用詳見圖 7.6。

一、電子商務的資訊系統需求

電子商務的資訊系統需求主要來自業務部、採購部與製造部，系統建置由資訊部負責。採購部、製造部是使用單位，必須先開始需求分析，資訊部才有所依循。在此之前，先說明電子商務的涵義。

(一)電子商務

專有名詞的造詞原則比較像化學品的合成，把它拆解到基本化學元素，便可了解其本質。

$$H_2O \xrightarrow{\text{電解}} H_2 + O$$

電子商務 $\xrightarrow{\text{大易分解}}$ 電子 ＋ 商務

　　　　　　　　透過網際　　進行商務

　　　　　　　　網路　　　　交易

由此看來，電子商務只不過是以網際網路取代當面、電話（包括傳真）下單罷了，交易本質沒變。

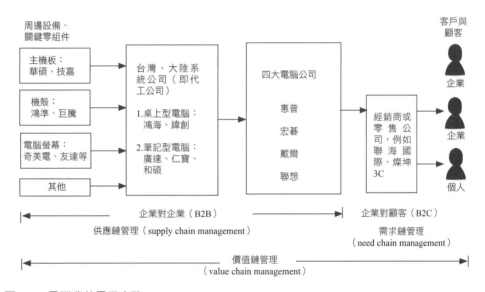

圖 7.5　電腦業的電子商務

表 7.15　電子商務的種類與資訊系統需求

賣方＼買方	公司	個人
公司	企業對企業（business to business, B2B） 一、資訊系統中的後端系統 　（一）公司間 　　　・供應鏈管理（supply chain management, SCM） 　　　・企業資源規劃（enterprise resource planning, ERP） 　　　・多通路管理 　（二）公司內 　　　1.商業智慧系統（business intelligence, BI） 　　　2.知識管理（knowledge management）	企業對顧客（business to customer, B2C） 二、資訊系統中的前端系統 　　・顧客關係管理（customer relationship management, CRM） 　　・客服中心（call center） 　　・銷售管理
個人	—	顧客對顧客（customer to customer, C2C）透過拍賣網路個人跟個人間交易二手商品

(二)電子商務的資訊系統

由圖 7.5 可見，跟餐廳、銀行可分為外場、內場一樣，每家公司對客戶的部分在資訊系統稱為「前端」，針對供貨公司稱為後端。底下以宏碁這家品牌公司為例說明。

1.前端對客戶，即需求鏈管理

宏碁在台灣有做批發的聯強國際（2347）、有做零售的燦坤（2430）等，這部分需要銷售管理軟體配合。

此外，也做網路直效行銷，尤其針對消費者，公司設立客服中心，透過成交資料進行顧客關係管理，這屬於「行銷管理」課程領域，在「零售業管理」、「服務業管理」課程皆會討論，本書則不討論。

2.後端對供貨公司，即供應鏈管理

宏碁向仁寶、廣達、緯創等下單，甚至有些重要零組件自行採購，這部分的資訊系統稱為供應鏈管理。

供應鏈管理是企業電子化的方式之一，運用網際網路的整體解決方案，目的在把產品從供貨公司及時且有效率地運送給品牌公司與消費者，把訂單處理、製程進度、物流配送等資訊流，透過網際網路傳輸給客戶（即品牌公司），其功能在於加速訂單處理速度、代工公司製程與物流透明化。

(三)畢其功於一役

供應鏈管理的資訊系統需求，從 2002 年以來，很少單獨開發，大都是公司在 e 化過程中，畢其功於一役，表 7.15 中資訊系統中的前端、後端系統一次到位。

二、企業對顧客的需求鏈管理

企業對顧客（**business to customer, B2C**）最常見的是網路商店（或稱線上商店），像販賣青少女服裝而年營收逾億元的「東京著衣」，只有二、三家實體店面，顧客透過瀏覽雅虎奇摩、網路家庭（PC Home）等線上商場，下單後，網路商店以郵寄方式送貨。

實體的零售公司也紛紛推出網路商店，而品牌公司（例如美國通用汽車）也上網銷售，想沖淡網路商店業者對實體商店的衝擊。

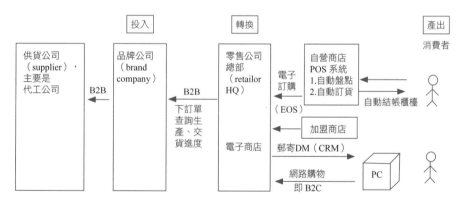

圖 7.6　電子商務圖解

三、企業對企業的供應鏈管理

企業對企業（**business to business, B2B**）的供應鏈管理（supply chain managment）是從 1980 年代透過加值網路的電子訂貨系統（electronic order

system, EOS），逐漸演變而來，增加項目如下。

1.企業入口網站：提供商品介紹等服務。

2.對製造公司來說，透過企業資源規劃系統來做好訂單、排程跟各功能部門整合作業，製程方面的上中下游協同作業（collaboration）。

3.對國外買主來說，可隨時上網查詢生產進度，台灣的代工公司無異是買方的虛擬工廠；像優比速（UPS）快遞的電視廣告訴求客戶隨時可上網查詢你託運的貨運到那裡、還要多久會運到收件人手上等。

以台塑網科技公司的台塑網為例。

客戶查詢系統：開放台塑企業客戶上網查詢台塑企業內部訂單處理情形、生產進度、交運明細與授信額度等資訊。

經銷商訂單系統：提供台塑經銷商上網輸入訂單資料，線上銜接台塑企業資源規劃系統，簡化雙方訂購事務作業。

4.對非特定買方、製造公司來說，則是透過電子交易市集（e-market place）來完成交易，如同蔬果公司提供場地給菜農、菜販一樣，中華電信電子交易市場就是架在網絡上的交易平台。

(一)網路採購

網路採購（e-procurement）的原理跟「企業對顧客」的網購一樣，只是更複雜罷了！詳見圖 7.7，底下詳細說明。

1.交易平台

企業間網購的交易平台比消費者網購多一個，即買方自建的網內網路，只有買方認證且取得上網密碼的賣方才可以上網連線，得悉買方的採購公告，此稱為買方的報價要約（eletronic requests for quotations, eRFX, quotations 有時也用 proposals），俗稱指標公告。

2.逆向拍賣

賣方在買方公告的投標期間，上網領取標單、報價，此過程稱為**逆向拍賣（reverse auctions** 或 reverse electronic auctions），這是因為零組件公司是站在買方的背面。買方（例如戴爾公司）對前手（例如消費者）稱為前向拍賣（forward auctions）。

3.累進降價拍賣

買方分三盤讓賣方報價，一盤（例如一小時）比一盤低，此稱為「累進降價拍賣」（decending-price auctions）。

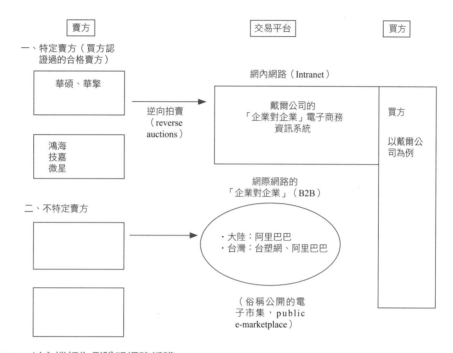

圖 7.7　以主機板為例說明網路採購

(二)台塑網

台塑集團旗下的台塑網科技公司想扮演「企業對企業」的網上交易市集，或是文言一點的說扮演「網路交易（或採購）平台」。這部分跟大陸的阿里巴巴公司是一樣的，詳見拙著《科技管理——實務個案分析》（五南出版，2010 年 1 月，第四章「阿里巴巴」開門——大陸馬雲的電子商務網站傳奇），只是台塑網也想提供資訊（軟體）系統的客製化服務，這部分跟 IBM（詳見前揭書第十一章美國 IBM——協同研發的典範）、鼎新電腦（2447）等系統整合軟體業者的業務相近。

1.台灣版的阿里巴巴網站

台塑網的優勢之一是供貨公司多（一萬多）、跨產業材料類別達三千多種，可讓買方使用，能擴大詢價規模、降低採購成本，還能做訂單及交貨管

理。更重要的是，系統中數字化、公開化、透明化的招標資訊，網路領投標的
隱密性，徹底杜絕人為因素介入的弊端。

　　已加入台塑網的買方包括台塑企業集團、鴻海富士康集團、日月光集團、
裕隆汽車、台積電、震旦集團、中國醫藥大學暨附設醫院、振興醫院、大立光
電等十多家。

　　台塑網公司網址：http://www.efpg.com.tw/。

　　台塑網電子交易市集：http://www.e-fpg.com.tw。

　　大陸網址：www.e-fpg.com.cn。

　　2.台灣版的 IBM 整合服務

　　台塑最有名的管理口訣：「管理制度化、制度表單化、表單電腦化。」幾
乎濃縮了台塑的管理精髓。因此，台塑網曾輔導和建置過多個案例，先從商業
流程改造做起，再進行 e 化的導入。

　　舉例來說，台塑網有些客戶導入 e 化前，在物料管理上沒有一致的編碼
原則，有一料多編號、或多料同一編號的情況，因此台塑網先協助進行流程改
造，包括管理原則一致化、服務標準化等，再進行 e 化系統的導入。②

(三)工商憑證 IC 卡

　　2003 年起，經濟部商業司推動企業使用工商憑證 IC 卡，並建置工商憑證
管理中心，由該中心核發公司商號事業主體之電子印鑑，公司商號即可依這
張工商憑證 IC 卡，作為在網際網路上跟政府溝通的身分認證。例如，工商登
記、領標投標、報稅、勞健保加退保等電子化政府應用，都可以在網際網路上
操作。

　　寶成工業（9904，全球球鞋代工一哥）就是以工商憑證 IC 卡應用電子發
票整合服務最典型的公司。寶成集團是以產業控股公司的方式運作，專注製鞋
及電子二大核心事業。由於事業體日趨龐大，在跟供貨公司的互動及管理上，
要用更有效率的作業方式，所以在 2004 年即開始使用工商憑證。

　　寶成的每一個工廠都是採取利潤中心制，寶成在台灣的 160 多家供貨公
司，跟寶成每一個工廠，都使用電子發票往來。這種方式有效率又省成本，對
增加利潤非常有幫助。2009 年前二季，寶成在企業對企業電子發票應用服務

達 30 萬次,是工商憑證應用的第二名公司。

東森購物應用在「供貨公司商品確認電子化簽章計畫」的電子訂單。③

註　釋

①工商時報,2009 年 11 月 12 日,B3 版,劉朱松。

②經濟日報,2009 年 12 月 13 日,第 33 版,林貞美。

③經濟日報,2009 年 9 月 9 日,A9 版。

討論問題

1. 以表 7.2 為基礎,找一家公司來舉例說明。

2. 以圖 7.1 為基礎,找一家公司的一個產品(例如蘋果公司 iPad 2)來舉例說明。

3. 以表 7.4 為基礎,找一家公司來舉例說明。

4. 以表 7.5 為基礎,找一家公司來舉例說明。

5. 以表 7.6 為基礎,找一家公司來舉例說明。

6. 以表 7.7 為基礎,找一家公司來舉例說明。

7. 以表 7.9 為基礎,找一家公司來舉例說明。

功能性採購管理
——採購部與資材部

　　企業有三流，只有一流的公司才能一次就做對事情，思考透澈（think through）。英特爾就是一次想清楚，雖然通常會承諾得稍微保守一點，可是最後它出來的品質都很穩。所以無論你做什麼事，前面就要想得徹底，有時候會受誘惑，想先講出來，但所有東西還是要一次做對才最快。

　　第二流的公司，大家都有意願互相幫忙、補位，我跟同仁講我們還在這裡。

　　第三流的公司就是很政治，裡面鬥來鬥去。

——**施崇棠** 華碩董事長

天下雜誌，2001 年 12 月 1 日，第 75 頁。

■ 省一元就是賺一元

　　美國開國元老富蘭克林的名言之一是「省一分就是賺一分」（A penny saved is a penny earned），這句名言用在製造業（尤其是帶料加工業）非常傳神。原料成本常占代工公司營收 80%，因此基於「80：20 原則」，在「大處著眼」，從採購方面省的錢非常大，許多公司把採購部定為一級部門，採購主管定為副總經理層級。本章詳細說明採購部、資材部的管理。

第一節　請購流程

　　一般家庭可能希望一次能在量販店搞定所有日常用品，如果是只派爸爸去採買，媽媽、子女便會提出購物清單（shopping list），這個日常生活例子貼切描述公司原料的請購流程。然而，公司對原料採購基於分工、內部控制考量，比家庭購物複雜太多了，詳見圖 8.1，請購循環大抵如下：「業務部訂單→製造部→申購單給資材部→採購部」。底下詳細說明。

　　圖 8.1 區分例行、避險二種請購，其中避險請購屬於例外管理活動，是由總經理針對有漲價之慮的重大原料進行風險管理，也就是「逢低買進」，在第二節中再詳細說明。

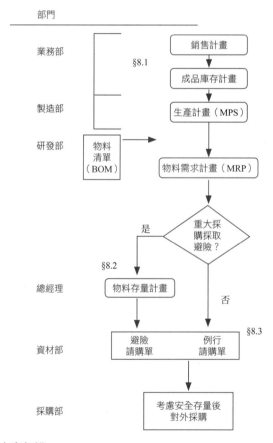

圖 8.1　請購流程與本章架構

一、步驟一：業務部銷售計畫、成品庫存計畫

採購的源頭在生產，生產的源頭在於訂單，訂單來自業務部二方面。

(一)業務部接單

代工公司最常見的是**接單生產（built to order, BTO）**，以品牌公司來說，對代工公司下單的「訂單能見度」至少可分為三種。

1.長單：今年 8 月，談妥明年訂單

如同歐美的時裝公司，前置作業期長達 6 個月，9 月份就在做明年春天服裝展，以便讓工廠有時間生產。同樣地，電腦品牌公司 7 月初給代工公司 RFQ 報價單（FRQ），8 月初進入密集的價格談判階段。品牌公司至少要殺價 5 次，把價格「殺到見骨」，才敲定代工訂單。8 月上旬進入殺價尾聲，翌年上半年度訂單的分配大致有譜。[1]

2.短單

長單只是粗估數，大抵八九不離十；但預測一定會有差異，逐月透過追加來彌，這對代工公司來說是短單；但是下單日期也滿固定的，例如每月 25 日下短單。

3.急單

品牌公司有時會下個急單給代工公司，來源有二：一是消費者臨時新增；一是品牌公司成功攔截了對手的訂單。急單比較像台語的「西北雨」（即午後雷陣雨），來得既意外，又快、又猛。

4.代工公司內部產銷協調會

代工公司接單後，業務部跟製造部等開產銷協調會，討論出貨排程，這當然是為了確保產能滿足訂單，此時，資材部、採購部出席會議，可能只是配角。

(二)業務部預測生產

品牌公司比較會採取預測生產，由業務部依市況訂出銷售計畫，再斟酌成品存貨，算出成品庫存量。

二、步驟二：生產計畫

製造部接到生產指示（製造命令）後，會依產能（機器、人工）排出生產

時程（簡稱排程，**scheduling**），這又衍生出對原料的需求，這些合稱生產計
畫。

三、步驟三：物料需求計畫

物料需求計畫藉由主生產排程（**master production schedule, MPS**），以
計算所需的原料種類、數量及訂購時間（詳見第三節）。

(一)成品製造量

$$
\underset{\text{（來自營業部）}}{\text{成品需求量}} \times \underset{\text{（來自研發部）}}{\text{材料清單}} = \underset{\substack{\text{（製造部所需的} \\ \text{製造存量，manfacturing inventory）}}}{\text{原料需求量}} \cdots\cdots\cdots \langle 8\text{-}1 \rangle
$$

(二)仕樣書

仕樣書、材料用量清單或稱物料清單，依研發到製造可分為下列二階級。

1.研發部

研發部產品仕樣書（engineering bill of material, EBOM）。

2.製造部

製造部產品仕樣書（manufacturing bill of material, MBOT），製造
部在第二批生產時，研發部甚至還會再修改，因此研發階級跟製造階段產
品仕樣書不一樣。許多公司採用 Agile 公司的**產品資料管理（product date
management, PDM）**軟體來記錄。

縱使研發部定案後，沒再修改仕樣書，然而，製程良率不可能百分之百，
以 98% 來計算，生產 100 部小筆電，需要 102 片面板。

$$
\text{製程原料需求量} = \frac{\text{原料需求量}}{\text{良率}} \cdots\cdots\cdots\cdots\cdots\cdots\cdots \langle 8\text{-}2 \rangle
$$

$$
102 \text{ 片} = \frac{100 \text{ 片面板}}{98\%}
$$

(三)物料需求規劃資訊系統

1990 年代起，大部分公司生產管理電腦化的第一步便是買進或開發「**物料需求規劃**」（**material requirement planning, MRP**）軟體，基礎工作是資材編碼、仕樣書。

1.歷史沿革

1965 年美國 IBM 公司與立奇（Goseph A. Orlicky）首先提出物料有獨立需求與相依需求的概念，獨立需求的原料是由前述來，然而相依需求原料的計算過程複雜，因此，他發展一套電腦程式加以展開計算，稱為物料需求規劃。

2.第二版物料需求規劃（MRPⅡ）

輸入下列三項基本資料：主生產排程、物料清單及存貨紀錄（Inventory Status Records, ISR），經電腦程式計算可得各種物料的相依需求，並可提出各種新訂購單或修正各種已開出訂購單。

四、步驟四：資材部提出請購單

製造部申購單必須先經過資材部副簽，甚至由資材部成為採購單的出單部門，原因在於資材部會考慮庫存，再提出採購單。

五、請購單位

「一樣米飼百樣人」，公司依組織設計有三個部門作為請購單位（詳見表8.1），其所占比重是我們依「80：20」原則的推論。

1.製造部占 80%

「巧婦難為無米之炊」，製造部負責產品生產，因此大部分公司以製造部為請購單位。

2.運籌部占 16%

越來越多公司（例如友訊、康舒）成立廣義運籌部來一手搞定「生產排程、請購、出貨物流（狹義運籌）」的事。

日本輪胎公司普利司通（Bridgestone）於 2006 年 10 月成立全球運籌中心（Global Logistics Center），該中心設立「排程組」以取代產銷協調會，也成立物料請購組取代資材部出採購單，也成立物流組，負責產品出貨。運籌中心主管、專務董事井上修說：「雖然還稱不上非常完善，但是比以前早一步讓製造部、採購部踩煞車。」[2]

3.資材部占 4%

極少數情況下，由資材部下設請購組，依產品仕樣書，乘上訂單便可得製程需求量，再參酌庫存，便可得到請購量。

表 8.1　廣義運籌部的跨功能部門

			運籌部
一、業務部	產銷協調會	排程課	
二、採購部			
三、資材部			
四、製造部			
五、生產部			
・物料	物料請購課		
六、物流部			
・成品存貨			
・物流			

六、採購核決權限

採購循環中的內部控制的前控階級為「採購核決權限」，即總經理、部門主管有多少金額的採購金額核決權限。

1.例行採購

在長單情況（即通案），除了管制品項外，製造部可依生產計畫，定期援例提出請購單，毋須總經理核准。資材部、採購部皆有備案，此即為例行採購，以加速行政處理流程。

2.專業採購

短單甚至急單則屬於個案，製造部須上專簽，以獲得專案採購的核准權。在緊急情況下，可動用下列二種方式來應急：以自己的授權額度（例如 1,000 萬元）進行緊急採購，或是請資材部協助調撥，由資材部決定採取那種方式。

第二節　重大採購案的決策：董事會、總經理的大事──兼論原料價格風險避險決策

每到了週日早上，當中國石油公司宣佈週一油價上漲，往往會看到加油站的汽、機車排隊潮，終究薪水微薄的情況下，能省則省。

一旦中央氣象局發佈海上颱風警報，量販店內的蔬菜類會在 2 小時一掃而空，正常情況下，蔬菜批發價一斤 16 元，颱風過後可能會漲 1.5 倍，期間至少 2 週。

或許個人、家庭主婦並不知道自己正在進行原料價格風險的避險，但是價格風險避險卻無所不在，油錢、菜錢東省一點，西省一點，積少成多。家庭如此，遑論企業，本節專注於原料價格風險管理。

一、重大原料採購的重要性

在製造業，原料所占營收比率常達 50%，原料漲價而又無法前轉給買方負擔時，就立刻侵蝕毛益率了，甚至嚴重會使毛益率變成負的。2007 年，鋼鐵價格大漲時，用鋼多的營建業、汽車、造船業可說哀鴻遍野。

由於事關重大，重大原料採購案的決策至少是由總經理負責，甚至董事會也會監督。

＊存貨的會計處理

公司在乎的是存貨對公司獲利的影響，投資人只能看到財務報表，看到的跟公司略有不同。

1.低價買進時，表現在毛益率上升

當華碩在 6 月以低價買進面板時，7 月當面板價格上漲，華碩資產負債表上資產面的存貨價值不動，但會反映在損益表，毛益率 8%，同業在 7 月以現貨價買進面板，毛益率 6%，這 2 個百分點的差距，便是低價庫存的貢獻。

2.高價買時，從存貨損失到迴轉利益

依財務準則第 10 號公報「存貨之會計處理準則」，舉例來說，9 月時買進 1 萬片面板，單價 480 美元，10 月時，單價跌到 35 美元，此時帳上會出現 5 萬美元的存貨價值減損（write-off）。11 月時，面板市價漲至 37 美元，此

時帳上會出現 2 萬美元（7 萬美元減 5 萬美元的減損）的迴轉利益。

二、採購管理的「80：20 原則」

存貨管理有 ABC 原則，重要原料屬 A 級、次要原料屬 B 級，「不重要」原料屬 C 級。採購是「因」，存貨是「果」，要怎麼收穫便得那麼栽。

(一)Y 軸：採購金額

高階管理者關心的是大金額的原料，更重要的是占營收比重高的項目，可用「first thing first」來形容。

1.輕重緩急

ABC 分類跟「80：20 原則」只是表達方式不同罷了，「80」部分還可再細分為「50：30」，由圖 8.2 可見，可能有 5% 品項占原料金額比重 50%、15% 品項占原料金額比重 30%，其餘 80% 品項只占原料金額比重 20%。

2.分層負責

採購、客戶關係管理都適用分層負責，董事會緊盯占 50% 的重要品項，總經理盯占 30% 採購比重的品項，採購主管盯 20% 採購比重的品項。

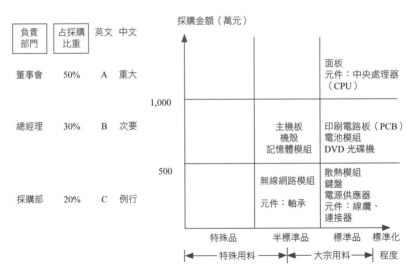

圖 8.2　採購 ABC 制度——以筆電為例（詳見圖 7.1）

(二)X 軸：原料的種類

原料依標準化程度分為：標準品、半標準品、特殊品，另外有人二分法為大宗用料、特殊用料，詳見圖 8.1 的 X 軸。

一般來說，在產品壽命週期的成熟期，便會出現標準品，也就是市場處於完全競爭，供應無誤。反之，特殊品有可能是在產品壽命週期的導入期，由於公司少，因此往往奇貨可居，買方抱著現金排隊搶料。

1.特殊用料的例子

以 2010 年進入導入期的純電動汽車來說，重點在於鋰鐵電池，而電池最容易缺貨的是電池芯。手機電池公司新普（6121）董事長宋福祥認為，約到 2012 年電動汽車電池才會建立標準，一旦標準建立之後，電池公司可以規模量產，電動汽車的成本才會真正大幅度下降，也有助於電動車的普及。③

2.注意頻率

特殊用料最容易缺料，而且往往沒有替代品，一旦缺料，只好停工待料。因此公司各級高階管理者都會經常盯著特殊用料產業、供貨公司的現況與趨勢。

三、原料價格風險避險決策

美國開國元老富蘭克林說：「省一分就是賺一分」，因此，公司高層會針對有價格風險的重要原料進行風險管理，本節說明其過程，詳見表 8.2，底下詳細說明。

四、步驟一：風險辨識——採購部的職責

原料價格風險辨識是採購部的職責，尤其是採購主管要從日常採購作業中抽離出來，特別注意價格趨勢，高瞻遠矚，一如在高速公路上開車，要看得遠，才知道變換車道。

(一)逐項分析風險

風險是指對「自己不利事件及其發生的機率」，這可拆開成二項來詳細說明。

表 8.2　重要原料價格風險的避險決策

步驟	說明	承辦單位
一、風險辨識		業務部
（一)對象（what?)	1.訂單或預測生產	
	2.原料需求：依物料清單再乘上訂單數便 可得物料需求	製造部
（二)價格走勢與期間（how 　　long?)	1.未來可見度 2.進行情境分析	採購部
二、避險構想		
三、避險決策		
（一)避險比率 　　（how much?)	1.過度避險（over hedging） 2.百分之百避險（perfect hedging） 3.避險不足（under hedging）	總經理
（二)避險方式（how?)	1.囤積原料	採購部
	2.遠期市場	財務部
	3.選擇權	同上
	4.期貨	同上
	5.交換（swap）	同上

1.不利事件

對買方來說，價格上漲表示得花更多錢才買得到，因此「漲價趨勢是不利事件」。

2.預期漲價期間

不利事件的時間長度也跟寬度（不利事件的影響幅度，以圖 8.3 為例，面板價格漲三分之一，由 30 美元漲到 40 美元）一樣重要，二者得到風險曝露量，以圖 8.3 來說，未來三個月有 3.5 萬片面板採購處於漲價的威脅。

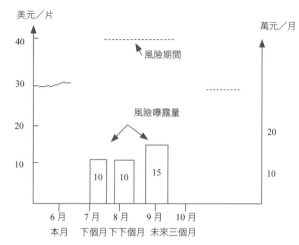

圖 8.3　風險曝露量的估計

3.風險曝露量

風險曝露量（或曝險量）由二個因素決定。

‧單月需求量，這涉及訂單能見度；

‧風險期間，這涉及原料價格能見度。

避險期間是指未來一段期間的原料價格走勢，我們常用汽車車燈來舉例，夜間在高速公路開車時，車燈有效距離 40 公尺，再加上路燈，能見度約 60 公尺，在這距離內，看到前方有車，你可決定變換車道超車或減速。

4.發生機率

當利空發生機率越高，代表危害越大，常理是，當發生機率超過六成，就代表可能會發生壞事。

(二)風險的高低

逐漸辨識原料中的 A 類（重要）、B 類（次要）中有漲價之慮的，劃成圖 8.4，即原料價格「風險熱度圖」（註：源自圖 2.2），總經理的電腦螢幕中隨時都要有這一張，才知道現在那些原料處於高、中、低風險區域。就像 5 到 10 月颱風季節，連行政院長的電腦螢幕上都要有中央氣象局提供的颱風動向圖一樣。

就近取譬，開車時，人的視野約可以掃描到多個對象，然而會聚焦在風險較高的對象：包括交通號誌、前方車輛，對在人行道上的行人，則「視若無

睹」，但對橫越馬路的行人則會小心，以免撞上。

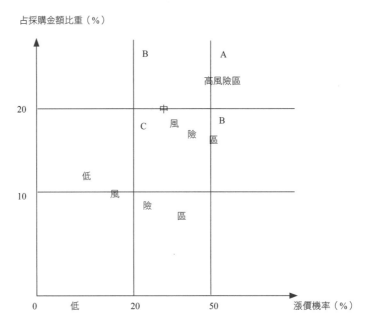

圖 8.4　原料價格風險熱度圖

(三)不管低風險區域

　　低風險區域可以置之不理，尤其是有跌價趨勢的重要原料，底下以太陽電池的原料多晶矽為例。

　　1.不缺料的例子，2010 年起，多晶矽供過於求

　　台達電旗下的太陽能電池公司旺能光電資深副總經理蔡育源，在出席兩岸新能源產業合作與發展論壇（徐州）時估算。太陽能上游的多晶矽因大陸的公司盲目擴產，因此從 2008 年底就一路下滑，由表 8.3 可見，一路下滑的價位。[4]

表 8.3　太陽能電池上下游報價預估（2009.8.24）

年	2009	2010	2011	2012	2013
多晶矽 （美元／公斤）	60	50	45	40	35
電池（6 吋） （1 瓦／美元）	1.45	1.27	1.1	0.93	0.82
電池模組 （1 瓦／美元）	2.1	1.75	1.55	1.3	1.15

資料來源：旺能光電。

(四)聚焦中高風險區域

如同開車時「眼看四方」，但聚焦於對行車安全有重大影響的對象，總經理、採購主管的責任區如下。

1.總經理盯高風險區域

總經理為純益率負責，對營業成本影響甚大的原料成本中的高風險區域內的重大原料（即圖 8.4 中的 A 區塊）宜盯緊點。

2.採購主管盯中風險區域

採購主管負責盯中風險區域，即圖 8.4 中 B、C 的二區塊。

五、步驟二：避險構想

避險方式有二，詳見表 8.4，底下簡單說明。

1.消極避險之一的自然避險

套用匯兌風險管理中的自然避險（natural hedge），在表 8.4 中是指研發部、製程技術部的措施，主要是價值工程，以便宜的銅來取代黃金等。這種「危邦不入，亂邦不居」避戰作法是消極避險策略（passive hedging strategy）最常見的方式。

2.積極避險

另一方面，要是避不掉，一定要用有漲價之虞的原料，那麼只好採取積極避險策略（active hedging strategy）。

表 8.4　相關部門降低零組件成本的作法

部門	作法	舉例說明
一、研發部：避免「小量多樣」的零件情況，讓採購人員可以享受數量折扣，而且少備料。	1.零件標準化。 2.零件共用。	2002～2009 年，豐田非常強調「零件共用」但有時用得太勉強。
二、製程技術部：主要是以替代品來降低成本。	1.修改配方。 2.價值工程：詳見§6.1。	
三、業務部：提高訂單可見度，以避免長鞭效應，即減少供貨公司與自己備料。	1.獲得買方銷量資料。 2.鼓勵買方契作。	
四、採購部。	1.貨比三家，造成競標。 2.數量折扣：集中在 2～3 家供貨公司下單。 3.現金折扣。	大部分美國電腦公司。

六、步驟三：避險決策──總經理的職責

「千金難買早知道」，這句俚語道盡「事與願違」的無奈。在原料價格一路下滑時，或許可以不用預購原料；在原料價格未來看漲時，也沒疑問，必須採用避險措施。比較討厭的是多空不明情況，但是這也不難，可採下列方式計算風險曝露量，並非為「是否避險」的決策，而是避險程度的決策。

(一)避險比率（how much?）

當未來三個月需要 35 萬片面板時，這時候在決定避險比率（hedge ratio）便有三種比率可挑，詳見表 8.5，比較好的方式是「逐期調整」的避險不足（under hedging），例如下列方式。

‧第一個月（現在），避險比率 60%；

‧第二個月，再加碼 15%，小計避險比率 75%；

‧第三個月，再加碼 10%，合計避險比率 85%。

1.避險不足的例子：多少新流感疫苗才夠？

2009 年 8 月起，新流感疫情不斷升溫，面對秋冬可能的疫情高峰，衛生福利部長楊志良指出，防治新流感有疫苗與藥物可用。衛生福利部已向諾華公

表 8.5　預期物價上漲的避險比率

避險比率 （hedge ratio）	避險不足 （under hedging）	適度避險 （perfert hedging）	過度避險 （over hedging）
一、說明	< 100%	= 100%	> 100%
二、結果	大部分情況都是避險不足，例如表 8.6 中，需要 35 萬片面板情況，先預購八成（即 28 萬片），邊走邊瞧，還可再加碼。這屬於積極避險方式（active hedging）。	這是消極避險（passive hedging）	買太多存貨，一旦價格下跌，會遭受存貨盤損。此種情況「不足為訓」，比「避險不足」還差，可說「太早有先見」之明。
三、代表性例子		詳見拙著《生產管理——實用與個案分析》第十章華碩 2008 年存貨過多導致虧損。	

司採購 500 萬劑（250 萬人份）疫苗，可供 6 個月大到 1 歲嬰兒施打。加上向國光生技採購的 1 千萬劑（500 萬人份），新流感疫苗數量占人口三分之一。向羅氏製藥公司採購 268 萬人份克流感膠囊，和原本的藥物儲備量已達人口 25.5%，防疫藥物 2009 年絕對夠。[5]

2.過度避險的例子：豐興搶料

還記得前面用車燈來形容避險期間嗎？60 公尺以外，便一片模糊，這時採取任何措施都不妥。下面例子便是過度避險的情況。

這波國際鐵礦石現貨價由 2009 年 8 月的每公噸 110 美元左右，一路下滑到 81 美元，9 月 23 日又拉升到 87 美元，加上國際廢鐵的價格又上漲，以及業界預估大陸在十一長假之後，會再度啟動對外採購，國際鐵礦石現貨價格已止跌上揚。再加上國內廢鐵收購越來越難，收購總不敷需求。更重要的是，第四季因為受到美國及俄羅斯冬季下雪影響，廢鐵的供應會相對減少，廢鐵的價格通常也會跟著上揚，這也是讓鋼鐵公司趕著要在第三季前，大量採購廢鐵的主因。

豐興（2015）一年鋼品產量約 120 萬噸，以生鐵用量占鋼品生產的 13%
（120 萬噸×13% = 15.6 萬噸）計算，豐興從 8 月來總計自國外買進 18 萬噸
生鐵，已足夠該公司到 2010 年底的用料需求。

就鋼鐵業者當時自國外購買生鐵的動作，最值得重視的就是豐興一次把
2010 年一整年的生鐵原料全部買齊，這代表生鐵價格上場的機率高，才會一
次買進 2010 年度的用料。[6]

2009 年 9 月 29 日，大陸的中國鋼鐵工業協會（中鋼協）秘書長單尚華警
告，2010 年全球鐵礦石將供過於求，因全球鋼鐵產量反彈緩慢。他的說法為
新一輪鐵礦石年度價格談判定下基調。[7]

(二)避險方式

由表 2.15 中第 1 欄可見，避險方式有下列二種；也可以採取二種方式搭
配，例如三七比。

1.實體方式避險

實體方式避險最常見的方式便是「低價買進」，不能用囤積居奇來形容，
不過倒是可以小賺一筆存貨漲價利得。這由採購部負責執行，也不用擔心買太
多時資材部的倉庫不夠放，可以跟原料供貨公司談妥分批出貨，也就是大部分
購料暫存在供貨公司。

2.透過金融商品方式避險

當原料的衍生性金融商品市場在時，主要是指農產品、金屬（貴 vs. 卑金
屬）、能源，是可能採取買期貨、選擇權、遠期市場、交換（swap）等方式
來避險。

執行單位是財務部，此已超出本書範圍，就此打住。

第三節　請購量、訂購點——兼論安全存量

簡單的問題可能有簡單的答案，舉例來說，台版星巴克的「85℃」，店
名來源為何？三選一。

(1)85℃時，咖啡味道特別香；

(2)85℃時，咖啡不會燙嘴；

(3)85℃時，咖啡不會燙手。

答案是 (1)。同樣地，在本節中，我們想開宗明義地說：「例行採購的單一零組件的訂購量、訂購時間與安全存量只要用計算機，各只需 5 秒鐘便可算出」，觀念也超簡單，不信？請你看答案，竅門是把請購量、訂購時間點分別處理。

一、請購量的決定因素

影響請購量的因素有三，詳見表 8.6，這跟你去自動櫃員機（ATM）領款時考慮因素一模一樣。

(一)影響請購量的二個部門

1.製造部決定需求量

以本例來說，華碩決定生產 30 萬台小筆電易 PC，這批訂單共做 30 天，每天 1 萬台易 PC，那麼生產週期需求量（**demand during production cycle**）就是 30 萬片。一般來說，需求量占請購量 95%。

表 8.6　請購量的三項決定因素

單位：萬片

數量 ＼ 情況	庫存餘裕時	庫存剛好時	庫存不足時
(1)製造部需求量	30	30	30
(2)資材部目標安全存量	5	5	5
(3)資材部庫存量	7	5	2
(4) = 採購部採購量 = (1) + (2) − (3)	28	30	33

2.資材部局部調整

資材部收到製造部的請購單，會針對庫存、安全庫存量目標加加減減，然後出一張請購單給採購部。

　　表 8.6 是舉例說明，製造部需求量與資材部安全存量合稱總需求，當庫存量 7 萬片時，此時只需對外採購 28 萬片面板。其他二種情況同理可推。

　　此處「庫存量」是指閒置存量，不考慮上波製程中生產週期存貨（cycle stock，詳見表 8.7），即採取「一碼歸一碼」的「批對批法」，看似呆板，但是在教學、公司內部討論時卻很清楚、易懂。

　　存貨有幾種形式，由表 8.7 可見，業務部與客戶關心的是成品存貨數，製造部在意的是**在途製品（work in process, WIP）**約當等於多少成品，這涉及製程進度的掌握。

　　資材部關心的是原料安全存量與**運送中存貨（transit stock）**何時會到貨。

表 8.7　公司內四個部門對存貨的定義

公司	供貨公司	訂單 ◄—	本公司（代工公司）				買方
			採購部	資材部	製造部	運籌部	
一、存貨型態	物料	◄— 下單 採購		物料 1.生產週期存貨（cycle stock） 2.安全存貨（safety stock）	在途製品（work in process, WIP）半成品為主	成品	
二、存貨位置	1.公司內 2.買方附進的發貨倉庫（hub）	—► 送貨稱為「管路存貨」（pipeline inventories）、運送中存貨（transit stock）		資材部的倉庫（或資材倉）	工廠的現場倉	本公司在（海外）的發貨倉庫（hub），常在客戶的組裝廠旁	

(二)用高低水池舉例最易記

以高低水池最容易記住需求量、安全存量跟庫存量（期初存貨）與請購量（總供給）的關係。

以圖 8.5 來說，共有二個水池，先得滿足安全存量水準（5 萬片面板）與需求量二個水池的水位需求。

現況是，庫存量 7 萬片，安全存量水池已滿了，還有 2 萬片滿溢到需求量水池。因此，只消再有 28 萬片面板便可達到目標水準。

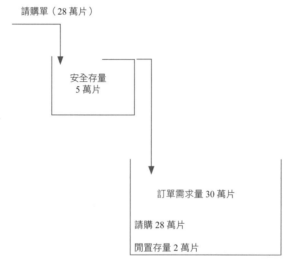

圖 8.5　請購量的決定因素

二、訂購點考慮的時間

除非供貨公司就在你隔壁，打個電話物料立刻就到，否則訂購點應考慮**前置時間（lead time）**，包括本公司、供貨公司二方的因素，詳見表 8.8，底下以月初需訂貨 30 萬片為例，用甘特圖來詳細說明進度估計。為了避免週末落點的影響，該表假設每日皆營業。

表 8.8　請採購與供貨公司送貨的甘特圖

日期	1	2	3	4	5	6	7	8	9	10	11	12	13	14	15
一、本公司	—														用料日
·製造部請購	—														
·採購部採購															
·資材部驗收															
二、供貨公司															
·接單	—				7 天										
·製造															
·運送												5 天			

(一)本公司因素——對請購單的處理速度

一般來說，在例行採購（即有年度採購預算）情況下，製造部向資材部提出需求量，資材部在網內網路上收到公文，斟酌安全存量與庫存量後，應立即向採購部提出請購單。假設全都在 1 號早上完成。

(二)供貨公司因素

公司採購部會在 1 號早上通知供貨公司業務部，後者會下令給製造部，供貨公司送貨給買方所需時間包括下列二項。

1.供貨公司製造時間

供貨公司何時能供貨，取決於本公司買的是什麼料，時間長短依序如下。

(1)特殊用料，供貨公司必須替本公司量身訂做；

(2)半標準品；

(3)標準品，或稱標準規格，公版；此時現貨不少。

2.運輸時間

從供貨公司到本公司進倉這段期間稱為運輸時間，這處的例子較長，大陸蘇州華碩向奇美電買面板，運輸時間需 5 天，奇美電前段廠做完後，海運到浙江寧波的後段模組（CCM）廠加工，最後才出貨給華碩的江蘇蘇州廠。

三、安全存量的決定

安全存量（**safety stock**）的功用，一如你在大一經濟學中所讀到凱因斯

貨幣需求三個動機中的「預防動機」，就像你的皮夾中，也許會多放個 500 元，以備不時之需。

同樣地，安全存量是為了避免供貨公司因素或是貨運公司突槌（常見如豪雨等氣候因素）。

(一)「零庫存」是以訛傳訛

豐田式生產管理的重要特色之一是「零庫存」（**zero inventory**），但這只是形容詞，不會真的毫無原料庫存，是指除了「安全存量外，沒有多餘存貨」。

我們看過一些不需原料庫存的公司，共同點便是來料加工，客戶自行打出物料單，客戶會請供貨公司把原料送來。代工公司承接，賺些工錢。日常生活中，「來料加工的例子不多」，一是去觀光漁港向魚販買魚，周邊的餐廳會幫你烹煮；一是提供衣料給西服訂製店，師傅會替你量身訂做。

(二)「安全存量」夠了就好

安全存量跟汽車的備胎一樣，是為了應付不時之需，夠了就好，不需準備過多。由下列例子，可見安全存量對盈餘的侵蝕效果，約占盈餘的 0.1245%。

年營收　1,200 億元

月營收　100 億元

物料成本率　60%

月物料金額 = 100 億元 × 60% = 60 億元

安全存量占 4%，60 億元 × 4% = 0.24 億元

年利息費用 = 0.24 億元 × 3% = 72 萬元

假設營所稅率 17%

安全存量稅後利息費用占盈餘比重

$$\Rightarrow \frac{72 \text{ 萬元} \times (1 - 17\%)}{4.8 \text{ 億元}} = 0.1245\%（稅從利息費用占盈餘比重）$$

(三)最可能情況

要是供貨公司就在買方工廠旁，沒有「遲到」紀錄，或者是新供貨公司，沒有「前科」，那就套用「允差」（**allowance**，允許出差錯）觀念來計算安全存量。

1.允差 20%

一般允差為 12%，例如你上班、上學平均時間 60 分鐘，你設定需要 72 分鐘（60 分鐘×(1 + 12%)）。此處，我們稍微放寬到 20%。

2.安全存量

以表 8.8 中的例子來說，考量最大延誤允差如下：

（製造天數 + 運送天數）×允差……………………………………〈8-3〉

（7 天 + 5 天）×20% = 1.44 天

安全存量 = 日需求量×預防天數

假設日生產需求量 1 萬片面板

－1 萬片×1.44（天）

= 1.44 萬片

(四)最壞的情況

最扯的情況下，供貨公司曾延誤 5 天，那麼公司可能需保有 5 天的安全存量。

＊國瑞汽車的作法

國瑞汽車對台灣的供貨公司供應的一般零組件不設安全存量，例如高雄到中壢路程 4 小時，則加上 50% 的前置時間，以應付大塞車等意外狀況。曾碰到豪大雨，高速公路淹水，以致國瑞停工待料。日籍總經理嘉許各部門落實「零庫存」政策，即沒有陽奉陰違的偷存料。

(五)考量二張以上訂單時

這只是考慮一張生產訂單時，華碩有可能會有多張生產訂單在執行，此時，安全存量可以適度減少，而不是把所有訂單需求量的安全存量加總起來。

第四節　功能性採購管理

大學會開一門「採購管理」的課來專門討論功能性採購管理，本書以本

節、下一節來摘要說明。

一、功能性採購

功能性採購（**functional purchasing**）有一些別名，例如戰術採購（**tactical purchasing**，相對於策略性採購）、技術性採購（**technical purchasing**，套用政府中的技術官僚一詞）。

二、功能性採購管理

這一段跟第七章第二節第二段是對稱的，依表 7.7 架構逐步說明。

(○)目標

功能性採購部的目標比較明確、單一，也就是「買到最低價」（在價格標情況），在最有利標情況，找到「價量質時」中對公司最有利的供貨公司。底下為全球最大 SOHO 網路（即區域網路）公司友訊（2332）的採購主管王筱明的說法：採購長最重要的任務就是以有限的資源預算，找到品質、價格、交期都令人滿意的產品供應來源。另外，必須對產品認知相當清楚、對市場脈動相當敏感，懂得談判技巧，才能算是稱職的採購長。[8]

王筱明小檔案

出生：1959 年
現職：友訊運籌管理處長
學歷：交通大學管理科學系畢業
經歷：統一企業電子事業部業務專員

(一)策略

當採購部部門目標、員工關鍵績效指標皆指向「採購成本極低」，採購部對供貨公司盡量採取公開招標方式，刺激競爭，以坐收漁翁之利。

(二)組織設計

採購單位的組織設計可分為二個層次，第一層是該設立採購部嘛？第二層

級是全球企業的採購部是採取中央集權或地方分權制？

1.採購單位花落誰家？

顧名思義，「功能性」採購中的「功能」指的是企管七管中的各項企業活動，在此情況下，在中小企業甚至大企業中採購不重要情況，採購單位有可能降至二級單位，附屬在資材部、製程部下；在純服務業中，採購組隸屬於總務處。

當成立採購部時（或說有部級的採購單位時），其部內組織設計詳見表8.10。

2.中央集權 vs. 地方分權

全球企業往往由於產品不同、時效與成本等考量，在採購方面採取地方分權方式，也就是地區產業鏈各式，本段以友訊為例。

以歐洲市場來說，友訊銷到歐洲的產品說明書必須包括 13 種語言，厚厚一本，外包裝也跟其他市場不同。以無線網路產品為例，各國政府開放的頻率不一，還有電源插孔、電壓也都有差異；寬頻產品則是要跟當地電信公司的系統搭配，隱藏許多容易忽略的細節。2006 年起，由各海外子公司直接向供貨公司採購進貨，有助提升採購效率。

友訊（2332）小檔案

成立：1987 年 6 月
董事長：李中旺
總經理：曹安邦
地址：台北市內湖區新湖三路 289 號
營收：（2010 年）338.61 億元
營收比重：網路產品 48%，管理及服務收入 52%
地位：全球最大消費性網通品牌

在地方分權情況，母公司的採購部變成採購政策的制定者，並且監督各子公司採購部。

(三)獎勵制度

採購部人員可能有績效獎金,以鼓勵採購人員「買得低」的貢獻。甚至有些公司採取「高薪以養廉」的薪資政策。

(四)企業文化──塑造一介不取的部門文化

採購主管最重要的管理工作是塑造一介不取的部門文化,否則一旦採購人員拿賣方的回扣,賣方會把回扣加在報價中,終究「羊毛出在羊身上」,惟有破除採購人員拿回扣的歪風,採購主管才會達成公司賦予的採購目標:「買到最低點」。

這部分的典範是王品集團,它是台灣營收第二大的餐飲集團,旗下有王品牛排、陶板屋、西堤等十家連鎖餐廳,為了去除餐飲業普遍存在的 5~10% 採購回扣,董事長戴勝益訂定「同仁道德瑕疵處罰條例」(俗稱王品條款),任何人在從事公務時不得拿到好處、回扣、招待、禮物,只要價值在 100 元以上都算,違反者立刻開除並登報,要是股東觸犯「天條」,則公司向法院提出侵占告訴。詳見張保隆、伍忠賢著《零售業個案分析》(全華科技圖書公司,2005 年 10 月)第九章戴勝益的王品集團。

(五)用人

採購部一向被認為是肥缺單位,因為有些供貨公司常為了得標而會賄賂採購人員洩漏底價。許多情況下,**採購回扣**(**purchasing kickback**,或稱佣金commission)是行業陋規,少則 10%,多則 15%。

1.採購主管

許多公司都會派董事長的親信去當採購主管,「德比才重要」,偏重表7.10 中的「誠信」(integrity)。

2.採購人員的資格

在表 7.10 中,功能性採購人員基本的能力專業能力,包括三項:對本公司所需原物料具備「價量質時」的了解、訂約時所需的法律知識、語文(主要指跨國採購時)。

3.採購人員來源

以德國寶馬汽車來說,由表 7.11 可見,採購人員大都是來自相關行業,

因其具備表 7.10 中採購專業能力的第一項「專業知識」，而且必須是佼佼者才會被錄取。至於訂約所需法律知識等，就任後再訓練便可。

(六)領導型態──兼論採購的內部控制

透過控制型態來塑造部門文化，本處在「領導型態」說明採購循環的內部控制。

1.部門間牽制

公司會在採購循環中針對請購單位（主要是指定材料規格的研發部，其次是製造部）、採購部，採取雙軌（董事會的稽核部、總經理室的經營分析組）監督分析，盡可能降低採購弊案的發生。

在採購前，採購部企劃組甚至總經理室經營分析組會發揮事先防弊功能，會針對請購單位開出的特殊規格，進一步詢問其必要性。「特殊規格」的辨識，有時不需要專業知識，只消把原料規格輸入供貨公司資料庫，螢幕上顯現只有（不到）三家供貨公司，這可能就有綁標（即讓特定公司得標）之嫌。

在採購後，總經理室經營分析組、稽核部會針對投標異常狀況（詳見表 8.9）予以深入調查。在原料採購占很重要比重的公司，稽核部會特別配備採購專業的稽核人員，來個「以子之矛攻子之盾」。

表 8.9　採購弊案的跡象

採購標準	投標現象	可能弊案
一、價	(一)議價情況 1.採購金額刻意稍低於公開採購金額（例如 99 萬元）； 2.特定規格，以致供貨公司不到 3 家； 3.公開招標情況得標價離底價 1% 以內。	請購單位可能被買通，因此在採購金額、規格上動手腳，規避公開採購程序。 公司採購部發包中心可能有洩漏底價之嫌。
二、量	投標家數只有 3 家。	投標公司可能有圍標之嫌，透過「威脅利誘」方式逼迫同業配合。
三、質	同一原料的每次投標家數都是老面孔，尤其是，投標公司的董事長相同或住址位在同一大樓。	請購單位可能開出特殊規格以綁標，公司採購部企劃組可能被收買，以致合格投標公司有限。
四、時	採購公告在週五晚才公告，尤其是刊登在小報上，只有特定供貨公司會注意到且來投票。	公司採購部發包中心可能被買通。

2.部門內牽制

在採購部內,往往依採購循環分成三個組(詳見表 8.10),重點在於不讓一個人跑全程以致可以隻手遮天,也就是這樣的組織設計是基於內部控制的考量。不過,最大的破口在於採購主管。

表 8.10　採購部的編制

相關部門＼採購循環	採購前	採購中	採購後
一、研發			
二、生產			
三、採購	(一)採購企劃組 ・建立供貨公司資料庫 ・舉行供貨公司評選會議 ・審核製造部等部門送來的請購單	(二)發包中心 1.招標 2.議價	(三)驗貨組：供貨公司供貨績效評估
四、資材	副簽請購單		驗收入庫
五、品管	零件承認組		協助資材部驗收、入庫

(七)領導技巧

採購部常是公司品德管理(**integrity management**)的首要實施單位,人資部會安排這些課程。甚至,公司常仿照政府,對採購部人員實施「利益衝突迴避」、「遊說」、「財產申報」、「廉能倫理規範」等。

很多公司對拿回扣的採購人員往往會予以解僱,並且對其提出侵權、詐欺等控告,目的便在於「殺雞儆猴」,以嚇退倖進之徒。

第五節　採購作業執行

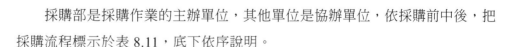

採購部是採購作業的主辦單位,其他單位是協辦單位,依採購前中後,把採購流程標示於表 8.11,底下依序說明。

表 8.11　採購作業管理──以台塑集團為基礎

管理活動	說明
一、採購前	
(一)決定採購量	採購部在給定採購期間內,可以依市況、商業習慣決定採購量。
(二)請供貨公司報名	採購部主動尋找,包括上網公告;反之,有許多主動的供貨公司也會來詢問如何參加投標。
(三)品質認證	由品保部的零件承認組負責供貨公司零組件品質是否符合資格,比較像比賽中的資格審查。
(四)實地查核	即看廠。
(五)打分數	篩選出合格供貨公司,分二階級:初賽、複賽。
(六)建檔	由採購人員透過「公司目錄」等請求供貨公司來認證,合格後列入合格供貨公司檔。
二、採購中	
(一)對供貨公司通知	於詢價截止二日後辦理開標,依報價金額高低列印「比價表」和「採購記錄表」,交由發包中心進行議價後決購。
(二)投標	1.公開投標。 2.議價。
(三)決標	價格標依最低價者得標,最有利標由買方斟酌選出得標者。
(四)交貨	要是供貨公司逾期未交貨,電腦列印「催交單」交採購部催交組催交。
(五)付款	供貨公司交貨後,收料檢驗合格後,供貨公司把發票送會計部辦理付款,電腦查核付款金額是否正確,正確者即透過財務部把貨款匯入供貨公司銀行帳戶,金額異常者,即出表處理。
三、採購後	1.對供貨公司。 2.對採購人員:詳見§8.5 二(六)或表 8.9。

一、採購前

　　一般外人看採購部常以為定期或不定期發包、辦了投標,這是冰山露出水面大家看得到的部分,只占冰山的九分之一。另外九分之八是水面下、看不到的,這是採購部在採購前的準備工作和發包後的持續看廠,以確保代工公司履約。

(一)採購部決定採購量

　　針對請購單位的請購單,採購部會針對下列三因素決定採購量,前提是大致仍能滿足請購單位所需。

1.當考量經濟訂購量時

在貨幣銀行學、財務管理、成本會計和生產管理四課程都有一段甚至一節說明討論「**經濟訂購量**」（economic order quantity, EOQ），其目的在於降低訂購費用（ordering cost，即郵電往返、簽約、文書處理等）。繞了一圈，當訂購費用因下列原因而微不足道時，此公式就較無意義。

・在電子商務或 e 化情況，訂購費用（或通訊成本）＝ 0；

・訂購點等於前置時間需求量。

2.最低訂購量

在網路商店購物時，買方可以只買一件，只有少數有最低訂購量的規定。同樣地，代工公司下訂單也是如此，不過供貨公司往往會基於「細水長流」的考量，即使代工公司下單量低，還是會配合性的出貨。

3.數量折扣

供貨公司會透過數量折扣（quantity discount，例如一次買 10 萬片面板 95 折）來引誘代工公司多買一些，但是下列二種情況下，寧可買不足額。

・預期存貨損失率會大於數量折扣率（此例 5%）；

・用不了那麼多，多餘存貨以後還可能因為過時而成為存貨損失。

(二)請供貨公司報名

採購人員從國內外工商名冊、採購指南、報章雜誌、工商展覽資料、供貨公司自行推薦或經由網路取得的公司資料開發新的供貨公司。

(三)品質認證：資格賽

「品質」是最基本的採購條件，尤其在大品牌公司對供貨公司的零組件一定有認證程序。在「品質一定情況下，追求價格最低」，所以不會為了降低價格而罔顧品質，因為單一零組件價格占營收不會超過 15%（只有個人電腦的 CPU、螢幕面板例外），犯不著因小失大。

(四)重大供貨公司的實地查核

品質認證只是參賽資格的第一道門檻，針對重大供貨公司，買方會派員進行實地查核（俗稱看廠），主要是了解賣方的產能、交期能力。

1.採購指標II：數量

主要是確定供貨公司有幾個廠、有多少機器與員工，也就是產能多少。要是買方有疑慮，還會希望供貨公司擴廠，供貨公司為了做到「及時供貨」（time to volume），往往會「惟命是從」，生怕萬一有個閃失而丟了訂單。

甚至為了確保供應無虞，在長期合約情況下，還會包下工廠或廠內生產線。

2.採購指標IV：時間

產能往往是供貨公司交貨速度的基本要件，但是品牌公司往往學了豐田的**及時生產（Just-in-Time, JIT）**，想方設法降低庫存，重點不在於減少資金積壓，而是電子產品產品壽命週期短，產品價格每日跌價，成品存貨越多，存貨跌價損失越慘。

因此，品牌公司採取「死道友，沒死貧道」的「以鄰為壑」政策，要求代工公司「隨傳隨到」，也就是盡量把存貨跌價損失採取風險移轉手段中的「迴避」（詳見表 2.15）。既然代工公司必須吸收品牌公司的庫存風險，那麼，他們也順理成章把自己的庫存風險往後丟給上游的零組件公司。

就是這樣一層層向上推進，零售公司、品牌公司、代工公司、零組件公司形成一個風險、利潤的共生體。當景氣不好時，越上游的業者所承擔的庫存風險也就越高。⑨

(1)代工公司幾乎做到二天交貨

由表 8.12 可見，筆電公司對代工公司的交貨速度要求越來越快。2009 年已到了「1002」，2 天內交 100% 的貨。

表 8.12　筆電公司對代工公司交貨的時效要求

年	2000	2005	2009
時效要求	955	982	1002
說明	95% 的貨 5 天內送抵客戶，2002 年時 983	98% 的貨 2 天內送抵客戶	100% 的貨 2 天內送抵客戶

(2)客戶倉（hub）

為了做到 2 天內交貨，代工公司只好在品牌公司於歐美的指定交貨點旁設立「發貨倉庫」（hub，即客戶倉），以達到「**及時賺錢**」（**time to money**）的客戶要求。此時，該倉庫扮演小型物流公司角色，內部有員工，從事像貼標（籤）、裝箱等工作，甚至還做「**接單後組裝**」（**configure to order, CTO**）。

依照遊戲規則，在戴爾公司把這台筆電提領出貨倉前，都算是仁寶的庫存。

例如，耶誕節前 2 週，戴爾公司向仁寶下了 100 萬台的筆電訂單，但因買氣不振，戴爾公司可能第一次從倉庫提出 20 萬台電腦、隔三天再提 10 萬台……，甚至可能在一個月後，才又開始分批提出剩下的 70 萬台。

---

hub（客戶倉）小檔案

hub：2500 年前，阿基米德等機器的進料斗
hub：車輪的中樞

(五)供貨公司篩選

跟球賽程序很像，符合資格的可以參賽，初賽是淘汰賽，一下子就淘汰一半，接著再打複賽，最後再進入決賽（本節第二段的投標）。

1.初賽：供貨公司財務健全

有許多汽車公司把零組件供貨公司的財務狀況列為評分項目（詳見表 8.13）之一，不過，我們把此列為「初賽」（甚至品質認證時資格審查的一部分）。詳見下列例子，可看出我們的主張的依據。

汽車業受限於規模，共用組件程度極高，各家業者降低成本，都把零件存壓至最低，往往只要某一組件公司供貨出狀況，就會波及多家汽車公司，詳見圖 8.6。

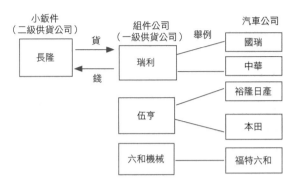

圖 8.6　汽車業的產業鏈

　　汽車鈑金零件沖壓公司長隆精業，工廠設在桃園縣楊梅鎮、登記資本額 5,500 萬元，屬於車廠鈑金零件衝壓的二級下包公司，因財務問題，於 2009 年 8 月 27 日無預警歇業。

　　做小鈑件的長隆年營收約 7、8 千萬元，2009 年 8 月時之前，長隆因財務吃緊而向財務整合公司借款 2,000 多萬元，財務整合公司聲稱，長隆把所有權屬於組件公司的模具作動產擔保設定，長隆把工廠出租給財務整合公司，致使組件公司無法進入長隆工廠取回模具。

　　為了避免影響到生產，8 年 31 日（週一）許多日系汽車公司，緊急向原廠採購或調料，9 月 5 日（週日）前運抵台灣，確定不會影響生產線正常運作。

　　中華、國瑞及裕隆日產等汽車公司主管表示，以往只要求組件公司要對下包公司進行品質管理，這次長隆爆發財務危機事件，為了避免類似情事重演，各汽車公司要求組件公司對下包公司進行財務調查。[⑩]

　　日本豐田持股七成的國瑞汽車指出，外包給長隆的鈑金零件種類不多，已緊急向日本及鄰近國家豐田車廠調貨，部分零件甚至以空運方式來台。

　　裕日車與中華車表示，委託長隆代工的零件，已緊急向鄰近國家日產汽車公司借調，加上零件庫存足夠，公司生產不受影響。[⑪]

　　2.複賽

　　針對可以參加複賽的供貨公司，買方會邀請研發、採購、製程與品保等四個部門，針對供貨公司的「價量質時」予以評分。

(1)評分項目

　　表 8.13 是很複雜的評分表，約 20 項，每項占比重 5 分，這是學者想透過完整架構所舉的例子，也有人針對其中一些細項作其他分類方式。本書一以貫之，一直以「價量質時」作為消費者、品牌公司等找代工公司、代工公司找供貨公司的篩選指標。

表 8.13　供貨公司評分表

大分類	中分類	小分類	決策準則
一、價 （即成本）	1.產品總成本	從產品的原料、製造、加工、組裝至後續維修、廢品回收的成本加總。（總成本）	定量（望小）
	2.支援服務的成本	提供產品後續支援的服務成本。	定量（望小）
二、量 （即 time to volume）	1.生產彈性管理能力	當新產品在導入階段或客戶有急單需求時，皆能快速且彈性地調配產能，以滿足客戶要求。（及時切換次數／總生產切換次數）	定量（望大）
	2.報表提供能力	供貨公司能及時地提供生產、品質等相關資訊報表，以作為買方決策時參考。（正確及時提供報表次數／總要求報表次數）	定量（望大）
	3.生產週期	從原料投入至成品完成所需的時間（小時）。	定量（望小）
三、質	(一)事前 1.品質團隊拜訪及交流	供貨公司跟買方拜訪與交流，以建立良好溝通。（次數／每季）	定量（望大）
	2.高階主管支持度	供貨公司高階主管對於相關部門提出生產、品質與流程等改善方案，給予支持。（投入金額／營收額）	定量（望大）
	(二)事中 3.製程能力	根據製品的品質特性，計算其平均與變異值，以了解與改善產線製程品質能力。（CpK）	定量（望小）
	(三)事後 1.出貨品質狀況	產品出貨時的可靠度與表面品質狀況。（AOQ = DPM*(1 − LRR)）註：DPM: Defect Per Million（百萬分之幾的不良率），LRR: Lot Reject Rate，指	定量（望大）

表 8.13 （續）

大分類	中分類	小分類	決策準則
		不符合規格批量占總生產批量比率。	
	2.持續符合產品規格	在每次出貨之產品批量，能夠持續產出符合品質特性規格的產品。（LRR）	定量（望大）
	3.最終良率	良好出貨數量占投入生產數量的比率。（Yield(%)）	
	4.供貨公司持續改善能力	供貨公司對於異常狀況與現有產品、製程、良率與品質狀況，能夠持續改善與進步。（改善利得金額／營業收額）	定量（望大）
	(四)售後服務		
	1.品質抱怨狀況	客戶對於產品品質的申訴情況。（件數／月）	定量（望小）
	2.售後服務滿意度	供貨公司在面對客戶對於產品的要求、抱怨與疑問時，能夠妥善的應對，並給予最適當的處置與服務。（售後服務滿意評分 1～7 分）	定性（望大）
四、時	(一)產品研發（俗稱 time to market）		
	1.新產品及時上市能力	對於客戶的新產品開發，給予足夠支援，並能快速且及時的反應需求。（正確且及時提供技術支援次數／總要求技術支援次數）	定量（望大）
	2.供貨公司研發配合度	供貨公司對於新產品研發需求。能夠迅速地配合並給予相關支援。（配合次數／總要求配合次數）	定量（望大）
	(二)交貨速度（俗稱 time to money）		
	1.交貨管理能力	供貨公司對於客戶訂單的產品、數量與要求，能夠確實與迅速的完成。（交貨量／訂貨量）	定量（望大）
	2.補貨率	準時補貨至客戶次數占總訂貨次數的比率。（準時補貨次數／訂貨次數）	定量（望大）
	3.財務及法律穩健能力	供貨公司所在地的法律規範完善性與金融穩定支援性。（財務及法律支援能力評分 1～7 分）	定性（望大）

資料來源：第 2～4 欄來自童超塵等（2009 年），第 15～17 頁，本書依第 1 欄架構重新整理。

實務上，我們也看過很簡單的評分表，針對「價質時」〔英文順序不見得如此，**QCD（quality、cost & delivery）**〕，分別由採購部、品保部、製造部評分，每項目二小項，評分作業速度會很快。

(2)計分

如同一般評分表，每題的權（或比）重可以不同，由評比委員會決定。

(3)決策準則

得分經轉成百分計分後，最直接運用便是得分加以上者為合格供貨公司。

(六)供貨公司資料庫

經過上述評分後，符合要求的供貨公司即列入往來名單，稱為（合格）供貨公司資料庫。

二、採購中

採購過程，詳見表 8.11 的中間，本處只說明「投標」、「決標」二項，聚焦在網路競標方式，詳見表 8.14。

(一)價格標：公開投標──以網路投標為例

網路投標比實體投標更增添領標書、投標時的匿名性，有助於公平競爭。

1.就近取譬：從網拍談起

上雅虎奇摩的購物網站向線上商店買 T 恤，這是從 2004 年開始流行的市場交易方式，企業對企業間的網路拍賣則提早一年，從 2003 年第一季開始。

2.2002 年，美國的電腦公司吹起網路開標風

由於印刷電路板（PCB）屬於高度標準化模組，2002 年，惠普首先把它列為網路競標項目，後來，2003 年第一季，範圍擴大到主機板、個人數位助理器（PDA）。台灣的公司也「有樣學樣」，市場傳聞，鴻海、華碩取得日本索尼電腦娛樂公司（SCE）電視遊戲機 PS2 的訂單，晶片電阻就透過網路競標下單，且未來每季都會舉行。⑫

表 8.14　網路競標的相關規定

5W2H	說明
一、投標項目（what）	適合網路競標的產品必須是標準化程度較高的產品，例如印刷電路板、主機板、電池等。買方開出產品規格，讓供貨公司自行評估能否接受的代工價格。
二、投標資格（who）	合格供貨公司，即已經買方審核通過的供貨公司，審核項目包括「價量質時」。
三、禁止圍標	買方為了防止供貨公司彼此間串聯，也特別要求供貨公司不准「圍標」，一旦發現將剔除投標、得標資格。
四、決標（how）	
（一）價格標	在網路競標時，買方會先知會合格供貨公司，並在特定時間於網路上開放給供貨公司，直接在網路上展開代工價格的比較競標，供貨公司間彼此的報價都相當透明，以英特爾等買方為例，要求「限時」在半小時至一小時內完成報價，供貨公司「自相殘殺」壓低代工價格。
（二）最有利標	供貨公司每次報價必須比自己前一報價的價差下殺 3～5%，競爭相當激烈，幾回合報價下來，供貨公司間的殺價早已「血流成河」。
五、違約	台灣的供貨公司必須在極短的時間內決定在網路上的報價，稍一計算不慎或考量不周，就會血本無歸或造成無法如期交貨的窘境，壓力很大。
六、後遺症	透過網路競價往往只能以「價格」來評斷供貨公司是否出線，難以找到長期的策略合作夥伴。

資料來源：部分整理自經濟日報，2003 年 5 月 13 日，39 版，林信昌。

3.價格標的特例：契約價

　　許多長期供貨契約都有現貨價、契約價以供買方選擇，契約價大都出現在石化產品（從原油到 ABS），至於電子產品的大宗元件（例如快閃記憶體）也有。

　　原油有長、短期的供貨，這跟現貨交易習慣完全不一樣。從台塑石化來說，到沙烏地阿拉伯買原油，計算原油的價格，大都是以原油裝船前 15 天與裝船後 15 天的平均價格當作交易價格，這個方法是因為原油價格的起伏太大，如果買的時候就決定價格，對買賣雙方的風險都太大，如果裝船後一直跌價，那麼買方就買貴了，若以平均價格來計算，買的風險比較小，賣的人風險也比較小。

中東產油國家都要合約，油品的交易習慣都是如此。

(二)最有利標

最有利標是投標公司整個投標組合（例如價量質時）對買方最有利，例如售後服務免費、保固期間拉長甚至**工業互惠**（**off-set**）等。

(三)違約

2003 年第一季，惠普的商用個人電腦的主機板首次透過網路競標，華碩與鴻海以每片低於成本 10 美元的報價得標。然而在大單出貨前夕，二家公司傳出不想按協議出貨，讓惠普必須緊急另找代工來源，以解決燃眉之急。此訂單創下產業有史以來賠錢最多，而且最不受歡迎的新紀錄。

華碩與鴻海把好不容易迎進來的訂單，又往外推，其實是有苦難言。以華碩為例，要是按協議出貨，單月至少三、四十萬片的訂單，一虧就是快 1 億元。[13]

三、採購後

採購後，例行的作業是供貨公司出貨、採購部驗收（針對特殊用料由品保部驗料）。接著是對供貨公司「秋後算帳」，針對「價量質時」予以評分，針對重大違規的供貨公司可提報列入處罰名單，比較像球賽中的裁判的判決方式，包括禁賽一個月、永久禁賽等。

第六節　資材管理──資材部

供貨公司出貨到本公司，經驗收後，由資材部人員處理入庫。資材部有時被稱為物管、倉管（倉庫管理），但只是資材部的一部分。

資材部是因為內部控制的緣故才單獨成立的，內部控制基本是三權分立：「財（財務部）、帳（會計部）、物（資材部）」甚至在整個採購循環中，請購（例如製造部）、採購、倉管也是分立的。

一、驗料入庫

供貨公司的原料經買方驗收後，便由資材部入庫。

二、倉儲管理

生產系統內所需的原料、零件、在製品、成品、工具，甚至廢棄物、辦公用品等均需要有適當的管理，使得這些物料能適時、適時、適質地服務有關的單位，物料自動儲存及搬運系統主要包括二大部分，即自動倉儲存取系統和自動輸送系統。

(一)自動倉儲存取系統

自動倉儲存取系統（automated storage/retrieval system, AS/RS）一般稱為自動倉庫（或稱無人倉庫），主要構成單元有下列四者。

1. 物料儲存料架：多由不銹鋼架所構成，為了充分運用空間，鐵架高度可高達 15 公尺，建造上必須有足夠的強度及剛性，否則可能因過重而傾倒。

2. 存取機器：可載送物料棧板到特定格位，或從格位取下物料至物料移轉工作站，為了完成這些動作，存取機器須有水平、垂直及往返移動的。

3. 物料存放棧板能力：必須跟儲存料架格位大小相互配合。

4. 移轉工作站：這工作站是自動倉庫跟外部系統的介面，由此站出入的物料，可能經由人工、堆高機、輸送帶或自動搬運車運來或移走的。

(二)自動輸送系統

自動搬運系統主要可以分成二種系列，可作適當配置，使倉庫跟生產線間的物料流動能夠順暢。

1. 輸送帶系列

輸送帶系列包括皮帶或輸送帶、鏈條式、滾筒式等，可做大量快速地運送。

2. 台車系列

台車系列主要有軌道式自走式台車及無軌道式自走台車（俗稱自動搬運車，AGV，或無人搬運車），無軌道式自走台車可以獨立，動力來自蓄電池，車上的感測器跟埋藏在地板下的電線，或地板表面的反射漆互動的結果，所產生的訊息可指引搬運車依設定的路徑前進。

三、發料與退料

在發料方面,每日由電腦把生產線輸入的領料單彙總,憑以列印「發料單」,料庫人員備料後送貨到廠。

發料與退料是資材部人員覺得最繁瑣的事,原因如下。

1.發料無誤

資材部視製造部為內部客戶,資材部是服務提供者,以滿足顧客的需求,使顧客感到滿意,並運用無誤系統圖提升備料服務品質。日本專家新鄉重夫(Shige'o Shingo)發現,人們並不會故意犯錯或不正確地執行工作;而是因為例行事務受到干擾或注意力中斷,而造成失誤。因此他提倡 Poka-Yoke 法,也稱為防呆法、防錯法或愚巧法;Poka-Yoke 是一種「令人易懂」的設計,可利用檢查清單或操作裝置,以避免服務失誤。服務失誤可能來自服務提供者,也可能來自客戶本身。

2.退料

製造部會因為許多原因而把部分原料退還給資材部,此時的原料往往不是整批包裝,而是零散,數數等事情廢時又可能有爭議。

四、廢料處理

採購往往比用料還多,就會有多餘原料。如同消費品的暢貨中心(outlet)專賣過季品,筆電代工公司也依樣劃葫蘆。

廣達電腦(2382)跟英業達(2376)聯手,成立「製造業閒置資材管理系統」(TEAMS),廣達評估,此系統將提高閒置料售價達三十倍。

2009 年初,金融海嘯對高科技產業影響甚鉅,訂單能見度低,產品交期縮短,尤其 10 號會計公報今年起實施,突顯公司處理閒置資產的重要性。

平均 90 天庫存就成為閒置資產,要是不盡速處理,閒置資產將反噬獲利,對已經微利的筆電代工產業極為不利。

對於筆電代工公司,庫存組件(例如主機板電晶片、顯示卡等),較難脫手。過去廢料、下腳料均轉賣給回收公司,平均 100 元的料材,轉賣價格僅 1 至 2 元,且時間拖長至 1 至 2 個月,但透過網路,平均 16.8 天可賣掉一批,且平均價格提高至 30 元,詳見表 8.15。

廣達 2007 年架設 TEAM-Resell 網站,集合廠內邊料、廢料、下腳料,透

過網路標售，採會員制，有上百家會員。2009 年企業面對 10 號公報，意識到閒置資產問題嚴重，刺激各公司有意聯手解決。

　　TEAMS-Resell 的賣家，依據需求，建立閒置物料轉售的標案，加快庫存處理速度，且提高物料能見度、取得較佳價格，包括二手電腦公司、電腦維修公司等買家，可以透過平台取得所需二手材料。[14]

表 8.15　筆電代工公司呆料處理方式

處理方式	價格	時間
轉售回收商	平均進料價每 100 元，轉售價 1～2 元。	30～60 天
網路標售	平均進料價每 100 元，轉售價 30 元。	平均 16.8 天

資料來源：各公司。

註　釋

①工商時報，2009 年 8 月 3 日，B3 版，楊玟欣。

②商業周刊，2009 年 11 月，1146 期，第 83～84 頁。

③工商時報，2009 年 11 月 26 日，A17 版，黃智銘。

④工商時報，2009 年 8 月 24 日，A7 版，李純君。

⑤工商時報，2009 年 9 月 8 日，A15 版，薛孟志。

⑥工商時報，2009 年 9 月 24 日，B5 版，張令慧。

⑦經濟日報，2009 年 9 月 30 日，A15 版，楊文琪。

⑧經濟日報，2006 年 11 月 27 日，C7 版，曾仁凱。

⑨經理人月刊，2009 年 10 月，第 106～107 頁，莊明曆。

⑩工商時報，2009 年 9 月 3 日，A5 版，沈美幸。

⑪經濟日報，2009 年 9 月 2 日，A4 版，陳信榮、蔡靜紋。

⑫經濟日報，2003 年 5 月 13 日，39 版，林信昌。

⑬工商時報，2003 年 4 月 15 日，第 3 版，周芳苑、曠文琪。

⑭經濟日報，2009 年 8 月 7 日，C3 版，李立達。

討論問題

1. 以圖 8.1 為基礎，找一家公司來舉例說明。
2. 以表 8.1 為基礎，找一家公司來舉例說明。
3. 以圖 8.2 為基礎，找一家公司來舉例說明。
4. 以表 8.2 為基礎，找一家公司來舉例說明。
5. 以圖 8.3 為基礎，找一家公司的一個原料來舉例說明。
6. 以圖 8.4 為基礎，找一家公司的一個原料來舉例說明。
7. 以表 8.4 為基礎，找一、二家公司來舉例說明。
8. 以表 8.6 為基礎，找一家公司來舉例說明。

9

綠色管理系統
——專論綠色生產

精實管理的應用層面,也從最早的汽車製造業,不斷延伸到不同的領域,甚至政府部門推動組織再造,都必須向精實管理取經;隨著多元應用,精實管理也延伸出許多面向,包括精實製造管理、精實供應鏈管理、精實績效管理、精實進銷存管理、精實行銷管理、精實人資管理、精實研發管理等。

——**陳珮馨** *記者*
經濟日報,2008 年 4 月 13 日,C2 版。

綠色企業

綠色企業涉及企業各項核心活動,詳見表 9.1,因此,本書單獨成立一章,以示本書對環保重視。

一般公司環安主管職級大抵為二(協理)、三(經理)級主管,雖然證交所要求上市公司把環安主管列為總經理直轄,但是其員工數往往屈指可數。

然而,要推動綠色企業,經常是全面展開,必須設立一級主管,即副總級的環保長。

第一節　環保法令與買方對環保的要求

對企業來說,「節能減碳愛地球」不只是社會的呼籲,而是大眾透過壓力,要求政府制定法令要求企業遵循,甚至責成大企業要起帶頭作用。

　　台灣的公司主要是全球 3C 產品品牌公司的代工公司，歐美買方對於產品須符合環保規範的壓力也會向前轉嫁給台灣代工公司。

　　本節先抓一個全景（全球），再把全景中局部放大，說明歐盟、美國和台灣對企業環保要求。

一、全球環保政策——從京都議定書到哥本哈根會議

　　全球環保風，從 1960 年醞釀，1990 年代逐漸形成全球風，21 世紀起，歐美採取政策，本節說明其過程與重要內容。

(一)電影「明天過後」可能會成真

　　美國男星丹尼斯・奎德主演的「明天過後」（The Day after Tomorrow），劇情描述小冰河時期把紐約冰封，看似戲劇化，但是如表 9.1 所載，要是人類不採取有效的節能減碳措施，2060 年時，電影可能成真。

(二)全球溫度與二氧化碳數值同步上升

　　全球暖化指的是在一段時間中，地球的大氣和海洋溫度上升的現象。暖化是二氧化碳及其他溫室氣體排放到地球大氣層，吸收太陽的熱能所造成的現象。科學家發現，每 100 年全球平均溫度約高出 0.5～0.6 度。

　　全球暖化造成北極溫度上升，過去 30 年來，高達 12% 的北極冰原融化，北極熊賴以生存的獵物海豹，向更北邊移動，北極熊要游泳近 100 公里才能獵食，通常還沒吃飽，就累死在冰洋上，同時也引發北極熊恐滅種的探討。

　　全球平均溫度：調查發現，1880 至 1935 年類似小冰河期低溫；1935 至 1975 年溫度上下震盪，之後溫度則呈現不斷向上攀升的狀況。

　　二氧化碳變化研究顯示，1975 年後二氧化碳數值不斷上升，恰巧跟全球平均溫度上升的時間點雷同。

(三)通往人間地獄的 5℃

　　由表 9.1 可見，跟 1980～1999 年的平均氣溫比較，氣溫升高可能造成的傷害。

　　根據聯合國跨政府氣候變遷小組的結論，全球排放進入大氣層的碳量必須控制在 1 兆公噸以內，如此全球氣溫增幅才能控制在攝氏 2 度以內，否則將造成嚴重後果。

表 9.1　通往地獄的 5℃

+攝氏 1 度	+攝氏 2 度	+攝氏 3 度	+攝氏 4 度	+攝氏 5 度
·野火增加，動物集體遷離居地	·30% 動植物種類陷入絕種危險 ·赤道與旱季區域農產量減少，飢荒問題惡化 ·大多數珊瑚死亡	·30% 水岸濕地消失 ·熱浪、洪水、乾旱增加，人類死亡 ·數億人陷入缺水問題	·數億人每年遭受洪水侵襲，尤其是人口密集、貧窮的亞洲與非洲區域	·逾 40% 動植物種類陷入絕種危險 ·環保體系負擔明顯加重

資料來源：金融時報。

英國氣象局研究報告指出，如果溫室氣體排放無法有效減少，到 2070 年時，地球平均氣溫將上升攝氏 4 度，但要是狀況惡化，可能提前至 2060 年便會發生。[1]

(四)1997 年，《京都議定書》

自工業革命 1860 年以來，大氣中二氧化碳的全球氣溫增加呈現正成長，從 280 ppm 增至 1995 年的 358 ppm（詳見圖 9.1 右圖）。過去 100 年，全球氣候明顯呈現暖化的現象，主要是因為人類使用化石燃料及對土地利用的改變，詳見 2007 年聯合國「跨政府氣候變遷小組」（IPCC）發佈的「第 4 次氣候變遷評估報告」（Fourth Assessment Report, AR4）。

在 1992 年 6 月《聯合國氣候變化綱要公約》（UNFCCC）即對 154 個簽署國的二氧化碳排放量進行規範，期使大氣中人為溫室氣體濃度維持穩定，避免氣候系統產生異變。然而，自 1994 年 3 月生效以來，全球二氧化碳濃度仍不斷上升，顯示會員國並未認真執行「公約」所訂減量目標。1997 年 12 月具有法律約束力的《京都議定書》（**Kyoto Protocol**）於焉誕生。在其中溫室氣體協定（Greenhouse Gas Protocol），規範經濟合作發展組織（OECD）、歐盟、俄羅斯等 38 個工業國必須在 2008 至 2012 年間把各國 6 種人為溫室氣體排放量減至比 1990 年低 5.2%，惟能源消費大國拒絕簽字，遲至 2005 年 2 月才因俄羅斯的簽署而生效，且諷刺的是，身為發起國之一的美國迄今仍未簽署。

> ### 低碳經濟
>
> 「低碳經濟」意指經濟體排放最少的溫室氣體，尤其是二氧化碳，到大氣層中。如果在未來大氣中溫室氣體過度集中，將危及地球的氣候，而人類必須要為這些堆積及後果承受並且負責。因此，聯合國呼籲全球大力推動以低碳經濟為手段，來避免災難式的氣候變遷，進而達到最終目標「零碳經濟」。

> ### 聯合國跨政府氣候變遷小組（Intergovernmental Panel on Climate Change, IPCC）
>
> 成立於 1988 年，結合全球 110 多國家、超過 2,500 名科學家，研究發現過去五十年內，世界各地均發生極端的氣候變遷，乾旱的時間更長，降雨型態改變。
>
> 這個小組就全球氣候變化對人類生存環境構成的嚴峻威脅，從科學角度所做的分析已經為大多數「氣候變化綱要公約」（FCCC）締約國政府所接受。
>
> 2007 年 11 月，這個小組跟美國前副總統高爾共同獲得諾貝爾和平獎。

(五)碳交易，集中於國與國間

《京都議定書》規定主要工業國必須帶頭降低碳排放量，每個國家都分配到碳排放額度，這些國家再把額度分給國內的發電廠、煉鋼廠、煉油廠等公司，並且規定每年必須減少碳排放量。一旦國家或是工廠不能達成目標時，就必須向外購買碳排放量，這就是「碳交易」（ETS）的來源。

減排的碳交易立法推延到 2010 年起，第一個國家是紐西蘭，第二個是南韓（2012 年），這種作法令全球質疑美國究竟有沒有意願對抗全球暖化。

碳交易，不是真的買賣「碳」，而是交易分配到的二氧化碳排放量。台灣不是聯合國會員，所以推動碳交易的腳步比較慢，但是在歐洲早已開跑。針對碳排放量的污染權買賣有二種層級制度。

1.國與國間的碳交易

在芝加哥、倫敦等交易所內買賣碳權（Allowance），是國與國的交易，必須受到聯合國認可。根據世界銀行統計，2007 年碳交易市場的規模，已經

到達 640 億美元。交易主要集中在國與國間，尤其是歐洲國家與亞洲國家，例如大陸、印度等。北京環境交易所（CBEEX）提出一套暱稱為「熊貓標準」碳排放標準。

最活絡的交易市場在芝加哥氣候交易所（CCX），成立於 2000 年，是世界上第一個關於溫室氣體登錄、減量及貿易的商業金融系統；2007 年時，會員總數已經超過 300 個，但是每噸的碳交易價格低於歐洲。

2.公司與公司間

在減量計畫基礎下，例如清潔發展機制（CDM）與聯合減量計畫（JT），進行碳排放權利的買賣。就是屬於單純的買賣，交易對象是鋼鐵廠與水泥廠，或是金融投資機構與一般投資人等，參與範圍比較廣，屬於私人行為。

(六)2009 年，哥本哈根條約

美國和大陸二國每年的排放量加起來將近全球總量的半數。2007 年，全球碳排放量 286 億噸，大陸占 21%，居全球第一。

2009 年 9 月 22 日，大陸國家主席胡錦濤出席聯合國氣候變遷高峰會時，在開幕式中發表演講說，「基於對世界與人類的責任感」，大陸 2020 年時平均每單位國內生產毛額（GDP）的排放量將以「顯著的幅度」低於 2005 年。到 2020 年時，大陸使用的能源將有 15% 來自可再生的綠能。[2]

《京都議定書》於 2012 年失效，締約國 2009 年 12 月 7～8 日在哥本哈根召開第 15 屆大會，以及《京都議定書》第五次締約國會議，可惜由於美國不支持，未通過《哥本哈根條約》。

(七)環保跟經濟可一石兩鳥

2009 年 9 月 21 日，英國前首相布萊爾於聯合國及 G20 高峰會前夕呼籲全球齊力對抗氣候變遷，布萊爾跟英國非營利環保組織 the Climate Group 共同發表一份研究報告，企圖讓各國決策者了解，政府減碳政策雖須負擔相當成本，但只要國際合作（即多邊協議）就可兼顧經濟。

該報告依據劍橋大學相關研究彙整而成，強調各國共同執行氣候變遷對策，2020 年全球經濟成長率可望比原先預期多出 0.8 個百分點，連帶創造

1,000 萬個就業機會，碳補償交易價格也可從每公噸 65 美元降至每公噸 4 美元。且隨著綠能市場日漸成熟，將有更多新技術提高節能效率。③

二、歐盟的環保規定

歐盟對產品的環保規定，時間與規格都在全球起帶頭作用，美國人習慣耗能，因此反倒落後於歐盟。因此，我們依產品「研發─生產─銷售」的生命週期的順序來說明如何因應歐盟環保法規，先參考表 9.2，再詳細說明。

表 9.2　歐盟對公司節能減碳的 4R 規定

公司節能減碳的 **4R** 原則		歐盟的規定
一、研發（reduce）	產品照顧 （product stewardship） 1.產品生命週期評估 2.環境化設計：配合回收、拆解、再生	2005 年 8 月 11 日，實施「EuP」（生態化設計指令），例如省能產品
二、生產（renewable） 　(一)電力、水	清潔生產（cleaner production） 使用再生能源（renewable energies）	2006 年 7 月，實施「電機電子設備中危害物質限用指令」（restriction of hazardous substances, RoHS）
(二)原料		2008 年 4 月，歐盟實施「化學品註冊、評估、授權法案」（registration, evaluation, authorization, and restriction of chemicals, REACH）
三、售後的回收（reuse） 　／再使用（recycle）	分段式使用（cascade usage）： 材料／元件／產品	1.2003 年 2 月 13 日，歐盟公告「廢電機電子設備指令」（waste electrical and electronic equipment, WEEE），公佈 10 類產品的回收標準 2.廢電池指令（batteries directive） 3.廢包裝材指令（PPM）

(一)產品研發：歐盟 EuP 指令

歐盟 EuP 指令是針對需依靠能源運作的產品（稱為耗能產品），進行符合性評鑑，要求產品在研發之初，即需考量環保各層面，包含鑑別「產品生命週期」各階段的重大環境考量面，例如預期能源與資源消耗量，以及對空氣、水體、土壤的污染物排放量，因噪音、震動、輻射等所造成的污染與廢棄物的產生量，進行資源、能源回收與再利用的可行性等。

公司必須對以上條件對其產品關於環境、能耗的評估與生態化設計，提出有效的設計方案與評估文件，公司生產流程都需因此改善。

EuP 小檔案

EuP 指令全名為「能源使用產品生態化設計指令」（Eco-Design Requirements for Energy-using Products）。

歐盟希望藉由制定 EuP 指令，規範各項能源使用產品（EuPs），以生命週期考量進行生態化設計，提高產品能源效率，減少溫室氣排放及降低對環境的衝擊。

符合 EuP 指令的產品可在歐盟市場自由流通，要是無法符合要求就會被禁止在歐盟銷售，依各會員國訂定的罰則，被處以罰鍰、甚至有期徒刑。

1.EuP 指令立法與實施期程

EuP 於 2005 年 8 月 11 日生效，歐盟會員國於 2007 年 8 月 11 日把 EuP 指令轉為國內法。由歐盟執委會主導的實施方法（IM），經過先期研究討論、草案及投票等程序後，分階段公告實施方法。

歐盟自 2007 年 8 月 11 日要求會員國完成轉換國內法，2008 年 4 月起陸續召開論壇，討論各產品的適當生態化設計要求，12 月起將陸續公佈各類產品的實施方法。也就是說，從年底開始，很多會員國實施的 EuP 指令。

2.EuP 指令管制內容與重點

EuP 指令共 27 條條文、8 個附錄，僅針對原則性項目進行規範，包含產品環境資訊揭露、生態化設計原則，以及依照歐盟符合性標示（CE Mark）程序管制與供貨公司資訊提供等要求；產品的生態化設計要項在產品的實施方法

中規範管理。

EuP 指令主要要求：產品環境資訊揭露、確保耗能產品首次上市或提供符合指令與實施方法、標示符合性及符合性宣告、保存符合性聲明與有效的技術文件、產品生態化設計原則、符合性評估等六項。

歐盟管制的項目涵蓋面相當廣，包括電腦、電視、暖氣與熱水設備、電動馬達系統、照明設備、家用電器、消費電子產品，未來將持續公告更多管制產品。

3.因應之道

「EuP 生態化設計指令」對台灣公司產生的衝擊包括以下幾點。

(1)資訊掌握與認知

EuP 指令是依據 Article 95 所制定的架構性法規，本身無法單獨執行，而必須由後續制定的實施方法來作為執行的依據。

在該指令的附錄 I 的第三部分要求進行生命週期考量，並依據實施方法所定的環境考量面提出量化的投入／產出。雖然歐盟執委會強調不必使用產品生命週期評估的方法，但是對於公司來說，必須進行產品的環保性分析，並提出適當文件。依環境特性說明書的規定，公司須進行「量化盤查作業」。[4]

(2)供應鏈管理

一如 RoHS 指令，其影響範圍不僅止於品牌公司，各階層供貨公司都必須跟上腳步，沒有其他選擇。

(3)對成本的影響

為了符合 EuP 指令，公司必須增加三項成本：新研發導入成本、生命週期考量成本、產品符合性評估成本，預估使產品成本提高 5～10%。

(二)生產過程：歐盟 RoHS 指令

「歐盟電子電機禁用有毒物質指令」（RoHS）2006 年 7 月上路，禁止電機電子產品及其零組件使用下列六項有害物質：鉛、汞、鎘、六價鉻、聚溴聯苯（PBBs）和聚溴二苯醚（PBDEs）。

1.對台灣公司的衝擊

經濟部工業局估計，台灣每年輸歐產品 230 億美元，其中七成五是電子

產品。為了因應歐盟的環保指令，台灣公司採用無鉛或其他環保材料，平均成本增加一至二成。

台灣公司生產的 RoHS 認證產品在進入歐洲市場前，均被要求在包裝、說明書或標籤上，詳細標示原材料及零部件構成，且必須符合目錄管理法。

目錄管理法即逐步把使用限制元素的產品列至一個目錄內，被列入目錄的產品透過 3C 認證後，才能進入市場，其餘產品也將受到嚴格的市場管理。

2.因應之道

公司對 RoHS 的因應之道，可分為產品研發、生產二階段來說明。

(1)研發時

跟 EuP 一樣，公司應採取「環境化設計」（DfE），在產品製造過程的任一階段，需考量環境議題並建立產品發展程序。

(2)生產時

公司宜參酌國際標準組織在 2002 年公告 ISO 14062 標準：「整合環境考量面於產品之設計及開發」（Integrating Environmental Aspects into Product Design and Development），這是一份技術報告，它可協助公司整合在環境責任與產品發展上面臨的議題。

(三)產品回收：歐盟廢電機電子指令（WEEE）

廢電子電機設備回收指令（Waste Electrical and Electronic Equipment, WEEE）規定，所有在歐洲銷售的電子及電器用品製造公司必須從 2005 年起回收老舊電器，或按銷售金額的比例，支付產品回收成本。

由於預估政府支持的回收作法一定比較貴，惠普跟索尼、百靈（Braun）、伊萊克斯（Electrolux）等三家電子業者合作，成立民營的歐洲回收平台（Europe Recycling Platform）。這個平台跟三十個國家的上千家公司合作，2007 年的回收量占 WEEE 法規涵蓋產品的 20% 左右。平台收取費用約比對手低 55%，部分原因就在於營運規模夠大。由於這個創新構想，惠普從 2003 到 2007 年節省 1 億美元以上，在消費者、政府機構和電子業界的聲望，也更為鞏固。

三、美國的環保法規

2009 年 6 月 26 日,美國眾議院通過一套相當嚴格的限制與交易(cap-and-trade)氣候法案,即韋斯曼－馬基法案(Waxman-Markey Act),如果順利立法,以碳交易、節能車、替代能源等方式減少溫室氣體二氧化碳的排放,以 2005 年為基期,在 2020 年減少17%,並在 2050 年達到 83%。

國會預算處(CBO)公佈該法案的效應分析,顯示 2020 年每年只要一般家庭花費 160 美元,相當於 0.2% 年收入,這大概是每天貼一張郵票的成本。到 2050 年排放限制更加嚴格時,家庭負擔將提高到年收入的 1.2%,2050 年的國內生產毛額將是 2009 年(人均所得 4.6 萬美元)的 2.5 倍,因此人均所得將提高約 80%。在這種成長下,保護氣候的成本微不足道,更何況這些並未計算阻止氣候暖化的利益。

(一)美國能源之星

美國「能源之星」比較像台灣的「節能標章」。

美國「能源之星」(Energy Star)

「能源之星」由美國環境保護組織和美國能源部於 1992 年共同發起成立,希望提供消費者在採購電子或電器產品時,對於識別產品節能效益能有所參考,是全世界流通最廣的綠色環保指令之一。

Energy Star 5.0 創新導入典型能量消耗(PEC)的計算公式,改成以「年」為單位,含括系統開關機、休眠時間作為測試標準,認證上更為嚴苛。此版本於 2009 年 7 月 1 日開始實施。

(二)針對電腦的規定:美國 EPEAT

美國的「電子產品環保評估」(**Electronic Product Environmental Asessment Tool, EPEAT**)是美國政府及企業採購筆電、桌上型電腦及電腦螢幕時,針對其環境相關準則達成度所開發的評估工具。美國聯邦政府採購要求 95% 以上須購買取得 EPEAT 註冊的產品。

(三)針對液晶電視的加州規定：能源之星衍生版

美國每個家庭平均有 25 件消費電子產品，是 1980 年代時的三倍。國際能源組織（IEA）指出消費電子產品的電力需求占全球家庭用電量的 15%，預計 2030 年，其比例將成長三倍，要滿足用電需求，就要加蓋 560 座火力發電廠或 230 座核電廠。這會讓地球暖化問題更難以解決。

在消費電子產品中，又以平面電視的耗電量最大（詳見圖 9.1），美國人平均每天花費 5 小時看電視。另一耗電量大的是電視遊戲機，已攻占 40% 的家庭。美國自然資源保護委員會（NRDC）指出，全美電視遊戲機一年消耗的電力，足夠供應美國第九大城市聖地牙哥市一年所需。

美國面臨電力危機，因此出現強制限制電器耗電量規定的聲音。

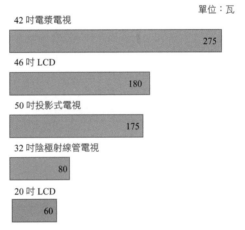

圖 9.1　各類電視平均耗電量

資料來源：紐約時報。

根據加州能源委員會估計，連接 DVD 播放機、DVD 錄影機、有線電視、電玩與衛星電視機上盒的電視機，平均耗電量大約占家庭用電的一成。2009 年 11 月，加州通過液晶電視的耗電規範；2011 年上路後，新電視用電量必須比 2009 年低三分之一；2013 年時，須低 50%，這是全美國第一套平面電視節能規範。

(四)沃爾瑪綠色採購計畫

全球最大零售公司沃爾瑪（Wal-Mart）2009 年 7 月宣佈綠色採購計畫，

要求 10 萬家供貨公司列出產品的環境和社會成本，以編制「綠色」評級，就像食品上的營養成分表，供消費者參考。這項方案勢必提高供貨公司成本。

沃爾瑪「喊水會結凍」，由表 9.3 可見，它是全球營收第一大公司，大部分的品牌公司都必須遵守其訂的規定。

表 9.3　2010 年全球十大企業

單位：億美元

排名	國家	企業	營收	盈餘
1	美國	沃爾瑪	4,082	143
2	荷蘭	皇家殼牌石油	2,851	125
3	美國	艾克森美孚	2,847	193
4	英國	英國石油	2,461	166
5	日本	豐田汽車	2,041	22.56
6	日本	日本郵政控股	2,022	48
7	大陸	中國石油化工	1,875	57.56
8	大陸	國家電網公司	1,845	−3.43
9	法國	安盛（AXA）	1,753	50
10	大陸	中國石油天然氣	1,655	103

資料來源：美國財富雜誌，2010.7.9。

亞利桑納州立大學全球永續研究所教授哥爾登表示，沃爾瑪的環保標籤計畫分成三階段。

1.目標

2015 年以前，所有上架商品都必須標示碳足跡排放等環保資料，否則不準上架。

2.評分

接下來，沃爾瑪將根據這些資訊建立資料庫。最後，沃爾瑪會把這些訊息轉換成消費者容易理解的評分系統。

3.評分揭露

沃爾瑪在 2011 年起在上架產品標籤上揭露。

沃爾瑪銷售長傅雷銘（John Fleming）表示，以後環保訊息將跟現在的營

養成分一樣普遍。雖然不遵守也不會受處罰，但是不提供資料的供貨公司，以後和沃爾瑪可能就「比較不相干」。

零售業顧問傅利金格預估，供貨公司為設計新的標籤和產品，成本可能因此增加 1～3%。例如 2008 年 10 月沃爾瑪要求供貨公司減少產品包裝，以減少環境負擔，對零售和製造業帶來很大的影響。

傅雷銘以這個例子，化解業者對成本提高的疑慮。他說，沃爾瑪已證明，如果減少包裝和能源，成本就會降低。⑤

沃爾瑪（Wal-Mart）

成立：1962 年
董事長：羅伯森‧沃爾頓（S. Roboson Walton）
總裁兼執行長：杜克（Michael T. Duke）
公司地址：美國阿肯色州班托維爾（Bentoville）
員工：2010 年底，220 萬人，美國占 165 萬人
營收：2010 年度 4,082 億美元（成長率 0.6%）、盈餘 143
　　　億美元（成長率 5%），名列 2010 年《財富雜誌》
　　　全球營收第一大公司

表 9.4　沃爾瑪問卷

能源與氣候	天然資源
・是否計算過貴公司的溫室氣體排放量？	・是否對供貨公司訂出環保採購方針？
・是否願意把溫室氣體排放量通報給碳揭露計畫（CDP）？	・貴公司是否有商品取得第三方單位證書？
・最近一次通報的溫室氣體排放量是多少？	**民眾與社區**
・是否訂出溫室氣體排放量目標？	・是否完全掌握旗下所有商品的產地？
材料效益	・跟製造公司合作前，是否會評估對方的生產品質和產能？
・請計算並告知最近一年生產過程中製造的固體廢棄物量？	・製造過程中是否遵守社會責任？
・是否公開訂出固體廢棄物減量目標？	・是否跟供貨公司協力解決社會責任評估中的不足之處？
・請計算並告知最近一年生產過程中的耗水量？	・是否投資供應與營業所在地的社區開發活動？
・是否訂出用水減量目標？	

資料來源：華爾街日報，2009.7.17。

生產管理

四、台灣的環保法規

台灣在汽車的環保法規標準領先全球，其餘則逐步跟國際接軌，請見表9.5，底下詳細說明。

表 9.5　政府環保政策

時間	說明
2007.7	政府啟動「國家溫室氣體登錄平台」，提供產業上傳盤查資料，並敦請各事業主管機關持續督促公司自主性提報盤查資料。
2008.6.5	政府通過「永續能源政策綱領」，揭示目標：預定在 2020 年的能源消耗要跟 2005 年同水準；2025 年跟 2000 年同水準。到 2020 年必須削減二氧化碳排放量 36.5%，至 2025 年必須削減 59.6%。 包括「永續能源政策綱領：具體行動方案」、「節能減碳獎勵及輔導措施」等多項因應策略，建構二高二低（高效率、高價值、低排放、低依賴）的能源消費型態與能源供應系統。 重大開發案環境影響評估報告（簡稱環評報告）的審查結論，也具體要求開發單位須執行溫室氣體排放減量，並同意可藉執行開發案以外的抵換專案產生溫室氣體排放減量，或自國境以外取得的減量成果，抵扣開發案產生溫室對氣體排放增量的作法，並具體設計相關配套措施。
2008	推動「溫室氣體減量法」的立法。

(一)政府「節能減碳」政策

2008 年 9 月 4 日，行政院會通過「節能減碳行動方案」；2009 年中央、地方共編列 1,363 億元推動節能減碳，五年內政府投入 300 億元，成立能源國家型科技計畫，並規劃溫室氣體總量管制及排放交易制度。

(二)台灣的綠色採購

行政院直轄機關自 2002 年起，開始推動綠色採購，依據「資源回收再利用法」第 22 條及「機關綠色採購推動方案」，要求各機關對於 23 項可回收、低污染、易分解的綠色產品採購指定項目產品，採購率應達到 60% 以上。行政院在 2006 年採購比率目標訂在 80%，2007 年為 87%。

環境資源部表示，為落實「全民綠色消費」行動，2006 年下半年試辦「民間企業與團體之綠色採購實施計畫」，2007 年元旦開始，鼓勵大型企業

帶頭執行。推動「民間企業與團體之綠色採購實施計畫」，環境資源部考量以租稅獎勵的作法，來鼓勵大型企業購買符合「低污染、省資源、可回收」的環保標章產品。

(三)能源管理法強制標示效率

能源局近年來積極推動降低能源的密度，推動再生能源發展條例立法，也推動能源管理法部分條文修正案，修法重點從整體、個體、用電器具與管理機制著手。

能源局希望大型製造公司在投資前，要先做好能源使用評估，避免對能源供需產生衝擊；對特定能源用戶的能源使用情形，主管機關可以規範與處罰，未來對冷氣、冰箱、洗衣機、除濕機、螢光燈管等能源設備或器具，將強制要求標示能源效率及比較性的標示，且將訂定罰則。也就是從供給面提高效能，造成市場上的競爭，業者自然會改善能源效率。

(四)環境稅、能源稅

行政院擬提出「環境稅」、「能源稅」等**綠稅**（**Green Tax**）立法，目標是 2012 年實施，方案之一是「以計算公司的碳排放量」，每噸收稅 750 元。

能源稅所引發的產業轉向效果，將帶動綠色能源產業的蓬勃發展，或為潔淨技術（Clean Tech）帶來商機，反而因此形成新一波成長動能，為經濟創造更大利益。

第二節　企業的綠色管理系統

隨著地球暖化問題越來越嚴重，政府政策與買方對公司的環保要求會日趨嚴格，公司可以「說一動，作一動」（表 9.6 中的法令遵循），也可以因勢利導（表 9.6 中第 1 欄第二項「基於策略性考量」），也可以發自內心的愛地球（表 9.6 中超高標準）。本節依序說明。

「樂知好行」的境界比「困知勉行」還要高，同樣地，公司對企業社會責任的落實，大抵可分為五個階段，英國倫敦責任協會執行長賽門·查達克（Simon Zadek）在 2004 年 12 月《哈佛商業評論》上的一篇文章「企業責任

之路」，把公司對企業社會責任的實踐，依「困知勉行」到「樂知好行」分成表 9.6 中的五個階段，第 4 欄以台灣企業環保模範生台達電（2308）為例。環保是企業社會責任的一部分，本節以其架構來專門說明企業的環保作為。

表 9.6　公司對企業社會責任的發展階段

得分／階段	比喻	Zadek（2004）的五階段 （由 1 至 5 陸續演進）*	台達電作為
100 分			
90	樂知好行階段	五、公民化階段 1.原因：克服任何「先改先輸」的不利因素，透過集體行動來實現其利益，促進長期的經濟價值。 2.作為：推動整體產業承擔企業責任。	1990 年，成立台達文教基金會。
80		四、策略階段：增加收入、提高股價 1.原因：增進企業長期的價值，因應社會議題進行策略調整和流程創新，增加競爭優勢。 2.作為：把社會議題整合到企業的核心策略當中。	2005 年，成立企業社會責任管理委員會。
70		三、管理階段：降低成本 1.原因：就中期來說，企圖消弭經濟價值（即盈餘）上的減損，並希望把承擔社會責任的作法整合到日常營運之中，達到更長期的利益。 2.作為：把社會性議題融入企業的核心管理流程。	
60	困知勉行階段	二、法令遵循階段 1.原因：就中期來說，企圖消弭因持續的聲譽受損或訴訟風險所造成的經濟價值減損。 2.作為：採取以遵循的方式來因應，以保護公司的聲譽，視為公司經營的必要成本。	2004 年，台達電的客戶幾乎全面要求台達電符合企業社會責任標準。
40		一、防禦性階段 1.原因：企業面臨社會人士、媒體或是企業的利害關係人，企業的回應通常由公關或法務單位否認事實、結果或責任。 2.作為：為了對抗外界對其生產的攻擊（可能因此在短期內影響其銷售量、人員招募、生產力或是品牌）。	

*資料來源：整理自賽門‧查達克（2004），第 145 頁。

一、困知勉行階段：法令遵循

依「80：20 原則」（詳見第十三章第二節），大約有八成企業採取綠色生產是為了遵循法令（legal compliance），這跟有些學生考試只求及格一樣，讀書的目的是為了及格、拿到畢業證書。

(一)違反法令的代價

2001 年，日本索尼集團旗下的索尼電腦娛樂公司的一批 PS2 產品運抵荷蘭，因線纜被檢驗出含「鎘」量過高，價值 2 億歐元的產品不得上市外，還被罰 1,700 萬歐元。索尼電腦娛樂公司只好把 130 萬台 PS2 運至英國的工廠汰換成合格的線纜，公司損失 3.2 億元，無形的商譽則難以估算，這是全球綠色浪潮的第一波衝擊。電子公司中，華碩輸歐貿易額很高，所受衝擊也最大，2002 年，華碩蘇州廠接下 PS2 訂單時，便積極推動綠色供應鏈管理，展開對 17.3 萬種零件和 900 家供貨公司的管理工作。

(二)碳足跡分析

公司在進行碳管理（carbon management）的第一步是針對產品耗能、生產時所排放的二氧化碳進行**碳足跡分析**（**carbon footprint analysis**）。

碳足跡（carbon footprint）

碳足跡是用來標示一個人或者團體的「碳耗用量」，碳排放來自人們使用石油、煤炭、木材等由碳元素構成的自然資源。碳耗用得多，會導致地球暖化的元兇二氧化碳也製造得多，碳足跡就大。

(三)國際標準組織

1.ISO 14000 環境管理系統

為推動永續經營環境的建立，並兼顧產業競爭優勢的持續發展，歐洲自 1990 年初即掀起一股**環境管理系統**（**Environmental Management System**）實施風潮，以達成產業生產污染預防及整治的目標。為宣示善盡環境友善

企業責任，及因應國際綠色管制規範的實施（例如歐盟公佈廢電子電機指令 WEEE 與危害物質使用限制指令 RoHS 等），國際標準組織（ISO）成立負責制定環境管理標準的 ISO/TC 207 技術委員會，並於 1997 年公佈 ISO 14000 五大標準：環境管理系統、環境稽核、環境績效評估、環境標章，以及生命週期分析，主旨在鼓勵企業自發性建立其整合性環境管理系統。希望藉由企業組織本身自願參與，自律推動、主動實施環境管理計畫。

2.IECQ-QC 080000 認證

國際電工技術委員會（IEC）旗下的電子零件品質評估制度認證組織（IECQ）IECQ HSPM QC 080000 系統，是 IEC 訂定的有害物質流程管理標準，也是國際普遍認可的綠色管理標準。該系統以 ISO 9001 管理系統為基礎，以流程管理方式來整合減少產品中的有害物質，同時可滿足 RoHS、WEEE 法規及客戶的要求。

RoHS 認證由國際有害物質系統（HSPM）負責認證，QC 080000 與 ISO 9001，ISO 14001 同屬自發性規範，但有鑑於這些要求已成為國際驗證標準，企業導入 QC 080000 進而取得證書，既可整合原有程序規範與綠色產品要求，更能展現企業對於環境保護的責任及決心，提升企業形象。

台灣德國萊因檢驗公司是 IECQ 認可的驗證機構，就近協助台商快速取得證書。電鍍（即功能性金屬表面處理）可說是首當其衝，因此一些公司引進德國 AHC 公司的微弧氧化技術。此技術適用於鋁合金、鎂合金和鈦合金等材料的表面處理，目的是使金屬表面產生一層傳統草酸／硫酸陽極無法形成的陶瓷氧化層，此陶瓷層除耐腐蝕、耐磨耗，也具有高硬度、膜厚均勻、疲勞強度、尺寸精確及耐溫等物性需求。

(四)正隆紙業取得認證

正隆紙業（1904）是台灣第一家取得 ISO 14001 認證的，2005 年全球第一張溫室氣體管理 ISO 14064 認證、2008 年 10 月取得「國際排放交易協會」的「國際自願減碳」（Voluntary Carbon Standard）認證公司。⑥

(五)妥善利用政府的輔導措施

經濟部工業局為了協助產業符合國際、台灣環保法令，推出一系列的相關

輔導計畫，公司可以藉以提升自己的綠色技術能力，詳見表 9.7。

表 9.7　經濟部工業局推動的綠色生產相關計畫

環保項目	政府的相關計畫
此計畫目的在協助產業因應國際環保標準與規範，並建立企業永續發展的基礎。具體作法包括：公司輔導、技術工具開發與推廣、國際標準的宣導推廣與國際交流、產業永續發展規劃等，協助產業界健全體質，順應國際環保趨勢。	產業永續發展與因應國際環保標準輔導計畫 執行單位：財團法人台灣產業服務基金會 電話：(02) 2325-5223
含括製程清潔生產及環保技術的資訊提供與輔導，期能有效協助產業綠色技術升級，運用最適化的綠色技術減少污染產生，促進產業積極投入清潔生產、擴大環境改善績效，以符合國際環保法令要求、降低污染防治成本暨運作管理，以提升公司競爭優勢。	產業製程清潔生產與綠色技術提升計畫 執行單位：財團法人台灣產業服務基金會 電話：(02) 2325-5223
1.能資源整合推動 　此計畫以林園工業區作為石化業生態化鏈結專區，針對林園工業區具能資源鏈結潛力公司進行深入輔導，重點在於能資源供需種類及數量確認、綠建築規劃、再生能源應用規劃等，並針對企業鏈結可能遭遇的障礙研討對策的排除方案。	工業區能資源整合推動計畫 執行單位：中興工程顧問股份有限公司 電話：(02) 2769-8388
2.推動工業節水綜合行動 　輔導製造業推動自廠節能、減碳與清潔生產，針對其製程、熱能、電力、冷凍空調、照明系統，以及廢棄物資源化與再生能源利用等項目，提供技術諮詢、診斷或工程改善輔導，並透過技術專家與產業界之相互合作，把節能減碳的知識、技術與共識，廣泛深入於公司的研發、生產與銷售等過程中，協助公司提高能源使用效率及降低溫室氣體排放量。	製造業節能減碳服務團計畫 執行單位：財團法人台灣產業服務基金會 電話：(02) 2325-5223 有節能減碳服務需求者，可上「經濟部節能減碳推動辦公室」網站（http://www.go moea.tw/）的「節能減碳服務團隊」網頁中查詢。

二、管理與策略階段

到第二階段，公司由消極的只求不被罰、不被社會罵，變成積極的以綠色生產為核心能力，強化競爭優勢，最典型的是 2009 年 7 月，宏碁率先推出的

低耗電（CURL）筆電，藉由省電以節省使用者的電費和提高筆電續航力（由12 到 24 小時）。

為了方便記憶起見，美國企業採取 **4R** 來**節能減碳**，由表 9.8 可見。

表 9.8　綠色企業節能減碳 4R

企業活動	環保觀念	相關部門	環保 4R
一、設廠	綠色建築、綠色工業園區	營建工程部	‧鑽石級綠建築廠房最有名的是台達電子的南科廠。 ‧綠色工業區最有名的是位於南科旁、奇美集團的樹谷園區。
二、產品研發	綠色設計	研發部	減少（reduce）：包括產品往「輕薄短小」邁進，減少用料，產品研發時，使產品少用電；又稱為產品照顧（product stewardship）。
三、採購	綠色供應鏈	採購部	
四、生產，又稱清潔生產（cleaner production）	綠色生產	製程技術部廠務部	再生能源（renewable）：生產所需電盡量用太陽能、風力等再生能源，用水也是如此，使用雨水、廢水循環再生使用；又稱為清潔生產。
五、環安	綠色認證	環安室	
六、物流	綠色物流	運籌部	
七、銷售	綠色行銷	業務部	廢棄品回收（recycle）：廢棄品回收比率越高越好。 產品再使用（reuse）：產品回收後可拆解再重新利用。 上二者合稱污染預防（pollution prevention）。

(一)公司向「綠」看齊

美國著名企管顧問公司波士頓顧問公司（The Boston Consulting Group）合夥人羅契（Catherine Roche），2008 年 7 月針對全球 9 個工業國、9,000 位成人所做的問卷調查顯示，有一半的消費者選擇購買綠色產品，另一半的消費者不買的主要原因，依序為「沒注意到有綠色產品可以買」（34%）、「綠色產品沒有足夠的選擇性」（16%），以及「綠色產品太貴了」（11%）。

然而，隨著時間經過，環保商品會越來越流行，公司必須與時俱進。《天

下雜誌》2010 年 6 月 30 日，第 166～170 頁，則反映人們對環保的態度。

(二)產品研發時：採取「減少」原則

節能減碳的源頭在於研發，重點在於產品研發往「輕薄短小」方向邁進。

1.生產、運輸

產品輕薄短小，所需原料減少，生產時耗能也減少，運輸成本也會降低。底下詳細說明透過「產品照顧」來達成目標。

2.消費者使用時

低耗電的電子產品是大趨勢，至於使用「再生能源」的產品則更佳，例如太陽能發電驅動的 iPod。

「產品照顧」（product stewardship）是指公司透過下列三種措施，以達到節能減碳的目標。

(1)整合性產品政策

全球企業逐漸重視產品照顧的推動，主要源自於歐盟的「整合性產品政策」（Integrated Product Policy, IPP）綠皮書。從產品生命週期觀點，市場機能導向及利害關係人的參與，嚴格要求持續改善產品的環境績效。

(2)產品生命週期評估

以「生命週期」的角度來檢討各種環境污染時，會發現產品在生命週期的各階段（例如原料開採、使用、棄置等所造成的環境衝擊），遠大於產品製造過程。

公司採取產品生命週期評估（Life Cycle Assessment, LCA）方式，對生產產品所需投入的所有元素，包括：原物料使用、能源消耗、污染物排放等做完整評估，並檢視消費者如何使用及丟棄該項產品。

美國人認為影響環境的產品中，家庭清潔用品名列第二，僅次於汽車。當全球最大日用品公司寶鹼（P&G）進行生命週期評估，以計算消費者使用公司產品需要多少能源時，發現洗衣精導致美國家庭消耗龐大的能源。美國家庭每年的電費支出有 3% 用於洗衣用水的加熱。如果改採冷水洗衣，可減少800 億千瓦特小時（kilowatt hours）的電力消耗，以及 3,400 萬噸的二氧化碳排放。因此，公司決定把開發冷水洗衣劑列為優先事項。2005 年，寶鹼在美

國推出汰漬冷洗衣精（Tide Coldwater），另在歐洲推出碧浪清潔產品（Ariel Cool Clean）。結果，這個趨勢在歐洲比美國還要風行。2008 年，英國有 21% 的家庭用冷水洗衣，遠多於 2002 年的 2%；荷蘭的普及速度更驚人，由 5% 躍升至 52%。在這波不景氣中，寶鹼仍以低能源成本及精簡包裝為訴求，繼續推廣冷水洗衣產品。如果冷水洗衣能推廣到全球，寶鹼應該可以從這個趨勢上得到可觀的利潤。

了解公司產品在一生對環境的衝擊後，公司整合環保與安全衛生管理作業系統，藉由綜合性的資訊技術執行，把各種因應措施予以合理化地落實，以因應產品各種成分特性的要求和環保壓力，這就是產品「**生命週期管理制度**」（**Life Cycle Management, LCM**）。

(3)環境化設計

為了預防污染（pullition preveation），公司在研發產品時採取**環境化設計**（**Design for Environment, DfE**），也就是生產更容易修復、可以再利用、或再回收產品的製造方法。採用環境化設計，一個產品可能對環境造成的所有衝擊，都要在研發階段就經過檢視。

於公司內導入生態化研發程序，逐步建立公司產品線所需的相關技術工具，例如材質資料庫、各製程和組件的投入產出資料庫、管理系統逐步調整。

(三)產品生產時：採取「再生能源」發電

產品生產時，對環境的壓力主要來自使用電力（廣義稱為能源），其次是造成污染（空氣、水），因此必須採取**清潔生產**（**cleaner production**）方式來「減碳節能」。

1.減碳：採取再生能源

本書重點在於「製造」，主要是採取再生能源（renewable energy）來取代化石能源發電，生產過程所用電與工廠用電八成，這種減碳效果才大。

2.節能

至於採取化石能源發電，只好採取「節能」（reduce）方式，詳見第十二章第三節。

(四)產品銷售後：再循環、再利用

延伸製造者負擔其產品使用後的回收（recycle）清除處理責任，此舉可以減輕政府及消費者責任外，並促使製造者進行綠色設計及減少使用資源，進一步刺激其思考產品製造與其使用後的處理關係，期能從源頭，有效避免末端廢棄物處理的困難。

美國加州政府採用 SABRC 計畫，這源自日本「循環經濟」的概念，為了「減廢」並讓垃圾不要再繼續堆在垃圾場，因此回收和完善的資源再利用（reuse）計畫是加州政府的措施之一。

2005 年以前，消費者對於廢棄墨水匣及碳粉匣，通常都是直接丟進垃圾筒。之後，為了避免廢棄耗材任意丟棄，造成環境污染，包括惠普、愛普生六大印表機品牌公司跟燦坤合作，透過 240 家店，提供回收服務；回收的耗材還可折價購買新品，讓回收的小動作不僅環保，也有實質回饋。

印表機第一大品牌公司惠普統計，2006 廢棄耗材回收總量 80 萬個，第二大品牌公司愛普生回收量 26 萬個，第三大品牌 Lexmark 回收量 6 萬個。由此可以想像，要是所有原廠耗材都百分之百回收，數量會非常龐大。

回收的廢棄耗材到底可以透過再生，變成什麼有價值的東西？惠普科技影像列印事業群專案經理唐珮陵表示，「回收的廢棄耗材透過再製流程，成為印表機、掃描器零件，與花盆、汽車保險桿等各式再製物，落實廢棄耗材不進掩埋場的再使用環保概念。」

墨水匣及碳粉匣回收後，主要是把外部塑膠部分壓碎分解，重新再製造為新的塑膠材料，可製作檔案匣、原子筆外殼、整理箱等塑膠製品。而廢棄印表機的電路板中有不少貴金屬，這些貴金屬經過熔解，還可提煉出黃金等，可見這些廢棄物中，藏著不少再生資源與商機。⑦

三、樂知好行階段：企業社會責任

公司環保政策消極要做到不「以鄰為壑」，積極方面是**綠色競爭優勢**（**green competative advantage**），這些都是有點機關算盡的功利感覺。更積極地樂知好行，把公司當成人，人活在社會中，便需要樂善好施，做個好公民。同樣地，企業作環保、愛地球甚至「好事做盡」，做個好「企業公民」，

這便是企業社會責任（**corporate social responsibility, CSR**）的觀念。

這可替企業帶來正面的形象，根據企業社會責任監督機構（CSR Monitor Survey）的調查，有 **49%** 的人認為企業社會責任會讓他們對企業留下良好印象；當二個品牌的產品價格、品質和便利性等條件都類似時，這些人會選擇善盡企業社會責任的公司產品。

(一)綠色思維

身為世界公民主體的企業，在生產的過程，必須考慮「全球生態系固有的生物與物理極限」，這就是綠色思維。

(二)環保策略激勵員工

美國溫斯頓環保策略公司（Winston Eco-Strategies）創辦人、《綠色商機》（*Green to Gold*；財訊出版社發行）一書共同作者安德魯・溫斯頓（Andrew Winston）建議公司從三方面推動員工參與環保工作。

1. 成立「綠色小組」控制環境問題，處理辦公室附近常見的廢棄物（例如，少用塑膠水瓶）。
2. 支持員工在家做環保。沃爾瑪百貨的「個人永續發展計畫」（Personal Sustainability Project），讓五十多萬名員工提出維護地球和個人健康的承諾，並確實遵守，例如，節約用水和騎腳踏車上班。
3. 也是最重要的一點，是鼓勵員工把基本的環保意識發揚光大，專注在核心業務上，透過環保策略來改善公司營運績效和競爭地位。

讓員工產生熱情，願意投入低成本的新營運方式，或是創造一些幫顧客減少環境傷害的產品，會為公司造就一批極度忠誠的生力軍。更棒的是，這批受到激勵的員工，會讓公司處於有利的地位。[8]

第三節　企業環境與永續報告書
——綠色生產的極致

除了遵循政府法令、國際標準組織的環保認證外，由淺到深，企業還可做到碳揭露、環保會計、「企業環境與永續報告書」。本節詳細說明。

一、碳揭露

2007 年，宏碁、台達電、台積電、聯電、中華電信以回覆問卷的方式，參與了「**碳揭露計畫**」（**Carbon Disclosure Project**）。其中，宏碁表示未來完成計畫擬定後，也會要求自己的供貨公司針對每一項產品，揭露溫室氣體排放量和能源消耗量。

碳揭露計畫（Carbon Disclosure Project, CDP）

「碳揭露計畫」是在 2000 年由美林、高盛、美國國際集團（AIG）、滙豐銀行、荷蘭銀行全球 385 個投資機構共同發展，管理資產 64 兆美元，調查全球 2,400～3,000 家企業在揭露與減緩二氧化碳排放的現況與策略，來評估氣候變遷對這家企業造成的風險與機會，綜合製成的「碳揭露指數」，是機構投資人未來決定是否繼續投資這家企業的重要參考之一。

(一)碳排放量的衡量

公司管理碳排放量（簡稱**碳管理**，**carbon management**）的第一步是衡量碳排放量，依照溫室氣體協定（GGP），這包括表 9.9 中的直接、間接排放。

表 9.9　碳排放

排放源	說明
一、直接排放：公司的煙囪	溫室氣體直接排放通常來自公司煙囪，這些很好計算。
二、間接排放	
(一)員工、消費者排放	員工出差旅行、管理失當、消費者使用產品等的排碳量。
(二)使用電力	使用電力的間接排碳量。
(三)來自供貨公司	企業有八成碳排放都是非直接方式，這些可能隱藏在供應鏈。

(二)奇美電完成面板碳足跡驗證

奇美電（3481）表示，希望藉由完整揭露液晶面板碳足跡，達到綠研發、綠生產，並檢視、改進產品製造原料與環節，以確保減少碳排放量，並研發低碳排放量的商業產品技術。

2009 年 3 月起，奇美電內部相關部門規劃與執行「產品碳足跡」驗證工作，遵循全球碳足跡標準「PAS 2050」規範，進行 15.4 吋筆電面板產品碳足跡調查，並由全球標準權威之一挪威商立恩威驗證公司（DNV）查核後發出第三者（third-party）驗證報告，完成全球第一片液晶面板「產品碳足跡」驗證（Carbon Footprint Verification），完整揭露液晶面板「產品生命週期溫室氣體排放」過程與資料。[9]

奇美電子（3481）小檔案

成立：2003 年 1 月，2010 年 3 月群創合併奇美電（3009）
　　　後，改名奇美電
董事長：廖錦祥
總經理：段行建
公司住址：苗栗縣竹南鎮
營收：（2010 年）　4,737 億元
盈餘：（2010 年）　－148.35 億元
營收比重：液晶面板相關產品 100%
員工數：3 萬人

(三)空氣污染防治

經濟部工業局 2009 年推動「製造業節能減碳服務團」計畫，特別徵選 5 家示範公司，進行深入的工程改善輔導。

奇美電參與經濟部工業局「製造業節能減碳服務團」計畫，並針對製程所排放的氟化氣體進行減量。因面板生產過程所使用的清洗氣體六氟化硫（SF6），對全球暖化影響非常巨大，業者多以設置燃燒式廢氣處理設備把六氟化硫破壞，達到削減溫室氣體排放的目的。奇美電設置破壞設備外，更積極投入機台設備與管材設計改善工程，以採用對全球暖化影響較低的三氟化氮氣體，取代原製程使用之六氟化硫，有效降低氟化氣體用量，每年可減少 6 萬

噸二氧化碳當量的溫室氣體排放。

該項替代技術的研發，充分顯示奇美電實踐溫室氣體減量的決心，並有助於促進相關產業突破既有技術框架，朝溫室氣體減量之目標邁進。並以樹谷園區內的綠水樹谷活力館，取得「台灣 EEWH 鑽石級綠建築標章」，成效卓越。[17]

二、環境會計──永光化學的正確示範

環境會計（Environmental Accounting） 過去也被稱為綠色會計（Green Accounting），是指以企業永續經營為目標，結合環境活動、會計作業與資訊系統，把企業生產活動中損益表外的環境成本及效益予以衡量與揭露，進而協助企業做出最佳的環境決策，透過一些管理工具達到節省資源的目的，從中找到新商機；並提供外部使用者作為企業跟外界互動的橋樑。

(一)環保成本

台灣的經濟部以日本環境省的環境會計指引為藍本，研訂出「產業環境會計指引」。只要參照指引，企業可以在會計處理上做認列環境成本（詳見表9.10）與分攤的工作，並設計了分類項目的代碼，不管以後科目再怎麼細分，只需要連結資訊系統輸入代碼後，成本費用資訊都會自動羅列，在細節的部分做得比日本好。比起日本，涵蓋範圍較大，不單談環保，還包括了工安及衛生等環境活動，都可套用此機制。

(二)環保效益

環保效益（或價值）分為直接效益，像節省了多少水電資源使用、製程污染排放是否獲得改善、產品是否符合節能需求等；及附帶效益，指環保過程是否讓公司環保收入增加，費用節省。

要想知道對環保投入產生的利益需要蒐集資料包括能源耗用量、污染排放量等，而公司必須逐一分別記錄，從成本端管理連結到效益端呈現，中間的加工過程，一定要走「物質流成本會計」（material flow cost accounting）。這是日本神戶大學國部克彥教授及德國奧森堡大學 Bernd Wagner 教授所提出，企業從生產過程追蹤所有原物料及能源等的投入與產出，依據過程中是否產生環保損失，再來進行改善，提升效益。

表 9.10　環境保護成本分類表

環保活動分類項目			會計科目								合計
			資本支出		經常支出						
大類	中類	小類	設備購置	土地購置	修繕保養	薪資	材料	委外	稅捐	水電 …	
(一)營運成本	1.污染防治成本	①空氣污染防制 ②水污染防制 ③土壤及地下水污染防治 ④噪音防制 ⑤振動防制 ……									
	2.全球性環境保護成本	①氣候變遷預防 ②臭氧層破壞預防 ③其他									
	3.資源永續利用成本	①有效率使用資源 ②減少和回收一般事業廢棄物 ③減少和回收有害事業廢棄物 ……									

資料來源：摘錄自環境資源部，編印「產業環境會計指引」，第 10 頁。

(三)永光化學的作法

　　台灣第一大、全球前五大染料公司的永光化學（1711）實施環境會計可說是困知勉行，雖然如此，仍值得效法。

　　1.1997 年客戶的要求

　　1997 年一家歐洲同業跟永光洽談代工案，要求永光提出五大項成本分析，其中一項就是環保成本，永光還未導入環境會計制度，環保成本的會計科目只有三項「防污設備修繕費、折舊費用及其他費用」，根本無法提供對方要求的分析資料，最後案子就沒有承接。永光才猛然驚覺，環保已是國際大趨勢。

　　2.1998 年，導入環境會計

　　1998 年永光知道企業永續發展協會在找輔導建置環境會計的公司，馬上

加入。導入成功後，現在永光不但可提供更精準的產品環境成本，反映出實際的環境負荷，得出的數據也可提供環境管理決策及業務接單決策使用。之後，即又順利承接到之前那家歐洲同業的代工案。

3.效益

1999 年，環保會計制度導入二年，永光掌握了環境成本，進而改善廢水處理方法，每年產生的污泥量大減，節省成本 1,000 萬元以上；環境成本占產值的比率從 4.2% 降到 3.5%。

舉例來說，過去工廠將每筆生產過程中產生的廢水全數注入一污水池，由於難以細分出每筆產品個別的廢水處理成本，最後只能平均分攤，但環境會計導入後，環境成本都可精確地以會計科目分類出來，計算至個別產品的成本，此時就可能發現原來按平均分攤會使某些產品的成本負荷超出，以當前的定價根本沒有利潤可言，或有的成本還有降低空間，可再提高利潤，而過去因為都混在一起攤提才未察覺。所以，一旦精確計算出產品的成本，確實可更有效掌握產品的定價策略與接單決策。[10]

4.得獎

2007 年 3 月 12 日，《天下雜誌》公佈企業公民評選結果，評選分為營收 100 億元以上的企業、100 億元以下的中堅企業及外商企業。

《天下雜誌》參考聯合國綱領、經濟合作與發展組織、美國道瓊永續指數等國際指標與評量方法，分成三階段、以「公司治理」「企業承諾」「社會參與」「環境保護」四大面向，評選出台灣最佳企業公民。其中永光得到中堅企業第 2 名，得獎原因是：實施環境會計，精準計算出生產過程污染處理的實際成本，有效使污染泥量銳減。[11]

2007～2010 年，永光仍名列第二或第三。

三、企業環境與永續報告書

1989 年，挪威國營石化公司 Norsk Hydro 發行全球第一本企業環境報告書，交代企業跟環境相關資訊，包括有毒物質的排放、環境績效改善目標等，迅速掀起一股全球風潮。2000 年以後，「環境報告書」更進一步發展為兼顧環境、社會和經濟三大面向的「永續報告書」。

財務年報強調「財務」，永續報告書大量納入「非財務績效」指標，從每

年減少的廢水量、企業如何對待供貨公司、員工等利害相關人，公司治理的情況、單位營收的二氧化碳排放量，一直到開發環境商品的成本和商機等。

有二個途徑讓報告書更廣為人接受：第一，採用國際統一架構；第二尋求公正第三者認證。

(一)國際統一架構

全球永續發展報告書協會（GRI）訂定的報告書綱領（最新版為 2006 年第三版：G3）已普遍為企業所遵循，GRI 報告書在架構上有共同一致的順序與揭露項目，可參考 GRI 指引製作，但內容呈現還是由公司蒐集資訊加以發揮，惟公司須先設定讀者對象，並明確表達公司的目標。

永續發展（sustainable development）

本意是加州大學柏克萊校區教授羅森（C. M. Rosen）以「環境永續發展」（environmental sustainability）來稱呼這個趨勢，而部分產學界人士則稱之為「工業生態學」（industrial ecology）。

(二)奇美電二度發行企業社會責任書

奇美電表示，2008 年為奇美電的綠色元年，發行第一本企業社會責任報告書，以 L. O. V. E. 地球樂為全方位綠色願景，導入環境會計制度。2009 年 10 月 19 日，發行第二本企業社會責任報告書，並通過挪威商立恩威驗證公司第三者獨立查證，獲得全球永續發展報告書指導綱領第三版 A+ 等級並達到 AA1000AS（Account Ability，簡稱 AA）標準，奇美電在綠色管理的努力與績效群見表 9.11。[12]

表 9.11　奇美電子 2009 年企業社會責任書的主要內容

部門	4R 原則	說明
一、研發部	減少（reduce）	2009 年完成全球第一片液晶面板產品碳足跡驗證做好全面準備，詳見本節第一段。
二、製造部	再生能源（renewable）	在節能減碳成果方面，奇美電自願加裝高效率全氟碳化物（PFCs）處理設備，使得 2008 年減碳量達 145 萬噸碳當量，等同約 4,000 座大安森林公園一年碳吸收量，大幅降低製程中所產生的溫室氣體。 在節水方面，積極推行多項製程用水回收措施，包括機台調整節水、回收水系統技術投資等。 節約用電方面，由於致力提升設備操作效率，2008 年節約用電量約為 1.6 億度，等同 3 萬戶家庭年用電量。
三、業務	回收（recyle） 再利用（reuse）	關於減廢的成效，廢棄物資源化比例達到 93%，總量超過 4 萬噸，2008 年推動的方案中，包括把廢液晶玻璃再利用製成混泥土，用於奇美集團相關工程，降低液晶玻璃掩埋對環境的衝擊。

註　釋

①中國時報，2009 年 9 月 30 日，A3 版，黃文正。

②經濟日報，2009 年 9 月 23 日，A5 版，陳家齊。

③工商時報，2009 年 9 月 22 日，A7 版，陳穎芃。

④劉子衍、楊致行，「歐盟環保指令」，管理雜誌，2006 年 2 月，第 114～117 頁。

⑤經濟日報，2009 年 7 月 17 日，A5 版，廖玉玲。

⑥遠見雜誌，2009 年 4 月，第 202～203 頁，呂愛麗。

⑦非凡新聞周刊，2007 年 12 月 9 日，第 41～42 頁。

⑧哈佛商業評論，2009 年 9 月，第 22 頁。

⑨工商時報，2009 年 8 月 20 日，A14 版，袁顥庭。

⑩會計研究月刊，2008 年 9 月，第 58～59 頁。

⑪經濟日報，2007 年 3 月 13 日，A13 版，李至和。

⑫經濟日報，2009 年 10 月 20 日，A15 版，袁顥庭。

討論問題

1. 以表 9.1 為架構，再更新。

2. 以表 9.2 為架構，以一家公司（例如仁寶、華碩）為例，說明其如何、何時達到歐盟的要求。

3. 台灣針對電子電器產品有那些回收機制？執行程度如何？

4. 試一個產品（例如筆電）說明美國「能源之星」（例如 2009 年的第五版）的規定，容易達成嘛？

5. 同上題，改成美國「EPEAT」。

6. 以表 9.4 為基礎，以一家公司的產品為例，說明如何填答此問卷。

7. 以表 9.7 來說，我們政府對企業生產過程、產品的環保規定如何？

8. 以一家公司為例，分析其碳揭露、碳足跡。

9. 以表 9.8 為架構，再舉更細或更新資料說明一家公司的綠色管理。

10. 試以一家公司為例（例如 2009 年 10 月 20 日，經濟日報 A15 版報導奇美電子二度發行企業社會責任書），說明其如何取得環保認證。

11. 以 2011 年 3 月，通過英國標準協會（BSI）「PAS 2060 碳中和查證」的財團法人中技社為例，說明如何達到「碳中和」（carbon neutral）。

  回答：

$$
\begin{array}{lr}
\quad\ 採購碳額度抵換 & 194\ 噸 \\
-\quad 碳排放 & 194\ 噸 \\
\hline
=\quad 碳中和（carbon\ neutral） & 0\ 噸
\end{array}
$$

資料來源：工商時報，2011 年 3 月 16 日，A9 版。

製程技術與標準化

——工業工程面

　　一旦你指出了公司應該前進的方向，只要那個方向是正確的，大可放手讓其他人去做抵達目的地所需的事情。如果他們往正確的方向前進，不管步伐大小，都不致偏離目標。事實上，小改變與大改變是相關的；那些作小決策的人，讓重大行動有實現的可能。豐田為什麼一直都很成功？我們現在做的事，跟我們過去一直在做的事沒有兩樣，我們始終如一。我們公司沒有天才，大家只是做自己認為對的事，每天都努力改善一點點。不過，七十年來累積的微小改善，就變成了革命。

—— **渡邊捷昭**　豐田總裁（2009 年 6 月升任副董事長）

哈佛商業評論，2007 年 7 月，第 124 頁。

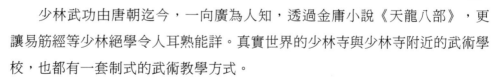

豐田是汽車事業的少林寺

　　少林武功由唐朝迄今，一向廣為人知，透過金庸小說《天龍八部》，更讓易筋經等少林絕學令人耳熟能詳。真實世界的少林寺與少林寺附近的武術學校，也都有一套制式的武術教學方式。

　　同樣地，在汽車業，豐田員工戰技也是非常紮實。本章以豐田為對象，依序說明製造技術的三件事。

- ・第一節，職有專司，先說明製程技術部的職掌；
- ・知識創造，即員工操作方法的標準化，俗稱「標準作業流程」、最佳實務；詳見第二節。
- ・知識傳遞，第三節說明豐田作到全球作業員動作標準化的進程。

・知識分享,以多家公司的作法說明員工如何分享知識,以增進其本職學能。

第一節　製程技術的重要性

瑞士的鐘錶全球聞名,關鍵在於老師傅純熟的工藝技能,豐田的汽車品質有口皆碑,竅門在於 **4M**(**材料、機器、方法與人工**,英文字母皆為 M 開頭:material、machine、method、man)所構成的製程技術水準很高。

本節說明製程技術的重要性與公司的組織設計。

一、製程技術簡介

(一)製程技術的定義

製程技術(**process technology**)是指公司在製造過程(包括生產中各種活動、檢驗、操作、搬運、包裝等)中,如何處理 4M,以生產出滿足顧客所需要的產品。

(二)先進製程技術的重要性

2003 年 3 月 20 日,美軍入侵伊拉克,29 萬名英美聯軍,一個月內便打敗 40 萬名軍隊的伊拉克,美軍陣亡 40 人,一場美國國防部長倫斯斐主導的全球首次高科技戰爭,令人領會到高科技武器的神效。

同樣地,在生產管理方面也是有人如此主張,例如美國二家大學的教授辛哈與諾貝爾(Sinha & Noble, 2008),以 1,000 家公司為對象,得到一個顯而易見的結論:「越早且持續採用先進製程技術,公司越長命」,詳見圖 10.1。

文中的革命性製程技術(radical manufacturing technologies)中的「革命性」跟「科技管理」課程中的突破性產品創新(break through product innovation),也就是足以使整個產業生態徹底改變的。

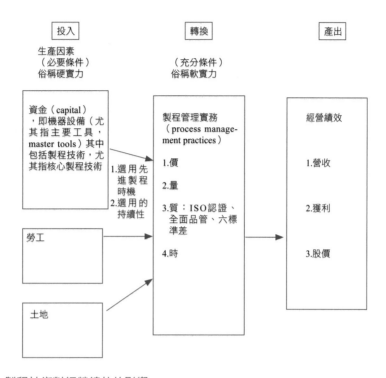

圖 10.1 製程技術對經營績效的影響

1.船堅砲利只是必要條件

革命性製程技術體現在新機器（與其附屬的工具等），一般來說，越早採用，有贏在起跑點的**先行者優勢（first mover advantage）**，而且採用的幅度也很重要。

＊大公司不見得最早採用革命性製程技術

大公司錢多，但可能因為笨（看不出革命性製程機器的優點）、部門利益衝突，因此，反倒固殘守缺。市場挑戰者有可能是早期採用者，藉此拉進跟產業龍頭的距離，甚至戲劇性的後來居上。

2.打仗靠幹部，軟實力有凹凸效果

機器還是得靠人才能發揮其效能，由圖 10.1 可見，機器只是經濟學中四項生產因素之一，是「投入」。而第四項生產因素企業家精神（冒險與創新）在圖 10.1 歸在「轉換」一項，辛哈與諾貝爾稱為製程管理實務（process management practices），俗稱軟實力。

283

(三)製程技術的大分類

製程技術有許多種分類方式,以 3C 產品來說,最通俗的分法是「機電光」,這是由技術難度由低到高排列,在表 10.1 中第 1 欄以潛在 Y 軸來顯示。

表中產業鏈又粗分為三段「零件→模組→組裝」。

表 10.1　製程技術的大分類

技術層次　　　　產業鏈	說明	零件	模組	組裝
一、光,主要是大學光電系人才負責	偏重顯示器(display),包括液晶螢幕、光源(LED以取代冷陰極管)。包括光儲存(例如DVD)、光傳輸、光顯示。		這部分已稱為機光電整合, 1.例如手機、筆電數位相機鏡頭的鏡頭模組。 2.觸控螢幕中的貼合技術。	
二、電,主要是大學電子系、電機系人才負責	偏重電子,常見的是指 IC 設計公司所做出來的各種晶片,進而組成模組。電機包括下列。 1.電子(處理晶片); 2.電儲存(電池); 3.其他。	此部分製程偏重半導體製造(晶圓代工)公司的微縮技術,2010年水準是 40 奈米、2011 年 28奈米。 機械電子(me-chatronics)則是一種整合機構跟電子的科學。	此部分會再加上作業系統,例如手機中 2010 年當紅的是谷歌(Google)的 Android 作業系統。	
三、機,主要是大學機械系、材料工程系人才負責	偏重模具、表面處理,做出來的東西稱為機構件,例如筆電、手機等的機殼。	機構件製造影響 3C 產品中「輕薄短小」中「輕」、「薄」。		

(四)汽車業的製造部門

汽車公司製造部粗分為四個部門。

1.零組件：鑄造和沖壓

像豐田很注重零組件，引擎中一些零組件是由子公司豐田機密機械公司生產。此部門主要包括鑄造引擎的鑄造製程、零組件的銲接製程、旋轉軸及齒輪的鍛造製程，及車身的沖壓製程。這些製程因為配備了大規模的自動裝置，所以實施整批生產。其中一部分的製程可以迅速地整備，其批量相當的小（主要僅是供一天內二班使用的分量），詳見表10.2 中第 1〜3 項。

凌志引擎裝配線

圖片提供：日本豐田汽車

表 10.2　汽車零組件

流程（由上往下）	鈑金	車身（從頭到尾 13 分鐘）	引擎
1.沖壓或鑄造	√，沖壓	√，三種車材 (1)不鏽鋼 (2)鋁・跑車 (3)塑鋼	√，鑄造汽缸組、活塞等三種材質 (1)不鏽鋼 (2)鋁・跑車 (3)鈦・跑車
2.銲接		√，機器人操刀	
3.磨光	√		
4.塗裝（噴漆），要做到無瑕漆面，皆採機器手臂上漆，工人補漆	√，底、色、表三層漆，4 具機器人噴霧槍採刀	(1)電極沉澱防鏽處理 (2)底、中、上塗裝	
5.鑽孔與磨光		√	
6.組裝，詳見表 10.3		裝車後車廂 裝車地板	√ (1)手工組裝為主 (2)電腦檢測，例如檢查活塞已栓緊

2.塗裝

金屬、塑膠等機構件（尤其是車子外表）需要上漆，即塗裝，可分為下、中、上三層，詳見表 10.2 中第 4 項。

凌志車架

圖片提供：日本豐田汽車

3.次裝配線

在成品裝配線旁至少有二條次裝配線。

・動力傳動機構，詳見表 10.3 中第 3 欄的說明。

・懸吊系統。

・變速箱組。

4.成品裝配線

這是一般人參觀汽車工廠中最主要看到的場景，因為可以「從中到尾」，看到一輛汽車的誕生，詳見表 10.3。

表 10.3　汽車組裝

流程（由上往下）	主線	次線
零組件進來	車架進來 裝椅子 裝儀表板與電線 懸吊系統 媒合＝車身＋動力傳動機構，共 3 分鐘 掛車門 掛前後玻璃窗 裝上前葉子板、防撞桿 裝上四個輪胎 裝上引擎蓋	儀表板 懸吊系統＝避震器＋前後煞車 引擎＋氣歧管共 324 根螺栓 引擎＋變速箱＋傳動軸＝動力 傳動機構 變速箱組含方向盤、油門、變 速箱
測試出廠	動態測試，比較像驗車廠時的 驗車，另新車款要做車道測試	

二、各管理層級對製程技術的關切點

「工欲善其事，必先利其器」，這句俚語貼切說明製程技術的重要性，公司高中低管理階層對製程技術的關心重點也不一樣，以時間性來說，高階管理者關心的是「明年」、中階管理者關心的是「今年」、基層的製程工程師關心的是「下一季」（至少「下個月」、「這個月」），詳見表 10.4。

「製程能力分析」是分析製程技術水準的很好方式，當然製程能力包括範圍更廣（例如產能、剩餘產能），不過，大抵可用來分析，詳見表中第 3 欄。

表 10.4　三個組織層級人員對製程技術的關心重點

影響層面	組織層級	說明	以製程能力分析為例
一、策略	(一)董事長	1.跟客戶要求水準比：是否能充裕地滿足客戶的訂單需求？該技術對新產品配合程度如何？ 2.跟對手比：是否能領先對手至少一季，最好距離越大越好。	(一)製程能力的定義：在各種條件均充分標準化、製程管制狀態下，所呈現質與量的能力。 (二)製程能力分析的用途 　1.能否接單（技術可行性）
	(二)總經理	3.財務支援／限制對製程技術的影響？	製程能力分析對於製程的產出績效可以用幾個數值來衡量，公司可用來作為衡量製程能力來決定是否有能力。
	(三)事業部主管	4.製程技術跟其他部門配合的情形。 5.因應變化的程度？ 6.該製程技術對長、短期成本的影響如何？	
二、戰術	(一)製造部主管	中階主管主要任務在於如何善用外在限制因素，且整合內部各種生產資源（例如4M）以達到目標，並時時掌握作業系統中關鍵的問題及尋求其解決之道。	2.測定設備是否滿足需求； 3.機器調整； 4.建立經濟的管制界限； 5.安排最佳工作； 6.選擇適當人員、材料的方法。
	(二)製造部轄下的製程工程組	1.製程能力分析。 2.作業系統如何運作？受到那些限制？ 3.作業系統如何達到經濟性，即如何才能降低成本？	(三)製程能力分析之步驟 　1.確立能代表製程能力的品質特性； 　2.抽樣； 　3.計算平均值、標準差、繪統計圖； 　4.發掘異常現象； 　5.採取措施。

表 10.4 （續）

影響層面	組織層級	說明	以製程能力分析為例
三、戰技	製程工程師	製程工程師著重於現場的製造工程、工業工程、物料管理等技術的管理。 1.「製造工程技術」是指利用常見的五大類型的製造方法（包括改變物理性質、改變材料形狀、切削加工、表面加工、物件的連結）來從事生產，這些技術涉及相當多工程科學的知識，因此製程工程師大都由理工人才擔任。 2.「工業工程」包括製程選擇、生產管理、工時研究、人因工程、工程經濟、作業研究等，其目的在於透過工作方法的研究與改進以提高工作效率、降低成本。	製程能力之一是指製程的一致性（uniformity），是衡量變異是否在設計規格所允許的公差內產品，這包括品質特性值的平均值與目標值的偏離、品質特性值的變異、品質特性值所顯示的形狀、品質特性隨時間變化的一致性。

(一)你做得來嘛？──製程能力分析

製程能力分析（**process capability analysis, PCA**）是指針對製程是否有能力重複製造符合顧客需求產品所進行的分析。簡單地說，便是「（客戶訂單要求的規格）我們會做嘛？」文縐縐地說，便是「製程技術可行性」（process technology capability）。

製程能力分析透過製程能力指標的方式，提供一個量化的數據來衡量製程產出績效，以反映製程一致性（process consistency）、製程準確性（process accuracy）、製程良率（process yield）與製程損失（process loss）等訊息。

(二)策略控制：董事會關心明年、後年的製程能力

董事會關心的是未來三年的訂單在那裡，以設計代工公司來說，分為產品設計與製程能力。以「策略管理」課程來說，這稱為**策略控制**（**strategic control**），即劃出**技術地圖**（**technology road map**），以了解公司製程技術

跟產業技術藍圖、對手的相對位置。

三、組織設計

在大公司中，五臟俱全，會單獨成立製程技術部，專心作製程技術的發展，以協助業務部搶訂單、製造部從事生產；以免隸屬於製造部時，因製造部主管偏重例行操作，而忽視了「重要但不緊急」的製程技術發展。

(一)製程技術部

由表 10.5 可見製程技術部至少下轄二個單位：設施組、技術支援組。

表 10.5　製程技術部與製造部的組織設計

部門	狹義	廣義
一、製程技術部		
(一)設施組	√，俗稱設施處長（director of facility），例如波音、豐田	√
(二)技術支援組		√
二、製造部		
(一)排程	產銷管理組或生產管理組	
(二)生產方法	製程設計組，偏重工業工程中的動作研究、動作標準化	製程設計組
(三)原料	物料申購組	
(四)直接人工	白班組 中夜班組 大夜班組	
(五)製造費用		
(六)品質管理	品質管理組	

(二)總工程師

產品研發主管的職稱常為研發長，甚至**技術長（chief of technogy, CTO）**，因此製程技術部的主管職稱只好稱為「**總工程師**」（**chief of engineering**）。

四、工作職掌

由表 10.6 可見，製程技術部扮演研發部跟製造部間的橋樑，負責產品生

產方法（尤其是量產）的發展、設施佈置。

＊製程工程

製程工程（**production engineering**）是指生產設備的設計、佈置、刀具工具的準備，簡單地說是「工欲善其事，必先利其器」中的「器」，也就是偏重製程中硬體部分。

表 10.6　製程技術主管的職業

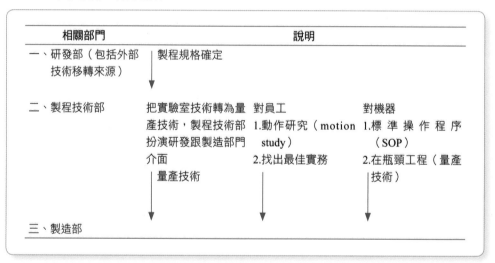

相關部門	說明		
一、研發部（包括外部技術移轉來源）	製程規格確定 ↓		
二、製程技術部	把實驗室技術轉為量產技術，製程技術部扮演研發跟製造部門介面 ↓ 量產技術	對員工 1.動作研究（motion study） 2.找出最佳實務 ↓	對機器 1.標準操作程序（SOP） 2.在瓶頸工程（量產技術） ↓
三、製造部			

第二節　製程技術快易通

人有「獨門功夫」、「看家本領」，許多餐廳（小吃店）的食物有不傳祕方，這些都是「製程技術」的生活化例子。本節說明公司製程技術的種類（歷史進程）與來源。

一、製程技術

由於電腦的計算及儲存能力十分強，加上電腦普遍地被使用，使得近十幾年來製程技術有很大的進步，主要有下列二大發展，共同的目標是提高產能（即降低成本）、減低員工工作危險及疲勞、增進產品品質。

1.自動化

自動化（**automation**）在於降低人工的工作量，快速且大量地生產。

2.整合化

整合化（**integration**）強調多製程之間的配合、聯繫及相互間的支援，而達到減少存貨或避免擁有太多的緩衝設置。

表 10.7，把 1960 年代起的製程技術進程表列出來，對許多公司來說，在不同工廠可能處於不同製程技術階段，且在階段中也有技術的更新。

表 10.7 製程技術進程

年代	說明
1960 年代	彈性製造系統 **彈性製造系統**（**flexible manufacturing system, FMS**）由倫敦的大衛‧威廉順（David Williamson）首先提出。 組成元件包括：電腦數位控制（CNC）工作母機（或加工中心）、電腦控制系統、自動化物料搬運系統等項，一台機器每天 24 小時內均由一部電腦控制運作，以製造中小批量的各種零件，具備零工生產的彈性與大量生產效率。此系統適用於形狀、製程相類似的零件，必須利用群組技術加以合併。 彈性製造系統的特點如下：快速換機換模（因此生產彈性高、資本投資小、降低勞工成本）、製造前置時間短、機器使用率高、搬運快速與生產品質穩定。底下以富偉、吉輔公司快速換模機檯為例，讓你可以更精準抓住快速換模的內涵。 1.射出機快速換模系統 　精密塑膠射出機快速換模系統是利用空氣壓驅動泵浦產生高油壓力，以空氣調壓閥調整壓力達增壓倍數時便停止驅動，縱使遇臨時停電或空氣壓力消失時，油壓壓力仍能長時間保持，尤其適用長時間高油壓壓力保持。 　射出機快速換模系統可大量縮短換模時間，提高機器稼動率，可滿足少量多樣的特性，進而減少庫存、提升產品品質、延長模具壽命、減少勞工成本及職業傷害等諸多效益，更可促進公司整體生產力。[1] 　富偉公司電話：(04)834-5196。 2.刀庫加自動換模 　居台灣刀庫領域技術領導品牌的吉輔企業有限公司，以「輕量化暨低成本架構之圓盤式刀庫」，榮獲第 16 屆（2009 年）經濟部中小企業創新研究獎的「機械及自動化類」獎項，得獎原因為立式綜合切削加工機，具備 40 番換刀機構配合機械聯動式機械閥結構，換刀時間僅 1.1 秒，機械閥與主軸同步性鬆夾刀可靠確實。此外，立式龍門切削加工機可因應多容量刀庫（120T）以上的需求，使用臥式刀庫本體設計概念，取得偏低成本架構，並研發出單線軌兩軸移動單刀臂取放刀結構。[2]

表 10.7 （續）

年代	說明
1980 年代	電腦輔助設計／製造 1988 年，鴻海為了達到「全球前十大連接器公司」這個目標，鴻海投資生產系統的軟體以降低成本，包括跟美國迪吉多和麥克唐納公司簽約，以及引進電腦輔助設計／電腦輔助製造（CAD/CAM）的軟體系統等；另外還大量購入數位控制鏡面放大加工機、光面線切割機和各種研磨機。 1.電腦輔助製造的機檯 　駿澤科技公司推出超音波切割機，舉凡熱塑性材料（PVC、PE、PP、PS、PC、ABS）與紡織品的厚板、捲料及薄膜等材料，均可依設計作造型切割。 　該機可依據 Auto-CAD 圖檔自動轉換為切削路徑，操作簡單迅速，超音波切割效率高，切道平整、產能大，採用大尺寸真空吸盤，適合各種尺寸材料加工，並以雙組雷射標線器導引材料快速定位作業。 　駿澤公司電話：(03)433-1135，網址：www.x-ray.com.tw。 2.工業機器人 　1965 年數學學者古德（I. J. Good）提出「智慧爆炸」的概念，即聰明的機器，接著便有公司推出工業機器人，一般是以機器手臂方式呈現，日本最大工業機器人製造商安川電機利用機器人進行生產和測試工作。此時，由工業機器人負責生產的全自動工廠號稱「無人工廠」。
1990 年代起	電腦整合製造系統 **電腦整合製造（computer integrated manufacturing, CIM）**是工廠自動化的極致，包括。 ・製程（機械加工、裝配等）設備的自動 ・物流的自動化 ・生產資訊的自動化 它是彈性製造系統跟公司其他部門（例如業務、財務、人資）充分整合後的系統，絕不是高科技生產技術而已，它是生產作業環境的整合，需要資金的投入，也需組織設計、人事制度，甚或企業文化的整體配合才得以成功。
21 世紀	先進製程設備的指標：五軸（NC）工具機對於各種機械零件的高精度化、切削技術往高速和高精密化的趨勢發展，五軸工具機的五軸同動的定位精度重現性要小於 5 毫米（μm）。 以鼎維 CNC 五軸刀具磨床為例，控制器獨立巨集功能，可在觸控螢幕上以手動逐步輸入，快速切換 3DCAD/CAM 及 CNC 畫面，並可利用空間幾何數學建構出軟體，該機軟體更有「三刃異型」刀具功能，可任意拆解與組合，完成更複雜的成型刀，是修磨、研磨最佳利器，如果再搭載機器手臂，上下料時間 7 秒內完成，加工品質與精密媲美德製機種。

＊工廠自動化的必要條件之一：工業機器人

高溫、噪音、毒氣、小空間等，人類不可能或不願意做的各種工作，交由機器人提供的自動化來完成，在降低成本的同時，機器人的高度可重複性（repeatability），可以大幅提高產品良率及品質。人就往更需要腦力的工作移動，做機器人無法勝任的開發工作。

以液晶面板的塗層作業來說，機器人的反覆性、一貫性和快速傳送，降低塗層差異到全部重量的 1%，因而節省了 30～35% 的材料費用。機器人替代人工，減少了員工在操作危險工作時受傷的機會，公司所負擔的勞健保與職能賠償金也因此降低，機器人的生產力是人工的三至五倍。

工業機器人小檔案

工業機器人（**Industrial Robot**）跟你在好萊塢電影中看到的人式機器人（Humanoid Robots）不同，而是以組合機械、電子、控制、電腦等科技，應用在工業上，它們可能只是一隻手臂，甚至沒有類似人的面貌，卻因可變性（flexibility）和容易重新編寫程式（reprogrammable）等的特性，成為工廠自動化不可或缺的一部分。

二、製程技術的來源

在有研發部的公司，製程技術的來源是由其負責，例如台積電。在研發部負責產品研發時，製程（技術）研發有時另設立製程技術部來負責。

製程技術來源屬於公司成長方式，只有二種方式，本節由外而內的說明。

1.外部來源

主要是透過買機器而順便取得，少數是買技術（即技術移入，licencing in）、公司合併與收購（corporate mergers & acquisition, M & A）等。

2.內部來源

主要是自行研發，一部分是透過標竿學習，見賢思齊後，公司再稍微修改，用在自家公司中；一部分是跟設備公司合作研發而取得。標竿學習太重要，因此本節獨立一段說明。

(一)設備公司

設備公司想取得訂單,一定想方設法去做出「價量質時」競爭優勢的設備。以飛機公司波音、空中巴士來說,透過試飛員把飛機各種狀況的處置方式寫成操作手冊。航空公司透過模擬機方式,訓練機師照表操課,如何一一處理各種狀況。

尤有甚者,當你採購金額大時,還可以要求設備公司進行工業合作,更進一步教自己生產設備。

工業合作

工業合作(industrial cooperation),國際間一般稱為補償貿易(offset)指公司利用採購案之時機要求賣方依採購金額某一特定比例(稱為「工業合作額度」),在從事採購、技術移轉、研究發展、人員訓練、行銷協助、投資、國際認證及聯合承攬等工商業活動。全球許多國家皆有類似作法,尤其在軍事裝備採購案要求很高比例的工業合作額度。

經濟部下設工業合作推動小組推動,網址:www.icpo.org.tw。

(二)公司內部:研發部

公司內部為了勝人一籌,常常會研發出獨門功夫,以塑膠機殼的表面處理中的技術為例,在第三節中專節說明。

三、標竿學習

「抄」就是一種標竿學習,但更完整內容請見下列說明。

(一)最低成本的學習方式——標竿學習找出最佳實務

「我站在巨人肩上,所以可以看得比巨人還遠」、「見賢思齊」,這種以他人(含大自然)為師的方式,在公司學習中比較具代表性的則為向模範生學習的「標竿」(benchmark)。另外,有人強調「研究和發展」(R & D)只有財力雄厚的大企業才玩得起;而中小企業則比較適合「模仿和發展」(copy & development, C & D),這個詞貼切地表達了「**標竿學習**」

（benchmarking）。

「**標竿策略**」（**benchmarking strategy**）其實不夠格稱得上策略，它只是透過模仿成功企業，以尋求本身成功的一種方式。波特認為企業再造、標竿策略，充其量只是戰術層次，還無法造成競爭優勢的差異。

標竿可說是策略群組結果的運用，標竿學習無須把整個產業中的每個公司都加以研究，只須認清產業領導者（可能不只一家公司）便可，了解他們為何成功，以及這樣的成功方式是否適用在本產業、本公司。

(二)學習內容

依據美國著名企管顧問公司陶爾斯‧培林（Towers Perrin）的分類，標竿可分為三種型態：策略標竿、消費者標竿、成本標竿。

但我們認為這樣的分類不夠妥當，還不如從公司、事業部二層級來看，事業部的標竿學習內容為四大成功關鍵因素（詳見表 10.8）。至於《天下雜誌》每年 10 月刊登的台灣標竿企業聲望調查共有十項，各選出 10 家企業，大略來說是以企業活動（即俗稱企管七管）為主。2010 年十大標竿企業的共同特質就是具備前瞻和創新能力，運用創新的經營方式，積極提升競爭力和進行轉型。

表 10.8　從關鍵成功因素來看標竿學習內容

關鍵成功因素	評分	競爭優勢	經營指標
標竿對象	我們公司		
		價	1.行銷指標
		‧單價	‧消費（者）滿意
		量	程度、寵顧性
		‧量產能力	‧品牌權益
		時	‧市場占有率
		‧創新	2.財務指標
		‧交期	‧資產報酬率
		‧彈性	‧權益報酬率
		質	
		‧良率	
		‧規格：小量多樣	

(三)成功 vs. 失敗標竿

標準的「標竿學習」定義（如 Robert Camp, 1989）只指向個中翹楚學；但由於「見賢思齊，見不賢而內自省」，因此具有代表性的賢與不肖皆可為我師。

1. **成功標竿**：最常見的找出（內部）成功標竿作法，便是從企業流程各段中打出標準，並視為「**最佳實務**」（**best practice**）。舉例來說，對產業分析師而言是指模範報告。

2. **失敗標竿**：有些公司（例如英國石油公司）成立事後評估小組，百略醫學科技公司（4103）在知識庫中有「前車之師」，記載產品開發過程及宜改善之處，以供往後參考。

(四)學習對象的分類

學習對象有下列二種。

1. **自己**：即採試誤式、內省式。

2. **外界**：古語說：「三人行，必有我師。」即表示人人皆有師法之處，這純指開放心胸；但站在學習效率的角度，則需要更精準。

此外，我們還可依時間性分為三中類，再加上前述對象二分類，劃出圖10.2，至於縱軸以親疏遠近來分類，外界對象中上下游公司離自己最近，互動最頻繁；競爭者離很遠，而且會防你一手，因此最難學；至於客戶則可近可遠。

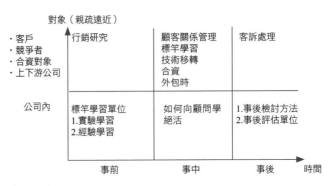

圖 10.2 學習對象的分類

(五)見賢思齊的標竿學習組

最低成本的學習方式是見賢思齊的標竿學習，以找出最佳工作方法，稱為「最佳實務」。在本節中，我們僅以美國生產顧問公司 Kelly Service 為例，來說明在製程工程部可以設立標竿學習組，專攻標竿學習，以取代任務編組組成的組織編制，這是因為製程改善是沒完沒了的事，不是一時一地的事。此外，惟有專人專職才有恆心，不致有專案結束各自歸建後「五日京兆」的感覺。

(六)向外取經

向外取經最好是光明正大，像唐玄奘去天竺取經；否則暗著來（臥底）會變成產業間諜，這在美國往往會判重刑。

善意取經有第一手資料、特寫觀察固然很好，如果「沒魚蝦也好」，那麼只好找相近公司。要是標竿公司、資料不好找，那只好從書面資料來找。由各企業活動來分類，其中以研發活動的文獻較多，大概是因為這方面的模仿性較低，需要有學者專家來指點迷津。

(七)標竿制度實施程序

標竿制度實施程序只是管理程序的運用，所以縱使像美國專家史賓多里尼（Spendolini）於 1996 年所著的《標竿學習》，大談如何實施標竿制度，也只能以作業手冊來看，本書不覺得有必要多花篇幅來說明。

(八)標竿學習、企業再造、組織學習

標竿學習跟企業再造有很大交集，例如透過向標竿企業學習，可以加速企業再造構想的提出，因為模仿是想點子最快的方式。

標竿學習可分為三種型態。

1. **策略標竿（strategic benchmarking）**：以產業內龍頭企業的績效，作為衡量本公司為股東創造長期價值是否成功的比較標準。

2. **消費者標竿（consumer benchmarking）**：以消費者的滿意程度作為衡量企業是否成功的工具。

3. **成本標竿（cost benchmarking）**：了解產業領先者如何在生產作業、

組織、企業程序三方面皆能維持高效果,透過差異分析以找出本公司可行的改善方案。

由此看來,標竿不僅可適用於集團、公司層級,也可適用於事業部、功能部門,甚至小單位──例如用於提升品質、降低成本。

標竿學習也是公司學習的方式之一,例如美國摩托羅拉(Motorola)公司透過類似品管圈,以主題競賽方式找出內部最佳標竿,這跟軍隊中的莒光連隊類似,藉以落實標竿學習到最基層。

(九)標竿學習最夯

美國貝恩公司(Bain & Company)自 1993 年起,持續針對全球企業進行管理技術與管理工具使用趨勢、實用性,及滿意度調查,2009 年針對全球五大洲、70 多個國家、960 名執行長進行調查,結果顯示全球企業最常運用十大管理工具分別為:標竿學習(76%)、策略規劃(67%)、使命和遠景(67%)、顧客關係管理(63%)、委外服務(63%)、平衡計分卡(53%)、顧客區隔(53%)、企業流程再造(50%)、核心能力(48%)、企業併購(46%)。

中國生產力中心調查 2009 年台灣企業,使用管理技術與管理工具。調查樣本包括台灣 2,000 大、國家品質獎、中小企業創新研究獎、小巨人獎、磐石獎等得獎企業,針對 1,768 家企業發出問卷,回收 731 家,統計得出台灣管理技術與工具使用排行。最常使用的管理技術依序為:ISO、5S、六標準差、企業資源規劃、全面品質管理、標竿學習、及時生產管理、企業文化塑造、知識管理、策略規劃和物料需求規劃。[3]

(十)全國標準化獎

1998 年起,為鼓勵公司或團體制定、推行標準化作業流程,提升國際競爭優勢,經濟部標準檢驗局每年舉辦「全國標準化獎」徵選活動。許多企業推動標準化已獲成果,例如裕隆汽車完成標準化管理系統,積極推廣產業價值鏈標準化管理,成為兩岸汽車產業「產品創新」與「服務創新」的標竿企業;台積電藉知識管理,把組織、工作加以標準化整理、儲存及運用,成功導入標準化運用;統一企業推動標準制定、管理及推行。

全國標準化獎活動網址：www.std.org.tw。

第三節　研發部跟製造部的製程技術銜接

用電影來舉例研發跟製程很容易懂，編劇是研發，導演則負責製造，找場景（有場地經理負責）、選角，加上道具、化妝、燈光、攝影、武術指導、電腦特效、編曲，最後再加上剪輯等後製作，便是一部好片。好劇本、好導演再加上條件配合，大抵會拍出一部好片。很多情況，原著會經過改編，導演常是改編者之一，因為他（或她）知道怎麼拍才好賣座、好拍此處指**易製性**（**manufacturabilies**）。

本節說明在產品研發中、後，製程工程部如何銜接，詳見表 10.9，底下詳細說明。

表 10.9　研發部跟製程技術部的銜接

新產品開發程序（C系統）	研發：產品研發	製造部：製造研發
C0 構想階段（proposal phase）		
C1 規劃階段（planning phase）		
C2 設計階段（R & D design phase）	**設計審查**（**design review**）：設計審查的重點在於研發產品的「書面資料審查」，確認研發各階段需完成的相關書面資料是否均已具備，例如：圖面、材料單表、作業標準書、試驗規範、試驗報告等。 **設計驗證**（**design verification**）：設計驗證在於對研發產品進行試驗，確認研發各階段的設計輸入標準要求跟設計完成的設計輸出結果是否一致。設計驗證針對每一個零組件及成品均進行全尺寸（或功能）試驗，並得到產品的失效模式與效應分析（FMEA）報告。	製程技術驗證以製程技術研發來說，則是相關工藝標準、檢、治模具的確認。製造失效模式與效應分析報告（PFMEA）的功能，在於透過試驗以了解製程設計中必須仔細分析「未來」生產中「可能」會產生那些問題，事前在作業標準中或檢驗規範中去防範，以便減少製程中的失敗成本。

表 10.9 　（續）

新產品開發程序（C 系統）	研發：產品研發	製造部：製造研發
C3 樣品試作階段（sample pilot run phase）	**設 計 確 認（d e s i g n validation）**：設計確認是研發最終階段，對產品以客戶（使用者）的立場（標準）進行試驗，以確認研發的結果是符合客戶的要求，包括環境測試、可靠度（包括管理）等，由研發部內品質確認組負責。	以第一批量生產的結果作為設計確認的評估標準，以確認批量生產的結果是否符合原計畫的效益。
C4 工程試作階段（engineering sample pilot run phase）	**設 計 變 更（d e s i g n change）**：新產品在研發階段（未技術移轉之前）所產生的產品變更，諸如尺寸材質結構組合方式、材料表等的變更。	
C5 試產階段（product pilot phase）	均應以設計變更紀錄表記錄並保存，成為技術資料以供其他研發人員能共同參考。在技術移轉之後，如果產品變更牽涉到尺寸材質結構組合方式、材料表等的變更，也仍屬於「設計變更」。任何變更影響到產品結構、功能、尺寸等產品特性的變更都是設計變更，設計變更必須由原產品研發主管核准後才可以變更。	**工程變更（e n g i n e e r i n g change）**：是指新產品在研發完成（技術移轉之後）、量產以前，所產生的產品變更，其變更範圍不影響產品結構、功能特性、尺寸，例如：工藝順序變更、模具變更、檢驗標準變更、人機搭配變更、製程工藝改善等。其變更結果跟原始設計毫無關係也不會造成影響，僅對於生產工藝會產生影響的變更。工程變更無須知會研發部，由製程技術單位直接核准即可。
C6 量產階段（mass product phase）		

一、製程設計的輸入

在 ISO/TS-16949 系統的「先期產品品質規劃與管制計畫（APQP）」的技術手冊中詳細說明研發流程。產品品質規劃時程圖把製程設計時程明確規劃

出來，前一階段的輸出就是下一階段的輸入，製程（技術）設計的輸入來自於研發部的或客戶的「原型樣品」。

二、製程設計的輸出

當產品從研發部研發完成，把規格、功能、造型都訂定完成實物樣本後，如何讓這個新產品能夠「量化生產」，能夠得到最大的產值與最好的品質，就是「製程設計」，其內容詳見表 10.10。

(一)客戶認證

以仁寶電腦（2324）為例，根據買方的規定，在仁寶任何生產基地進行量產之前，必須經過三次的驗證階段才能進入量產，測試的工作必須累積許多的經驗才能準確地指出議題的核心和修改的方向。由台灣進行設計原型試作、工程試作的階段，從工程試作的中後段（除了磁檢、安規等需要國外公司進行認證的測試外）以及量產測試階段皆由大陸江蘇省昆山廠接手。

(二)工程變更通知

當製程變更時會提出「工程變更通知」（**Engineering Change Notice, ECN**），當出現下列二種情況時，便可啟動「製造失效模式與效應分析」（**PFMEA**）的機制。

1.第一級變更

變更等級（Class）屬於第一級（Class 1）時，會直接影響產品的外觀、尺寸、功能、品質、可靠度水準與功能特性：可用茲事體大來形容。

2.增加新的製程站點

當增加新的製程站時，因為新增站一旦發生異常會影響整條生產線，在流程方面可連結「製程變更管理程序」。

(三)以伺服器的組裝為例

以鴻海來替三大伺服器公司（依序為夏普、戴爾、IBM）代工為例，來說明「製程技術部」的功能。像鴻海在伺服器的組裝上，在還沒有放上 CPU 之前，機構模組就已內含 80 件鐵件及 20 件塑膠件（一般個人電腦 15 件鐵件）。而如何做出最好的機構模組設計，把各種零件的模組化做到最好，像是

散熱風扇如何安放、散熱怎麼做、避免電磁波互相干擾、洞孔要如何打才會不容易傷到員工的手等，都需要經驗和技術的累積。

模組化有著「整合」的意涵，良好的「模組化」，可以降低元件的使用數量，進一步節省成本和提升生產效率。例如「準系統」就是一種供組裝前的模組化產品，許多電子零件也都有模組化的製造過程，像電池模組、散熱模組、記憶體模組等。

什麼樣的模組壽命最久、最適合快速組裝等，鴻海的專案研發經理指出，光是一台伺服器的「工程變更紀錄」（Engineering Change Note, ECN）就高達八百多頁，裝訂成兩大本。「工程變更紀錄」是指一項產品從研發到量產的過程中，所有工程設計上的變更都需要記錄原因。鴻海在量產有相當多的經驗，這些經驗能補足客戶在產品研發上的考慮不足，而產品及早進行設計變更，可以讓未來的量產過程進度更順，這也是鴻海提供的加值服務。另一方面，在美國，一般美國機構公司要開發一項模組約 16 週，鴻海只要 6 週。

三、生產設計程序

生產設計程序（production design procedure）說明了整個產品於製造過程中的各項生產活動，它提供了明確的生產設計步驟，包含下列 8 項步驟：產品設計、製程規劃、因次分析、作業設計、佈置設計、裝置、試驗及除錯，進行產品的生產。

(一)製程規劃

製程規劃（process planning）是指企業在其資源及外在因素等限制條件下從事生產過程的規劃，規劃出適合自己公司的製程技術及製程系統，以達到以最低成本及最有效率的方法／技術來生產出品質令顧客滿意的產品。

(二)製程設計應考慮的因素

在進行製程設計時宜針對 4M 系統性的考量，我們以 2006 年豐田的製程設計為對象，「舉一反二」的用具體案例來說明抽象的考量因素，詳見表 10.10。

表 10.10　2006 年豐田製程技術的精進

4M	說明	理論上應考慮因素
一、材料		
(一)零組件簡化	要求精益求精,「擰乾的毛巾也要再擰一擰」,豐田總裁張富士夫自 2000 年起推動徹底降低成本計畫──3 年內降低 30% 成本。由採購副總裁渡邊捷昭帶領,促使豐田及其零組件供貨公司改變它們設計和生產 173 項零組件及系統的方式,使之在無損品質下被簡化且變得較便宜,此計畫稱為「為 21 世紀建構成本競爭優勢」(CCC21)。 作法之一:豐田跟供貨公司合作整併無數的配線規格,配線即一束一束的電線和纜線,整體而言,省下 1 兆日圓,等於豐田 2000～2004 年採購成本的三成。	一、物料規格分析 從事製程設計的第一件事,即需要先對產品的原物料做規格分析,考慮的項目如下。 ・物料類別(type) ・物料形式(form) ・尺寸、形狀 ・物料的物理／化學特性 ・所產成的廢料及下腳料(可利用度) ・存貨預估 ・物料成本 ・物料來源 ・收料方式 ・搬運的難易程度 二、自製／外購分析
(二)供貨公司卸貨		
1.以料車取代貨架	零組件供貨公司採取配套供料方式,各種配套件以每 45 分鐘供料一次的頻率,以專用台車輸送,經由穿過馬路的地下專用車道,直達生產線卸貨月台。 按照配套件裝配時使用部位編碼的同型台車,陸續進入廠區,平均約 2 分鐘通過一台,完全沒有塞車風險。 零組件料車(載具)依照配套件裝載需求設計,供貨公司裝載月台、專用台車、生產線卸貨月台等,高度完全相同。供貨公司的零組件放入料車,到裝配線取用裝配前,一直不會有人碰觸到;這當中,裝入專用台車、專用車道運送、卸下生產線卸貨月台、用拖車拉至裝配線,完全不費時不費力。 日本豐田高岡廠二條生產線之一也採取此方式,員工不必到附近架子拿零組件。	

表 10.10 （續）

4M	說明	理論上應考慮因素
二、方法：汽車四大製程		
(一)鑄件	在沖壓、塑膠模具與塗裝製程上，都有創新的設施。 豐田不用送料桿（transfer bar），而改用機械人，會使生產線的速度比原先快 1.7 倍。	三、產品分析 ・總產銷量； ・生產率； ・投入生產所需時間；
(二)塗裝	塗裝過去一直不受製程工程師注意，「早從我在 1990 年代中擔任工廠廠長經理開始，我就一直猜想，為什麼上漆線常常是三哩長，而上漆流程卻慢到看似停滯。」渡邊捷昭為了取代緩慢拖著一輛車通過 35 公尺長的上防腐蝕底漆的流程，豐田想出一個類似瑞士火鍋的流程。一個車體像一大塊乳酪般在塗漆池中被涮一涮，好讓塗漆定著，免除使用冗長塗料線，目標是讓上漆線長度減半。 新的塗裝流程可以同時上三層漆，不必等每層漆乾掉才再上第二層，使塗裝製程節省 40% 的時間。塗裝製程的改善先用在廣州和德州聖安東尼奧廠。使用縮小尺寸的機器和新的塗裝已使豐田得以讓新廠興建費用至多減少三成，豐田製造副總裁內山田竹志這樣説。	・生產方法：(1)連續；(2)間斷；(3)批次； ・產品壽限，即產品壽命期望值； ・產品改變的可能性； ・消費者需求分析； ・品質水準； ・加工條件及規格：品質、準確度（accuracy）、公差、外觀、表面處理、特殊性； ・標準化的程序。
(三)組裝	高岡廠每條生產線能生產 8 種不同車型，二條線共可生產 16 種車型，遠高於過去三條線共生產 4、5 種車型。舊廠每條線每年生產 22.2 萬輛，而現在每條線可提高到 25 萬輛；豐田現在需要這種激進的改革。 把生產線的長度減半以最少的設備投資，設置成為泛用生產線，進行最多種類零件的生產。	

表 10.10　（續）

4M	說明	理論上應考慮因素
三、機器		
(一)生產線工治具的進化	「為什麼我們用來生產通常小如引擎結構、汽缸、車門等零組件的設備是那麼龐大、高聳、嚇人？」內山田竹志說，「這根本是浪費。」較小、較簡單的機器安裝比較不貴、運轉所需能源較少，也比較不會故障，萬一故障比較容易修。豐田跟一家設備公司合作，把連鑄機縮小到市面尺寸的三分之一，並禁止設備公司在 6 年內把新機器賣給豐田的對手。廣州豐田率先引進鈑金衝壓機、車身懸吊機器人等新穎設備。兩段式衝壓機能達成高品質的鈑金毛邊；九台車身懸吊機器人取代門型的大型設備，可以節省空間，生產線也更容易調整。	四、製程系統的選擇即製程技術的選擇市場因素：尤指產品功能、品質； ·效益成本分析：投資報酬率； ·專業技術分析：工作設計、工具設計、操作分析、安全性分析（詳見§12.4）； ·員工因素：技術工人的質與量、勞動誘因（薪資、福利）； ·管理因素：管理制度等； ·防污與廢棄物因素：詳見§12.1～3。 五、設備選擇 ·機械因素
(二)智慧機器人	使機械具備人的智慧，成為真正為人工作的機械。人的動作跟機械動作分離，以維護員工安全。	·成本因素 ·建築物因素 ·操作因素
(三)防呆裝置	防呆裝置可以避免人為操作不當所造成的產品瑕疵，舉二個例子。 1.以引擎安裝為例，透過電腦偵測，以了解所有機件是否都有裝上。 2.包裝機左右手同時按鈕，才會啟動，避免誤觸而造成錯動。	六、設備佈置規劃 生產線佈置融合豐田捷克廠與日本堤廠的優點，包括以零組件料車取代料架。
(四)品質管理	為了確保品質，豐田採用高精密儀器測量幾項參數。	
四、人工		
(一)動作標準與改善	詳見§10.4～6。	七、成本因素分析
(二)多能工	多能工為一種達到彈性產能的方式，以支持 Cell 佈置。 員工能在不同工作間轉換，反之，美式生產線數十年來都採用專用設備和員工從事特定工作。	1.工作環境設計 2.機器設備人因工程 3.員工的數目 4.員工的「素質」（技術成熟度）

資料來源：部分整理自工商時報，2007 年 1 月 15 日，10 版與渡邊捷昭（2007 年）。

四、2006 年，豐田的製程技術精進

以豐田的 Tundra 卡車為例，能設計出好車不一定能生產出好車，Tundra 的研發工程師在研發這部卡車時逐步跟製程工程師研究討論，如何在生產作業上更有系統和效率。最後在研發完成以後，豐田花了 12.8 億美元在美國聖安東尼市建了一座卡車製造廠，年產 20 萬輛，是當時最先進的汽車工廠。

豐田認為在製造方面的改良跟汽車款式、性能的改良一樣重要，因此它不斷改進製程，提高生產效率。然而，對手也快速跟上，在 1998 年，豐田在北美組一輛車要花 21.6 小時，比通用汽車快上十個小時，2006 年，豐田只進步一點點，到 21.3 小時，通用汽車卻幾乎迎頭趕上。

底下以 2006～2007 年，豐田在製程技術的改善為對象，說明製程技術的內容。

＊豐田市的高岡廠

2007 年夏天，高岡廠第一條新式生產線開工後，這是豐田最快速的生產線，生產時間、物流時間都可減半，每一個工作站的問題數目也能減半。高岡廠的新製程完全改變豐田製造汽車的方式，豐田稱之為「單純、精簡、迅速」的生產系統。豐田的製程相當複雜，一旦出現問題，很難確認原因何在。高岡廠的流程單純、設施精簡。單純精簡的系統，讓人比較容易立刻注意到異常狀況。

五、製程計畫

一批新產品往往需要進行一次製程規劃以得到製程計畫，詳見表 10.11 說明。

表 10.11　製程設計流程

流程	說明
一、製造流程圖	製造流程圖是一個產品生產的基本工序分解，包括工序流程、人數配置、標準產量、使用設備、使用材料的資訊。讓生產單位具備基本的生產概念，舉例如下。

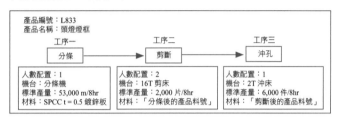

流程	說明
二、設備配置圖	工廠生產設備配置圖是產品在生產現場的整體流通線路圖，以豐田式管理的「一個流」為例，就是從倉庫領料到生產入庫形成一個環圈，此部分關係著工廠生產配置的規劃。
三、檢、治、模具與清單	在生產過程中必須使用到的模具、治具，部分項目還需要檢具來輔助檢驗。因此需要移轉檢、治、模具，其清單也必須一併產出。
四、作業指導書	明確說明在製程中的注意事項要求，下表便是烤漆的作業指導書一部分。

烤漆生產工藝標準

文件編號：		版本：		制定日期： 年 月 日				
客戶：		產品名稱：CR1104		零組件編號：7614		材質：鐵 品質等級：B+		
表面處理：黑仿古		上製程：拋光		下製程：組裝				
作業流程：鑄造→加工→拋光→烤漆→組裝								

	使用材料	作業名稱	使用設備	濃度	天那水	溫度	時間	治工具	設備負荷
工藝流程	純淨水	前處理	超音波清洗槽			70℃	1 分鐘	30PCS/1 框	3 框／槽
		上掛	掛具				15 秒	BPCS/1 掛	
	4210A 黑色	晒漆	噴槍	14 秒	烤漆		10 秒	BPCS/1 掛	10 掛／次
		烘乾	烤箱			150℃	2 分鐘		20 掛／輔
		下掛					10 秒	BPCS/1 掛	
	4512 咖啡	手工	純棉花條	20 秒	自乾		60 分		15PCS／人
		檢驗包裝					5 秒		

製程內作業工序：前處理→上掛→上掛→晒漆→烘乾→下掛→桌門把手

作業時注意事項：

1.前處理上掛時先用火輕輕燒一下手套毛屑，處理後不可以戴棉紗手套，以免沾毛屑，必須戴一次性橡膠手套。

2.噴漆前先把死角處描漆。

作業安全要求：嚴禁煙火；通風

作業時應配戴：☑口罩　☑一次性手套　☑圍裙　☑袖套

包裝、防護：☑PE 袋　☑氣泡袋　□報紙　□掛具　□料盒

搬運方法：掛具單

表 10.11 （續）

流程	說明
五、工程圖	在 TS-16949 稱為管制計畫，屬於產品的先期品質規劃。
六、製程檢驗標準書	也就是製程品管的檢驗依據。
七、包裝標準	包裝直接影響到產品的防護，同時也影響出貨時的材積。工廠關心的是如何進行包裝作業，讓包裝工作標準化。

資料來源：整理自羅侑南（2008），第 51～52 頁，本書改變流程順序。

第四節　豐田動作標準化

　　日常生活中常聽到的標準作業程序可說是「沖洗泡脫送」，這是碰到燙傷時的自己、醫護人員處置程序，人工呼吸（CPR）也有標準動作。SOP 這個字變成生活中的名詞，反而很少人覺得這是三個英文字的簡寫。

　　同樣地，工廠的員工往往被要求採取標準作業程序（standard operation procedure, SOP），以求產品品質一致、工作效率高。這對服務業中的速食業也很重要，全球 3 萬家以上的麥當勞，麥香堡吃起來都一樣，重點便是 4M 都標準化。

一、金字塔是標準化生產流程的產物

　　埃及最大的金字塔是在西元前 2500 年左右建造的，一邊長 230 公尺，高 147 公尺（約 50 層樓高）。使用的石材的數目，重 2.5 噸的石頭約 250 萬個，這樣巨大的構造物，在 4500 年前如何建造成的，經過許多專家長期的研究，逐漸解開這個謎，了解金字塔的建造活用了二個「標準」的力量。

　　1.度量衡的標準

　　第一個「標準」是決定長度的單位，裝成一定的大小，製成統一的石塊，當時使用的是埃及的 cubit 的尺，拉丁語的腕 Cubitum 來自此字，腕尺是古時的一種量度，自肘至中指端之長，約 52 公分。以此 cubit 標準量尺訂定長度的標準，製成同樣大小的石材，堆積成一邊長度達 230 公尺，每邊的誤差僅

在 50 公分以內，誤差只有 0.2% 的高精度。

2.作業標準

要堆積 250 萬個石塊而不崩塌，最重要的最初的「水平」基準，埃及人做出基準平面，挖溝通水，以水平面求出「水平」就是等於今日的「水平儀」以相同的標準動作堆積 250 萬個石材，以今日的測定，當時製成的平面的高低誤差僅為 1.27 公分。以這樣驚人的精度建造金字塔，可以體會「標準」的偉大力量。④

＊技術工人 vs. 工匠

技術工人照表操課，尤其是照標準作業去做，某種程度上可說是比智慧型機器人更精巧的機器人罷了；缺點是缺乏責任感。

但是要做到「工匠」程度，某種程度可說是「藝術化流程」，在義大利保時捷與美國科維特（美國通用雪佛蘭車系旗下）等跑車公司，引擎組裝需要熟練技術，不只是汽車組裝線上簡單的組裝技術。因此，除了標準作業程序外（例如活塞上方 6 根螺絲由內往外栓緊，且電腦會檢測是否栓緊），還可以加上技師的創意。由於達到工匠水準，所以在引擎上會貼上裝配技師名字標籤，讓技師擁有成就感。

二、標準化對豐田的重要性

豐田生產制度專家傑弗瑞・萊克（Jeffrey Liker）和大衛・梅爾（David Meier）在《實踐豐田模式》（麥格羅・希爾出版）一書寫道：「建立標準化流程和程序，是創造穩定一致績效的最重要關鍵。當工作是可重複的時候，標準作業程序就好比是已經過驗證的最佳實務，可以確保獲致穩定、不出錯的成果。標準化作業和其他作業標準是持續改善的基線，任何作業在尚未制定標準之前，是不可能達到真正改善的。」透過作業程序標準化的過程，讓工作流程達到穩定，才能夠知道究竟是改善了什麼，又有哪些地方需要改善。

工作的標準化使得許多工作都易學易做，員工容易一人懂多項工作，成為「多能工」，在各工作間可以靈活調度，進而可以少用人，減輕直接人工成本。

三、豐田的標準作業程序

在豐田的《豐田生產制度手冊》（*TPS Handbook*）中，有三分之一都在談論標準化流程，目的在於達到提升員工工作效率、讓產能最佳化。而將人、物、機械排列組合的作法，詳見表 10.12。

表 10.12　豐田的標準作業程序三要素

5W2H 架構	說明
一、how long？產距時間（task time），或稱週期時間	一個產品需要幾分鐘完成？ 標準操作流程表的製作手續如下。 1.在作業時間軸上，用紅線標出週期時間。 2.每一作業員所能負責製程的大致範圍，須事前決定。全部的操作時間大約跟用紅線標出的週期時間一樣長，必須用零件產能表來計算。員工在不同的機器之間步行從事操作，必須給予一些緩衝時間。步行時間可用馬錶測量，並記錄在備忘錄內。 3.第一部機器的人力操作，以及機器自動加工的時間都須記入本表，這些資料可由零件產能表轉記過來。
二、how？作業程序	讓工作更有效率的作業順序。
三、how much？半成品庫存標準化	最小限度的半成品庫存量，可換算成為每一名員工在一定時間內所需達到最小限度的產量。

四、工作設計

一般標準作業程序常指單兵作業，如何設計出省時省力的標準動作方法稱為工作研究（**work research**），其結果便是工作設計（**work design**）。

由圖 10.3 可見，工作研究的「投入—轉換—產出」，其中人因工程、工作研究皆有專門課程與書本討論，限於篇幅，本書只能點到為止。此圖綱舉目張，讓你可以抓住 80% 的大意。

＊流程程序圖

美國波士頓顧問公司大力推廣豐田式管理到服務業，其中一項建議是任命一位流程長（Chief Process Officer, CPO）。這個人應擁有宏觀的眼光，能夠跳脫傳統思考框架，問困難的問題，協助重新思考營運流程，分析公司顧客區隔，並且讓公司持續將重心放在正確的問題上。

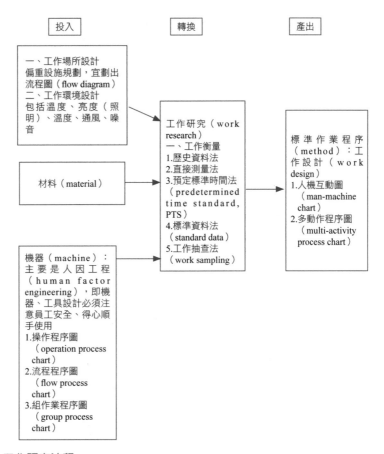

圖 10.3　工作研究流程

五、作業標準化文件

作業標準化在品質管制角度來解釋，就是要材料、零件品質及操作條件管制在所期望的範圍之內，如此產品品質也可在預測範圍之內。依時間順序、4M 把動作標準程序所需的文件作成表 10.13，底下詳細說明。

1.人員作業標準、標準作業程序

作業標準（operation standard）是規定作業的具體內容供員工進行作業的準備、指導、監督等工作用的，內容包括製品品質要求、作業人數、使用材料及零件、使用設備、工作程序及條件、作業時間管理要點。制定作業標準以重複性高的作業為主，產量少、種類多者可訂共同性作業標準，例如某車床、某沖床作業標準。

表 10.13　動作標準程序的成文化

時間 4M	工作前	工作中	工作後
一、方法	為達成技術性的基準設定作業的程序，作業的要點、時間、安全性、品質，左右手的使用方法，取工件、拿工件，設備的操作等，把每一位員工的工作都制定成一張清楚易懂的作業，制定現場的作業標準掛在作業者容易看、看得清楚的地方。	(一)ISO9001 ISO 9001:2000 內標準作業程序，即第三階文件工作指導書（work instruction）。 以金屬加工的技術標準為例，內容如下。 1.使用範圍； 2.設備藍圖其結構規格及能力； 3.各道工程的設備及作業條件、品質特性及管理方法摘要； 4.作業條件與產量的關係表； 5.使用材料作業條件與產品特性的關係表，作為 ISO 9001:2000 之採購的依據。	
二、機器		(二)機械使用說明書 以機械為中心來寫作業標準，外文說明書應翻譯或自訂項目如下。 1.設備編號與名稱； 2.用途； 3.結構範圍（剖面圖、照片）； 4.附屬工具、模具、夾具的裝法； 5.操作程序與條件； 6.潤滑方法； 7.檢查與保養方法； 8.異常時的特性、原因及處理方法； 9.安全規則。	全面生產保養（TPM），詳見§13.3。
三、人	以人為中心的標準化訂定出應遵守的作業條件與機檯使用順序，以降低錯誤的發生，並配合自動化使一人能同時操控多台機檯來提高人員使用率。		

通常在其他公司，決定標準作業的人員是由工業工程人員擔任。但是在豐田，是由組長（1 位組長下轄 3 位班長）決定的。也就是說，班長（1 位班長

下轄 6～10 人）訂定每部機器生產一單位產品所需要的操作時間,以及各員工所應遵行的各項操作順序。組長也都使用時間研究,或動作研究之類的工業工程方法。因此,由他們訂定出來的動作、速度之類的要素,縱使由公平的第三者來看也是妥當的。

2.機檯操作的技術標準的寫法

機檯操作的技術標準的內容包括作業目的、使用設備規格、作業條件、數量、效率、管制要點及方法、標準時間、工數、原料、半成品品質、故障時處理方法等。

想要管制製造條件則必須規定使用的設備工具、加工方法、程序、機械操作的程序和作業條件（例如溫度、速度、壓力、進刀速度、時間、配方、尺寸、公差等）,並確定容許差別範圍。

第五節　動作標準化的精準複製──豐田的作法

越是標準化產品,其生產過程越可以標準化,透過線上教學（e-learning）、模擬機,在美國,連軍隊中的坦克車駕駛都可以在三天內上手。

本節以豐田單兵作業甚至管理觀念的落實在全球各子公司甚至經銷商,由三階段的進程來說明其面臨的問題及解決之道,詳見表 10.14,底下再詳細說明。有此一說,所有的世界級汽車公司都具備訓練計畫,總的來說,其系統性和普遍性都不及豐田的訓練計畫。

一、第一階段：用人來扛

「人治─法制」這是常見的公司成長階段的管理方式的演進順序,豐田對海外設廠一開始也是靠自己人去管,當後來成長太快,自己的人不夠用時,只好重用各國當地人士,稱為「人才本土化」。本段說明這二個次期的作法。

(一)第一次期：1980～1997 年,日本豐田主導海外工廠階段

透過日本每成立一家新的海外工廠,就由一家日本工廠擔任「母廠」,負責訓練海外工廠人員,傳授他們豐田式管理。

表 10.14　豐田生產方法全球標準化的歷程

時間	1980～1997 年	1992 年迄今	2002 年迄今	2003 年 7 月迄今
一、對象	國外工廠的技術員迄高階管理層	1.對經銷商 2.2005 年起，對外界機構	全球工廠的高階主管	對國外工廠的技術員
二、訓練內容	豐田式管理	豐田式管理	豐田式管理	第一線作業員的標準動作
三、組織設計	由日本豐田派遣協調員（coordinator）赴外	美國加州的豐田大學（University of Toyota）	日本的豐田學院（Toyota Institute）	全球生產製造推進研習中心（GPC）
四、教材	口傳	口傳，再簡單講義	豐田之道（The Toyota Way）	3,000 種影像手冊（DVD）可以電子學習（e-learning）

在 1980～1997 年，豐田海外設廠都是自己來，背後隱含著「日本人技術領先」的想法，因此不信任外國（當地）人才。

‧蓋廠從設施佈置到土木監工都是由日本豐田調派精熟生產事務的老手負責。

‧生產時，中高階主管皆由豐田外派，技術人員也外派，一手扮演技術教頭的角色。

(二)第二次期：1998 年以後，人才本土化

1998 年以後，由於海外工廠的成長速度太快，這項作法已經中止了。日本人員只擔任協調人（coordinators），赴海外工廠傳授豐田的經營哲學與觀念。能說多國語言的協調人，協助母公司跟全球各地子公司溝通。相較之下，法國雷諾汽車卡洛斯‧高恩（Carlos Ghosn）2001 年接掌日產汽車總經理後，就裁撤這類職務。

豐田花了很多年的時間培養人力資源，才訓練出 2,000 位協調人。日本員工每 3 到 5 年就要輪流擔任協調人，但需要 6,000 人。協調人需熟悉豐田式生產，還得具備溝通技巧，善於體察別人的感受，並樂於在不同的文化內工作。

豐田某些海外子公司（像加拿大與美國肯塔基）已有近 20 年的豐田式管理經驗，因此，由這些公司派遣員工擔任協調人的時機已經成熟，尤其派他們到其他英語系的市場。這是首度由日本以外員工訓練其他非日本員工。豐田有一種急迫感，覺得應該培訓足夠的人力，才能維持全球擴展的步調。

豐田的員工把豐田式管理移植到世界各地，以此支撐豐田全球的擴張腳步走得更穩，由表 10.15 可見，隨著海外工廠的階段發展，協調人的功能也不同。

表 10.15　豐田駐外協調人的角色演進

階段	新設廠	工廠投產後 3 年	工廠投產後 6 年以後
海外派遣人員角色	導師	教練	顧問

(三)個人教導 vs. 集體教導

豐田在外派階段與協調人階段，在知識管理階段，可說是採取集體教學（collective teaching）方式，以傳遞豐田式管理，這比散兵游泳的個人教學（individual teaching）效果強太多了，詳見圖 10.4，而且人多勢眾，連企業文化等無形的管理技能也能一併透過每天實際運作中潛移默化出去。

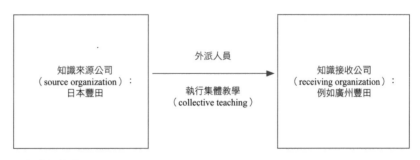

圖 10.4　集體教學的運用

二、第二階段：中高階人員的豐田大學

短期問題大都靠拼拼湊湊解決，但是日積月累，就會覺得不夠平整，於是只好來一次大整頓，底下先說明對中高階人員的訓練先成立「豐田大學」，這

偏重「學科」。

(一)問題在這裡

隨著海外（主要是美國）工廠快速設立，1990 年代，豐田面臨外派人員捉襟見肘的窘狀。負責生產部的副總裁內山田竹志說：「以業務和生產的狀況來看，有些部門根本派不出人到國外出差。」

以主要生產冠美拉的北美聯合製造公司（NUMMI）來說，1995 年，開始生產小貨車 Takoma，但是豐田的母廠高岡廠根本沒有生產貨卡的專業技能，不得已只好派出生產運動型休旅車的田原廠與日野汽車的員工去代打，結果就是一片混亂，日本豐田高層坦言：「大家講得都不一樣、教法也不統一，品質自然打折扣。」

(二)1998～2004 年，只對自家人開放

美國豐田汽車銷售總部位於加州加迪納市（Gardend），於 1998 年在「豐田廣場」大樓 8 樓設立豐田大學，負責培訓全美 7,000 名員工、1,200 家豐田經銷商、200 家凌志經銷商，以及全球 160 家經銷商。該中心有著十分嚴謹的訓練步驟，執行訓練專案以平衡計分卡為評量標準，以確定跟公司整體的目標互相結合，學習專案的順位以跟業務目標相關決定。

豐田精實思考（lean thinking）的管理哲學，基本哲理「少即是多」（Less is more），也應用在教學上。教學設計專家就常提到「Learn more by teaching less」，有些講師教學往往傾囊以授、鉅細靡遺，但是到頭來學生連最簡單的都記不得；有時專注在幾個重點上，學生反而印象深刻。

誠如該中心院長 Mike Morrison 說：「精實思考的最佳定義是創造公司財富」，主要原則在於以顧客為尊、重視顧客的價值；讓員工專注於核心流程；持續改進與創新、注重公司與個人的成長，達到專精的地步。

(三)2005 年，對外開放

在 2005 年，豐田把這些課程開放給其他機構，其他公司派員學習必須收費，但對美國軍方和警方的訓練則是免費的公共服務。

三、第三階段：教材、訓練中心

進入 21 世紀，2000～2006 年，豐田在各國大舉設廠，協調人不夠用，難免就會出現變調情況，豐田只好把豐田式管理的一部分寫成教材（即成文化），接著又設立術科的訓練中心，教導技術員的標準動作。

(一)問題在這裡

北美汽車品質問題主要出在豐田美國公司的研發、生產、銷售及服務四環過程溝通不足，以及未能深入了解美國消費者的不同需求。但整體來說，癥結還是出在人才不足。不只當地人才欠缺，更糟的是，連母公司派駐美國的日本幹部都不足，使得工廠改善活動、車型研發、零組件供貨公司輔導等，都不能像在日本一樣，順暢運作，以致問題頻生。

以肯德基廠為例，是年產 50 萬輛的超大型汽車廠，只能從日本派 40 名幹部支援，人數嚴重不足。豐田在人才方面只好本土化，培訓更多美國人擔任高階管理職位，指派美國員工監督北美廠興建，以往這種任務大多交由日本外派人員。不過，豐田在北美市場成長太快，所以，沒有時間慢慢培訓美國管理者。豐田日本廠員工只占全球員工數的三分之一，各廠也經常不同調。

2005～2010 年大規模召回汽車事件讓豐田顏面無光，部分原因就是海外員工不了解豐田式生產管理。

豐田有些工廠主管沒有完全遵循公司基本信條，例如讓現場員工掌控生產線，一旦發現任何問題就可逕行停機，這一向是豐田品質管制的重點。豐田向來以服務無微不至為傲，但有些海外銷售單位的服務不佳或水準不一，尤其是大陸與印度等新興市場。

(二)先有教材「豐田之道」

從前當員工大多為日本人時，豐田的企業文化的傳承主要由員工彼此口耳相傳，豐田主管人力資源部的副總裁木下光男說，當年他擔任工廠廠長時，很多作法都是不成文的。工程師的知識是代代相傳，由師傅傳授給徒弟，這種務實的學習方法「就如同呼吸工廠的空氣一樣。」

和泰汽車新莊綜合園區服務人員訓練道場

圖片提供：和泰汽車

在 2001 年總裁張富士夫的命令下，把豐田之道形諸於文字，以因應海外快速成長。這套稱為「豐田之道」（The Toyota Way）的價值觀，包括改進流程、減少浪費、團隊合作及努力不懈地堅持品質。並且設計一套速成訓練課程。

這套教材作為海外高階主管的工作聖經，他們也可以把豐田式管理當作評量工具，看看自己的表現如何，可以如何改進。要不是因為豐田積極向海外拓展，或許永遠不會把豐田式管理形諸文字。

(三)2002 年，豐田學院

2002 年，豐田成立豐田學院（Toyota Institute）以訓練各國中堅幹部，灌輸豐田之道的精髓，類似企管碩士學程。豐田學院院長小西說：「以前工廠在日本時，大家都是日本人，這些東西不需要明說。但現在我們得把豐田之道用白紙黑字寫下來，並教導他們。」

美國主管前往日本接受為期 2 週的課程，接著再到賓州大學的商學院去進行個案研究。透過上課，小組討論與團體簡報等方式，吸收豐田之道的內容，並思考如何應用。

這個學院也管理一所全球領導學校，訓練來自豐田在全球的高階主管。

(四)2003 年 7 月，設立技術訓練中心

2003 年，豐田在日本成立一個全球生產中心，還在泰國、美國與英國分別設立區域中心；這些中心負責培訓訓練人員，訓練內容包括工廠管理技能、

管理者的角色、工作現場技能等。

2003 年 7 月，豐田在愛知縣元町廠內成立「全球生產促進中心」（GPC），詳見圖 10.5，統一訓練來自海外生產基地的第一線種子教官及供貨公司員工。

學員如同向武師學藝般認真學習，希望有朝一日修練成「豐田功」。講師以示範錄影帶、模擬組裝線、演練和演講（進行同步口譯），教學工具絕大部分是看得見的和實作型的，目的是避開語言障礙。自成立以來，可容納 300 人的宿舍，一直處於客滿狀態！學員最長訓練期間二個月。此中心對豐田全球工廠人才育成有較大的助益，如今任何新車種在全球各地都能同步生產，日本豐田不需再派人力到各國支援。

1.教學 DVD

把過去豐田僅傳給自己人的「長年經驗累積工匠技術」全部透明化，把噴漆、沖壓、組裝、焊接等製程，全部製作成影像手冊（visual manual），把生產步驟分解到學習最遲緩的人只要經過練習都能學會組裝汽車。影像手冊的數量約有三千種，這種方式使學會技能的時間由原來 4 週縮短到只剩 2 週。

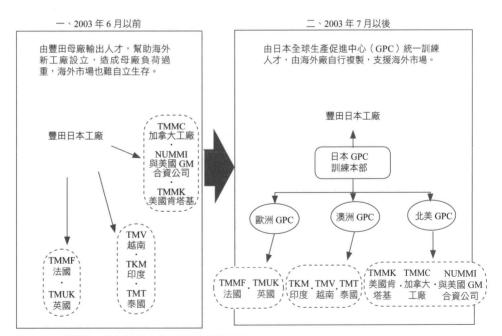

圖 10.5　豐田在各地區設立全球生產促進中心

資料來源：今周刊，2007 年 10 月 22 日，第 88 頁。

以車體塗裝工程為例，從油漆噴槍的握法（食指和中指放在板機上）、噴出的最好姿勢（不是用手臂，而是身體要一起動），到噴出的距離、速度等，各項目都詳細地指示最佳方法，這樣的訓練計畫，讓任何人都可以在短時間內達到一定的技能水準。

2.訓練用生產線

這座工廠設立一條訓練用生產線，從塗裝、組裝、品管到出廠，進行一系列的現場操作訓練，每一批次有 130 名各國生產人員見習。

3.實地演練

隨著節拍器的節奏練習拴緊螺帽、觀看自己的工作錄影帶以精進上漆技巧。練習把適切的動作內化進身體，這樣比較像在上舞蹈課，學員必須跟上節拍器的節奏移動。上漆練習要求學員對著鏡子噴水，練習用的鏡子裝有攝影機，會錄下學員的動作，然後讓學員發覺錯誤。鏡子下方放了一排杯子，承接流下來的水，每一個杯子的水位必須等高，要不是等高，表示學員的動作不對。

「這來自經驗，身體知道怎樣學起來。」1977 年次的兵藤和夫站在汽車組裝線上，示範怎麼站、拴螺帽。

「聽到了嗎？拴緊螺帽時傳出金屬聲，就表示鎖太緊了。」組裝線經驗豐富的兵藤指導海外公司的作業員如何正確拴螺帽。[5]

豐田是最晚被大陸政府批准的外資汽車公司，第一家轎車工廠天津豐田 2001 年才獲准設立。正因為起步太慢，豐田用史無前例的速度與深度，全力發展廣州豐田。

廣州豐田由廣州汽車工業集團（簡稱廣汽，港股代號 2238）跟豐田各持股 50%，2004 年 11 月破土建廠，分二梯次，派遣 700 人赴日學習；2005 年元月首批新進人員 350 人赴日研修；2006 年 4 月宣佈生產冠美麗（CAMRY）車型；2007 年產量達 15 萬輛。

(五)以泰國豐田為例

2004 年底，日本豐田製造副總裁白水宏典（現為大發工業董事長）下命令給泰國豐田：「兩年內你們要蓋好一座新的組裝工廠！」

　　泰國豐田幹部以為自己聽錯了，通常蓋好一座外國工廠需要花三年，可是白水宏典的命令是「二年內完工」，他還下了另一個顛覆豐田慣例的命令：「不要求日本支援，靠當地公司就蓋好工廠」。

　　這樣的高難度，引起泰國當地員工一陣騷動。

　　泰國豐田幹部沒有讓白水宏典失望，工廠 2007 年 1 月啟用，泰國的幹部終於保住工作，不僅如此，建廠過程中，日本豐田支援人數減少到以往的一成。如今，已成為豐田集團海外最早完全自立的據點之一，創下豐田新示範。

　　泰國工廠的建廠案例成為豐田重要教材的主因是它打破豐田以日本人為傳遞豐田技術核心的慣例。泰國 Ban Pho 工廠能夠獨立快速運作，就是發揮「全球生產促進中心」的威力。泰國新僱用的 700 人就「亞太生產促進中心」（AP-GPC）中的泰國中心訓練。設備配置和模具設計也由泰國中心據點 Samrong 當作母廠提供協助。

　　泰國豐田年產量 50 萬輛，相當於富士重工業一整年的全球產量，證明這個人才複製機制是成功的。

　　基於泰國廠的複製成功，日本人開始自問，為什麼不讓泰國方式往周邊國家複製？泰國豐田的下一步是取代日本豐田來支援海外豐田。2007 年 4 月第一波計畫已經展開，對象是 21 世紀最重要的市場之一——印度。其目的是要讓 1999 年才成立的印度廠，學習泰國廠的操作技術。

四、標準動作的訓練

　　標準動作惟有透過訓練方式，才能「一傳十，十傳百」，在公司內的全球各工廠同步或陸續展開。

(一)由種子教師開始

　　「標準動作」的複製過程如下。

　　1.種子教官，由班長中選擇動作標準、口才伶俐的先受訓成為種子教官，
　　　再去教士官。

　　2.士官班，即對股長、班長實施工作教導。

　　3.士官再教班兵。

(二)學習曲線的影響

由於員工有學習效果曲線，所以在產能規劃時也應考慮學習效果。學習效果對產能的影響，不僅於生產中作業的操作，有時候還可以追溯到生產前，例如工具與設備的選擇更快、更正確，產品設計及生產方法分析更完美、更節省時間。此外，學習效果對於管理者在規劃（例如日程安排）、激勵員工與控制也是重要因素之一，例如：排程內容會越準確，排程的時間也會縮短。

(三)衡量學習效果

1920 年代，飛機製造公司發現機體結構的產量累積越多，生產速度就越快，成本也隨之下降。當累積產量增加一倍時，成本會比前一階段降低二成左右。

萊特（T. P. Wright）於 1936 年把此現象稱為**學習曲線（learning curve）**，在製造飛機機身過程中，一個人重複作一件相同或相類似的工作一段時間後，會因熟練度的提升而增進其工作效率；直接人工成本會因生產數量的增加而降低，這種現象稱為學習效果（learning effect），詳見圖 10.6，也就是俗稱的「一回生，二回熟，三回通」，即每重複做一次，約可進步一、二成，直到無法再進步為止，以圖 10.5 來說，第一次作時花 10 分鐘；第二次進步一、二成，只需 9 分鐘；到第五次做時，只需 6 分鐘，之後便再沒進步，進入學習高原期，即學習曲線由「學習階段」進入「標準階段」，單位生產時間趨於固定。

成熟度（maturity）＝ 1 － 學習成長率

當學習成長率 ＝ 100%，即成熟度等於 0，表示完全沒學到，白學了。

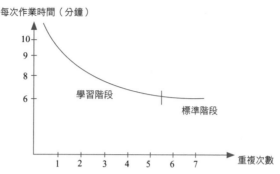

圖 10.6　學習效果曲線

第六節　標準化的執行

　　標準化的執行可用「知易行難」來形容，對新員工比較容易貫徹，因為他是張白紙，你說什麼，他大概就照做。對老員工就比較難，倒是應了「老狗學不了新把戲」這句俚語，主要是對舊的操作方式已經很習慣。

　　因此，如何讓員工採取新的動作標準可得費一番心思。

一、啟動最難

　　太空梭登陸月球時，最耗能量的不是飛往月球的 38 萬公里，而是脫離地心引力的最初幾公里，一個習慣養成，維持很容易，但是要戒掉，卻需要比培養一個好習慣多花十倍的力氣，可說是「舊習難改」（old habit dies hard）。

　　有些公司甚至聘請人類學者，藉用其對人類行為的研究，來了解員工為何抗拒新標準動作。對因下藥，才能藥到病除，否則有可能發生「陽奉陰違」的現象。

二、一個命令，一個動作？——工業人類學者

　　國家地理頻道常播放人類學者所拍攝的世界各原住民部落的生活，同樣地，工業人類學者（industial anthropologist）研究的是工廠內員工的行為。

　　其中，比較令公司、主管討厭的是：員工不照標準作業程序做事。

　　2006 年出版橫掃全球的暢銷書《蘋果橘子經濟學》（*Freakonomics*）的二位作者，芝加哥大學經濟系教授李維特（Steven Levitt）和作家杜伯

納（Stephen Dubner），2009 年 11 月出版了續作《超級蘋果橘子經濟學》
（*Superfreakonomics*），探討了許多有趣的主題，其中一個重點主題談的就是
行為：為何行為如此難以改變。

(一)如何讓醫生洗手

「醫生不洗手」就是一個典型的例子。19 世紀中期，奧地利維也納綜
合醫院的西梅爾魏斯（Ignatz Semmelweis）醫生發現了導致產褥熱，以致產
婦及新生兒高死亡率的根本原因，是醫生在接生前未消毒洗手（或未正確洗
手）。但一直要到幾十年之後，世界各地的醫生才普遍接受必須正確洗手的概
念。不過，要是你以為從此之後，醫生都普遍重視手部衛生，那可就錯了。

美國國家醫學研究院在 1999 年發表的調查報告中指出，美國人每年死於
可預防的醫院疏失的人數比死於車禍或乳癌的人數還要多。其中發生最多的疏
失之一是傷口感染，因為醫生未勤於洗手！這份報告出爐後，全美各地的醫院
趕緊矯正問題，推出各種方案與誘因，但成效極有限。醫生們或因覺得洗手太
耗費時間，或因傲慢而認為自己不是禍因，普遍未能正確洗手。

洛杉機市一家醫院在一場主任級醫生出席的午餐會議上，讓這些醫生們在
培養皿裡印上自己的手掌。該醫院把令人吃驚、作嘔的細菌培養照片，下載到
醫院裡每一台電腦上，作為螢幕保護程式。這種怵目驚心的警告，比任何其他
的激勵誘因都更有成效，該醫院的手部衛生遵守率立刻上升至接近百分之百。
其他醫院也開始仿效這種簡單、便宜、有效的「電腦螢幕保護程式」作法。

為何如此攸關人命的行為，醫生們這麼不重視？答案在於誘因和外部性：
病患接受到的危險病菌是醫生行為造成的外部性。醫生不洗手，原因在於自己
的生命沒有受到危及，而是被他診療的下一名病患！[6]

(二)約翰・霍普金斯大學附設醫院的作法

美國約翰・霍普金斯大學醫學院（Johns Hopkins University School of
Medicine）教授彼得・普羅諾佛斯特（Peter Pronovost），於 2001 年彙編一
份檢核表（check list）給密西根州多家醫院，要求加護病房中負責執行導管插
入（即插管）動作的醫生切實執行五個步驟：事先洗手、用抗菌液清潔患者皮
膚、為病患覆蓋無菌布、穿戴全套無菌裝備，以及事後以無菌用品進行包紮。

這套動作簡單到根本就是基本常識，但在利用檢核表強制醫生執行一年半後，原本頻繁的導管感染病例幾乎不復見，估計替醫院省下 1.75 億美元，更挽救了大約 1,500 條人命。

三、標準化的工具

1.操作單

操作單（operation sheets）是一更詳細的途程單，可由製造途程單中分別節錄印發給個別員工，其內容包括下列數項。

- 使用的設備；
- 使用的製造工具及檢驗工具；
- 員工應有的技術水準；
- 標準工時；
- 加工範圍，特別標出加工部位及其尺寸；
- 施工細節及加工順序。

2.工作說明卡

工作說明卡運用於較重要且連續性的工作。

四、準則訓練與可視化

標準動作如果太複雜，則可以製作圖解，一步一步的讓員工有所依循。這種方式俗稱「教戰守則」、「準則」。在表 10.13 中，針對工作前中後的 4M 中的方法、機器都有標準作業程序。

五、魔鬼都在細節裡

標準動作的養成跟習慣一樣，有如小孩學刷牙，父母要教，也得花時間誘導，之後，還得花一段時間監看。

(一)檢核表

檢核表是標準化的資料之一，在作業流程之中設下查核點（check point），主管據以進行查核。

(二)現場主義

主管需親自到員工的工作現場查看是否確實依照標準動作作業，有人建

議採取經常「5-5 活動」法則，每天看 5 個製程，每個製程看 5 分鐘。班長在員工的工作現場現地，連續注視 5 分鐘，看員工遵守狀況。反覆性作業的遵守狀況應注視 5～10 循環，如此可看出是否照表操課，一旦發現脫線，馬上進行指導再訓練，如此一天中至少看 5 位員工的作業。對於新員工的作業須加強優先查看，在每天開始作業時、休息時間後再開始工作時與快要下班前時段，分不同時段確認。

尤其是發生不良品等時，主管應立即到發生不良等問題的工作現場，查看員工是否照表操課。

(三)準則也得與時俱進

依照標準作業準則作業，品質卻發生問題，那就是準則出了問題，班長必須向上反映，由準則委員會決定是否要變更準則。

每當大野耐一巡視生產現場，發現那位員工作業區上方仍掛著一個月前改寫好的標準作業表，就會被訓斥：「你這個月都在混喔？」大野耐一並不是捉弄員工，而是身為第一線員工，每天一定都會從工作中發現「這樣做比較好」「那樣拿比較順手」的改善點。因此，如果有新的點子，立刻付諸實行：實做中發現問題就再度改善；實做後達到改善的效果，便立刻改寫標準作業表。

註　釋

① 經濟日報，2009 年 8 月 5 日，專 5 版，戴辰。

② 經濟日報，2009 年 12 月 28 日，專 1 版，李淑惠。

③ 經濟日報，2009 年 12 月 7 日，A17 版，張寶誠。

④ 工商時報，2007 年 3 月 6 日，A10 版，陳家齊。

⑤ 工商時報，2007 年 7 月 9 日，A6 版，陳穎柔。

⑥ 世界經理文摘，2009 年 12 月，第 93～94 頁。

討論問題

1. 以表 10.1 為基礎，以一個產品（例如手機、筆電）來說明其製程技術。

2. 以表 10.2 為基礎，以一個產品來說明。

3. 以表 10.3 為基礎，舉一種汽車（例如保時捷）為例來說明。

4. 以表 10.4 為基礎，以一家公司為例來說明。

5. 以表 10.6 為基礎，以一家公司為例來說明。

6. 以表 10.7 為基礎，以一家公司的一個廠的生產線為對象說明其製程技術的演進。

7. 以表 10.8 為基礎，舉一家公司標準學習的例子來說明。

8. 以表 10.9 為基礎，舉一家公司一個產品為例說明。

9. 以表 10.10 為基礎，換一家公司說明。

10.以表 10.14 為基礎，找另一家公司說明。

11

豐田式生產
——作業管理面

　　大廈或橋樑完成了，人們稱讚的都是外面看得見的部分，但有一天洪水地震，有的塌了倒了，才知道基礎的重要。要經得起考驗，必須築好基礎。

　　　　　　　　　　　　——**王永慶**　台塑集團創辦人之一、台灣經營之神

■ 實踐是檢驗真理的唯一法則

　　正確的開始（是指規劃），成功的一半；可是，有另一半成功必須靠執行與落實。在公司的生產管理中，主要指工廠的**作業管理**（operation management）。

　　公司對製造部可能還有其他名稱，主管最高職銜會是製造副總，其次是協理或總廠長，在只有「101」個廠時，索性稱為廠長。由表 11.1 可見，這個「管工廠的」要為「價量質時」四個競爭優勢而負責，也必須妥籌對策，才能使命必達。

　　把製造部分解，會有幾個二級單位（「組」級），他們分工去發揮製造部的功能，詳見表 11.2。

　　接下來，本章主要說明製造部的核心工作，至於製程品管留待第十三章再說明。

表 11.1 製造部的目標

目標（塑造競爭優勢）	方法	相關部門
一、價（成本優勢）：平均成本	1.存貨成本	採購部
	2.機器：產能利用率	製造部
	3.人員	同上
二、量（time to volume）	1.日（週、月）產量目標	同上
	2.平均生產量目標	
三、質（品質）：良率	1.品管制度（品管圈、品質檢查點）	製造部、品保部
	2.員工獎懲	
四、時（出貨時機，time to market）：及時生產	1.排程	製造部
	2.平均生產天數	
	3.運籌	運籌部

表 11.2 製造部各主管的職掌

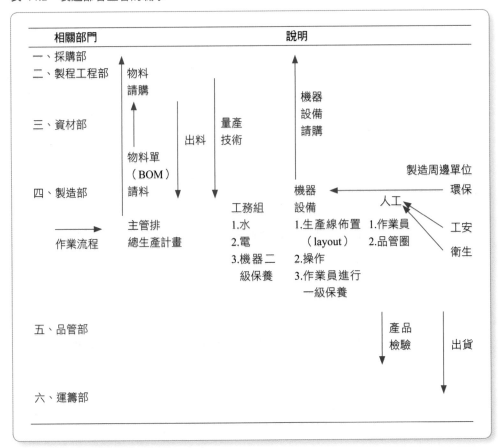

第一節　製造管理

製造管理是由製造與管理二個詞所組成，製造最簡單的說法有二：一是把產品生產出來，一是工廠，而管理活動包括規劃、執行、控制。合著來看，便很容易懂製造管理的涵義了，本節依此分為生產規劃、生產執行與生產控制三段。

一、生產規劃

孫子兵法中有句名言：「多算勝，少算不勝，何況不算？」規劃的目的便是妥籌對策，才不會到時掛一漏萬；有規劃再加上應變能力就能趕上變化。

生產規劃由長到短，可分為年、季、月、週、日（甚至每小時），詳見表 11.6，將會在第二節詳細討論。在此處，我們先從第二版的**製造資源規劃**（**manufacturing resources planning**, MRP II）「電腦軟體」（有時稱為資訊系統）來說明其內容，詳見表 11.3。

＊商業軟體

IBM、德商思愛普（SAP）、美商甲骨文等商業軟體公司都有推出製造資源規劃軟體，有些號稱「商業智慧」。

整套系統常見有 19 個相互關聯的模組：應收帳款、應付帳款、產能需求規劃、跨應用領域支援、資料蒐集系統支援、財務分析、預測、總分類帳、存貨管理、位址與批次管理、主生產排程、物料需求計畫、訂單輸入與開立傳票、薪資處理、產品資料管理、生產控制與成本、採購及銷售分析等。每個模組可獨立運作從事個別分析，並有許多的不同資料與選項可由系統中產生各種報表以供管理者做選擇。

系統通常皆包含一個主從架構（client-server），資料庫前端加上 SQL 及圖形介面，並能連結多個資料庫，能做決策支援所建立的（front-end）系統，自動化的電子資料交換（EDI），標準化應用程式的介面等以提升整個系統的效能。

表 11.3　製造資源規劃電腦軟體

功能部門	說明
○、總經理層級	製造資源規劃（manufacturing resources planning, MRP II）是站在製造業的角度，把所有資源（例如生產、行銷、財務與工程等部門）以發揮企業總體經營效益的一個過程，具有下列性質。 ・屬於公司策略規劃的一部分，由上而下展開的資訊系統。 ・製造資源規劃軟體可作為決策支援系統使用，可以模擬各種情境、對策可能的結果。 ・製造資源規劃軟體為全公司各部門的共用系統，皆使用相同數字、相同策略計畫；把所有業務、資材採購、生產、財務等部門結合在一起。 當一個製造資源規劃電腦軟體不允許外在資訊的回饋以修正電腦軟體的輸出，此便稱為封閉迴路的系統（closed-loop MRP）
一、資材部與採購部 　(一)資材部：物料 　　需求規劃 　(二)採購部	1.由毛需求推算出淨需求，進行事前物料檢核（material checking），以確認物料足以應付製造需要。 2.由主生產排程透過展開成為物料需求計畫，及考慮批量（lot sizing）決策與安全時間、安全存量。 3.零組件採購「批量」決策方法包括批對批法、經濟訂購量法、每期最低成本法、定期訂購數量法、零件期間法、最低單位成本法、最低總成本法及 Wagner-Whitin 法等。
二、設施部	設施規劃通常根據總生產計畫或主排程，計算出所需設施資源的數量，然後再跟實際設施資源兩相比較。最好資源足夠，否則需要擴大設施資源來因應。
三、製造部：產能需 　　求規劃 　(一)粗略產能規劃 　(二)機器負荷 　(三)員工數	進行事前產能評估（capacity evaluation），以確認產能足以應付製造需要，並且建立生產時間建構表。 計算每條生產線工作負荷，求出每個期間各生產線所需的產能需求。 決定在製品水準（WIP level），以平衡製造產品的循環時間、製造產出與存貨水準的高低。 人力規劃是指決定人力使用的政策，通常有二種：一是依據需求的大小來調整人力的結構，另外一種是維持固定的人力僱用數量。

二、生產執行

　　工廠接到業務部傳來的製造訂單，經過生產管理組規劃後，派發製造命令（簡稱製令）或製造訂單給各生產線（有時稱為工作中心）的課長。

　　課長管 6 位班長，再把製令依製程拆成 6 段，派發給班長。班長管 6 位員工，「班」是最小的製程單位，班長是最低階的主管。

　　表 11.4 中以 4M 架構來說明製造命令的內容。

表 11.4　製造命令主要內容

4M 因素	說明
製造命令（簡稱製令）、製造（訂）單、工作單（work order）	製造訂單文件化（order documentation），為了製造的需要，必須先建立有關的製程資訊。 排程包括：負荷安排與日程安排。
一、材料	1.材料清單 2.外購（外包）之排程與跟催（vender scheduling and follow-up） 3.零件清單
二、方法	(一)製造途程單 　　製造途程單（routing sheet）包括所有製造程序的主要資料，功用如下。 　　1.每一種產品生產過程資料的紀錄； 　　2.了解製造過程中所有及每項步驟所耗用的標準時間； 　　3.作為製造日程安排前提； 　　4.作為領料標準依據； 　　5.作為分配員工的依據； 　　6.可以利用標準時間作為產品成本、生產管制與改善的依據，並作為獎工制度參考。 (二)短期產能控制 　　短期產能控制包括進度控制與投入／產出控制。
三、機器	根據生產資源規劃訂下的生產計畫，把製造命令的負荷指派給特定的生產線，並且排定其工作順序。
四、人工	1.操作單 2.工作說明卡

三、生產控制

生產活動控制（**production activity control, PAC**）中最常碰到的便是**現場控制**（**shop floor control**），包括下列幾件活動。

‧資料（日本稱為情報）蒐集與監督；

‧製單完成；

‧製單完工處理；

‧評估與回饋。

　　由表 11.5 可見，生產活動控制是針對「價量質時」四項競爭優勢去控制，由相關單位負責，也會出相關報表。

表 11.5　生產控制

組織層級	價量質時	報表
一、廠長		
・生產管理組	量	1.製造訂單狀態報表（work order status reports）；
	時	2.進度報表（progress reports）；
・會計部成會課	價	3.例外報表（exception reports）。
・製程品管組	質	
二、各生產線：由課長管		左述二、三可說是現場控制（shop floor control, SFC）
三、各工作站：由組長管		

第二節　製造資源規劃──從年到日排程

　　你每週、每日先排定行事曆，就是最常見的排定行程（scheduling），生產線的排程只是變得更複雜罷了，原則還是一樣（詳見表 11.6）。

　　對已決定如何進行工作，訂出時間表，稱為排程，有下列五項功能。

・確定產品的交貨日期；

・確保外購材料、零件、工具等能配合生產需要而及時獲得；

・安排未來工作的時機（timing）與生產順序（sequencing）；

・事先預知生產瓶頸而預先加以解決；

・使所有工廠工作負荷平衡，避免資源閒置（underloading）或過度負荷（overloading）的情形，從而降低成本。

表 11.6　製造排程

涵蓋期間	生產計畫名稱	對象	關心層級
年	總生產計畫（aggregate planning），此時須進行「長期資源規劃」（long-range resource planning）	產品群（product families）或產品線（product lines）	董事長
季	主生產排程（master production schedule），此時須進行粗略產能規劃（rough-cut capacity planning）	個別產品	總經理
月	月生產計畫		製造部主管
週	週生產計畫		廠長
日	作業排程		組長 員工

一、年生產計畫

總生產計畫（**aggregate production schedule**）規劃未來一年每一產品線的生產與資源的分配，針對占公司營收比重大的產品，宜單獨擬定其總生產計畫。

總生產計畫跟第三章所談的產能政策是息息相關的，由表 11.6 所見，製造部主管只能在此產能限制下去盡全力（best efforts）達到生產目標。

以攻擊型產能政策而又兼採訂單生產來說，製造部的壓力特大。一旦稍微有個大單或額外來個急單，工廠常須加班，甚至外包，即動用外包產能（external capacity）。

因此你看到一家公司如果經常加班（overtime），有二種可能：生產真忙，或**內部產能**（**internal capacity**）繃得很緊，而這主要是限於財力，所以一部機器要當二部（即二班制）、三部（即三班制）用。

表 11.7 　2011 年總生產計畫

4M 產品族	材料	機器	人工	方法 （製程技術）
一、個人電腦				
(一)筆電				
(1)供給	900 萬片	100 部	5 萬人	
(2)需求	1000 萬片	80 部	6 萬人	
(3) = (1)/(2)	0.9×	1.25×	0.83×	
(二)桌上型電腦				
二、液晶電視				
(一)LED 燈源				
(二)一般				

表 11.8 　主生產排程

單位：萬台

筆電	當年	未來 3 個月		
	6 月	7 月	8 月	9 月
戴爾	10	6	5	12
惠普	15	13	11	17
宏碁	17	14	12	19

表 11.9 　2011 年 6 月生產排程

戴爾	1　2		30
顯示器			
成品組裝			

1.企業製造資源體檢

　　表 11.7 是董事會關心的，即企業製造資源體檢，把 4M 列出，其中材料種類很多，只需針對關鍵零組件且會缺料者進行例外管理即可。

(1)機器

以此例來說，機器供需比 1.25 倍，即供給比需求多 25%，此即機器的寬裕（slack），或有 100 部機器，訂單只消用到 80 部機器，還有 20 部機器備用。

機器之需要量受生產能量、不良率及生產效率影響，計算公式如〈11-1〉式。

$$機器需求量 = \frac{單位時間生產量}{（單位時間機器生產量）（1-不良率）（生產效率）}$$

$$= \frac{所需數量}{單位供給量} \quad\cdots\cdots\cdots\cdots\cdots\cdots\cdots\cdots\cdots\cdots\cdots\cdots\cdots \langle11\text{-}1\rangle$$

(2)人工

員工人數供需比 0.83 倍，即缺工率 17%，需工 6 萬人，供給只有 5 萬人，還缺 1 萬人。

至於工作分析與所需員工數的決定方式跟機器需求量計算原理相同，詳見〈11-2〉式。

$$員工需求量 = 員工 \times \frac{1}{直接率}$$

$$= \frac{標準工時 \times 每月生產量}{每日上班時數 \times 每月上班天數} \times \frac{1}{出勤率} \times \frac{1}{直接率} \quad \langle11\text{-}2\rangle$$

$$= \frac{需求量}{單位供給量}$$

$$出勤率 = \frac{出席員工}{所有員工} \quad 直接率 = \frac{直接人員}{直接人員+間接人員}$$

$$作業效率 = \frac{標準工時}{實際工時} \quad 經營效率 = \frac{支薪工時-停工工時}{支薪工時}$$

2.例外管理

針對供需比小於 1（甚至 1.2）的部分，必須擬定對策。

二、季生產計畫——淡旺季平滑

一年有四季,再加上人為因素(例如過年),因此造成需求有淡旺季、大小月。要是採取「訂單生產」,那種「船到橋頭自然直」的方式,往往在旺季時得多聘人(先不要談機器)、淡季時少聘人,這對需要技術工人的工廠的可行性很低。

以圖 11.1 為例,華碩的筆電銷售,一年有三個高峰:6 月電腦展、9 月返校月、12 月資訊月(歐美耶誕節),其他時候甚至還出現「五絕六窮」的淡季情況。

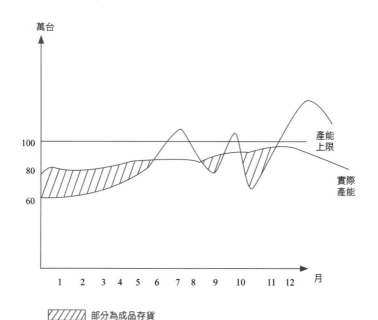

圖 11.1　產量平滑的圖示

(二)平準化 = 淡旺季平滑

目標:平滑化目標為單位時間內生產負荷的變動不要過大。

作法:生產線平衡。

月度(以月為基礎)的平滑化計畫為基本要求,再追求每日生產稼動的平滑化,一般稱為「**生產線平衡**」(**line balancing**),豐田稱為「平準化生產」(leveling production),其作法詳見表 11.10。

表 11.10　主生產排程的平滑化準則

5W2H 架構	說明
what?	生產計畫以次月確定量及未來三個月的預估量,作為規劃時間,具體內容包含原材料的訂購/納入與庫存管理、生產設備之負荷與其生產能力,必要時,「要員」(重要的生產線員工)的變化幅度也需列入檢討範圍。
who?	生產管理組
how much?	1.產能利用率 20^+% 的變化 　此時可能超越產能負荷,須舉行產銷協調會。 2.產能利用率 20^-% 的變化 　此狀況還落在製造部可負擔的範圍。
when?	通常在每個月上旬著手次月準備。

資料來源:整理自李鴻生、楊錦洲(2009),第 56～57 頁。

三、月生產計畫

製造部主管關心月生產計畫,在生產管理組的辦公室內,有個大白板,橫的是 1 到 31 日,直欄是各訂單,可說是甘特圖(詳見圖 11.4)的運用。

(一)不同生產型態的排程法則

由表 11.11 可見,零工式、流程生產適用不同排程法則,本表綱舉目張,詳細說明與數字例子留待《作業研究》再來討論。

表 11.11　二種生產型態下的排程

排程　　生產型態	零工式生產	流程生產
排程法則	(一)流程 　1.固定路徑 　2.變動路徑 (二)工作站中機器數目與種類 　n 代表 n 件工作 　1.單機排程(n/1) 　2.雙機排程(n/2)利用「詹森法則」(Johnson's rule)求解「總完成時間」最小化 　3.三機排程(n/3)求解方法	(一)連續生產 　採取線性規劃法 (二)單一產品重複 (三)批量生產 　同時決定產量與訂單的生產順序 　1.耗竭法(runout method) 　耗竭時間 $= \dfrac{\text{存貨水準(數量)}}{\text{單位時間需求量}}$ 　2.整合性耗竭法(aggregate runout time, AROT)

表 11.11 （續）

生產型態\n排程	零工式生產	流程生產
	同上，或試誤法（heuristic method）	(四)混合產品重複（或混線）生產方式
	4.複雜工作站（n/m）	
	5.工作跟機器數相同的排程（n/n）	
	採取指派問題（assignment problem）求解，例如作業研究中的匈牙利法（Hungarian method）	
	(三)軟體	
	MRP 軟體、模擬指派法	

(二)關鍵路徑法

1950 年代由美國杜邦（Du Pont）公司發展出來的「**關鍵路徑分析**」（**critical path method, CPM**），就是一個藉由加總所有作業所需時間，找出計畫最早完成日期的排程工具。

如果以生產筆電為例，可以先列出所有需要進行的作業、所需時間及前置作業，如表 11.12。

表 11.12 一筆訂單的製造流程

作業	內容	所需時間	前置作業
A	—	7天	
B	—	7天	A
C	—	7天	B
D	—	3天	B
E	—	5天	C、D

在這清單中，一旦作業 A 不先完成，作業 B 就無法進行；但如果完成了

作業 B，作業 C、作業 D 即可開始進行，最後再進行作業 E。

把表 11.12 畫成圖 11.2「關鍵路徑分析圖」，以箭號表明彼此間的先後關係。圓圈內是作業代號，箭號上方可標明完成作業所需的時間，下方則寫上作業的內容。

從完成的關鍵路徑分析圖可以發現，從作業 A 到作業 E 是這個活動的「關鍵路徑」（有時稱為「要徑」，重要路徑），代表完成所有作業至少需要 22 天（7 + 7 + 3 + 5）。當關鍵路徑劃出來後，如果發現估計所需時間超出預期，管理者便要開始調整人力或利用機器支援，來達成流程的優化。

例如，作業 A 需要花費 7 天；在此之前，作業 B 及後續任務都無法進行。為了縮短流程，執行可以加派一名員工或延長工作時間，來支援作業 A，把工作時間縮短到 3 天。作業 D 需要 7 天，但交由外部專業公司進行，雖然需要額外付費，但只需要 3 天。要省錢或省時，就要靠管理者的取捨了。[①]

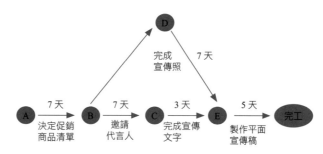

圖 11.2　關鍵路徑分析圖

四、週生產計畫

週生產計畫是廠長到生產線課長關心的事，對課長來說，很現實的是班表（白、夜班，週間、週末班）要早一週出來，員工才可據以決定生活節奏（例如安排休假，簡稱排休）。

五、日生產計畫

把每月的生產量平均展開到每日的生產基準，原則上是把每日生產的作業週期時間設定為一致。

(一)現場排程

製造命令發出後,生產線依據製令進行生產,製造訂單有很多時,現場排程主要在解決下列二大問題。

1.人員、機器負荷

排程時要先掂掂生產線的斤兩,即員工、機器是否能負荷(man or machine loading)得起。

2.工作順序

當產能 OK,接下來便是作業排序(job sequenting),詳見下列說明。

在排程時,必須考慮製造時間。

> **製造時間(processing time, Pt_i)= 加工時間 + 寬放時間(等待與搬運時間)**

3.倒推法

進行排程時常利用後溯排程法(或**倒推法,backgrown inference**)完成基準日程計畫,從交貨日期倒推出每一作業的開工時點,詳見圖 11.3。

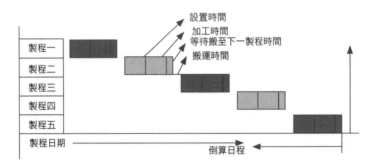

圖 11.3　製程時間與加工時間示例

(二)工作分配法則

對班長來說,管一條生產線(可視為一部機器),此時接到一批定單,至少有表 11.13 中八種工作分配法則。擴大來說,站在廠長立場,把全廠當作單機,也適用這些法則,只是多機情況下,彈性更大,然而計算起來更複雜,留

待《作業研究》時再來說明。

表 11.13　單機排程

訂單時序	工作分配法則（Pt_i，代表 i 訂單的製造時間）	性質
一、訂單批量處理（batch processing）	**1.最短處理時間**（**shortest processing time, SPT**） 處理時間最短的訂單先處理。 缺點：需時最久的顧客往往等最久，即最大延後天數 T_{max} 較大。	靜態
	2.加權最短處理時間（**weighted shortest processing time, WSPT**） 不同訂單重要程度不同，重要程度衡量方式為權重（w_i），可用來決定訂單的順序，此一數據代表單位權數的處理時間，數值越小，訂單順序越前面。 缺點：增加在製品存貨與空間擁擠，即平均流程時間比較長。	靜態
	3.最早到期日（**earliest due date, EDD**） 最短到期日的訂單先處理。	靜態
	4.Hodgson 運算法則（**Hodgson's law**） 這種排程法則是最早到期日法則的衍生型，首先利用最早到期日法則排定訂單順序，當延後訂單件數 N_T 僅有一件時，此時即得最佳解，但當延後件數 N_r 超過一件，此時必須利用 Hodgson 運算法則加以修正。	靜態
	5.關鍵比率（**critical ratio, CR**） 關鍵比率又稱為緊急比率或臨界比率，代表訂單的緊急程度，數值越小其排序越前面（即先排），計算公式如下， $$CR = \frac{DD_i}{Pt_i} \quad\quad\quad\quad\quad\quad\quad\quad\quad \langle 11\text{-}3 \rangle$$ 此種方法為動態問題，即每排完一張訂單，必須重新考量所有待排訂單，以決定下一個排入生產的訂單。關鍵比率值有下列意義。 (1)$CR = \frac{DD_i}{Pt_i} > 1$；代表到期日超過製造時間，因此，此訂單可能不產生遲延，比較不緊急。 (2)$CR = \frac{DD_i}{Pt_i} = 1$；代表到期日等於製造時間，因此，此訂單應立即生產，否則可能會產生遲延。 (3)$CR = \frac{DD_i}{Pt_i} < 1$；代表到期日小於製造時間，因此，此訂單應立即生產，此類訂單最緊急。	動態

表 11.13　（續）

訂單時序	工作分配法則（Pt_i，代表 i 訂單的製造時間）	性質
	6.最小浮時（minimum slack time, ST） 根據浮時來決定排程，「浮時」又稱寬裕時間，代表到期日跟製造時間之差距，計算公式如下。 $ST = DD_i - Pt_i$ ⋯⋯⋯⋯⋯⋯⋯⋯⋯⋯⋯⋯〈11-4〉 當此一差距越小，代表寬裕時間越少，訂單也越緊急，因此，必須先行安排生產。	動態
	7.S/O 法則（ST/Operations） S/O 法則是把寬裕時間平均分攤到整件訂單中的每一作業，其計算公式如下。 $S/O = \dfrac{浮時}{未定作業數}$ ⋯⋯⋯⋯⋯⋯⋯⋯⋯⋯〈11-5〉 當此一數據越小時，即代表每一作業的寬裕時間越小，因此，此一訂單必須先行生產。	動態
二、循序而來的訂單，採取即時處理（real-time processing）	8.先到先服務（first come first service, FCFS） 先接到訂單先處理，優點為表面上公平，因此，凡是公眾的事務，例如等車、銀行辦事或醫院看病，最常採用此種準則，此種準則造成較長的平均流程時間與等候時間，因此並不是好的排程方法。	動態

(三)甘特圖：掌握時間進程

　　甘特圖（Gantt Chart）是由亨利・甘特（Henry Gantt）於 1917 年所發展，以長條圖標明各項工作的時間排程，常用於生產計畫、日程安排、派工與進度控制。

　　甘特圖有下列幾種衍生型，詳見圖 11.4。

1.負荷圖（load chart）：用來分派到某一工作站、機器、員工的工作量，例如圖 11.4 上圖。

2.記錄圖（record chart）：用做訂單排程和進度報告的工具，例如圖 11.4 下圖。

3.方案計畫圖（program progress chart）：用來表明各活動順序和時間關係。

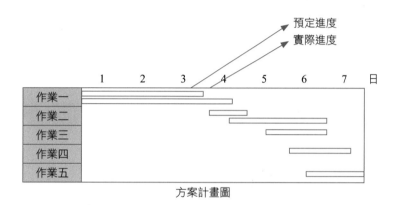

圖 11.4　甘特圖的種類

　　繪製甘特圖時，橫座標註明流程中的時間單位（依工作者需求，可劃分為時、日、週、月、季、年等）；縱座標條列出各項作業名稱。透過長條圖，可以清楚看出各項作業的起始時間、完成日期、先後順序、讓工廠經理掌握執行中的製令工作細項、各項工作的進度，以及應該完成的時間，並了解資源和人力分配的情況。

　　有許多軟體支援甘特圖的繪製，不過一張圖最好不要標示超過 30 件活動，以免因為圖形太繁雜，反而失去一目了然的優點。[②]

(四)日班表的二種表示方法

　　日班表必須兼顧訂單進度與員工負荷，底下詳細說明。

　　1.以進度目標為對象

　　以現有各產品別的「作業山積表」（作業山積表是個人別作業內容所需時間的累積表格，依「標準作業」書而來）為基礎，來分析及調整各產品別的作業工時，使得各作業間差異變小，進而追求降低單位時間內混合一起生產產品

的總生產工時，以減少生產線上時程的變異。

2.以員工為對象

適度搭配加工容易的產品混合生產，儘可能讓生產線每日加工的整體難易度得以均衡，並使生產線負荷與庫存均能平滑化。

第三節　豐田式管理──精實生產

豐田式管理跟所有各式管理一樣，依內隱程度高低大抵可以一分為二，詳見表 11.14，本書第五、九、十三章說明術科部分，尤其本章可說是核心部分。

表 11.14　豐田式管理的範圍

內隱程度	大學課程分類	武功	本書相關章節
形而上，即內隱知識，有點「道可道非常道」的味道	學科	內功，例如金鐘罩、鐵頭功	
形而下，即外顯知識，較容易學	術科	外功，例如劍招、拳招、輕功	chap10 製程技術與標準化 chap11 豐田式管理 chap13 製程品管

一、精實生產的時空背景

第二次世界大戰後的日本陷入空前的經濟危機，內需不振，豐田既無豐裕資金，資源也很有限。日本的工廠規模大幅縮減，沒有辦法像美國的福特汽車公司提供寬大的工作空間，只好努力想辦法，如何利用有限的空間，迅速組裝一輛汽車，「需求為發明之母」，「窮則變，變則通」，因此發展出精實生產。

當時擔任豐田總裁的豐田英二（豐田喜一郎的堂弟）的看法，很清楚可見降低成本的重要性。

「商品」的價格是由顧客決定的，而獲利則源自於削減成本。要削減成本，必須追溯到製造過程的源頭。

二、浪費是種罪惡

當物資不充裕情況下，必須物盡其用，才能滿足生產需求，自然而然地把浪費視為一種罪惡。

(一)「浪費」的涵義

基督教所指的「罪」比法律上所指的「犯罪」範圍廣太多了，是指「不討神喜歡的事」，甚至直指思想上的罪，例如負面思考（像怨恨某人）。

以這個角度來看豐田所想消弭的「浪費」就很容易懂了，由表 11.15 可見，浪費有二層涵義，這跟效果、效率涵義相同。

表 11.15　豐田定義的「浪費」二層意義

影響程度	說明
一、效果或效能（effectiveness）	一切不為顧客創造價值的活動，都是浪費，凡是不增加價值的活動都要消除。董事長張富士夫本人就是杜絕浪費的最佳代表，工程師背景出身的他，上任後特別強調所有生產必須從顧客（包括生產線上後端的內部顧客，以及最終產品的外部顧客）的角度來檢視製造流程。 在這套生產方式中，要思考的第一個問題是，「顧客希望從這個流程中獲得什麼？」然後再來定義價值。觀察每一個流程，把創造價值的活動與步驟跟未能創造價值的活動與步驟區分開來。如此，要創造價值的流程需要的資源、未能創造價值的活動與步驟，應節省多少就能一目了然。 (一)價值創造（value creating） 　　從最終顧客的角度來界定價值，所以，要跟顧客建立暢通的溝通管道，才有可能精確認知相關價值。這些價值要在產品提供及顧客消費的過程中呈現出來。 (二)價值流確認（value stream identification） 　　這是對於提供特定產品（服務）給顧客所需活動的整體評估，使得整體流程就是「價值」的流程。 **價值流圖**（value stream mapping, VSM）是精實概念下用來分析價值流及訂定改善作法的重要工具，主要執行方法是繪製出製程的步驟，定義出製程中增加價值與浪費的地方並藉由改善（Kaizen）方案的提出來消除浪費。
二、效率（efficiency）	縱使是有創造價值的活動，所消耗的資源如果超過了「絕對最少」的界線，也是浪費。

(二)浪費的種類：七種製造之惡

大野耐一認為大量生產會帶來七種浪費，必須予以降低、排除。「浪費」會增加成本，因此可由資產負債表、損益表來了解其影響金額、幅度，各部門再來尋求解決之道。

1.損益表的角度

在表 11.16 中，我們依價值鏈順序把七種浪費編序，而在表 11.17 中七種浪費的號碼就是這麼來的。

(1)對資產負債表的影響

製造太多（成品存貨）、存貨二種都是資產負債表上的「存貨」科目內，一旦市價下跌，存貨價格跟著跌。當然，在製品存貨過多，會造成「置場空間浪費」等，也會影響損益表，但金額不大。豐田沒有「現場倉」，而稱為「暫置場」或「置場」。

(2)對損益表的影響

其他五種浪費，主要影響的都是損益表上的營業成本，像搬運的浪費主要是指浪費電力，因為要靠運料車、門式吊車等設施。

表 11.16　浪費的影響

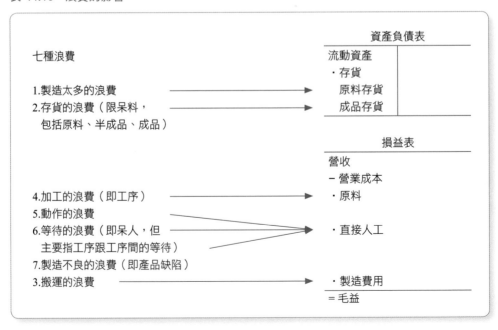

表 11.17　七種浪費跟主要負責部門與本書相關章節

主要對策 與本書相關章節	負責部門	目標 （精實以消除浪費）
後拉式生產（pull），即訂單生產，§8.1	業務部	1.製造太多的浪費，§11.4 　製造多餘的物品而賣不出去，等於製造廢棄物。
零庫存（zero inventory）、及時生產（Just-in-Time, JIT），§11.5	採購部	2.存貨的浪費（即呆料），§11.5
供應鏈管理，§7.3		庫存是罪惡的。
	製程技術部	3.搬運的浪費
跨功能部門的組織運作		4.加工的浪費（即流程、工序） 　在製品（WIP）過多，會造成生產線的凌亂。
多能工培養與彈性調動，§10.6	製造部	5.動作的浪費 　只有徹底消除浪費（Muda），才能有效降低成本。
小組改善組織（例如品管圈）、員工的賦權與能（empowerment）及員工的自主管理等，§13.5。		6.等待的浪費 　善用公司有限的資源。
6S 管理：即整理、整頓、清掃、清潔、教養、安全。 建立馬上解決問題，一開始就重視品質的文化與習慣。 提案改善制度	J. K. Liker（2004）的補充	7.製造不良的浪費 ＊忽視員工創造力的浪費：人的潛力可以不斷地被激發出來。

三、精實就對啦！

「精實生產」（lean production）是把精實的意涵引用到生產管理，lean 指的是「緊實、沒有多餘脂肪」，對應到企業經營，則是沒有任何資源浪費的現象，流程運作順暢，以最小的投入達成利潤目標。

四、我們的劃法

豐田式管理太有名了，所以有許多大同小異的圖，我們採取「投入—轉換—產出」的因果圖，分全景與近景二個圖。

1.全景

圖 11.5 中「豐田式生產系統」那一段涉及公司的「投入」、「轉換」，

本圖多增加對「產出」的影響。也就是對「競爭優勢」、「經營績效」的貢獻，打 √ 處是影響最大項目。

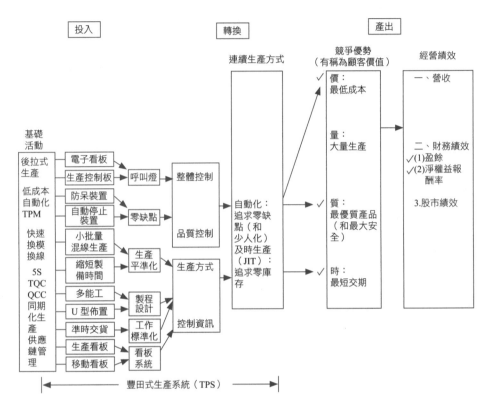

圖 11.5　豐田式管理

2.近景：及時生產

圖 11.6 是把圖 11.5 中的「及時生產」（**just-in-time, JIT**）局部放大而成，第四、五節會詳細說明。

1985 年美國工業工程師學會（Institute of Industrial Engineers）出版《創新管理：論日本企業》（*Innovations in Management: The Japanese Corporation*）時，幾乎沒有人注意。

1990 年美國國家製造科學中心（National Center for Manufacturing Sciences）出版《與世界級製造業競爭》（*Competing in World-Class Manufacturing*）時，及時生產已成為美國當紅的觀念，迅速傳遍整個製造業。不久管理顧問也趕搭這班快速列車，加速了及時生產的實施。IBM、摩托

羅拉、哈雷（Harley-Davidson）等數十家大公司紛紛採用。

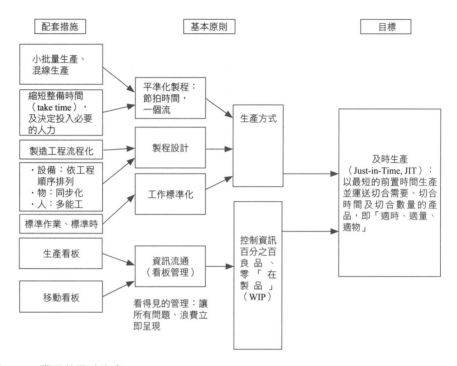

圖 11.6　豐田的及時生產

第四節　七種製程浪費的防治之道

在表 11.17 中，我們依核心活動順序列出各部門所造成的浪費，本節詳細說明。

一、業務部決定產量⇔製造太多的浪費

「供過於求」是大部分公司虧損的原因，以汽車為例，每年到年中（註：年底到隔年 3 月是銷售旺季）只好打八折賣隔年份的中古「新車」。因此，豐田寧可讓顧客等，也不要「等嘸人」。

(一)問題：製造太多的浪費

生產過剩的浪費包括：數量過多和時間過早等。

(二)解決之道：訂單生產

豐田採取訂單生產方式以解決製造太多的浪費，也就是「不見兔子不放鷹」。但是計畫生產（註：推式生產一詞不易望文生義）跟訂單生產不是二選一的問題。

1.是適用時機問題

注意，豐田強調的「拉式生產」（pull system）即訂單生產，僅只於「組裝」而已。至於前置作業（零組件）早已等在那邊。

豐田自製的零組件基於規模經濟的考量，是採取批量生產。由於是每天開工生產，因此一旦發現銷售目標達成率低，這部分會產出無謂庫存，只好降低油門、降低速度。比較常見情況是依最低預測銷量來生產，到時如果發現不足，還可調撥（各工廠間）、加班甚至外購。

2.還有程度問題

豐田的汽車組裝看似「及時生產」，即今天某一個經銷商傳一張訂單來，就生產那一輛車，而且同一車款（例如冠美麗 2400 cc），至少還有顏色、是否開天窗的差別。

以車架為例，從車底盤、鋼樑到機器人組裝只消 17 分鐘，這部分可以依訂單生產，但是車底盤、鋼樑早已做好放在零組件暫置場中了。

由表 11.18 可見，這樣子使自己曝露於「熱漲冷縮」狀態，即旺季時忙得加班、淡季時工人閒到「抓蚊子」（比喻）。因此豐田的平準化製程最大範圍還是想平滑淡旺季產量。

3.後補充生產方式的優點

豐田以「後補充生產方式」（詳見表 11.19）來落實訂單生產，這適用於特定生產線（小量多樣特點）負責供應多種產品的生產方式，因為無法遷就需求立即安排生產，所以用置場的庫存來取代生產延遲的緩衝時間，而置場短少量即為生產線的補充量，生產線僅於必要時機裡補充必要對象必要量。

此方法能以小錢建構可製造出最多種類產品的泛用生產線，務必在以有限的條件與人力，循環式製造出後工程所需所有產品。

表 11.18　二種生產下單方式

生產型態	預測生產	訂單組裝
一、別名	推式生產（push system）、推式排程（push scheduling）、計畫生產。	拉式（或後拉式）生產（pull system）、拉式排程（pull scheduling）。
二、行銷管理上名詞	製造導向。	行銷導向。
三、說明	推式生產是計畫性生產，每一工作站各自接受來自生管單位的製造令單，獨立性生產所列工作，其產量不受前後工作站產量的影響。	接單後才開始依訂單的樣式、數量，在適當的交期之前才組裝。
四、優點（適用時機）	計畫生產最大特色為可以確保在預定日程內完成業務部交付品質、數量及交期的生產任務，且可追求設備最大產能，生產線發揮最大效率進行加工。此法適用於流程穩定度低的情況。	避免「製造太多的浪費」，此法適用於流程穩定高（例如不缺料、訂單不太波動）。
五、缺點	製造太多的浪費。	及時生產（需要時才生產）與幾近於零的在製品庫存的作法，有可能會出現停工待料的現象。但因下列原因，問題不大。 1.不會停工待料：幾乎所有零組件供貨公司皆在豐田組裝工廠旁設立發貨倉庫。 2.平準化生產：豐田採取此以平滑（smooth）淡旺季。
六、豐田的運用	零組件生產因有規模經濟，因此採預測（計畫）生產。	汽車組裝採取訂單生產。

　　前工程（或前一個工作站）中置場料架上的在製品安全存量可說是「超級市場」，在全項產品置場內，原則上被使用者取走一個料架，就立即生產補充一個料架，但因無法同時滿足全項產品的立即補充目標，所以必須以最小批量的循環生產取代同時補充的生產難題。

　　4.後拉：後工程往前取

　　訂單生產製程中時常會遇到訂單斷斷續續的情況，而必須使用批量生產，製令下達給關鍵製程（一般是指瓶頸機檯）由它控制整條生產線的生產速度。

　　另一方面，每個工作站（除了成品外）都有一些在製品存貨擺在貨架上，

稱為「超市」。「超市」即為看板系統的一種形式，只要在超級市場儲架（出貨區）上的任何物品被取用後，都會被立即地補充。

表 11.19　豐田式管理的後補充生產方式

價值鏈	前「工程」*	後工程	生管人員製令	客戶訂單
說明	物品置場管理者為前工程，前工程員工獲知置場內零件不足時，加工後補充之。之後再把自己的物品連同看板（即完成加工訊息）送至自己的置場，以供後工程下一回取用。 一方面，前工程再把被引取走的對象與數量的訊息再傳送到再前一工程，提供給再前一工程之必要量的生產補充。 「置場」為材料、工程品或是完成品的放置保管場所之簡稱。	1.後補充的定義 以後工程（需求者）依照工程內的消化狀況，在不欠品目標下，事前到前工程的產品置場，取用自己所不足的物品，而前工程再依照置場裡所欠缺的零件與數量，進行即時的補充。 2.「引取」（日文）或後拉 就像顧客到商店產品架區去選擇自己所想要的商品一樣，「引取」是以後工程為顧客，前工程為提供產品的生產者，後工程顧客依照自己所欠缺的零件，到前工程生產線置場取用自己所需的產品。	訂單生產是委託性的生產，生管人員僅提供產品需求量和時程給製程最後一工作站，透過「卡」（看板）的傳遞，使每一工程僅生產被後程提領的生產數。 *有節奏的領取 建立穩定數量與平滑的生產節拍，可以創造可預測的生產流動，優點是可以幫助發現問題，並且能夠迅速地採取矯正行動。穩定的生產即是有規律地下達生產指令，讓各站取走等量的成品，稱為有節奏的領取（paced withdrawal）。	

*「工程」或「工作站」。

二、製程進度決定採購量⇔存貨的浪費

存貨過多俗稱「呆料」，這帶來下列問題（依重要性排列）：**存貨跌價損失、存貨資金積壓、倉儲等相關成本。**

(一)問題：存貨的浪費

存貨的浪費是自製與零組件供貨公司交入過多零組件，造成在庫過多現象。

(二)解決之道

由表 11.20 可見，豐田一再挑戰安全存量水準，以降低「存貨的浪費」。

表 11.20　豐田降低「存貨的浪費」的方法

存貨種類	零組件	在製品	成品
一、定義	・安全存量	・必要的（半成品）存量，這是為了維持前後工程間順暢而生產的。 ・儲蓄存貨：這屬於長時間保存且固定時段更換。	
二、解決之道		如何定義庫存為過多或不當？ 1.檢視該存量是否具備必要性，此可藉由生產線能力進行分析，如果生產能力高且穩定，使得「存貨」不常被動用時，即為多餘庫存，也就是可以被消除的對象。 2.透過降低庫存的必要量，刻意造成生產線因缺料而停頓來思考改善對策。這種作法可視為不斷改善的出發點，這其中有高度的困難度，但這正是考驗員工是否具備獨特的企業文化，塑造出「智慧」與「改善」的現場改善風氣；一旦具備，將會以嚴苛的眼光及懷抱問題意識，面對已熟悉的現狀，從中找出更多不為人知的潛在問題，予以正視並解決之。	

三、設施規劃⇔搬運的浪費

工廠內的物流，包括零組件、在製品（即組裝中的系統與汽車）。

(一)問題：搬運的浪費

搬運次數過多或不必要的搬運會造成「搬運的浪費」，以工廠內零件的移動為例，移動零件不會增加它們的價值，零件還可能會掉落或磨損，反而有損價值。因此，應該盡量限制零件的移動。豐田追求生產現場的東西越少移動越好，趨近理論的極限：零移動。但要做到這點需要勇氣，還得有不循常規的思

考。

(二)解決之道

設施長等人會持續性的透過搬運設備、料架等，以減少「搬運的浪費」。

四、流程再造⇔加工的浪費

當流程不順時，會造成流程打結（即有人多做白工），此時宜經常進行流程再造。

(一)問題：加工的浪費

製造方法不佳或繁瑣造成加工的浪費。

(二)解決之道

避免「加工的浪費」看似簡單，實際上連原因都必須先了解，再來對因下藥。

1.病因

造成「加工的浪費」原因至少有下列幾個，宜對因下藥。

(1)顧客的規格不明確或經常變動；

(2)部門間的目標不一致或溝通不良；

(3)員工不知（不清楚）作業標準；

(4)過多的檢查或試驗。

2.流程再造做到暢流

流程再造（business process reengineering, BPR）指的是企業從根本上重新思考、重新設計企業流程，希望能在價量質時等關鍵績效指標上，獲得突破性改善。

流程再造常用的方法為以色列物理學者高德拉特（Eliyahu Goldratt, 1984）所提出的**限制理論（theory of constraints, TOC**，又稱制約法）。

其管理哲學是一套邏輯思考程序，強調「任何一個系統必然有其存在的目標，而達成系統目標過程中必然有其限制存在」，透過下列三步驟以解決系統的限制（此處指影響生產系統績效的任何事，例如製程中的瓶頸）。

(1)確認（identify）：確認系統的限制；

(2)發揮（exploit）：充分發揮該限制的功能；

(3)配合（subordinate）：並由系統中其他功能的完全配合；

(4)提升（elevate）：把生產系統的限制提升（elevate）；

(5)良性循環：並且重複執行此一循環，不要讓惰性（inertia）成為生產系統唯一的限制因素。

3.暢流＝一個流

改造生產流程，以一個流（**one piece flow** 或暢流）、小線化生產、小量多樣取代以往的「經濟批量」，剔除浪費的流程與活動，詳見表 11.21。

例如在可樂填充廠附近，設立整合式的小型煉解廠，把煉鋁、熱軋壓延、冷軋壓延、製罐流程連接起來，就可以大大縮短各種搬運、閒置的時間與成本。

表 11.21　豐田避免「加工的浪費」的二個作為

手法	說明
一、節拍時間（takt time）	節拍時間是指根據顧客需求計算出適當的生產速度來生產一個產品。及時生產是「以顧客（含生產線上的後製程的內部顧客）的需要來拉引」的方式來生產，各製程是以連續流動，有相同「節拍時間」的進行生產。依據節拍時間將產品種類與數量平均化之後進行製造，藉此可以使物料穩定流動、降低在製品及成品存貨與不必要的人力、設備，來達到穩定流程的目標；並結合看板系統來做生產的資料傳遞協助進行產量的調整。 只下達生產指令給一個生產工程，在應用超市的拉動系統時必須把生產指令下達給價值流中的一個工程，而這個工程稱為基準節拍工程（pacemaker process）。
二、暢流（one piece flow 或 flow）	在生產系統中的「暢流」指的是盡可能地讓作業步驟連續化，一次只生產並移動一個或持續小批量工件，以便讓每個工程只執行下一工程需要的工作。 把工程內的停滯消除，使其能成就一個生產流程。 及時生產要順暢的進行，必備條件之一是生產平準化，其基礎在於建立穩定且標準化的製程，而且，還要做到快速換模，百分百良品才行。

五、工作研究出標準作業程序⇔動作的浪費

探索頻道的節目經常播出運動科學，以快速相機拍攝出奧運選手運動的過程，以找出如何用力等，才能避免用錯力以致浪費力氣，以求「更快、更高、更遠」。同樣地，工廠的員工單兵作業，往往可發現白白浪費力氣的事。

(一)問題：動作的浪費

在作業過程中，出現附加價值之人力或機械設備的運作，例如：取放動作。

(二)解決之道

透過工作研究等，把員工的作業方式標準化，詳見第十章四～六節；簡單彙總於表 11.22。

表 11.22　動作浪費的解決之道

動作浪費的種類	解決之道
一、浪費（muda）	不必要的動作內容及不屬於正規作業者應予以消除，這主要是「動作經濟原則」的運用。 1.消除（eliminate）； 2.合併（combine）； 3.重排（rearrange）； 4.簡化（simplify）。 能上生產線作業的員工，務必接受過完整的訓練，讓其了解其所工作的所有作業內容、順序與要訣。經過長時間的作業之後，可能因人為因素而衍生出自己特有的作業姿勢與方式，一旦該作業方式跟原先標準作業有所差異，則有可能因此而形成作業品質的偏差。因此，現場幹部務必定時對員工實施作業觀察，才能找出其作業不熟練或不適切作業方式，立即予以改正，才能確保所有作業都是在標準作業前提下，在規定時間內，安全且正確地完成作業。
二、無理作業（muri）	不合理姿勢會違背人體工學與作業安全，也是品質不良的主因，解決作業內容的不合理動作或姿勢應列為優先工作。

六、生產規劃⇔等待的浪費

生產線「等待的浪費」最常見的是「停工待料」、「停電」，甚至「當機」，「等待」對個人來說是不愉快的事，對生產線來說，則代表「空轉」，很多人更不愉快了。

(一)問題：等待的浪費

等待浪費的發生起源於作業組合安排不適當、缺料、待料、品質不良等所造成，製程在許多不被注意的短時間停工，對於品質的安定與員工作業、生產線有效運轉時間會有不利影響。這類浪費時常發生在不知不覺與不易發現的角落中，也是生產線課長很容易忽略的地方。例如，員工在自動化生產線上誤遮安全光電燈管，造成機器人自動作業的停止，從設備停止現象迅速找出遮光原因後，約需 1 分鐘才能恢復連動狀態，或是花費 20 秒停機檢查材料有沒有異常定位，或是花費 2 分鐘打開自動閘門挑出灰塵異物再恢復到連動狀態。這些都不是因為設備故障而造成的停工，所以不被歸屬於設備異常，但在這段極短暫的停工時間裡，確實沒有產品的產出。但在課長的統計內，由於時間極短，影響很小，所以很有可能被忽視。然而，累積這些短暫停工，會發現比率不小，以致整體生產效率為之下降。

(二)解決之道

豐田找浪費的手法是從這些停線的事實切入，把所有的停線起末時間與內容作紀錄，也針對問題加以歸類及層別，然後進行要因分析，以找出對策。

1.等候理論的運用

製程中偶爾會有等候的現象，會造成在製品的堆積或原物料等待的問題，藉由等候理論的運用，可評估出合適的生產程序來降低在製品數量。

2.5S

對策之一是**全面生產預防保養（total productive maintenance, TPM）**，以預防保全的方式，避免設備的突發異常，達到降低長時間故障及多次發生的短暫停工，才能維持生產線應有的製造能力，詳見第十三章第二節。

七、製程品保⇔製造不良的浪費

豐田以「零缺點」的高標準目標，希望避免「製造不良的浪費」，尤有甚者，此處的零「不良率」指的是第一次就做對的良率，而不是不良品修正後良率。

(一)問題：製造不良的浪費

製品本應該為良品，但是在製程中因加工方法、人為疏忽、設備故障等因素導致不良品的產生，因而必須重新工作（簡稱「重工」）。造成重工時的材料、能源、設備費及人工成本的浪費。

(二)解決之道

在第十三章中，我們從 4M 的角度來全面說明豐田如何有系統避免「製造不良的浪費」，本處只簡單介紹其中一點。

＊製程檢查處：謹慎品保

精實生產是在流程的每個步驟中，都要做好品保工作，員工一旦發現次級品，甚至有權暫停整條生產線，詳見第十三章第四節。

第五節　豐田的零庫存──物料需求規劃

豐田的及時生產、看板管理、零庫存一如下面所述環環相扣。

投入：零組件「零庫存」，即供貨公司「及時供貨」，豐田藉以避免「存貨的浪費」。

轉換：採取「看板管理」，來傳遞訂單訊息，即製令。

產出：及時生產（JIT），對客戶來說，「及時拿到貨」，對豐田來說，及時出貨，避免「生產太多的浪費」。

一、「零」庫存的零只是形容詞

「零庫存」並不是真正要讓庫存為零，「而是除了安全存量外，沒有多餘庫存」，目標是追求存量最小化。讓庫存在數字上變少，只是結果，重點反而是要藉著在降低庫存的過程中，發掘出生產線上潛在問題，才能有機會改善。

二、零組件零庫存

豐田外購的零組件追求「安全存量以外，零庫存」，供貨公司一日供貨數次，可說隨叫隨到。

(一)零組件零庫存的先決條件

要達到這樣的效率，需要透過供貨公司跟豐田同步化的運作，來消除存貨的堆積。

(二)績效

1980 年，豐田的存貨週轉率（年度營業成本／平均存貨）為 87，即存貨天數 4.2 天。

(三)國瑞汽車的零組件送貨

豐田的一輛車 3 萬個零件，一天生產 400 台不同款式的汽車，等於有 120 萬個零件在流動，但國瑞的工廠卻異常清爽，因為零件只被允許在 4 小時前，由 180 多輛滿載零組件的卡車送到，有的零件一天還會送貨八次，詳見圖 11.7。汽車一旦生產完，立刻送貨到經銷商端。零庫存生產讓國瑞工廠蔓延著最「新鮮」的氣息。這裡已經連續三年（2004～2006 年），蟬聯豐田海外體系生產品質第一的工廠。③

＊提料看板

以豐田堤廠的供料卡為例，詳見下列說明。

和泰汽車楊梅物流中心開箱檢驗零組件

圖片提供：和泰汽車

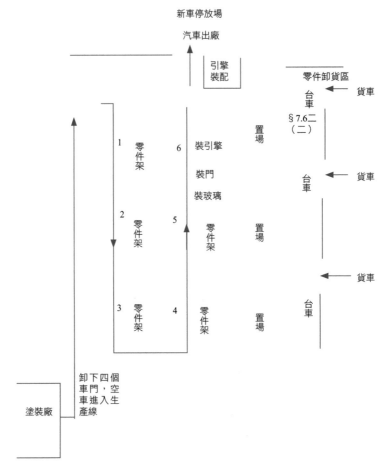

圖 11.7　國瑞汽車的 U 型生產線

(四)日本大金成功的案例

　　日本產學界認為，大金（Daikin）的崛起來自二個力量：大陸市場成功的拉力、直接傳承自豐田汽車的精實變革，二者間又發揮了激盪作用。2008 年底大金員工 7,176 名，營收 4,660 億元，獲利 440 億元。是日本成長最快、獲利最高的空調製造企業。2003 年導入精實生產，堪稱關鍵。

　　大金的董事長井上禮之跟當時豐田總裁張富士夫私交甚篤，是促成這個異業學習的關鍵。2003 年起，豐田顧問銀屋洋每二個月一次，到大金的三個工廠指導。銀屋洋任職豐田技監（最高技術職位）至 2006 年 6 月止，現在仍然任職豐田顧問。井上禮之認為，六年間歷經原物料上漲、季節波動等各種挑

戰，精實系統讓大金充滿活力。

2003 到 2008 年間，大金不僅繳出了亮麗的成長與獲利，五年間產效提高 35%，廠內從投料到完成的製程時間更從 68 小時降到 9.5 小時（七分之一），堪稱豐田汽車以外的極致豐田生產方式。

大金的課級幹部半數是高工或專科畢業，在學生時代就因無緣成為日本社會菁英（進入一流大學工學院），選擇到生產線就業。精實系統的學習與實踐。讓員工的 DNA 發生質變，表現跟大學各校畢業生一樣。

滋賀廠以內部流程精實為基礎的資材供應鏈精實變革，供應鏈管理的目的就是「不讓組裝線等待、沒有多於庫存」。例如公認最占空間的包裝材（例如保麗龍、海棉和紙箱）庫存僅 2 小時，即供貨公司每小時送貨一次。由於廠內製程時間不到 10 小時，廠內排程可準確同步通知供貨公司，供貨公司從出貨的同時，繼續按需求進行下一批次的最終製造。

又如大型沖壓生產線提供全廠所有金屬衝壓件，換模次數影響半成品庫存，及管理這些庫存所需要的空間與人力。2009 年達成每天換模 20 次，已使半成品庫存量控制在 30 分鐘到 1 小時，是後製程前來領取的最低必要量、不需要管理，使用空間僅有原來的四分之一。④

三、看板管理

看板（kanban）是日文音譯字，顧名思義就是「一個板」，跟交通號誌功能很像，有「指示」、「警告」、「限制」的各種意義。

(一)看板

看板制度是對各製程的生產量進行控制的一種資訊系統，看板是一張裝在長方形的塑膠袋內的**卡片（card）**，後來又衍生出下列幾種材質：液晶螢幕看板（稱為電子看板）圖案。

(二)看板系統的基本精神

看板系統基本精神包含六項。

1.品質第一前提，確保後工程持引取看板，到前工程的成品置場來引取的是全數良品；要是有不良品，前工程務必迅速修正完成，不足則強化標

和泰汽車楊梅物流中心出庫進度指示板

圖片提供：和泰汽車

示，避免取用錯誤。

2.確保必要時機裡只引取必要對象的必要量，為後工程向前工程引取的「拉式物流」。

3.前工程生產量等於被後工程所引取減少的量，或是指定批量，確保必要數量管理。

4.沒有看板（生產或引取指示情報的依據），不生產也不引取運搬。

5.零件置場內的料架上，必須有看板或是足以區隔標示的道具。

6.看板是工程內實施平準化，藉以消除工程內無理、不均衡與浪費的道具。[5]

　　國瑞汽車調達企劃室室長李鴻生與學者楊錦洲（2009 年 4 月）表示，道具是應該被制度與人員的智慧所運用，人員不該被道具所牽制才是。尤有甚者，「人能宏道，非道宏人」，看板制度必須落實才有效果，一如看著藥，病情並不會改善一樣。

(三)看板的種類、用途

　　看板的用途至少有三種，詳見表 11.23。

表 11.23　看板的用途

用途	說明
一、生產指示看板	「生產指示看板」是往返於前工程（製造工程）與置場之間的工具，扮演生產指令的道具；依據後工程的消化狀況（最直接的表現則為置場庫存減少量），作為工程內的生產指示。
二、引取指示看板	後工程運搬人員持「指示看板」到後工程（使用工程）置場去取拿所需的零件，具備引取目的的道具為「引取指示看板」。該看板包含「使用車種」、「零件品番號」、「零件置場」、「收容數」，以及後工程的「使用工程」等基本資訊。
三、標示看板與管理看板	(一)標示看板 具備揭示資訊，達到眾所皆知性質的「標示看板」，在上面我們可以獲知人員出勤與工程配置狀況、設備點檢結果、材料批量間差異與作業內容方法的變更等 4M 水準。 燈號看板（也是標示看板之一）可得知生產線是否正常運轉，燈號看板由上而下為紅、綠、黃、白燈，其中紅色代表異常或定位置停止、綠色代表作業完成、黃色表示作業延遲，以及白色代表作業開始；甚至作業是否按照週期頻率進行中。 (二)管理看板 涵蓋各項管理數據的「管理看板」，以標準值為中心的現狀變化，把測定值記錄在有管理上下限的管制圖上，作為製造結果異常判斷的工具。 現場管理要項內的「目視管理」，把工程運轉訊息與製造的困擾點（包含工程內不良問題與改善課題），透過燈號（andon）、廣播笛音（buzzle），以及現場管理資訊呈現在主管面前，如此有機會可以跟主管共同檢討後續改進方向與取得可用資源。

(四)生產控制板

生產控制板在國瑞汽車稱為「進度航道」（p-lane，全名是 progress-lane）。

＊通用汽車的看板管理

美國通用汽車位於加拿大安大略省的奧沙瓦第一廠，採用液晶看板告知員工生產線狀況以保持流暢度，還能看到顯示存貨多寡的顯示板，跟日本汽車工廠採用的方式一樣。北美公司總裁考格說，北美有 30 座的組裝工廠都使用同樣的程序，希望形成同樣的工作環境。[6]

註　釋

①陳芳毓，「關鍵路徑法」，經理人月刊，2009 年 8 月，第 92 頁。

②謝明彧，「甘特圖」，經理人月刊，2009 年 8 月，第 91 頁。

③商業周刊，2006 年 8 月 7 日，曠文琪。

④經濟日報，2010 年 1 月 13 日，A16 版，劉仁傑。

⑤李鴻生、楊錦洲，2009 年 4 月 7 日，第 43 頁。

⑥經濟日報，2002 年 8 月 17 日，第 27 版，孫蓉萍。

討論問題

1.以表 11.3 為基礎，舉一家公司為例來具體說明。

2.以表 11.4 為基礎，舉一張真的「製造命令」（製令）來說明。

3.以表 11.5 為基礎，舉一家公司為例來說明。

4.假如你有三條組裝生產線，有二張訂單的量，各可以支撐一條生產線一班生產（8 小時），你會開二條線還是三條？為什麼？

5.你有二條生產線，一條新的（機器精細度高），一條舊的，你有二張訂單，單價（對規格要求）不同，你會如何排線？

6.以表 11.11 為基礎，舉一家公司的二種生產方式說明。

7.以圖 11.2 為基礎，以一個具體活動來說明。

8.以表 11.13 為基礎，舉一個具體例子。

9.以表 11.15 為基礎，舉一個具體例子說明「效果」（effectiveness）、「效率」（efficiency）的差別。

10.以表 11.21 為基礎，舉例說明何謂「暢流」？

12

工廠的環工衛與工務

豐田汽車除了致力於製造範疇外，更重視市場、預測規劃、產品開發設計、生產工程、供貨公司管理、產品行銷及售後服務等企業經營動作的整體競爭力。許多企業引進精實管理失敗的原因就是不注重整體精實，同時也忽視人力資源管理、財務管理等各功能。

豐田式管理成功的關鍵在於人力資源管理，豐田把員工當成公司重要資產，豐田讓我們學到要尊重人性、關懷，以人為中心，豐田是一家願意讓員工嘗試錯誤，以鼓勵代替責備的公司。豐田人基本上都認為公司是屬於員工，公司也認為要善待員工。

——*王派榮* 國瑞汽車顧問
曾任國瑞汽車董事兼副總經理
工商時報，2008 年 10 月 30 日，A14 版。

■■ 一瓶雞精有一隻雞的營養

公司內成立環保、工業安全、衛生部門，且直屬總經理，這是法令的要求，以要求公司重視這些課題。當然，也有些公司應付應付，工安室只有二人編制，每年重點工作項目是派員接受心肺復甦術（CPR）的訓練，以取得證照。

本章站在「投入」、「產出」二個角度來說明。

・投入

公司生產需要用到原料、水、電與空氣，後三者是工務部經理的天職。尤

有甚者，在水災、旱災交錯的極端氣候的趨勢下，有些公司成立風險管理部，統籌工務、工安、衛生事宜；以晶圓代工雙雄來說，部門各稱如下：台積電風險管理暨工安環保衛生處、聯電稱為風險管理暨安環處（下轄環境保護工程部）。

‧產出

公司「養雞生雞蛋和賣雞肉，但是也會產出雞屎」，也就是公司也會有不良產出（空氣、水、噪音等三項），越來越多公司成立環保部來達成利害關係人對環保的要求。

本章每一節皆是一門課、一本書的分量才可談到鉅細靡遺，限於篇幅，我們「抓大」（站在總經理、部門主管制高點），並且以公司案例來收「眼見為憑」效果。

第一節　環境工程導論：清潔生產

在第九章中，我們介紹了綠色生產，偏重研發、供應鏈管理，本章偏重製程中的清潔生產。在進入主題之前，先看圖 12.1，了解「要怎麼收穫，就得先那麼栽」。

一、利害關係人的要求

許多公司對環保都是「困知勉行」，「困知」指的是被利害關係人點名，「勉行」指的是做到及時及格就好。少數公司是「樂知好行」，「好行」指的是做在前、追求一百分。

利害關係人（**stakeholders**）主要指的是工廠旁的居民、政府與消費者（及代表消費者的零售公司，媒體）。

(一)買方的要求

整個清潔生產的壓力來自「顧客→品牌公司→代工公司→供貨公司」，也就是逆向的，清潔生產中最明確的便是碳足跡（詳見表 12.4）。

投入			轉換	產出	
生產資源	政府部會	公司部門	乾淨生產	不良產出與定量指標	政府部門
空氣	環境資源部	工務部：負責抽風、空氣過濾（例如無塵室）	一、空氣 1.油：油水分離、油集萃取 2.粉塵：粉塵淨電收集回收 3.臭味：防臭技術	一、廢氣、煙霧、熱氣： 1.能源消耗指標（ECI） 2.溫室效應指標（GWI）	(一)環境資源部
水	環境資源部水利署，暨旗下自來水公司		二、水處理 (一)水的來源：水源多元化 (二)水的運用 (三)廢水處理	二、廢水：危害性指標（HEI）	(一)工業區廢（污）水處理廠 (二)各縣市環保局
電	經濟部國營會旗下的台電公司、能源局	工務部	三、聲音 1.吸音 2.隔音	三、噪音	(一)各縣市環保局
原料	經濟部工業局	製造部	四、減廢	四、事業廢棄物：廢棄物生產指標（WGI）	(一)環境資源部下轄的焚化爐 (二)各縣市的垃圾廠

圖 12.1　公司負責乾淨生產的相關部門

　　具體作法的認證是 ISO 14000 環境管理系統認證，其中 ISO 14064-1 便是溫室氣體盤查第三者查證。

(二)政府的標準越來越高

　　2010 年 1 月 18 日，行政院「節能減碳推動委員會」召開首次會議，由副院長主持，通過短、中、長期節能減碳目標，短期為 2020 年回到 2005 年水準，即須減碳 8,700 萬噸。為達到減量 8,700 萬噸目標，行政院規劃從淨源、節流、境外採購碳權、植林、和開徵能源稅、碳權交易、擴大民營電廠、綠建築、重大投資案抵換碳權等方向，多管齊下，訂出各項目減量配額。

　　其中配額最高、減量最大宗的是潔淨能源，達 4,100 萬噸：將透過提高低碳（如天然氣、再生能源、核能等）發電比率，並同步配合再生能源產業登陸鬆綁的政策，以利企業在大陸取得碳權排放的抵換權。

　　境外碳權購買達 2,670 萬噸，以國營事業為推動重點，台電、中油將是大

戶。環境資源部規劃在日本設立碳權抵換公司，協助企業進行碳權抵換。向國外購買碳權上限占 35%，企業須先在國內減量，不足才可向國外購買。

環境資源部自 1992 年開始辦理「企業環境獎」選拔活動，2009 年選拔活動首次區分製造業組與非製造業組二組評選，有關頒獎典禮、優良環保事蹟彙編及觀摩研討會報名事宜，可至環境資源部網站查詢：www.epa.gov.tw。

二、公司對策：清潔生產

針對環保要求，公司主要的對策是「清潔生產」。

(一)清潔生產定義

清潔生產（**cleaner production, CP**）是在 1989 年由聯合國環境規劃署（United Nations Environment Program, UNEP）提出，其定義為：「持續地應用整合且預防的環境策略於製程、產品及服務中，以增加生態效益和減少對於人類及環境的危害。」它需要藉由改變態度、有效的環境管理以及科學的評估來達成。

在製程方面：公司應盡量節省物料及能資源使用、減少或避免使用有毒原料、減少或避免使用有毒原料、減少排物及廢棄物的量及毒性。

在產品方面：公司應檢視產品生命週期，希望能降低對環境的衝擊。

在服務方面：公司應減少因提供服務面對環境所造成不利的影響。

(二)組織設計：專業人員

許多大學都有環境工程系，培養許多環工事業人員，中大型公司常延聘此類事業人員，請內行人來做內行事。

如何判斷自己的工廠是否符合清潔生產程序？

1.軟體

經濟部技術處為落實清潔生產技術研發，已於 1999 年科技專案計畫中，委託工研院化工所進行清潔生產評估作業程序的開發。本軟體設計的清潔生產定量指標計有：廢棄物產生指標（WGI）、能源消耗指標（ECI）、溫室效應指標（GWI）與危害性指標（HZI），其中，前三項可以由軟體自動計算並將結果帶出，詳見圖 12.1。提供台灣列管毒性化學物質、美國 33/50 管制化學品清單、瑞典 17 項優先減量物質清單、溫室效應氣體等相關資料庫。

2.跟誰比

清潔生產評比方式有三種：自己跟自己比、自己跟別人比、自己跟理論值比。因此，使用者必須填寫清潔生產有關的本計畫預估值、市售相同功能產品或製程值、理論值資料。

(三)環工顧問公司、設備公司多如牛毛

有些小型企業缺乏環安專業員工，想把環工事情做好也不難，因為外面有很多環工設備公司、顧問公司想吃這塊市場生意，你只要請三家公司來簡報，大抵八九不離十可能抓到重點，詳見表 12.1。

表 12.1　環保技術服務從事清潔生產業別產值

單位：億元

環保服務行業別 \ 年	2007	2008	2009	2010
1. 技術顧問服務業（含製程減量、能資源管理、廢水回收）	55	57	57	72
2. 系統輔導／管理／驗證業	8	8	10	18
3. 環境檢測業（一般環境檢測業／危害物質檢測）	3	4	5	10
4. 環保設備代操作維護	5	6	8	12
5. 廢棄物清運處理業	4	5	5	8
6. 預估產值	75	80	85	120

資料來源：經濟部工業局。

(四)企業努力成果

許多國家的政府對綠化很積極，像大陸對高耗能的鋼鐵、水泥採取減量政策。台灣也算管制嚴格，尤其對石化、鋼鐵。

由表 12.2 可見，行政院國家發展委員會發佈「製造業資源使用效率評估」研究，資源耗用型產業值占製造業比值也由 2001 年的 28.83% 逐年降至 2008 年的 26.19%，顯示製造業經由技術進步與結構調整，明顯降低資源耗用。2004 至 2008 年間，製造業減碳數量：鋼鐵業減量 72 萬噸、石化業 264

表 12.2　製造業資源使用率

年	製造業用水量占製造業產值比 （百萬立方米／百萬元）	耗能產業占製造業產值比（％）
2001	2.37	28.83
2002	2.21	28.54
2003	1.88	28.40
2004	1.76	28.00
2005	1.58	27.59
2006	1.56	26.79
2007	1.57	26.57
2008	1.65	26.19

註：資源耗用型產業包括：造紙業、化學材料業、化學製品業、石油及煤製品業、非金屬礦物
　　製品業及基本金屬業等 6 項產業。

資料來源：國家發展委員會。

萬噸，水泥業 110 萬噸、造紙業 58 萬噸、人纖業 25 萬噸、棉布業 5 萬噸，
合計 534 萬噸。比預期減量 402 萬公噸，超越了 33%，顯示製造業資源運用
效率大幅提升。

　　在用水量方面，製造業用水量占製造業產值比率（百萬立方米／百萬元）
由 2001 年的 2.37% 降至 2008 年的 1.65%，用水效率提高，對提升環境與經
濟成長的協調性具正面作用。[1]

(五)製程中減廢

　　「事業廢棄物」在本章中沒有專節甚至專段討論，先在此簡單說明。

　　許多地方政府實施垃圾減量、資源回收，同樣地，公司在生產過程中，
一定會製造很多「事業廢棄物」，如果能做到「上策：零廢棄物（零廢）、中
策：減少廢棄物（減廢）」則可說「替地球盡一分力」。

　　環境資源部每年「事業廢棄物清理與回收再利用績效優良獎」，有興趣的
讀者可以進一步了解得獎者的事蹟。

第二節　環境工程Ⅰ：防止空氣污染

　　所有人都討厭搞出「惡臭難聞」的壞鄰居，對排放黑煙的烏賊工廠更是常見民眾圍廠抗議，要求遷廠。人同此心，心同此理，工廠不能以鄰為壑，而且更應積極減少空氣污染，成為社區的好鄰居。

一、利害關係人的要求

　　空氣污染最容易引起利害關係人多人、強烈的反應，空氣污染是公司廢氣排放有感的部分，無感的部分屬於混空氣體排放，其中最重要的便是二氧化碳排放。

(一)買方要求

　　越來越多買方希望買到綠色產品，在綠色消費的潮流下，品牌公司由大到小（詳見下列說明）必須取得下列認證，以取悅消費者、零售公司（例如美國沃爾瑪）。

(二)政府的法令與輔導措施

　　從 2005 年起，經濟部推動能源產業溫室氣體盤查及自願性減量確證與查證、製造業六大產業、工商產業簽定自願節能減量協議等，已輔導達 2000 以上，協助建構產業溫室氣體減量能力及跟國際溫室氣體盤查與減量機制接軌，以因應國際溫室氣體規範。

　　經濟部能源局成立「經濟部溫室氣體減量推動辦公室」，整合經濟部各局處服務資源作最有效運用，提供包括實地輔導、多元諮詢服務、研討會、訓練及國際溫室氣體發展資訊等全方位服務，並建置資源及資訊整合管理與資訊交流平台。在能源產業溫室氣體減量輔導方面，已輔導 69 家公司進行溫室氣體盤查，並進而爭取、通過國際公認外部查證。

(三)碳足跡盤查

　　跟碳足跡相關的盤查有很多，由範圍大到小排列，詳見表 12.3。

表 12.3　跟碳足跡盤查相關的認證

項目	說明
一、京都議定書下的清潔發展機制（clean development mechanism, CDM）	15 個產業類（sectoral scopes）的確證（validation）與查證（verification）。包括自願碳標準（Voluntary Carbon Standard, VCS）及黃金標準（Gold Standard, GS）等。
二、企業社會責任素不生書	第一張企業社會責任報告書由中鼎工程公司取得，即第三者獨立查證聲明書（Independent Verification Statement）。
三、ISO 14064 溫室氣體查驗	英國標準協會台灣分公司 2005 年發出全球第一張 ISO 14064 溫室氣體查驗（GHS verification）證書給正隆紙業。 逢甲大學積極推動環保，2005 年通過 ISO 14001 環境管理系統驗證，2010 年 2 月 2 日宣佈，該校成為第一所取得 ISO 14064 溫室氣體盤查外部查證的綜合大學。
四、EN 16001 能源管理系統	
五、英國標準協會的 PAS 2050 產品碳足跡盤查	2009 年 11 月 11 日，第一家食品業——黑松公司明星商品（600 cc 保特瓶黑松沙士）由英國標準協會台灣分公司。完成產品碳足跡查證（carbon footprint verification）聲明書。詳見表 12.4。② 有關黑松公司取得碳足跡認證的更進一步資料請看《數位時代》雙周刊，2010 年 1 月，第 131～133 頁。

　　公司取得溫室氣體排放量查證與碳足跡查證（GHG/carbon footprint verification），可提供查證聲明書的碳足跡資訊作為利害關係人客觀中立的依據，也可依聲明書內溫室氣體排放量於產品上標示碳足跡，提供消費者適當產品碳足跡資訊。公司把查證聲明書收錄於認證機構（例如德國萊因集團網址：www.tuvdotcom.com）網站上，以快速有效傳達企業及產品訊息。

　　英國標準協會（BSI）推動自訂的碳足跡盤查程序，稱為「商品和服務生命週期溫室氣體排放評估規範」（PAS 2050、PAS 2060），詳見表 12.4。

表 12.4　英國標準協會 PAS 2050 標準

5W2H 架構	說明
一、why?	滿足國際客戶與利害關係人的需求，各國政府推動碳足跡（又稱碳盤查）不遺餘力。
(一)綠色消費	PAS 2050 標準能幫助企業降低產品的二氧化碳排放量，最終開發出零碳新產品。
(二)綠色生產	各大公司必會要求供貨公司落實碳足跡宣告，企業應協助同仁取得碳足跡內部查證員資格。
二、what：碳足跡查驗	為國際知名標準發行機構，英國標準協會（BSI）2008 年公佈 PAS 2050 標準，提供企業對產品的碳足跡認證進行評估的統一標準，計算產品在整個生命週期內（從原料的獲取，到生產、配銷、使用及廢棄後的處理）溫室氣體排放量。據英國標準協會台灣分公司總經理高毅民表示，這套標準是英國政府推動「低碳產品」的計畫，是國際間第一個產品碳足跡的查驗標準，公佈後全世界開始引用，後來有些國家（例如德國、日本）也有許多自發性的方案轉變成國內標準，但國際查證使用最多的還是 PAS 2050 標準。2011 年，PAS 2050 進階到 PAS 2060 版。 英國標準協會台灣公司電話 (02) 2656-0333，網址：www.bsigroup.tw。[3]
三、when	PAS 2050 每二年更新一次。
四、how?	碳足跡內部查證員訓練。 英國標準協會台灣分公司於 2010 年 2 月 3 日至 5 日在台北市舉行產品碳足跡 workshop／建置課程：「一天產品碳足跡查證研習班」主要目的協助指導學員的規劃、維持並持續改善企業產品碳足跡盤查及減量管理系統的能力。「三天主任查證員課程」請授國際間最新碳相關議題發展趨勢、PAS2050 標準、生命週期評估碳盤查方法介紹以及國際相關標準及查證程序。[4]

(四)縣市環保局執法案例

　　新北市環保局環保稽查科長林松權表示，該局每月約接獲近三千件違反空污法檢舉案件，其中雞排及臭豆腐等餐飲業五、六百件。均是多次勸導後，仍有民眾檢舉才開罰。

1.炸雞排店

　　在板橋區仁化街販賣炸雞排的鄭東奇說，他於 2008 年 12 月以 30 萬元加盟金創業，採購加盟公司提供的靜電處理機回收油煙，開張不到 1 個月，稽

查員就上門檢查,他依據規定改善。2009 年 3 月 17 日,稽查員再度上門,以鼻子聞嗅認定油煙未完全有效收集處理,祭出 10 萬元罰單。

鄭東奇說,稽查員開罰前詢問現場排隊買雞排的 5 位民眾,眾人都說未聞到油煙味,店內也依環保局的餐飲業污染防制技術手冊規定,定期清潔靜電處理機,還花錢找處理機技術人員重新裝設,把油煙污染減到最低。沒想到,砸大錢投資最後還是敗給稽查員的「鼻子」。

鄭東奇說,即使油煙全部收集,炸雞排還是會散發味道,況且環保局手冊中沒有任何一項設備能保證百分之百去除油煙味。如今任由稽查員以嗅覺判定有無空氣污染,而非採集空氣用儀器分析,未免過於主觀。

2.臭豆腐店最容易被盯上

在新莊區經營臭豆腐店的業者也面臨同樣窘境,炸雞排及臭豆腐業者依規定向市府陳情訴願都被駁回,理由是稽查員「繪製」出臭味發生源位置並描述聞到氣味。⑤

3.麵包店太香也被罰

台中市環保局表示,以往空污法取締是依「臭味」檢測超出標準,足以造成「不舒服」感受,各種餐廳、飲料店、火鍋店和燒烤店也常散發不同味道,衝擊民眾嗅覺,所以「臭味」已改為範圍較廣的「異味」。

臭豆腐攤太臭開罰不稀奇!台中市環保局接獲民眾檢舉住家旁的麵包店每天麵包出爐時香氣四溢,香到讓人覺得「不舒服」,稽查員到場檢測認為異味過量,後經稽查檢測結果超標,逾期不改善,麵包店老闆被依空污法開罰 10 萬元。⑥

(五)空氣污染防治設備

最簡單的防止空污設備的原理很簡單:以餐廳的廚房為例,利用機械動力抽風機,引誘炒菜鍋等產生的黑煙污染氣流。經由煙道風管,再由煙道風管裝置高壓交叉洗滌噴嘴來降溫,及清洗噴霧洗滌含塵廢氣和燃燒過程中所產生的黑煙。透過濕式洗滌水把廢氣及有害氣味,徹底洗滌後,流至二道氣液分離室,把氣體與液體分離,再把處理後的清淨空氣從煙囪排放。

二、公司對策

石化（尤其是上游的煉油，主要指中國石油、台塑石化）是空氣污染的大戶，本段以中油公司石化事業部林園石化廠為例，說明其如何防污，詳見表12.5。該廠為使環境保護管理制度跟國際接軌，從 1988 年起大幅進行持續性的環保改善計畫，並展現良好的績效。

(一)減碳方法

以工業鍋爐來說，只要加上節能環保重油調配裝置（GFOP），運用乳化燃燒技術，可提升節能、減碳（降低空污）效率。

(二)空氣污染的測量

廢氣脫氮系統需要監測 NH3、垃圾焚化排放的煙氣需要測量碳氫化合物等，這些都需要用到工業感測器，尤其是其中的微粒子計數器為科技業量測潔淨環境、氣體、化學品、超純水等普遍標準快速量測工具。工業感測器的領導品牌之一為德國 SICK 公司，感測器的產品分為工業感測器、工業安全防護系統、環保和流程控制分析儀錶、編碼器、自動識別系統與雷射量測系統等六個事業部。衍生出廠務監測系統，是廠務以及製程管理的重要工具，應用領域跨足工廠自動化、物流及倉儲自動化與生產製造自動化等領域。[7]

(三)精準計算溫室氣體排放量

以 AutoCAD 聞名的歐特克（Autodesk），2010 年 1 月以工程數據分析專業發揮到綠色企業應用，推出幫助氣候穩定的企業財務方案（Coporate Finance Approach to Climate-Stabillizing Targets, C-FACT），C-FACT 可以計算企業活動所直接產生的溫室氣體排放量，同時也把商務旅行、設備租賃使用、員工日常運動、大型會議，以及來自資料中心供貨公司等所產生的溫室氣體「間接排放量」計算在內。

表 12.5　中油公司石化事業部的減少空氣污染作法

作法		說明
○、目標		1997 年提出「環境政策」：符合法規、提升形象、污染預防、降低成本、承諾環保、持續改善、全員參與、永續經營等，要求全體員工遵守並確實執行。 自 2004 年起，由於石化景氣趨於活絡，開始引用過去的盤查基礎逐年訂定減量目標，並以 2005 至 2009 年為階段，持續推動二氧化碳減量工作。
一、原料		・綠色環保產品採購及使用； ・煉油與石化整合，能源有效使用。
二、機器		・採購高效率或省電機械設備； ・工場排放廢氣再生使用。
	機械	1.氮氧化物排放減量方面 　加熱爐採用低氮氧化物燃燒器，使 Nox 排放濃度降低至 100 ppm，增設二套加熱爐排煙脫硝設備，使 Nox 排放濃度降低至 50 ppm。
		2.硫氧化物排放減量方面 　製程排放酸氣以胺液／鹼液處理，以回收再利用，使用低硫燃燒油及增用乾淨天然氣等措施，以降低硫氧化物排放。
		3.VOCs 排放減量方面 　製程設備元件定期檢測鎖漏，及時處理或檢修汰換；輕質油料泵浦改用雙軸對；輕質液錐頂油槽改為內浮頂式油槽；增設密閉取樣系統，停爐處理改密閉吹驅系統。
		4.臭味改善方面 　增設裂解爐密閉除焦系統；輕裂驟冷水先汽提後，再放至廢水處理；各工場 CPI 改善及定期清理與加蓋；廢水處理工場 API 設備加蓋密封與清理，排氣引至活性碳吸附處理，更進一步進行修改以引至生物污泥處理。
		5.空氣污染防治工作執行方面 　公用組鍋爐煙囪及生產工場共同煙囪，設置連續監測系統（CEMS），進行操作監測與監控；設置廠周界環境監測站以監測廠區環境。
		6.廢氣燃燒塔排放減量與回收方面 　廢氣排放管線設置流量計監測管制，安全閥定期查漏檢修，增設二套壓縮機回收廢氣於燃燒氣系統，低壓廢氣回收當低壓燃氣使用。
		7.溫室氣體排放清查與節能減碳方面 　該事業部於 1997 年 11 月通過國家標準檢驗 ISO 14001 環境管理系統驗證。 　該廠於 2001 年跟工研院環境暨衛生技術發展中心合作，開始進行二氧化碳盤查，10 月完成溫室氣體排放清冊與基線，提報總結報告，並擬訂新的去除瓶頸與提高設備使用效率方案。逐年建立年度排放清冊與建立生態效益指標，擬定溫室氣體減量計畫，進行節能與溫室氣體減量工作。

第三節　環境工程Ⅱ：水資源管理

水跟空氣一樣，對公司來說，越來越是稀有資源，因此必須妥善取得、運用、處理。在只有一節篇幅的前提下，我們以友達的水資源管理措施為例來說明，說故事令人容易聽得津津有味，不知不覺中就學會了一課。

一、水的來源

面板業是用水大戶，用水主要在於清洗康寧等玻璃基板公司送來的玻璃基板，所以水的取得很重要。

＊水荒將成為常態

每天工業用水量約 500 萬噸，2010 年初，南部久旱不雨，因此一期稻作休耕，調撥農業灌溉用水充當南科等工業用水使用，在地球暖化，氣候異常情況下，水荒危機將成常態。

經濟部分析，於 2023 年，要是規劃或建設中之水利設施無法如期完工（例如曾文越域引水設施即因小林村事件而停工），最嚴重缺水量可能一天 362 萬噸（北部 67、中部 203、南部 92）。

二、水的運用

台灣的水價便宜，因此人們比較敢用水，平均每人每天用水約 270 公升；有時連自己都不敢相信這個數字。工廠用水更凶。

(一)省水的零件洗淨機

經衝壓加工後的零組件都會沾滿油脂，一般公司在包裝或組裝前的脫脂洗淨多以人工方式清洗，但是洗淨劑會對人體皮膚造成傷害且非常耗時廢工。以寬揚公司推出溫水噴射式零件洗淨機為例，能把大量的溫水噴射到承載盤的各角落，無論是精密的小零件或大型的引擎等甚至形狀複雜的零件，均可在短時間內迅速清洗乾淨，人工清洗需半天時間的工件，改用該機只要 15 至 30 分鐘即可完成，洗淨力超強。

該機不使用馬達，僅利用洗淨液的噴射反作力，使所有噴嘴在零件的周圍快速輪轉清洗，構造簡單不易故障，維護費用只有三氯乙烷超音波洗淨機的

一成以內，且清洗時完全不用易破壞臭氧層的溶劑，符合環保要求。適用於防鏽、熱處理後脫脂、衝床加工後脫脂洗淨、模鑄件、各種機械維修零件、引擎維修時油污清洗、模具、模鑄件等。[8]

　　寬揚公司電話：(04)2358-4561。

(二)水的循環使用

　　為了跟世界先進國家並進，政府已訂定 2021 年達到回收率 75% 的政策目標。藉由獎勵及強制措施等作為，促使水資源的使用成為循環式（closed loop）水資源利用系統，方能逐步達成水資源永續經營的目標。

　　水再生利用的核心技術在於水的處理，水資源保育技術有自然生態濕地方式、化學或光學催化處理法、生物遺傳方式（或稱生物處理法）及薄膜方式等。以薄膜為例，核心技術在膜的處理，其操作技術講究水的溫度、酸鹼度和壓力。

三、廢水處理

　　針對無法再回收使用的部分，只好處理後成為廢（污）水，相關處理方式如下。

(一)廢水也是一大問題

　　全台灣工業廢水一年 1 億噸，預估到 2021 年會增加到 1.4 億噸；民生廢水每年 8.2 億噸，2021 年將成長到 10.9 億噸。

(二)環境資源部的放流水管制標準

　　2009 年，環境資源部公佈工業區放流水管制標準，自 2011 年起，首度分二階段針對工業區專用污水下水道系統進行放流水管制。

　　第一階段從 2011 年元旦起實施，石化工業區及其他工業區納入管制。第二階段自 2016 年實施，針對新設及大型但廢水處理功能不足的工業區。

(三)污水處理

　　經公司或工業區的污水處理（污水廠、廢水廠或小資源回收中心）後，符合放流水標準，包括放流水懸浮固體物（SS）、化學需氧量（COD）及生物需氧量（BOD）等，才可以經放流管排放河川或出海口。

友達 26A 廠增設污泥乾燥系統使廢水系統產出的污泥減量達 68%。

(四)「環境資訊揭露」試行辦法

2008 年 5 月 1 日,綠色和平組織公佈「環境資訊揭露」試行辦法,其中一項是「地方環保局公佈工廠排水污染超標的企業,必須在名單公佈 30 天內向所在地的主要媒體公開,包括污染排放資訊在內的環境資訊,並向所在地環保局備案」。

四、術業有專攻

水資源處理是環工系的專業課程,中小企業可能沒錢聘僱專業人士來負責,所幸,這方面有很多公司提供全套服務,底下以其中一家為例來說明。

德鎮盛公司以「水資源的領航者」為經營遠景,營業項目從淨水、廢(污)水達到水資源回收再利用整合規劃、設計、建造及操作,提供最專業的全方位服務。

(一)海水淡化與淨水

在「淨水領域」方面,主要業務有下列二種。

1.海水淡化

統包設計與興建澎湖縣成功海水淡化廠(處理水量 5,000M3/d),處理技術包含前處理、逆滲透,完工後代操作 5 年。

2.淨水(飲用水)水質提升

利用 UF 中空纖維膜來提升水質,把水中的懸浮固體、細菌、病毒等物質濾除,再經由紫外線(UV)消毒,確保不殘留病菌,加上活性碳吸附有害物質(例如重金屬、農藥等)即可達到飲用水水質。

(二)廢(污)水

德鎮盛發展技術包括活性污泥膜濾法、循序式批次處理法(SBR)、土壤吸附除臭及針對高濃度、難分解廢水壓氣處理技術(例如 UASB)及脫氮技術的壓氣氨氮離子氧化法(Anammox)等,且引進日本廢(污)水薄膜分離技術及設備,已累積自主設計、操作能力。承接一般污水處理廠的更新升級,對染整除色、石化減廢或電子業加藥處理化學機械研磨(CMP)、垃圾滲出水

等高濃度及難分解的廢水處理提升處理效率；針對受限於用地面積的污水處理廠興建改善，及學校、風景區等有污水回收再利用需求場所提供整體解決方案，公司實績包含垃圾滲出水、校園生活污水及石化廢水回收再利用等。

在逢甲大學的衛生污水處理系統是針對校園內包括化糞池污水而設計，利用活性污泥膜濾法技術回收後，供應草坪灑水或廁所沖洗使用；也因為全面地下化，解決污水處理過程中臭味、噪音問題，緊鄰教室及露天咖啡座設置，對環境衝擊小。[9]

德鎮盛公司電話：(04)2208-0986，網址：www.tcse.com.tw。

第四節　工業安全與衛生

對個人來說，健康、生命是無價之寶，可是為了賺錢，卻在工廠裡因工業傷害（簡稱工傷）以致傷殘甚至死亡，像是工人在建築工地死亡、或在工廠因鍋爐爆炸而喪生等的職災意外層出不窮，可說是令人怵目驚心。

「死一個人是一條命，死十個人是統計數字」，這是官僚的心態。然而有些經濟學者說得好：「鄰居失業是經濟衰退，我失業就是經濟大蕭條」，可見，人是以自己為中心。

對學生來說，在《生產管理》書中花一節來學「工業安全」（簡稱工安），在表 0.1 中，看到工管系學生在大三選修「工業安全衛生法規」，在大四必修「工業安全」課程，如果能懷著「事必關己」、「不忍人之心」的心態來學習，學習動機強烈，學習效果就會很強。

一、為何注重勞工安全？

在本書中，一再強調遵守規範法令只是「取法其下」的符合最低標準罷了！在表 12.6 中，我們依組織層級把相關規範法令簡單整理，以說明公司為何必須注重勞工安全。

因著法令，公司一旦因不守法而導致員工發生職業災害（簡稱職災），必須賠償員工，自己也間接負擔一些工損（因員工職災而缺勤）的成本。

表 12.6　勞工安全衛生的相關規範法令

組織層級	說明
一、全球	
（一）民間組織	
1.國際勞工組織	國際勞工組織（International Labor Organization, ILO）
2.認證機構	職業健康安全國際評審標準（Occupational Health and Safety Assessment Series, OHSAS）18001、18002：2007。
（二）產業	電子產業自律標準（Electronic Industry Code of Conduct, EICC），其核心目的是要確保電子及通訊產業供應鏈的工作環境安全、尊重員工，以及在製造生產流程中，負起環保責任。
	包括惠普、IBM、戴爾、偉創力等多家從事電子產品生產的公司，於 2004 年 6 月聯合起草該協議，並於 2004 年 10 月發佈第一版標準。
	在勞動條件與人權、安全衛生、環境保護、管理系統要求、企業道德規範五大項目下，條列了 38 項條文要求。實際的導入面，則可分為行為治理、工具開發、供貨公司承諾、跨產業協同、建構學習機制及後續追蹤等面向。
二、台灣法規	
（一）勞基法	勞工因執行職務、公務等職業上原因而遭受傷害、死亡或殘廢等，都可視個案事實認定為職災，雇主需依勞基法第 59 條予以補償，民法條之一的精神相同，即這跟民法 487 條之一。「受僱人服勞務，因非可歸責於自己之事由，致受損害者，得向僱用人請求賠償。」
（二）勞工安全衛生法	在「勞工安全衛生組織管理及自動檢查辦法」中，擬訂並教導及督導所屬依安全作業標準方法實施，這是各級部門主管及管理階屬的責任。

二、為什麼會發生職災？

　　勞動部勞動檢查處、學者都很喜歡研究為什麼會發生職災，以便對因下藥，才能未雨綢繆，表 12.7 是類似檢查表的工安事故發生原因，看似有千百個原因。

　　大白話地說，套用「80：20 原則」，根據工安大師海因利奇（H. W. Heinrich）的研究，他認為工作場所不安全動作占意外事故原因的 86%，且是最容易、有效移除的骨牌。

生產管理

表 12.7　工安事故發生原因

大分類	中分類	中國石油的作法
一、工作環境	(一)舒適性 　1.工作場所噪音高低 　2.設備的配置是否適當 　3.個人安全護具是否妥善 　4.工作場所照明是否良好	依法實施作業環境測定；各項製程及設備進行風險管理評估；工業衛生措施，例如對相關危害場所做通識與標誌。
	(二)製程設計與環境整理 　1.製程的設計 　2.工作場所良好的整理整頓	
二、管理制度	(一)承包商管理制度是否良好	辦理承攬商作業人員的管理及入廠前工安訓練。
	(二)公司的工安政策 　1.員工是否參與工安規定的制定 　2.工安規定是否完備	建立完善的工業安全衛生管理制度的作業準則。
	3.工安規章制度是否容易實施 　4.工安訓練的內容與方式是否有效	定期舉辦勞工訓練宣導活動，採取戶外教學及外聘講師授課等方式來充實員工的生活。
	(三)領導與管理 　1.獎懲及權責劃分是否分明 　2.主管領導方式是否適當 　3.產能突然調整 　4.工作時間的長短	工作場所的定期現場作業查核，每月走動管理，有缺失項目列入改善追蹤，並運用電腦系統進行追蹤執行情形。
	(四)維修保養制度的良窳 　維修與工安訓練的有效性	做好操作場所設備的一、二級安全檢查及保養制度，操作維修人員安衛訓練。
三、員工行為	(一)員工家庭因素 　1.員工工作時精神狀況或情緒 　2.員工對設備操作是否清楚 　3.員工是否依規定程序實施作業	每年定期對員工實施身體健康檢查。
	(二)僥倖心態與工作能力 　1.員工服從工安規定的意識與預知危險能力 　2.員工粗心大意的作業心態	

三、零職災策略

跟「零庫存」、「零缺點」等口號、目標一樣，勞動部推動各公司做到

「零職災」，每年並頒獎給工安楷模公司。

公司把員工當夥伴，自然會主動強烈地追求零職災，本段說明相關觀念，第四段以力晶半導體公司的具體作法來舉例說明。

(一)中尾政之的職災預防

日本東京大學教授中尾政之在《失敗的預防學》書中，主張七成以上的職災是可以預防的。

1.營建工地職災

中尾政之主要研究機械等技術人員的失敗預防法，日本營造業每年約 800 人死於各種事故，其中半數是從高處摔落地面。根據勞動安全衛生法的規定，建築工地超過 2 公尺以上的高處作業，都必須使用安全帶、安全網等設備。工地管理人員卻沒有遵守這些規定，歸納其理由至少有下列三點。

‧無知：根本不知道法律規定應該要準備安全裝備；

‧忽視：雖然知道法律規定內容，卻忽視於其存在，輕視安全管理的重要性；

‧過度自信：過度相信自己的能力，自行判斷怎樣的狀況可以不需要防護裝備。

2.擴大到企業

近年來，他嘗試擴大職災研究擴大運用在企業管理上，發現了許多共通之處。221 件案例中，事故原因 35% 來自無知，9% 是因為忽視，17% 是由於過度自信所造成，小計三大原因就占了 61%；公司失敗跟營建工地職災如出一轍。

中尾政之對失敗預防的招式，我們依事前、事中、事後分成三階級，整理在表 12.8。

《失敗的預防學》
作者：中尾政之（機械工學博士），東京大學教授
出版公司：三笠書房
出版日期：2007 年 10 月

表 12.8　零職災策略的三階段措施

階段	事前	事中	事後
說明	從別家公司的失敗學取寶貴的教訓,而不歸咎於運氣,這是代價最低的策略。公司應當積極蒐集周遭的失敗案例,建立自己的「典型失敗數據檔案」,避免重蹈他人覆轍。	在大部分的公司中,現場發生的輕微事件,或尚未發生就已解決的小問題,員工都不會主動向主管報告。然而,一旦要等到發生重大事故之後才上報,就為時已晚。因此,早期發現問題的責任就落在基層主管身上。	主管應當謹記:失敗本身並不可恨,之所以要追究失敗的原因,不是為了報復造成事故的員工,而是要消滅下一個可能發生的事故。如果能因此轉禍為福,不是反而應該感謝當初犯錯的員工嗎?
	掌握過去失敗的「典型案例」,保持企業內各部門資訊暢通,並隨時觀察細微的徵兆,就能在問題發生之前,趁問題還小的時候去除禍根,避免至少七成的職災。	公司可以把各項可能造成錯誤的危險徵兆,做成「預兆卡」,幫助每個人都能觀察,發現周遭的異狀、不尋常、可疑的事件等。主管發現問題後更要主動調查、處理,然後把整個經過(包括問題內容、經過、原因、對策、教訓檢討等)記錄在「預兆卡」中,並迅速提出報告,讓上司、同事都能從此教訓中獲得警惕。	當主管抱持這樣的態度來對待部屬的事故,公司就不會成為隱瞞錯誤的溫床。能在問題發生的第一時間看見問題、找出正確有效的對策,才是能夠預防重大事故的健全體質。

資料來源:整理自編輯部,「修一門失敗預防學」,世界經理文摘,2007 年 12 月,第 112～121 頁。

(二)冰山理論

　　根據工安大師的**海因利奇法則(Heinrich's Law)**的數據,每一件重大事故的背後隱藏 29 件輕微事故和 300 件有驚無險的徵兆。同樣原理也可以應用在企業管理上面。例如,一件重大失敗的後面,至少會有 29 件顧客不滿而抱怨的聲音,而背後更隱藏了 300 件雖然已經發生但顧客並未主動提出抱怨,或已由警覺性高的員工先行處理過的小事件。

　　企業宜在發生問題的第一時間迅速掌握、解決,不應企圖隱瞞、遮掩,否則在東窗事發後所需付出的代價,可能會比早期增加十倍以上。

(三)砍人不能解決問題

美國迪爾將軍（Duane Deal）曾經參與過許多災難的調查和研究，2003年美國太空梭升空時爆炸失事，他也是調查委員會的一員。他發現，最為複雜的事故成因不只一個，往往是在許多小錯誤和問題彙總之後，最後導致重大災難。縱使造成空難的原因明顯是斷裂的零件或機師（飛行員）的錯誤，通常還隱藏一些其他因素。

由於人們的忽視或處理不當，小問題往往不會浮現，小錯誤經常能夠反映公司裡較為廣泛的全面性問題。聰明的主管在發現員工犯錯誤時，並不會急著去追究責任，他們會回過頭來了解產生錯誤的原因，究竟是不是一些比較基本的組織管理問題，造成小錯不斷。

他們知道，你可以把那些犯錯的員工開除，但是如果你不解決真正的問題，相同的錯誤還會再次發生。在沒有發現全面性問題的情況下就把犯錯員工開除，並不能解決問題，只能說你找到了一個代罪羔羊罷了！[10]

(四)許文龍參透人性

員工犯錯就怕處罰，所以不敢說實話，甚至文過飾非。奇美集團創辦人許文龍了解這是基本人性，所以強調「只找答案，不找責任」，有點類似「坦白從寬，不秋後算帳」。因為許文龍認為「善意的犯錯」反而是下一次成功的基礎，因為這可以減少員工之間為了推卸責任而產生的摩擦，更重要的是：能找出真正的問題與答案。

許文龍小檔案

出生：1928 年 2 月 25 日
現職：奇美集團創辦人、奇美文化基金會、奇美醫院董事長
曾任：奇美集團一線公司（例如奇美實業）董事長
學歷：台南高工化學科

(五)空難不會憑空發生，原因常是關鍵事件的連鎖反應

2009 年 9 月 9 日下午 3 點，國家地理頻道播出「空中浩劫：伯根航空

301 航班」，1999 年 2 月 6 日，在多明尼克共和國，一架波音 757 飛機，飛上天後 5 分鐘便墜海，機上 189 人全部罹難。原因竟然是飛機在地上停了 25 天，正駕駛座機艙外的皮氏管（吸進空氣，以做出空速錶上的空速）被泥蜂作窩而失效，電腦誤判，再加上正駕駛處置失當，副駕駛（才 75 小時駕駛經驗）不夠大膽。而泥蜂在皮氏管內作巢，本不該發生，原因是地勤人員未依規定在它外面加上封套。

失事後，波音修改了 400 架服務中 757 的設計，包括失速電腦警示等，並且對駕駛做新的模擬（機）訓練。以後便未再發生同樣原因的空難了。

四、力晶半導體的工安風險管理

力晶半導體（5346）以 2007 年在節能減廢與工安管理的優異成績，連續第三年獲頒環境資源部「企業環保獎」，進而摘下「環保榮譽獎」桂冠。2003～2006 年，力晶在節能減廢，累計節省 13 億元，能繳出這樣的成績，關鍵就在，力晶把大公司的每位員工變成主動找出問題的環境監督者。

我們把力晶環保、工安管理活動彙整成表 12.9，以便你能有系統地了解其作法。

力晶半導體（5346）小檔案

成立：1994 年 12 月
董事長：黃崇仁
總經理：方略
盈餘（2010年）：39.06億元
地址：新竹市竹科力行一路 12 號

表 12.9　力晶的環保、工安管理

管理活動	說明
一、規劃	
（○）目標	每年，風險管理處決定節能減廢的大方向，而關鍵績效指標細則由各廠務主管偕同員工討論。
（一）策略	及時的一針，勝過事後的九針。
（二）組織設計	2001 年，把安全、衛生、環保、損防、保全、保健、保險一併納入風管處集中管理，並設立 24 小時輪班制，成為各廠（2007 年底，三座晶圓廠）的對話窗口，有效反映員工問題。 風管處總計 130 人，每日都有半數以上值班人員，隨呼叫隨到，管道暢通，問題才能提報到 e 化管理系統，以便及時解決。 以漏水為例，曾經有清潔婦提報地面有「疑似不是茶水的液體」，分析後，發現是維修人員沒有依照標準程序排乾管線內的水滴，造成保養過程的噴濺。這就是很大的風險議題，今天是水，明天可能是強酸、強鹼，濺出的保養液體可能含有化學物質，會造成作業人員的身體損傷，甚至隨著人員移動，污染工廠環境。 因此，員工一旦發現任何可疑之處，第一可向風管處通報，第二由各廠主管跟風管處課級主管進行每週或不定期專案會議，由廠方提列員工問題。 一旦確認跟風險有關，當天列入異常事故管理系統立案。風管處評估後，把案件直接發給負責單位，限期改善並定期追蹤，改善報告回傳。風管處再次分析、提出建議，最後進行風險評估，例如該案對員工與財務的損傷、改善過程是否延宕等。到此，才算結案。
（三）獎勵制度	1.對公司員工 　(1)找碴 　　甚至連清潔婦、保全，發現走廊上的一灘水，都可以直接通報風管處，經現場勘查後，一旦立案為風險議題，只要主動提案，公司就會發放獎金 100～500 元，並記績效，因此員工也樂於提出更有效的節能減廢方法。 　(2)找答案 　　例如，一道晶圓製程原本需要以水沖洗六次，有人發現沖洗三次就有相同的清潔效果。廠務把員工意見向上提案，立即被放入每週和每季的會議議程。就這樣，每位員工的小智慧慢慢被集結起來，讓力晶近年都可以有效回收 85% 的製程用水。 2.對外包公司 　力晶發函給外包公司，要求列入問題發現者的績效考核，給予獎勵。
（四）企業文化	略

表 12.9 （續）

管理活動	說明
二、執行	
(一)用人	每季，風管處向總經理報告，並依照上一季會議紀錄，更新訓練課程與教材。例如化學藥品有噴濺情形，總經理要求在數位學習系統下新增藥品的「安全使用」課程，各部門就要強制相關員工參與，經過電腦測驗及不定期複測，未滿 18 分者還會影響年終考績。
(二)領導型態	各廠跟風管處的會議。
(三)領導技術	年初，公司舉辦大型的部門績效競賽，總經理公開表揚奪冠部門，頒發獎金 5 萬元及力晶公仔：留黑色短髮、穿藍色披風的「蛋蛋超人」獎座，以茲鼓勵。 部門方面，每季，各廠舉辦部門零工傷競賽。
三、控制	
(一)績效評估	風管處列出「促進資源有效使用」大項，各廠提列當年度「碳粉匣回收率 100%」、「廚餘回收率 100%」等細項，經風管處審核通過，就列為該部門當年度節能減廢目標，員工更有執行動力。 這些員工的智慧，最後都會回到個人年終考核的「工安環保意識」項目下，提案紀錄、參加訓練、工安環保月競賽，都算進績效。
(二)修正	

資料來源：整理自吳怡萱，「員工變環安警察，四年創十三億效益」，商業周刊，2008 年 1 月，第 126～128 頁。

五、勞安全球標準：OHSAS

職業健康安全國際評審標準 OHSAS 18001:2007（Occupational Health and Safety Assessment Series）與配屬標準 OHSAS 18002（OHSAS 18001 實施指導綱要）等，於 2007 年 7 月發行。OHSAS 18002 實施指導綱要，內容大都參考 ISA 2000。

這是由驗證單位（例如 SGS）推動的通用性職業安全與衛生管理系統（OHSMS）驗證標準。全球有 800 餘家企業。通過 OHSAS 18000 認證，台灣公司占 100 多家。

(一)目標

國際標準組織對其各式的規定有共通性，例如透過標準作業程序一次達到三個效果，詳見表 12.10。

・產品品質，即第十三章第四節；

・工安，即本節；

・環保，即本章第一～三節。

表 12.10　職業健康安全國際標準管理活動

組織設計＼管理活動	委員會	規劃組	行政組	作業組	檢查組
一、規劃	4.1 OHS 管理系統及範圍		先期診斷（預備調查）；安全衛生影響面確認；		
(一)目標		4.3.2 法律要求 法規與其他要求 4.1 一般要求	4.3.1 危害識別 4.3.1b 風險評鑑方法論所識別出來的各風險； 4.3.1 各危害識別、各風險評鑑與決定更新各控制措施的結果		
(二)構想（備選方案）		4.3.3 方案 4.5.3.2 預防措施	工作分析步驟 1.決定要進行分析的工作； 2.把工作分成幾個步驟； 3.發現潛在危險及可以危害、變異與環境考量； 4.決定完善的工作方法。		

表 12.10 （續）

管理活動 ＼ 組織設計	委員會	規劃組	行政組	作業組	檢查組
(三)決策	4.2 職業健康安全政策 職業健康安全政策 4.3.9 目標 工作目標及標的		4.4.4 書面化 ・先期文件架構（含專案計畫） ・製成書面作業標準 ・職安衛管理系統文化 ・緊急狀況及標準與應變		
(四)組織設計	4.4.1 資源角色 各資源、各角色、職責、責任、與職權		4.4.5 文件管制		
二、執行 (一)用人			4.4.2 適任性 訓練 適任性、訓練與認知	溝通組 4.4.3 溝通與諮詢 （participation & consultation）	
(二)領導型態				4.4.6 作業控制 作業控制（operational control）規範「公司應鑑別出有那些作業與活動項目跟已確認需使用控制方法的風險有關，在這些程序中明訂作業標準（operating criteria），確認作業時能符合規定的條件」。	

表 12.10　（續）

組織設計 / 管理活動	委員會	規劃組	行政組	作業組	檢查組
(三)領導技巧			4.5.3.2 不符合事件處理 4.5.4 記錄管理	4.4.7 緊急關係	
三、控制					
(一)績效衡量			4.5.3.2 矯正措施 不符合事項、矯正措施與預防措施 任何 OSH 管理系統所需要的變更，由矯正措施與預防措施所引起者	4.5.3.1 偶發事件調查（incident investigation）	4.5.1 監控量測 績效量測與監控 4.5.2 遵從平量（evaluation of compliance） 4.5.5 內部稽核 安衛管理系統稽核
(二)回饋與修正	4.6 管理審查 管理階層審查			持續追蹤改善	校正與維護各活動與其結果

*operational contiol 一詞俗譯「作業管制」，本書譯為「作業控制」。

(二)組織設計

由表 12.10 可見，公司實施 OHSAS 時，宜分工作業，至少可分為一個委員會，再轄四個組。

(三)管理活動

職災是公司經營風險中的員工風險，既然是風險管理，當然管理流程都是一樣的，在第二章第二節中已詳細說明。表 12.11 是四步驟的操作表。

表 12.11　職災管理流程

工廠講課#作業 製程名稱 編程																	
作業流程	使用原物料設備工具等	變異危害污染	風險評估					控制措施									
			嚴重度 S	活動頻率 F	事故機率 P	R = S×F×P	風險等級	標準作業程序	訓練	防護器具	健康檢查	管理方案	工作許可	緊急應變	自動檢查	作業規章	其他（例如法規）

　　　　　　　　　步驟二：風險評估　　　步驟三：風險預防　　　步驟四：風險處理

步驟一：風險辨認　　　風險因子法

資料來源：張容彬、張筱祺（2006），第 69 頁表 1。

步驟 1：辨認「風險」（危害、變異或污染）

　　勞工安全所指的是跟員工職業健康與安全有關的**危害**（**demage**），一開始便應找出這些危險因子。

步驟 2：危險評估

　　風險評估是相分辨出問題的輕重（X 軸）緩急（Y 軸），找出關鍵性作業，抓大放小（即 80：20 原則）的管理。

　　1.X 軸：嚴重程度（有時稱為後果分析）

　　嚴重率（**severity rate, S. R.**）較高作業是指顧客大批退貨或抱怨的作業、遭告發罰單的污染具潛在危害、品質變異污染作業等。

2.Y 軸：發生頻率（有時稱為原因分析）

發生頻率是活動頻率跟事故機率二者乘積，由事先律定的量化標準，決定風險等級。

(1)活動頻率

活動頻率（activity frequency）是指該作業是經常性或臨時性作業，一般來說，越常執行的作業，如同俚語「夜路走多，總會遇見鬼」所說的，比較容易出事。

(2)事故機率

有些機器（例如車床）、情況（新或變更設備製程）可說「高危險群」，比較容易出事，即**事故機率（incident probability）**較高。

3.關鍵性作業

關鍵性作業（key operation activity）是製程中工安環保與品質中最重要的關切事，是安全衛生重大風險（Occupational Health and Safety Significant Risk, OH & S Singnificant Risk），包括顧客需求的品質關鍵點（critical to quality, CTQ）、環保的重大環境考量面（significant environmental aspect, SEA）。套用圖 2.2，可以劃出圖 12.2。

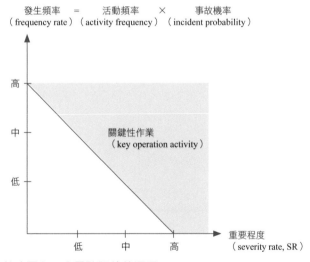

圖 12.2 熱度圖在工安風險評估的運用

步驟 3：標準作業程序的作法與功效

找到問題後，就必須大家一起來，提出標準進行工作分析，工作分析的辨認對象須注意 4MIE 原則，其中 E 指環境（Environment），提出各工作步驟可能的潛在危害及防範措施，詳見表 12.12。建立標準作業程序以管理風險，標準作業程序要跟相關規範表格結合或引述相關規範，例如安全衛生的自動檢查、品保的 QC 工程表 SIP、技令等。

＊標準操作程序

公司操作員操作車床，車製完成後打算進行打磨，工件仍繼續運轉，手持砂布進行打磨，員工手指遭砂布料捲入，強遭旋轉扯斷，肇事原因為公司未提供員工標準作業程序。

車床作業經鑑定屬於關鍵性作業，須訂定標準作業程序，即表 12.13 中「標準作業程序及工作分析」，分析出潛在危害並提出對策，並加入品質的量具變異、環保的廢鐵鋁屑廢棄物、切削廢液處理等事項，整合為「安全環保－品質標準操作程序」，適當時加入關鍵性步驟的圖示，使員工清楚易懂，並經訓練員工共同遵守。

表 12.12　品質與工安環保管理系統、法規中對標準作業程序的規範

品質與工安環保系統或法規條款	內容
一、ISO 9001 7.5.1 生產及服務的管制	公司應在控制的情況下規劃及完成生產提供。 當適用時，控制情況應包括……(b)工作說明書（work insturction）
二、ISO 14001 4.4.6 作業控制（operational control，俗譯作業管制）	公司應鑑別與規劃那些作業跟已鑑別的重大環境考量面有關係，並跟環境政策、目標及標的一致，透過下列方式以確保該等作業能在規定的條件予以完成：……(b)在程序中明定作業標準（operating criteria）；
三、OHSAS 18001 4.4.6 作業控制	4.4.6 作業控制 應鑑別出有那些作業與活動項目是跟已確認需使用控制方法的風險有關，公司應透過下列各項方式以確認作業時能符合規定的條件：……(b)規定程序上的作業標準；
四、ILO-OSH 2001：職業安全衛生管理系統指南 3.10.1.2 預防與控制措施	應制定危害預防和控制程序或作法。
五、安全衛生自護制度 4.1 安全作業標準制訂與講解 4.1.1 是否依據作業風險制定安全作業標準，提供給相關作業勞工，並給予適當的訓練？	4.1.1 是否依據作業風險制定安全作業標準，提供給相關作業勞工，並給予適當的訓練？依實施績效分成下列四級。 優：(a)其內容包含：工程防護與管理防護及其失效時的後果。 　　(b)有適時檢討更新，並跟作業現場一致。 良：(a)提供適當的訓練。 　　(b)其內容包含操作、維修步驟及緊急狀況的處理方法。 尚可：已依作業風險制定安全作業標準。 不良：未依作業風險制定安全作業標準。
六、勞工安全衛生法 25 條及施行細則第 29 條	雇主應依本法及有關規定，偕同勞工代表訂定適合其需要的安全衛生工作守則，報經檢查機構備查後，公告實施。安全衛生工作守則的內容包括安全及衛生標準。
七、勞工安全衛生組織管理及自動檢查辦法第 9 條	雇主應要求各級主管及管理有關人員擬定及執行安全作業標準。
八、勞工安全衛生訓練規則	雇主對新僱勞工或在職勞工於變更工作前，應使其接受於各該工作必要的安全衛生訓練，均包括安全作業標準課程。

資料來源：整理自張容彬、張筱祺（2005），第 61 頁表一。

表 12.13　品質標準操作程序及工作分析範例

公司			表單編號	
標 準 作 業 程 序 及 工 作 分 析			編　號	
			日　期	

評估日期：2011.6.24		國際等級：中度風險	國際評分：　分	
工作名稱	精密高速車床操作		分析員	
單位及工作場所	零件生產線		班　長	
量具	游標卡尺、螺旋測微器、粗糙度計			
安全防護裝備	安全眼鏡、安全鞋		主　管	
人跟資格	丙級以上技術士或職業訓練結構培訓			

標準作業程序		工作分析	
工作步驟	**潛在危害、變異、污染**	**預防對策**	
一、作業前 1.檢查周圍環境	1.1 水災	1.1.1 經測定及檢查無安全顧慮後，始可施工； 1.1.2 應先把危險因子、去除易燃物品、準備滅火器，加工易燃金屬且須預防金屬火災；	
	1.2 跌倒及滑倒、被落物撞擊	1.2.1 確認場地整潔及無障礙物，勿把工具機件、材料置於通行走道上、加強 5S； 1.2.2 工作區依現場狀況考量是否設置警告牌，禁止行人靠近或通行；	
2.檢查線路設備	2.1 感電、短路	2.1.1 檢查時必先切除電源，確認電源線、開關接地良好運作； 2.1.2 穿著全套安全防護裝備；	
3.檢查安全防護裝備	3.1 裝備損壞	3.1.1 即時修護或更新； 3.1.2 機器加裝護罩並先行檢查無損始可作業施工；	
4.檢查量具（在校正期限內）	4.1 量具失敗	4.1.1 依 QC 規定期校正維護。	
二、作業中 1.車床操作	1.1 操作人員紀律問題	1.1.1 操作人員須具有合格證明或職業訓練機構結訓始能操作； 1.1.2 遵守車床作業安全守則，操作各種車床工作時，不得打領帶或穿著袖口寬垂及過於寬大的衣服，且不得戴手套；	
2.拆換夾頭及工件	2.1 被落物撞擊 2.2 被機械捲入 2.3 感電 2.4 飛出擊傷 2.5 搬重物扭傷	2.1 重工件或寬夾具應使用適當起重設備，勿在懸吊物下站立； 2.2 穿合身衣物，絕對不可戴手套、留長髮，避免捲入； 2.3 誤關電控制器，需斷電並掛上禁止標示防止不當的送電行為； 2.4 在夾頭上調好固定，把夾頭板手取下； 2.5 搬重物時應請人幫忙或用起重工具，抬重物時應蹲下用腿力抬起勿使用腰力。	
3.裝配車刀及裝置配具及軍削	3.1 被機械捲入 3.2 被割傷 3.3 飛出擊傷	3.1 需先停止並斷電，且工件必須適度夾緊； 3.2 當操作車床時盡量避免用手接觸刀鋒，且調整刀具時留意周圍有無危害因子； 3.3.1 工件必須夾緊，切削不可過猛，人不可在旋轉物正面，機械未停止前，不可測量尺寸； 3.3.2 調適其轉速，開啟電源。選適當刀具、進刀量及切削機進行切削； 3.3.3 穿戴安全護目鏡、安全鞋；	
4.量測	4.1 錯誤量測 4.2 捲入	4.1 依 QC 規定量測； 4.2 機械未停止前不可測量尺寸；	
5.去除切屑、拋光	5.1 被機械捲入 5.2 被割傷、燙傷	5.1 拋光工件應用銼刀輔助，絕對禁止戴手套或運以砂布拋光，並使用極速轉動（80 RPM 以下），去除切屑需先停止並斷電； 5.2 待停止轉動後並斷電、戴手套去除切屑；	
6.故障排除	6.1 感電、被機械捲入	6.1 誤觸電控制器，需斷電並掛上禁止標示，防止不當的送電行為。	
三、作業後 1.工作場地整理檢點	1.1 火災	1.1.1 工件未完全冷卻餘溫引燃，消除易燃材料並需有留守人員； 1.1.2 正確操作滅火器材廠； 1.1.3 廢屑區須注意可燃金屬廢棄物之存放及火災防止；	
	1.2 跌倒及滑倒、削傷、壓傷	1.2.1 工作完成後一定要把完成件及未完成件分開，並保持工作區通暢及整潔； 1.2.2 清除鐵屑時戴手套防止劃傷，並於每日下班前把鐵屑清除置於廢鐵屑區； 1.2.3 工作物先行去除毛邊； 1.2.4 拆下工作物，且對於重工件或夾具應使用適當起重設備，勿在懸吊物下站立；	
	1.3 感電 1.4 廢棄物污染 1.5 切削液污染	1.3 切除電源及總電源； 1.4 依 EC 規定回收處理鐵、鋁屑； 1.5 依 EC 規定處理廢液。	
意外事故的應變	1.1 水災、感電等 1.2 割傷等	1.1～1.2 依本公司工業安全意外事故處理作業規定程序處理。	
圖示：			
操作人員簽名			

資料來源：同表 12.12，第 70 頁表 4。

步驟 4：出險處理

當員工發生事故後，公司啟動事故標準處理程序，對人（例如送醫、主管探訪）、對事（事後專案檢討）皆應照表操課。

＊風險理財

公司有義務替員工投保意外傷害險，以作為風險理財的財務來源。

1.全職員工

企業員工依照職務危險等級分類，舉例來說，內勤人員屬於最便宜的第一級保費；維修工人列為危險等級第五級，二者保費差距可能達三倍，詳見表12.14。

表 12.14　2010 年意外傷害險職業等級收費

職業等級	工作內容	傷害險收費
第一級	內勤、家管、會計	約 600 元
第二級	業務員、記者、搬運工	約 750 元
第三級	建築師、油漆工、領班	約 900 元
第四級	建築工、水泥工	約 1,350 元
第五級	遊戲場維修工、電力工程設備工	約 2,100 元
第六級	伐木工、防火員	約 2,700 元

註：意外傷害險以保額 100 萬元為例。

資料來源：產險公司。

2.兼職員工

富邦產險指出，雇主替工讀生投保意外傷害險，主要保障涵蓋工讀生下班、在外山遊時間，但一定要「列名」投保；換句話說，工讀生人員流動時，一定要向投保的保險公司更新名單，才不會發生新來工讀生發生意外事故，卻無法理賠。

大量僱用工讀生的企業有加油站、連鎖速食店、咖啡店與便利商店等，學生如果到中小型企業打工，公司可能僅投保主管機關要求的「雇主意外責任險」，當事故發生時，雇主只要證明員工是執行公務、為企業聘請的工讀生，且雇主須負責任，就能獲得理賠，不需要列名投保。

工讀生意外傷害險保額相對偏低，一般來說，企業主管保額最高，通常在 500 到 1,000 萬元，職員以 100 或 200 萬元最多，工讀生的保額則 50～100 萬元。

由於工讀生工作較單純，多屬於職業危險等級最低的第一或第二級，產險公司推出的 100 萬元意外傷害險，年保費多數低於 1,000 元。

(四)認證

公司向認證機構提出文件（實務執行所需書面文件與執行過後佐證記錄），經過審核無誤後，便表示驗證通過可獲得發證了。

(五)取得認證的公司中國石油

中油公司石化事業部自建廠以來都非常重視工業安全衛生及環境保護等工作，2003 年通過標準檢驗局的 OHSAS 18001 職業安全衛生管理系統。

六、員工衛生

工廠內有許多員工，是「公共衛生」課程中常指的容易發生群聚感染的熱區，再加上有些製程對員工身體健康不利（例如油漆、表面處理），因此工廠衛生管理對員工健康非常重要。本段舉例說明。

(一)抗疫——以 2009～2010 年新流感疫情為例

2009 年 6 月起，中油已確定南部有一名加油站員工確診感染新流感（H1N1），中油嚴陣以待，並要求南部員工進出一律配戴口罩，並量測體溫，全力避免疫情擴散。

中鋼採軟性方式抗疫，在餐廳等公開場所張貼告示，要求發燒的員工、包商及訪客不要進入；在各電梯口提供酒精乾洗手劑，降低感染。

統一企業要求整個亞洲各廠區都須備妥員工所需口罩及耳溫槍。[11]

(二)工廠粉塵

切削加工的金屬屑、木屑、拋光研磨粉塵、石墨粉塵及過濾各產業加工過程所產生石綿、纖維等漂浮在空氣中污染物質及戴奧辛，這種工廠內粉塵瀰漫的問題有損員工健康。

原勵公司部經理陳敬忠表示，高流量集塵機採用外接式龍捲過濾收集桶

構造原理,可迅速收集粉塵,方便廢料收集清理及保護主機壽命,有效節省耗材,適用於工具機、產業機械、塑膠業、食品業、造紙業、木業、紡織業、鑄造業、製藥業及任何有污染性質的行業及工作場所。[12]

原勵公司電話:(02)2622-5007 號,網址:www.yuan-li.com.tw。

註 釋

①工商時報,2009 年 11 月 28 日,A5 版,於國欽。

②經濟日報,2009 年 12 月 1 日,A19 版,劉靜君。

③經濟日報,2009 年 12 月 16 日,C1 版,李正宗。

④經濟日報,2010 年 1 月 11 日,B2 版,劉靜君。

⑤中國時報,2009 年 10 月 23 日,A16 版,顏玉龍。

⑥中國時報,2009 年 10 月 23 日,A16 版,盧金足等。

⑦經濟日報,2009 年 10 月 20 日,A16 版。

⑧經濟日報,2010 年 2 月 3 日,專 5 版,戴辰。

⑨經濟日報,2009 年 10 月 5 日,專 4 版,劉靜君。

⑩編輯部,經理人月刊,2009 年 9 月,第 36 頁。

⑪經濟日報,2009 年 8 月 27 日,A2 版,萬中一等。

⑫經濟日報,2009 年 8 月 26 日,專 7 版,黃奇鐘。

討論問題

1. 以圖 12.1 為架構,以一家公司為對象,去把其環保措施綱舉目張。

2. 找一家公司去計算其清潔生產的定量指標數目。

3. 以表 12.5 為基礎,以一家公司為對象,說明其減少空氣污染的作法。

4. 上網找一家能源技術服務業,分析其收費方式。

5. 以表 12.7 為架構,以一家公司為對象來說明。

6. 以表 12.8 為架構,以一家公司為對象來說明。

7. 以表 12.9 為架構,以一家公司為對象來說明。

8. 以一家公司為例，說明其水處理。

9. 以表 12.13 為架構，再舉一家公司為例。

10.以表 12.14 為架構，再舉一家公司為例。

13

製造部的製程品管

探究豐田成功的關鍵原因，是把每一次錯誤視為學習的機會，並在公司內廣泛傳播從每個經驗中學到的知識。

因此，豐田式生產不單單只是一種工具、祕訣或制度，而是透過不斷地省思與持續改善，讓企業變成一個學習型公司。

豐田是最優秀的學習型公司，理由是它把標準化與創新視為一體的兩面，把它們結合起來以創造卓越的持續性。

豐田跟大多數公司不同的一點是，它並不採行一本月計畫，也不著重只著眼於短期財務績效的計畫，豐田是一家流程導向的公司，刻意且審慎地長期投資於人員、技術與流程等系統，並使它們結合起來以達成更高的顧客價值。豐田的理念與經營所支持的看法是：如果專注於公司本身的流程，並持續改善，便能達成所期望的財務成果。

——佛萊瑞・萊克　美國密西根大學工業與作業工程系教授
《豐田模式》一書第 12 章

品質不是檢驗出來的

「品質不是檢驗出來的，是研發、製造出來的」，這句品質管理的順口溜，很多人在學校時也很熟悉，系上針對期中考時出現二分之一不及格的同學，往往會派導師或各任課老師懇談、致函給學生家長，目的就是預防學期結束時學生真的二分之一不及格，連續二一或三二，那就應退學了。

第一節　品質管理導論

　　產品的品質（quality）是消費者購買產品的必要條件，否則再便宜的價格也無法打動消費者的心。

　　公司設下天羅地網，從產品研發、原料採購、製程品質管理，到設立品質保證部做成品品質保關。本節先綱舉目張，一次說明本章、第十四章的主要內容。

一、目標：花小錢省大錢

　　廣義品管的「效益成本分析」白話一點地說，便是「兩害相權取其輕」，或者說「花小錢省大錢」，詳見圖 13.1，底下詳細說明。

(一)效益：省大錢

　　廣義品管有積極效益（即靠品質支撐品牌權益）和消極效益，後者包括外部、內部失效成本，詳見圖 13.1 中說明，此處稍微解釋。

1.失效（failure）

failure 這個字有失效（尤指產品失效）、失靈（尤指政府失靈）、失敗（尤指公司失敗），在此處，我們由其性質看來，偏重產品失效所帶來的成本，所以譯為「失效」。

2.外部 vs.內部

　　圖 13.1 中，外部在內部之上，背後有隱含 Y 軸（即成本高低），**外部失效成本（external failure cost）**偶一發生，但是一旦發生，往往是「好事不出門，壞事傳千里」，公司必須付出昂貴代價來善後。品管大師克勞斯比（Philip Crosby）於 1984 年出版的《不流淚的品管》一書（*Quality Without Tears*）一書提到不良品質的成本，遠比一般認知的成本還高昂得多，他主要是指外部失效成本。

　　至於內部失效成本（**internal failure cost**）則指「不符合品質成本」，包括二項：給多了（要五毛給一元）與給少了，都不是好事。以產品瑕疵來說，品保部或客戶發現後，退回製造部重新製作（簡稱重工），要是產品失誤，只好報廢，白做了。

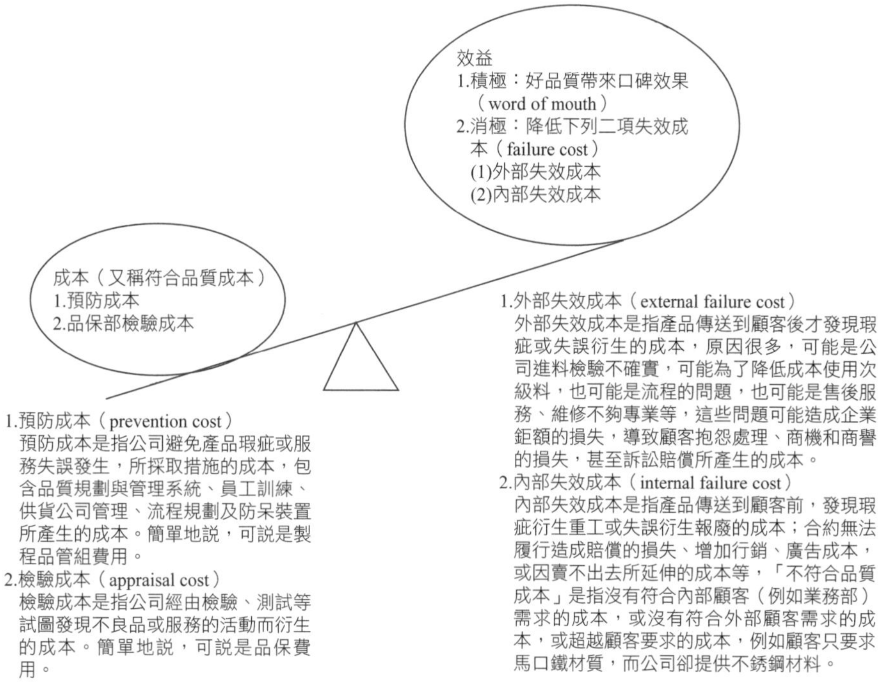

效益
1.積極：好品質帶來口碑效果
（word of mouth）
2.消極：降低下列二項失效成
本（failure cost）
(1)外部失效成本
(2)內部失效成本

成本（又稱符合品質成本）
1.預防成本
2.品保部檢驗成本

1.外部失效成本（external failure cost）
外部失效成本是指產品傳送到顧客後才發現瑕
疵或失誤衍生的成本，原因很多，可能是公
司進料檢驗不確實，可能為了降低成本使用次
級料，也可能是流程的問題，也可能是售後服
務、維修不夠專業等，這些問題可能造成企業
鉅額的損失，導致顧客抱怨處理、商機和商譽
的損失，甚至訴訟賠償所產生的成本。

2.內部失效成本（internal failure cost）
內部失效成本是指產品傳送到顧客前，發現瑕
疵衍生重工或失誤衍生報廢的成本；合約無法
履行造成賠償的損失、增加行銷、廣告成本，
或因賣不出去所延伸的成本等，「不符合品質
成本」是指沒有符合內部顧客（例如業務部）
需求的成本，或沒有符合外部顧客需求的成
本，或超越顧客要求的成本，例如顧客只要求
馬口鐵材質，而公司卻提供不銹鋼材料。

1.預防成本（prevention cost）
預防成本是指公司避免產品瑕疵或服
務失誤發生，所採取措施的成本，包
含品質規劃與管理系統、員工訓練、
供貨公司管理、流程規劃及防呆裝置
所產生的成本。簡單地說，可說是製
程品管組費用。

2.檢驗成本（appraisal cost）
檢驗成本是指公司經由檢驗、測試等
試圖發現不良品或服務的活動而衍生
的成本。簡單地說，可說是品保費
用。

圖 13.1　品質管理的效益成本分析

(二)成本：花小錢

　　廣義品管的「成本」比較容易算總帳，這包括二項成本，大抵由二個
部門各自負擔。日本的品管大師田口玄一提出田口損失函數（Taguchi Loss
Function）來衡量不良品質成本，此已超出本書範圍，留待《品質管理》書中
說明。

1.預防成本

　　預防成本（**prevention cost**）主要是指製造部品管組所付出的成本，主要
指第十三章內容，少部分是品保部支出的費用，例如供貨公司供貨時，品保部
零組件驗貨組甚至外包商管理組（詳見第七章第三節）為了確保原料品質無
虞，所衍生的成本。

2.檢驗成本

　　檢驗成本（**apprasisal cost**）一眼就可看出，主要是指品保部的費用，即
第十四章內容。大部分公司的品保部只有幾個人，人事費用不高。高的是指檢
驗設備（本書大部分用量測儀器一詞）的折舊費用、檢驗材料等，檢驗設備往
往可貴到上億元。

(三)鐘擺效應

由於立場不同，品保人員傾向於抱著「寧可錯殺一百，不可錯放一個（瑕疵品）」的心態，套句行話便是「品質過度高」（over-qualified），最簡單的說法是，以三角飯糰 140±10 公克來說，130 公克還 OK，可是代工公司品保部怕買方（便利商店）太嚴格，只好自己先嚴格，把標準降到 140 － 8（即 132 公克），對製造部來說，131 公克的產品就出不了工廠大門。

此時，製造部往往會跟品保部起摩擦，到最後往往必須由總經理來仲裁。而總經理的心態常會跟鐘擺一樣，當西線無戰事，就會對製造部心慈手軟一些。有可能整個公司螺絲慢慢鬆了，當買方客訴多甚至退貨，總經理就比較會對製造部不假顏色，此時品保部就占上風。

跟所有效益成本分析一樣，要划算才值得付出代價，同樣地，產品不需要近求「零缺點」，因為要做到「完美」，公司必須付出極高的品質符合成本。相似的例子，可用學生考試為例，由 60 分（可說工廠的良率 60%）提高到 80 分，有點容易；80 分到 90 分，有點難；90 分到 95 分，更難；95 分到 100 分，超難。這是因為大部分教授出題在配分方面往往採取常態分配，困難題在右端，約占 5%。

只有極少數產品需追求「零缺點」，主要是人命關天的，例如飛機。甚至連新流感（H1N1）疫苗都有萬分之幾的機率會引起輕重併發症甚至死亡。

至於避免品保部、製造部的山頭主義之道，大一管理學書上講得很清楚：小至角色扮演（即角色互調），大到人員互調，去體會彼此立場。

二、各部門的品管組織設計

「一步錯、步步錯」、「牽一髮而動全身」，這些俚語都可貼切說明公司全程品管的必要性。由表 13.1 可見，公司內至少有三個部門有自屬的品管單位，底下簡單說明。

(一)研發部品質確認組

研發部在產品研發過程中，經常得對原形進行測試，因此下設品質確認組便可以有效率的進行。在華碩稱為研發處品質確認部（華碩組織設計，處比部大），有些公司稱為「驗證工程組」。

(二)製造部品管組

在本章中，我們詳細說明製造部下轄品管組，如何防微杜漸地避免製造部走錯路。

表 13.1 公司各部門內的品質管理單位

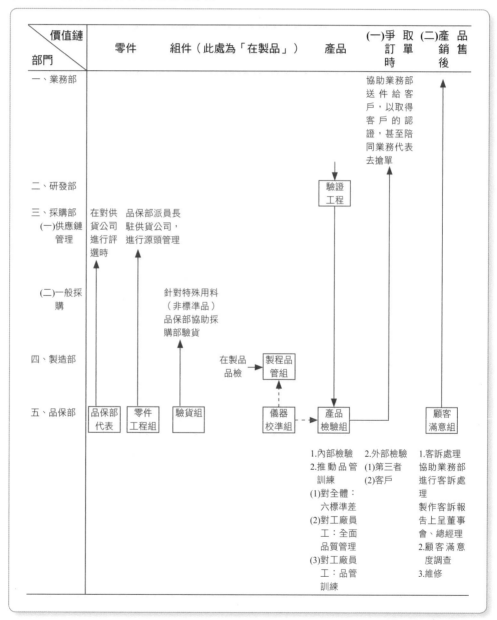

價值鏈 / 部門	零件	組件（此處為「在製品」）	產品	(一)爭取訂單時	(二)產品銷售後
一、業務部					協助業務部送件給客戶，以取得客戶的認證，甚至陪同業務代表去搶單
二、研發部			驗證工程		
三、採購部 (一)供應鏈管理	在對供貨公司進行評選時	品保部派員長駐供貨公司，進行源頭管理			
(二)一般採購		針對特殊用料（非標準品）品保部協助採購部驗貨			
四、製造部			在製品品檢　製程品管組		
五、品保部	品保部代表	零件工程組　驗貨組	儀器校準組　產品檢驗組		顧客滿意組

1.內部檢驗
2.推動品管訓練
(1)對全體：六標準差
(2)對工廠員工：全面品質管理
(3)對工廠員工：品管訓練

2.外部檢驗
(1)第三者
(2)客戶

1.客訴處理
協助業務部進行客訴處理
製作客訴報告上呈董事會、總經理
2.顧客滿意度調查
3.維修

三、製程品管組

製程品質管理組：是進料檢驗與最終檢驗的中間橋樑。

(一)正確開始，成功的一半

美國華普飛機引擎科技為了成為具備卓越核心能力的公司，1999 年導入「達成競爭性卓越」（Achieving Competitive Excellence）計畫持續改善活動。總經理戴如卓表示，為了降低不良品質成本，他們以根本原因分析法（Root Cause Analysis）找出造成瑕疵品、客戶退貨率的原因。

例如造成的原因可能有量測誤差、人員沒有遵守標準作業流程等，分析後發現人為因素最大，於是安排適當的訓練、作業指導書等，以及時改善狀況。

為了避免錯誤重複發生，他們從詳細記錄的品質診斷流程管制（quality clinic process chart）資料中，檢視瑕疵品在近三個月是否重複發生，如果有，表示另有根本原因，必須持續改善，直到不再發生。如今他們的不良品質成本已降至 0.11%（不良品質成本金額／營收），超越母公司美國聯合科技／普惠發動機引擎公司的金牌廠 1% 的標準。[1]

(二)品管組的職掌

製程品管組（簡稱品管組）可說是製程內的品保部，只是它是製程部內的「自己人」，其主要職掌在於協助生產線上同仁達到品質目標。

(三)製程品質工程師

製程品質工程師（process quality engineer）所需具備能力詳見表 13.2。

表 13.2　製程品管人員的能力

4M	能力	作法
一、原料	判斷原料良莠，及加工後可能的情況。	
二、機器	確保調機後換型號時，實際所調的 $\overline{X_n}$ 跟規格中心值控制線無顯著差異的功力。	1.首件確認量測 5～10 個樣本（n）； 2.以 t（檢定）判定 $\overline{X_n}$ 與控制線有無顯著差異（α 建議為 10%）。
三、方法	維持品質水準的「異常管理」功力。	1.區分異常與瑕疵品的差異，及判定的依據； 2.異常預防； 3.異常分析及再發預防（層別＋比較異常組與正常組的差異）。
	躍昇品質水準「改創功力」。	1.專案管理、品管作法（品管故事、六標準差……等）； 2.專業技術； 3.工具。
四、人	訂定執行對的品管工程圖及標準作業流程的功力。	1.使用「共通」語言； 2.重點圖相比，正誤對照化。

(四)作法：全面品質管理

　　全面品質管理（**total quality management, TQM**）源自第二次世界大戰時，美國國防部的 TQM Guide DoD 5000 51-G 績效改進模式；1980 年代廣為流行，可說是製程品質管理的方法。

　　「全面品質管理」基本精神用 5W2H 架構來了解，很容易進入狀況，詳見表 13.3。此外，有許多人提出各種衍生版，可說大同小異，限於篇幅，無法介紹。

表 13.3　全面品質管理

5W2H 架構	說明
一、why？： 「顧客滿意」程度，即行銷導向	在國家標準 CNS 12889 中對「全面品質管理」的定義：「組織的管理方式，是以品質為中心，基於全員的參與，透過顧客滿意而達到長期成功的目標，並使組織全部成員與社會均受其益。」 日本戴明獎委員會對「全面品質管理」的定義是：「為使能適時以適切的價格提供顧客滿意的品質的物品或服務，企業有效果的營運，貢獻企業目的之達成體系活動。」

二、what？　品質的定義，有狹義、廣義之分，廣義包括下表第 1 欄的「硬性主張」與第一列的顧客採購、送修二個階段。

品牌價值主張＼銷售階段	買方使用時	售後服務
一、軟性訴求		
二、硬性訴求		
(一)設計美學	外觀：表面光滑、顏	
(二)工程技術	色均一等	
1.產品可靠度	品質的狹義定義	
2.耐用度		
3.維修容易程度	√	√
(三)功能面	主要是「好不好用」	
1.主要成分		
2.附屬成分		

三、when？　1.預防重於治療：及時的一針，勝過事後九針。
　　　　　　2.持續改善，止於至善，詳見§16.2～3。

四、who？　1.全員，公司必須能夠提供全體員工進行連續改善的工作環境。
　　　　　　2.組織設計：品管圈，透過自主組織（self-regulated organization）。
　　　　　　3.跟零組件供貨公司：夥伴關係。

五、how？：
俗稱「品管七大手法」（手法，dicipline）

豐田用詞	預防（表 13.10）	傾向管理（trend management）	變化管理（variability management）
方法	1.製程失效模式及效應分析（PFMEA） 2.危害及可操作性研究（HAZOP） 3.危害分析重要管制點（HACCP） 4.失效樹分析（FTA）	1.抽樣方法 2.異常偵測：製程中資料劃出管制圖（control charts）	1.找重點問題：柏拉圖圖（Pareto chart） 2.4 M 1 E 的魚骨圖（fish bone chart），石川馨 1952 年提出，又稱特性要因圖（cause and effect diagram）
本書相關章節	§13.3 品質管理I：方法面I	§13.2 四傾向管理 §14.3 四檢驗方法	§13.2 五異常處理 §16.2～3 改善

(五)豐田的製造檢查流程

豐田廣泛應用「製造決定品質」的觀念，更是全體成員必須建立的價值觀。從製造工程角度，強調品質保證務必由製程工程部出發，從設定正確的 4M 加工條件，到落實品質自我保證的首末檢查，以及品管組協助製造單位的巡迴檢查、確認不良品的修正結果與要因對策後的效果。當然其中蘊涵防止製造瑕疵品（日本人習慣稱為「不良」）與流出的「品質保證網絡」（quality assurance network, QAN，詳見表 13.7）的自主品管與改善；希望做到「不製造瑕疵品」的極致目標，詳細過程詳見圖 13.2。

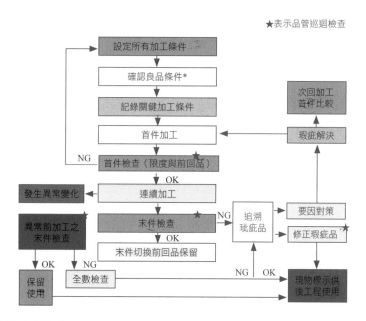

圖 13.2 製造檢查流程

*為本書增修。

資料來源：李鴻生、楊錦洲（2009.12），第 43 頁。

(六)品管計畫

每個部門在執行業務時，都必須訂定年度、季、月計畫，甚至針對單一專案，也有專案計畫。製程品管組、品保部都有品質計畫（QC plan），表 13.4 是以 5W2H 架構呈現。

表 13.4　品質計畫

5W2H 架構	說明
一、why？	品管組在流程內所負責的部分為協助製造工程首末件檢查、以巡迴檢查方式來確定異常範圍、確認瑕疵品的修正效果，以及檢視瑕疵品的真因追求及對策後的效果。
二、what？：適用範圍	
三、whom？	1.為測定單位；
who？	2.檢查者。
where？：檢驗站設立	品管組依據品質關鍵點設置檢驗站，設立原則如下。 1.在先行作業圖上可以建立檢驗站，把其視為一般工作單元； 2.在生產線平衡後才決定； 3.影響檢驗站位置的因素有：檢驗成本與瑕疵品成本。 4.檢驗站一般設於 　(1)在昂貴的作業或工作站前，可減少對瑕疵品的不必要加工； 　(2)在一連串無法設立檢驗站的作業前； 　(3)在一個常引起高度不良率的作業後； 　(4)在一作業前，而此作業把前一作業的不良責任歸為自己； 　(5)設備可能被瑕疵品所損害之作業前； 　(6)品質責任改變前； 　(7)可能產生無法再製的廢品前。 待現地現物執行檢查後再來分析是否需要修訂檢驗站的位置。
四、when？	(一)定時 製程工程部執行首重末件檢查，以保證適切加工條件的批量品質。 (二)品管組 透過首末檢查協助提升製造檢查的完備性。
五、how much？	(一)定量 1.批量構成； 2.批量樣本數合格判定數的規定； 3.抽樣方法； 4.計數值檢驗抽樣計畫：例如 MiL-STD-105E； 5.計量值檢驗抽樣計畫：例如 MiL-STD-414。
六、how？	1.檢驗作業程序（Standard Inspecting Procedure, SIP）與要點； 2.工作簡圖； 3.實施檢查時應注意事項： 4.檢驗名稱； 5.檢驗項目； 6.試驗方法及試驗設備或器具； 7.判定標準： $$不良率 = \frac{瑕疵品個數}{檢驗製品數} \times 100\%$$ $$百件缺點數 = \frac{缺點總數}{檢驗製品數} \times 100\%$$

表 13.4 （續）

5W2H 架構	說明
	8.不良品或不合格批量的處理方法；
	9.檢查報告的編寫法及保存期限、查核註記；
	10.檢驗的後續工作。

■■ 第二節　製程中品質管理

以豐田為例來說明製程中的品質管理。

一、製程內三道品管

在製造過程中，在三道品管。

(一)自工程

「好漢做事，好漢當」，這是自工程（本人）的分內事，不使不良品從前製程流向後製程（品質是工程中製作出來，不良不流入後工程）。當製造現場擁有自主品質保證的意識與行動，就可不需要依賴品保部的檢查，即能依照製造品質確認要領書與檢查基準，自主完成應有的產品品質檢查，落實製造品質保證。

(二)品質保證網絡

那些品質要項應該實施品質保證網絡評價呢？從產品特性的角度來選定後工程最無法接受的不良現象（必要時，再加上製造工程最應保證的內容），由製造流程裡去檢視可以防止發生瑕疵品的對策及縱使發生瑕疵品都能立即檢出的對策，透過制定標準作業與硬體改善，確實達到防止瑕疵品發生與流出。例如，熔接不良造成脫落、組裝扭力不足可能造成長時間使用後零件脫落或車子漏水、加注油水不足造成燒損、材質選用不當造成疲勞斷裂、電子組裝接頭不當造成接觸不良等，必要項目由製程工程部決定後，再跟後工程確認，如此一來更能提升前工程對後工程的品質保證。

(三)製程品管組

最後，要是無法找到問題，只好搬救兵，請製程中品管「小老師」的製程品管組來抓漏。

二、抽樣頻率

當產量很大時，只好採取抽樣檢查，抽樣頻率有二。

(一)首末檢查

「首末檢查」區分為製造單位的自主檢查及品管組的批量品質保證，生產線的管理製造條件人員負責全數產品品質、品管組則對批量加工品質有輔助檢查機能。首末檢查簡單地說，當開機生產一批（例如 100 件），針對第一、一百件作檢查，要是及格則視為全部及格，詳見表 13.5。

(二)巡迴檢查

豐田現場為補強製造單位自主檢查的不足，另設定品管組巡迴檢查輔助，透過交叉火網來強化製程中品管。

三、早期預警的趨勢分析（傾向管理）

在品質特性可能將進入不合格之前，能著手檢討問題與思考對策，並於品質特性在惡化之前能確實改善。

「傾向」意即**變化趨勢管理**（**trend management**），係根據時間軸的推移把產品品質特性，或是工程重要指標的數據，以 QC 手法的「管制圖」形式表現其變化狀況，從曲線高低試著發現存在工程內的問題，也就是要看出數字背後所代表的涵義。透過品質特性的傾向變化，計算得知管理的上下界限，以掌握工程推移中超過管理上下界限的異常狀態。

「傾向管理」的特色是把所掌握的測定數據在管制圖上呈現出品質特性的轉換紀錄，便於迅速辨識出問題所在，以實際測定值真實地反映到管制圖上，不管是在規格界限邊緣的合格品或是在管制上下界限附近移動的異常點，或是在逐漸走向不合格變化的趨勢上，均可以透過管制圖而無所遁形。

表 13.5　豐田首末檢查的製程品管方式

	首件檢查	中件檢查	末件檢查
一、用途	首件檢查代表該批量加工條件正確性的確認，惟有首件檢查合格後，始能由製造單位的幹部下達量產指令。	依加工產品特性，參考加工批量及其加工時間，適量增加等同首末件檢查內容於中件產品的檢查，該中件檢查可分割確認加工批量的品質狀況，並約略分割批量大小去設定數個中件檢查，以輔助首末檢查實施時的相隔時間過久或批量過大時僅設定首末檢查的品質保證不足。	末件檢查表示批量品質的保證程度，批量加工的最後一件、發生異常時的前一件、當天（批量尚未完成）生產的最後一件等均定義為末件，加工批量的末件檢查產品將於加工後被保存，作為次回批量生產首件檢查時比對所用之前回樣品；等待次回加工首件與限定樣品、前回樣品做比對之後，且差異小，並完成必要的檢查規格均合格之後，改為保留本回首件，作為此批量加工中末件檢查比對的依據，此時才把屬於上批量的前回樣品再投入生產線。
二、定義	批量加工的第一件、異常處置後的第一件、連續批量第二天的第一件均列為首件。		
三、無誤後處理	批量為單次加工總量或是某一單位時間的加工總數，即使跨過不同天數或是跨休假日，均以此來定義首末件。		

四、變化管理

透過掌握加工條件的變化，管理可能造成製程品質變異的運作稱之為「**變化管理**」〔**variability management**，也稱為（4M1E）「變化點管理」〕，詳見表 13.6。其中包含製造條件的比對、差異原因紀錄、特別品質的確認、甚至精度測量結果的註記，以及關係者之間的情報聯繫與交接等。

表 13.6　工程變化管理紀錄

工程	變化內容	處置	自主檢查結果	品質監察	備註
3	張員休假	王員替代	首末檢查數 OK 各增加 1→5	中品監察 OK 增加 3 枚×2 回	紀錄追蹤
4	20Kg 扭力扳手故障	25Kg 扭力扳手故障	更換後檢查 5 台 21～23 Kg	巡迴監察 OK 增加 3 台×3 回	推移追蹤（規格 20～25）
1	A 構成品精度修正	Clamper 間隙調整	Assy 精度變異 0.4～0.8 mm	巡迴監察 OK 增加 3 台×1 回	後工程變化確認

　　工程條件一有變化，立刻就能發現對品質的影響，全賴該產品對後工程品質的影響度而決定。

　　表格內記錄當天 4M 條件的變化項目，區分該變化內容是多次發生、偶發或初次發生，作為該條件變化是否為常態發生的參考，也是工程處置的依據。

　　依照加工條件的變化內容，加以把握可能因此而造成加工品質變異的範圍，甚至擴大到可能是不良對象的追蹤，因此「變化管理」應用範圍比較廣。

(一)從救火到發現敗筆

　　我們經常會因為製程內關鍵條件數據變化的掌握不足，無法判斷製程上的不良品是突然變化或是因磨耗逐漸變差？僅能針對偶發問題點進行不良品現象的對策，根本無法解決趨勢變化的問題，因為根本無法找到真因，更不用說對真因下對策。

(二)找原因

　　1952 年，日本專家石川馨（Kaoru Ishikawa）提出**魚骨圖**（**fish bone chart**），本法因台塑集團採用而在台灣有高知度，又稱為特性要因圖（cause and effect diagram, CE diagram），分析造成問題五個原因如下。

　　‧原料（material）；

　　‧機器（machine）；

　　‧作業方法（method）；

　　‧員工（man）

‧衡量方法（measurement）。

(三)找重點

1897 年，義大利經濟學者柏拉圖（Vilfredo Pareto）提出**柏拉圖分析法**（**Pareto analysis**），即「80：20 原則」，80% 的問題來自 20% 的項目，作出不良率的累積圖〔即柏拉圖圖（Pareto chart），100%Y 軸〕就可以找出原凶。

五、異常處理

當發現批量加工過程裡存在瑕疵品，務必把發生異常前的末件進行完整末件檢查，明確判斷那件產品為瑕疵發生始點，所以無論是在加工中件或是末件發現時，均必須加強往前追查，確定掌握不良範圍。

在正常作業下的生產，會有偶發的 4M 條件的變化，以及正常條件下的不穩定性，可能就是造成生產出某些瑕疵品的變數與原因。

對於**異常處置**（**abnormality handling**）下的產品，務必加強產品標示與資料傳遞，讓後工程得以了解並掌握非標準製造條件下產品的品質確認。要是異常處置務必以「現地現物現時點」為準則，在異常發生的最快時間裡到達問題發生的地點，立即加以比較目前的加工條件跟作業標準書的加工條件的差異，「快速回應（quick response）、有效且快速解決（smart & quick countermeasure）」正是資料（日文稱為情報）傳遞應把握的原則，也是品質資料管理系統內不可或缺的部分，詳見表 13.7 和表 13.8。表 13.8 中第 3 欄是豐田的作法，第 2 欄是六標準差（**Six Sigma**）的作法，但「萬變不離其宗」，皆只是管理活動（第 1 欄）的運用罷了。

(一)暫定對策

如果因為某些要素未能迅速解決，則只好面對事實，針對該批量產品提出暫定對策，同時極力透過產品的變異分析、條件比對與再現測試，以找到真正造成品質問題的原因，且能找到解決對策消除這些原因。

對於問題的立即處理方式，包含產品本身或是加工條件的暫定調整，只要不是正常對策均稱為暫定對策；而該瑕疵原因的異常處置，包含判斷先行加工後的瑕疵品經由適切修正，成為良品後提供給後工程使用。在製造工程對產品

品質的堅持下，以及符合「安全、品質、生產效率、成本、管理」的考量下，以決定需要選擇的要素時，更要評量所需人力、作業工時，甚至衍生整體浪費的成本。

(二)永久對策

當找到問題的真因後，必須提供確切有效的矯正措施，其目的在促使類似的問題不再發生，稱為永久對策（或稱根本對策）。

表 13.7　製程中品質管理

	本站自主品管	下站（後工程）
一、有發現瑕疵品：自主品質改善	能自我約束地防止流出於自工程手中的不良品，由於每位作業人員均能擔任自我品質保證的任務，所以可降低潛藏其間的問題，並消除不需要的加工浪費。 1.製品與不合格品的標示處理 　要是有品質問題來不及處理，則製造工程應把瑕疵品區隔放置及標示出限制使用，品管組則協助實施異常品限制使用的確認，以避免後工程誤用。 　並適時提供後工程在引取時的使用依據，且把不良對象資料與對後工程要求再一併考量，且實施適切的檢查，確定品質沒問題時再交給後工程使用。 2.資訊傳遞 　同時把瑕疵資料回饋至製程工程部，待製程工程部調查瑕疵品的發生原因並實施對策後，再加工提供次批良品給後工程。 　強調必須在第一時間內完成瑕疵的現地現物現況的確認，決定適切的處置內容與問題解決的對策，並把該不良資料報告到更高階層的管理者，以迅速解決瑕疵品的再發生與流出。	面對自工程內的加工不良現象，首先要掌握的是加工批量，在品質未完全確認之前，把該批量與前回產品確實區分，主動實施跟前回產品品質比對的細部確認，要是無法回復到良品加以使用，則必須妥善地執行廢品處理，切勿造成廢品的流出而誤用。當組裝的精度、外觀品質等的品質特性跟前回產品幾無變化，才把產品放行。

表 13.7 （續）

	本站自主品管	下站（後工程）
二、自己沒發現瑕疵品	品質保證網絡 不慎發生瑕疵品卻未完全掌握時，可主動聯繫後工程，要求協助對自工程產生的瑕疵品，實施硬體或是軟體檢出把關，全力建構網狀的品質保證體系以防止瑕疵品的流出，豐田稱此體系為品質保證網絡（Quality Assurance Network, QA Network）。 其內容為構築製造品質監控網絡，當工程內有瑕疵品發生，必須在品質保證網絡內被攔阻下來，以防止瑕疵品流到下工程。	「後工程就是顧客」的觀念縮小到製造工程內，則加工流程裡的後工程即為前工程的顧客，小到每個人，都必須把下一位作業者視為你的後工程。我們有必要提供良品給一下位作業員，且每位作業員面對前工程可能產生的瑕疵品應予以挑出，進而要求前工程對其品質變異加以對策。 如此作法雖可能降低生產效率，但因此作法可管制並縮小所有前工程累積的品質變異（降低工程累積變異），讓最終產品成為良品，而提供給後工程使用。
三、資訊流	(一)資料傳遞 對於由後工程所傳回的品質不良資料（日文稱為情報），應在最迅速的時機完成庫存品良品與否的選別，不足的良品數立即加工補足，使後工程不至於欠品停線。同時，前工程應透過現地現物現況比對或不良再現的測試，找出不同於良品的加工變異條件，予以徹底執行改善對策，讓良品得以快速加工產出，進而降低對後工程的影響。 另一重點則為檢討為何既有的檢查體制阻止不了瑕疵品的流出？是檢查頻率太低，造成品質變化時未能充分掌握？或是規範的檢查內容不足？或是未徹底執行？ 再者，對於來自後工程所提出的不良資料，要立即現地現物現況的確認後，根據事實判斷瑕疵品的處置。同時把工程內的批量產品品質資料，經過不良影響程度判斷，傳遞資料給適切的對象，有助於品管檢查 double check，或是依賴後工程的協助以掌握品質不良的重點、防止瑕疵品問題擴大，但仍有可能在不知情的情況下，使瑕疵品流出	(二)資料回饋 製造工程內發現瑕疵品後立即通知前工程，進行問題現象與原因的調查，在最快速度內完成改善對策的實施，不讓瑕疵品繼續產出與流出。

表 13.7 （續）

	本站自主品管	下站（後工程）
	到後工程，造成莫大損失；此時，強化製造工程的管理記錄的品質變化內容的資料傳遞，期望做到預告可能瑕疵品的批量範圍，讓後工程使用時得以事先掌握可能瑕疵品的區間，而能多一回的產品確認，以防瑕疵品流出的擴大。	

表 13.8　豐田異常處理流程跟六標準差比較

管理活動	六標準差		豐田的異常處理流程*
	階段	概念	
一、規劃 第0步：了解顧客、掌握顧客需求	定義（define）	誰是顧客及什麼是顧客優先考慮的？	一、異常處理
第1步：選擇品質特性	提出待解決或改善的問題；		
第2步：定義績效標準 第3步：驗證量測系統 第4步：確定製程能力 第5步：定義績效目標	量測（measure）	過程如何執行及評估	掌握發生異常時的現象（地／物／條件）
	依流程圖探討影響結果的因素，約百餘個作成因果矩陣圖		比較發生異常前後各條件的差異
第6步：鑑定變異來源 第7步：篩選要因	分析（analyis）	什麼是缺點發生的主要原因？	實施暫定的現象對策
	經分析階段運用 FMEA 及多變量分析，把因素縮減至重要的 10 個至 15 個		驗證暫定對策初品效果

表 13.8　（續）

管理活動	六標準差		豐田的異常處理流程*
	階段	概念	
二、執行 第 8 步：發掘變數間的 　　　　關係 第 9 步：設定操作允差 第 10 步：驗證量測系統 第 11 步：決定製程能力	改善 （improvement） 並依實驗設計（DOE）找出最為重要的 5 個因素以為改善（improve）的重點	如何改善缺點的真因	交叉比較以鎖定 異常關鍵對象 ↓ 追求真因 ↓ 解決真因的 對策實施 對策（×→△）──解決問題的訂正措施 改善（△→○）──比現狀為佳的自主提升活動
三、控制 第 12 步：實施製程管制 　　　　系統	控制（control）	如何維持改善？	二、維持管理 1.後工程容易判斷的標準 2.聯絡後工程特檢 3.自工程情報交換

*資料來源：李鴻生、楊錦洲（2009.12），第 42 頁，本書修改。

六、品管績效評估

　　評估發生率的方式，可拿此作業站「統計製程管制」（**statistical process control, SPC**）的 Cpk，即以此作業站製程能力的可能發生頻率當作評分參考。表 13.9 中的「偵測度」可依照上述概念區分公司作業流程發現異常的作業區塊，定義公司產品的偵測程度評分表。當嚴重程度、發生頻率與偵測度評分表的詳細內容大致已定，核心小組評分時較有依據，不至於每次評分依照主觀的想法忽高忽低。

　　在建構嚴重程度與偵測度評分表時，評分沒有 100% 的絕對，可以給予一個正負評分的公差範圍（**tolerance**）。表 13.9 就是作為評價工程能力的工具，評價矩陣的左上角綜合得分落於 6～8 之間為合格區域，中段 4～5 分為有待改善區，右下角的 2～3 分為不合格，只要不屬於合格區者均應迅速解

凌志汽車生產中檢驗

圖片提供：日本豐田

決，以避免不良品的流出。

　　評分的參考標準如下：「1 分：品質不良發生的可能性高」、「2 分：即使遵守標準作業，也有可能發生品質不良」、「3 分：確實遵守標準作業，不容易發生品質不良」、「4 分：設備及防呆功能可以做到品質保證，不會發生品質不良」的等級，作為評分依據。

表 13.9　品質偵測度評分

階段	製程中品質管理		品保
	本站或下站發現	檢驗員發現	
一、發現者	製程品管	最終檢驗（final quality control, FQC）	1.巡迴檢驗 2.出貨檢驗，即固定檢驗（outgoing quality control, OQC）或已流入客戶端才發現產品異常
二、得分	10 分 可說是「先知先覺」	5 分	2 分 可說是「後知後覺」 甚至「不知不覺」
涵義	←─── 偵測能力佳 ───╫─── 偵測能力有待加強 ───╫─── 偵測能力不及格 ───→		
	公司內量測站點與檢測站點為基礎，當本站自主檢驗即發現異常，而且沒有把瑕疵品流出本站或好幾站	作業站異常發生之後，經過好幾個站點的檢測才發現	

第三節　品質管理 I：方法面 I

製造部常採取表 13.10 中的方法。以維持製程中產品的品質，底下詳細說明。

表 13.10　製程品質管理方法

方法	說明
1.製程失效模式及效應分析（production failure mode and effects analysis, PFMEA）	強調產品製造階段所需要對產品製造可能的潛在失效及其影響提出對策。
2.危害及可操作性研究（hazard and operability study, HAZOP 或 HazOp）	此法跟「失效模式及效應分析」非常相似，假定意外事件發生在研發或是製造階段，用來分析異常對產品的影響，並找出對策。此法一直運用在化學業，近年來才擴展到鐵路通訊系統等其他行業。此法幾能普及所有行業，至少導入「失效模式及效應分析」的產業都能應用它。
3.危害分析重要管制點（hazard analysis and critical control point, HACCP）	這是一種用於鑑別和控制危害的系統方法，每個產品都有與其預期用途有關的自身的危害。危害狀況可能由價值鏈核心活動各階段的事件引起，例如研發、製造、服務、使用、處理等，依七個應用步驟進行危害管制。
4.失效樹分析（fault tree analysis, FTA）也稱故障樹分析或事件數分析	以假定的不希望產生的後果作出發點，稱為「頂層事件」，檢討造成頂層事件的要因，然後求出成為原因的各種「基本事件」。把「頂層事件」當作樹的頂點，針對許多要因，繪製如同樹枝一樣末端擴大的圖。此法本來是一種可靠度分析，後來運用於電力、航空、通訊等產業的風險分析中。
5.QC 手法	QC 七手法與統計品管可用來做製程能力分析與管理產品品質，運用統計的方法分析在製品發生變異的原因，進而改善，詳見表 13.3。
6.工作安全分析（job safety analysis, JSA）	詳見 §12.4

一、失效模式與效應分析

未雨綢繆才能妥籌對策，基於「80：20 原則」，要挑熱度圖上的紅色區去預防，失效模式與效應分析便是好方法，分遠中近三個範圍來說明。

(一)遠景：失效模式與效應分析

失效模式與效應分析（**failure mode and effects analysis, FMEA**）可以解析出系統的可靠性、維護性、安全性等所受的影響，以預測出可能導致重大故障的零件或機器。指出問題點，透過系統性分析把重要性加以量化，找出實施對策的預防性手法。

這方法最早運用於汽車業，QS-9000/TS-16949 品質管理系統已有許多產業應用於風險分析中。此法缺點是，很難處理冗長製程和涉及維修和預防措施的情況，以及僅限於處理單一失效條件。

此方法可用於研發、製程二階段，只是在 FMEA 前面再加上這二個名詞罷了。

1. 設計失效模式與效應分析（**design failure mode and effects analysis, DFMEA**），詳見拙著《科技管理》第十章第六節（五南出版，2010 年 10 月）。

2. 製程失效模式與效應分析即下一段主題。

(二)中景：製程失效模式與效應分析

製程失效模式與效應分析（**process failure mode and effect analysis, PFMEA**）主要處理製程中那些因素會產生產品失效與失效結果如何。

表 13.11　製程失效模式與效應分析（PFMEA）表

失效模式與效應分析 （製程）																	
製程名稱：			責任者：		相關部門：				聯絡人：								
製程任務：			產品系統：		預訂實施日期：				FMEA 維修日期：								
件號／名稱	製程功能	預估失效項目	預估失效效應	管制項目	預估失效原因	現行情況						改善後					負責部門
						現行控制	風險度	發生機率	偵測力	風險數	建議措施	已採控制	嚴重度	發生機率	偵測力	風險數	
表單編號：TRPFMEA　審核：　　製表：　　日期：																	

資料來源：徐自強（2008.4），第 61 頁。

投入 →	轉換 →	結果
失效原因：	失效模式（DPMO）：	失效效應（DPPM）：
機檯異常	在製品品質異常	產品品質檢驗出異常

(三)近景：挑重點管

依據 2008 年 6 月所公佈的第四版 FMEA 手冊，不建議訂定一個風險優先數（risk priority number, RPN）門檻值當成改善的依據，宜針對最高者或前三高者提出改善。

套用表 12.11 中的風險評估公式。

風險優先數（risk priority number, RPN）

$$= \quad 嚴重度 \quad \times \quad 活動頻率 \quad \times \quad 事故機率 \quad \cdots\cdots \quad \langle 13\text{-}1 \rangle$$

（severity, S）	（occurence, O）	（detection, D）
	發生頻率	偵測度（或偵測力）
		或難檢度

(四)評分方式

以住院病患的醫療照顧為例，經核心小組（core team，主要由製程技術部、製程部、製程品管組等）的討論，第四項失效模式的品質成本最高，而第五、七項失效模式的風險優先數（計算方式詳見表 13.12）值最高，第七項失效模式的品質成本較高，因此選擇第四、七項失效模式加以改善（即矯正行動）。改善成果整理如表 13.12 右邊所示。

表 13.12　失效模式風險評估

失效模式	(1) 嚴重度	(2) 發生機率	(3) 偵測度	(4) = (1)×(2)×(3) 風險數	品質成本	改善後	
						風險數	品質成本
一、護理人員沒有確實核對病人	4	4	4	64	21,640 元		

表 13.12 （續）

失效模式	(1) 嚴重度	(2) 發生機率	(3) 偵測度	(4) = (1)×(2)×(3) 風險數	品質成本	改善後	
						風險數	品質成本
二、護理人員沒有確實填寫評估單	4	4	5	80	12,480 元		
三、護理人員沒有攜帶維生器具	10	2	5	100	1,392,150 元		
四、維生器具功能不佳	10	7	8	560	4,162,506 元	180	1,683,467 元
五、維生器具不足	10	7	9	630	1,393,115 元		
六、監視器具功能不佳	10	6	8	480	2,777,899 元		
七、監視器具不足	10	9	7	630	2,780,440 元	240	1,025,296 元

資料來源：呂執中、劉志堅（2009），第 13 頁表三～五。

二、危害分析重要管制點

危害分析重要管制點（**Hazard Analysis and Critical Control Point, HACCP**）由美國太空總署（NASA），開發用於防止太空人食物中毒，後來應用在食品業做衛生管制，例如經濟部標準檢驗局針對水產品和外銷食品工廠利用 HACCP 方法來查廠和認證；後來則被 ISO 22000:2005 食品安全管理系統收編，執行步驟如下，例子詳見表 13.13。

　　1.執行危害分析；

　　2.判定重要管制點；

　　3.建立管制界限；

　　4.執行每個重要管制點監測；

　　5.建立矯正措施；

　　6.建立驗證程序；

　　7.建立適切的記錄及文件化程序。

表 13.13　HACCP 舉例

烹調過程	潛在的安全危害		是否危害安全？	危害原因	防治措施	此步驟是否為重要管制點？
	性質化學	病原菌				
蒸煮	－	√	是	沒煮熟，以致細菌殘留	溫度 95℃，煮 60 分鐘	是

← 危害分析 → ← 重要管制點 →
（hazard analysis）　　　（critical control point, CCP）

三、失效樹分析

美國貝爾電報公司的電話實驗室於 1962 年開發出**失效樹分析（fault tree analysis, FTA）**，運用失效樹分析最有名的案例是 1974 年美國原子能委員會發表了關於核電站危險性評價報告，即「拉姆森報告」，大量、有效地應用了此分析方法，從而迅速推動了它的發展。

以焊接作業的「焊接不良」為例，由圖 13.3 可見一層一層由上往下層，把造成焊接不良的原因及其問題點一一找出，針對相關問題點及可能與設備調整的事項加以克服，最後挑出無法去除的問題點，做成品質分項展開表，再利用此表來訂定日常點檢項目，做成點焊機點檢表，以預防焊接不良。

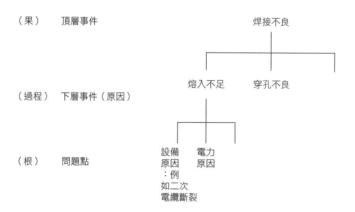

圖 13.3　失效樹的問題因果

第四節　品質管理Ⅱ：方法面Ⅱ
──ISO、六標準差

　　品質管理方法中，ISO 比較偏重預防措施的標準作業流程，「六標準差」比較偏重防微杜漸的「找碴」，本節詳細說明。

一、全球標準化的組織

　　國際標準組織（**International Organization for Standardization, ISO**）成立於 1947 年 2 月 23 日，成立的目的在於建立一系列的標準與準則，提升企業的效率與生產力。

　　它是一個國際性的標準組織，受檢測的企業或單位，在 ISO 設定嚴謹的檢測架構及步驟上，經過一連串的 **PDCA**（**Plan 計畫、Do 執行、Check 查核及 Action 行動**）自我嚴格檢驗，而 ISO 的檢驗單位只是扮演一個外部觀察或稽核者的公正角色，把企業一連串的自我檢測缺失，抽樣式地突顯出來。如果沒有「致命」的缺失，就會建議「合格登錄」，並由國際標準組織頒發證書，這就是「通過 ISO 認證」。

　　ISO 制度自從 1987 年出版後，歷經 1994 年、2000 年改版，已到了 ISO 9001:2008 版。

二、成文化

　　ISO 的精神在「說寫作合一」，同時強調「經驗傳承」精神，當公司把繁複操作過程寫成書面步驟，是邁向成功的一半，因文件化的價值能使意圖溝通與行動一致。公司藉由成文化的標準作業「程序」（或準則），可作為員工行動一致的準繩，更可達經驗傳承，使內隱知識轉化為外顯知識的外化過程，有效進行知識管理。

　　品質方面的製程管理相關的程序書，包括工作指導、表單中均應具體規範準則及操作注意事項，作為現場作業的指導、監督，它能使作業正確，以供指導及作業改善、技術的保存、品質事故發生時的查明，確保品質均一性，以達品質保證，使員工操作與管理者管理更有效率。

三、架構

　　ISO 9001:2000 版發行，把二十品質要項，歸納為五項品質管理系統、管

理責任、資源管理、產品實現及量測、分析及改進等，已把全面品質管理的以顧客為重、過程導向及持續改進的理念納入，有些顧問稱之為「小 TQM」。它更繪製以「過程為基礎的品質管理模式」圖形，也用 PDCA 持續改進過程績效的方法，作為改進績效的工具，供各界使用，詳見表 13.14。

表 13.14 ISO 9001:2000 標準目錄及文件要求

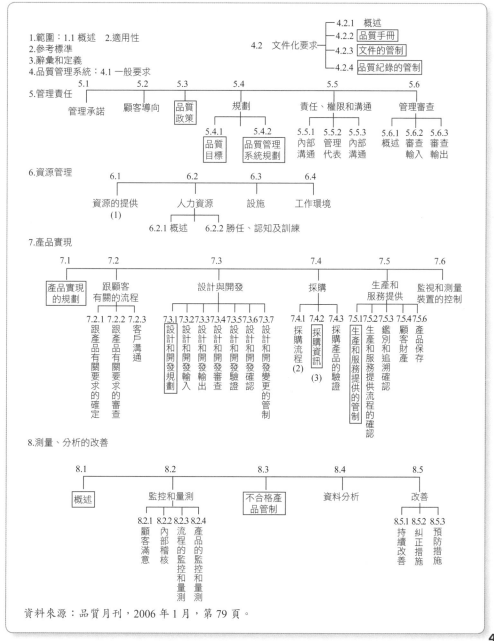

資料來源：品質月刊，2006 年 1 月，第 79 頁。

四、功能

ISO 9000 主要強調公司是否確保其產品與服務符合顧客的需求，是最起碼的品質管理系統要求水準。只要公司能依據 ISO 9000 各章節要求的精神和自訂的作業程序落實執行，就可以避免許多不必要的失敗或失效，達到預防問題發生的效果。所以說實施 ISO 9000 品質管理系統就是最佳的預防措施。

(一)預防措施

ISO 9000:2000 版除了少數章節（例如 8.3 不合格產品管制）外，都是預防措施的規範，經過文件化管制要求、管理責任、資源管理、產品實現的規劃、量測分析與改善的持續改善過程，再依 PDCA 管理循環邏輯，於各作業流程加以規劃和考量。

在 ISO 8402 4.13 的條文中預防措施（preventive action）是指，「採取措施以消除潛在的不符合、缺點或其他不希望情況的原因，以防止其發生」；預防措施可包括對程序和系統的修改，以達到品質環圈任何階段的品質改進。

在 ISO 9004:2000 績效指導綱要 8.5.3 失敗預防的章節中，談到「為達成有效果及有效率，失敗預防之規劃應系統化。此應以來自適當方法的資料為基礎，包括歷史資料趨勢的評估，特別是與組織及其產品績效有關文件，以產生量化資料。」其資料可來自下述。

1.市場分析；

2.顧客需求及期望的審查；

3.整合利害相關者資訊來源的系統；

4.風險分析工具的使用，例如失效模式及效應分析；

5.相關的品質管理系統紀錄；

6.過去經驗的學習；

7.自我評鑑的結果；

8.提供操作條件接近失控的預警過程；

9.過程量測；

10.滿意度量測；

11.管理資料輸出。

(二)標準作業程序

在 ISO 9001:2000 8.5.3 預防措施條文中，規定「組織應決定預防措施，以消除潛在不符合原因，預防其發生。預防措施應適當地依潛在問題的衝擊程度而訂定。」並且書面程序應加以建立，以界定以下各項要求。

1.判定潛在不符合及其原因；

2.評估所須的措施，以預防不符合的發生；

3.決定及實施所需措施；

4.記錄採取措施結果；

5.審查所採取的預防措施。

ISO 9000 品質管理系統希望公司能有明確的書面化、標準化作業程序，藉由內外部各項資料，整合成有用的資訊，以判定、評估、決定及實施、記錄、審查的五步驟，實施預防措施，幫助公司持續改善，以維持管理系統的有效性和符合性。

問題發生最常見的原因與解決的方式就是 4M1E 加以層別分析檢討，在 ISO 9000:2000 條文中，都有相對的章節加以要求，並且考量更為精細，要是有問題、異常狀況發生之虞，只要著眼於是否有流程標準及是否確實遵循執行的方向規劃即可，預防措施即可完備，避免問題的發生。

五、ISO 的範圍

針對產業公司各項企業活動（核心、支援活動），國際標準組織陸續訂定規範，詳見表 13.15。

表 13.15　ISO 規範的範圍

本書章節	對象	名稱	要點
chap5 業務	質量	ISO 9004	《質量管理體系、業績改進指南》
	顧客滿意程度	ISO 10001	顧客滿意行為準則指引；
	（CS）	ISO 10002	顧客滿意抱怨處理指引；
		ISO 10003	顧客滿意外部爭議解決指引；
		ISO 10004	顧客滿意監督與量測指引
chap6 研發 chap8 採購	質量	QC 8000	綠色產品管理系統
chap9 綠色生產	質量	ISO 19011	《質量和環境管理體系審核指南》 《資訊安全管理系統、規範》
§12.2 環保	環境	ISO 14001	《對環境管理原則、系統和支持的技術的指南》
§12.4 勞工安全	職安	OHSAS 18000	《職業安全及健康管理系統標準》
		OHSAS 18001	同上
chap13	質量	ISO 90001	《質量管理體系、基礎和術語》
	質量	ISO 9001	《質量管理體系、要求》
	醫療	ISO 13485	《醫療器材設計、製造與服務品質保證標準》
	汽車	TS16949	《汽車業品質管理系統》，由「國際汽車產業特別工作小組」負責
	食品	ISO 22000	《國際標準食品業品質管理系統》
	航太	AS90001/EN 9001	由國際航太品質團體（IAGG）負責
	通信電子	TL 9000	由 QuEST 論壇負責
chap14	質量	10002-1:1992	量測設備計量確認系統
	質量	10002-2:1997	2003 年公佈量測管理系統－量測過程與量測設備要求（ISO 10012 Measurement Management Systems-Requirements for Measurement Processes and Measuring Equipment）。 量測過程管制指引
§16.1	資安	ISO 27000	《一般資訊與安全相關的標準家庭》
	資安	ISO 27001 或 ISO/IEC 27001	
	資安	ISO 27002	《資訊安全管理系統實施建議》

六、一次看全部

國際標準組織強調「標準化」、「成文化」，又希望其規範能「放諸四海皆準」（即全球化），因此各種規範間都是統一架構，讓讀者能「舉一反三」。而且縱使某規範修改，也是架構一致。

1.OHSAS 18000 向 ISO 連結

為了便於品質、環境及職業安全衛生管理系統的整合，在制定 OHSAS 18000（詳見第十二章第四節）時，已考慮跟 ISO 9001 與 ISO 14001 標準的相容性，其系統架構即是 PDCA 的架構。因此對已實施 ISO 9001 或 ISO 14001 的公司來說，絕對不會增加管理上的負擔，甚至可提升管理的全方位效率。

2.一箭雙鵰

品保跟工安環保作業標準，也可一兼二顧。

表 13.16 ISO 9001、14001 跟 OHSAS 18001 架構

條文	ISO 9001:2000		ISO 14001:2004		OHSAS 18001:2007
0	概論	—	概論	—	概論
0.1	簡述				
0.2	流程方式				
0.3	與 ISO 9004 之相關性				
0.4	與其他管理系統的相容性				
1	適用範圍	1	範疇	1	範圍
1.1	概述				
1.2	專用				
2	引用標準	2	引用資料	2	參考出版品
3	名詞與定義	3	名詞定義	3	各名稱與各定義
4	品質管理系統（僅名稱）	4	環保管理系統要求事項（僅名稱）	4	職衛安管理系統（OHSMS）各要求事項（僅名稱）
4.1	一般要求	4.1	一般要項	4.4	一般要求
5.5	職責、職權與溝通				
5.5.1	職責與職權				
5.1	管理階層承諾	4.2	環保政策	4.2	職衛安政策
5.3	品質政策				
8.5.1	持續改善				

表 13.16　（續）

條文	ISO 9001:2000		ISO 14001:2004		OHSAS 18001:2007
5.4	規劃（僅名稱）	4.3	規劃（僅名稱）	4.3	規劃（僅名稱）
5.2 7.2.1 7.2.2	客戶要求重點 產品相關要求的決定 產品要求的審查	4.3.1	各環境考量面	4.3.1	危害識別、風險評鑑、與決定措施
5.2 7.2.1	客戶要求重點 產品相關要求的決定	4.3.2	法規與其他要項	4.3.2	法律與其他各管制各要求
5.4.1 5.4.2 8.5.1	各項品質目標 品質管理系統規劃 持續改善	4.3	目標、標的、與方案	4.3.3	目標與各方案
7	產品實現（僅名稱）	4.4	實施與作業（僅名稱）	4.4	實施與作業（僅名稱）
5.1 5.5.1 5.5.2 6.1 6.3	管理階層承諾 職責與職權 管理代表 資源提供 設施設備	4.4.1	資源、角色、職責、與職權	4.4.1	各資源、各角色、職責、責任、與職權
6.2.1 6.2.2	簡述 適任、認知與訓練	4.4.2	適任性、訓練、與認知	4.4.2	適任性、訓練、與認知
5.5.3 7.2.3	內部溝通 與客戶的溝通	4.4.3	溝通	4.4.3	溝通、參與、與諮詢
4.2.1	簡述	4.4.4	書面化	4.4.4	書面化
4.2.3	文件管制	4.4.5	文件管制	4.4.5	各文件管制
7.1 7.2 7.2.1 7.2.2 7.3.1 7.3.2 7.3.3 7.3.4 7.3.5 7.3.6 7.3.7 7.4.1 7.4.2 7.4.3 7.5 7.5.1 7.5.2 7.5.5	產品實現流程的規劃 與客戶相關的流程 產品相關要求的決定 產品要求的審查 設計開發規則 設計開發輸入 設計開發輸出 設計開發審查 設計開發驗證 設計開發確認 設計開發變更管制 採購作業流程 採購資料 採購產品之驗證 生產與服務提供作業 生產與服務提供之管制 生產與服務流程確認 產品的防覆措施	4.4.6	作業管制	4.4.6	作業管制

表 13.16 （續）

條文	ISO 9001:2000		ISO 14001:2004		OHSAS 18001:2007
8.3	不符合產品的管制	4.4.7	緊急準備與應變	4.4.7	緊急應變準備與反應
8.	量測、分析與改善（僅名稱）	4.5	檢查（僅名稱）	4.5	檢查（僅名稱）
7.6	監控與量測設備的管制	4.5.1	監控與量測	4.5.1	績效量測與監控
8.1	簡述				
8.2.3	流程的監控與衡量				
8.2.4	產品的監控與檢測				
8.4	數據分析				
8.2.3	流程的監控與衡量	4.5.2	符合性評量	4.5.2	遵從性評量
8.2.4	產品的監控與檢測				
—	—	—	—	4.5.3	偶發事件調查、不符合事項、矯正措施與預防措施（僅名稱）
—	—	—	—	4.5.3.1	偶發事件調查
8.3	不符合產品的管制	4.5.3	不符合事項、矯正的措施、與預防的措施	4.5.3.2	不符合事項、矯正措施與預防措施
8.4	數據分析				
8.5.2	矯正的措施				
8.5.3	預防的措施				
4.2.4	紀錄管制	4.5.4	紀錄管制	4.5.4	各紀錄管制
8.2.2	內部稽核	4.5.5	內部稽核	4.5.5	內部稽核
5.1	管理階層承諾	4.6	管理審查	4.6	管理審查
5.6	管理審查（僅名稱）				
5.6.1	簡述				
5.6.2	審查輸入				
5.6.3	審查輸出				
8.5.1	持續改善				

資料來源：徐自強（2008.2），第 22 頁，第 1、3 欄互調。

七、執行是一輩子的事

公司在取得 ISO 認證後，必須採取以下的具體作法，方能落實推展 ISO 管理系統的精神，詳見表 13.17。

1. 公司或單位主管應召集全體同仁，宣佈通過 ISO 認證的喜訊，大家高興一天就好。緊接著就是要做「誓師工作」，也就是做必要的授權及工作

生產管理

分配,而且必須打鐵趁熱,例如。

(1)管理代表與 ISO 推展小組應再度被授權,必須確實展開 ISO 跟日常管理結合的工作。

(2)6S 的要求和 6S 的稽核工作,要持續地做下去至少每季一次。

(3)內部稽核小組必須再度的被訓練,讓內部稽核工作更加落實、成熟,至少每二個月一次。

(4)藉著內部稽核工作,找出必須改善的問題,並且列入年度持續改善工作的重點。

(5)利用專案改善的手法,把經營效益再度提升。

(6)做專案改善成果發表。

2.指定輔導的單位(例如品管組)與跟催的人員。

3.做定期的輔導驗收與跟催報告。

4.把內部稽核規劃及問題改善結果,排入年度的「管理審查」,並且做改善成果的獎懲工作。[2]

表 13.17　實施 ISO 的管理活動

大分類	中分類	說明
規劃	目標	ISO 9001 管理制度強調由上而下的推動,所以董事長應明確宣示組織的遠景、承諾、政策及目標。
	組織設計獎勵制度	確立組織責和提供必要資源。
執行	企業文化	再配合企業文化及特性,建立相關標準作業程序及工作流程、作業標準,並建立相關紀錄。
	用人	在制度的建立過程,需要聘請外界專家和訓練一批種子人員,對 ISO 9001 標準精神及條文內容進行分析和了解。
	領導型態	要注意如何使 ISO 9001 所要求管理制度與公司制度相結合,才能持續地推動、檢討、改善。
控制		為確保公司品質政策及品質管理系統能付諸執行,每年可排訂稽核計畫,組成稽核小組至各部門,依據公司所訂的品質系統及品質目標進行稽核,再把稽核缺點列入改善追查計畫,持續改善以達成預定的品質目標。換句話說,當依 ISO 9001 管理系統模式來運行,就會形成一個完整的管理系統。

八、六標準差

本段簡單說明六標準差的「**DMAIC**」步驟，詳見表 13.18。

- 定義（define）；
- 衡量（measure）；
- 分析（analyze）；
- 改善（improve）；
- 控制（control）。

表 13.18　六標準差的 DMAIC 步驟

管理活動	DMAIC	實施內容	說明
一、規劃 （planning）	D	1.結合六標準差、零缺點品質標準定義目標。 2.建立提升的品質系統和六標準差方法。 3.找出完成公司實際系統的目標和方法。	員工認識六標準差的 DMAIC 和 DFSS 是一項重要的工作，且專案管理和群組效能也是初步評估的工作之一。資料品質非常重要，決定適切取樣數也是必備的，六標準差衡量分析倚賴重複性和重製性（repeatability and reproducibility, R & R）研究。
	M	蒐集內外部資料，衡量公司六標準差水準。	
	A	建立提升的專案計畫和黑帶人員。	
	I	建立改善步驟和工具符合六標準差水準。	
	C	1.建立控制程序和責任歸屬。 2.發展控制計畫和管制圖。	
二、執行 do：導入流程	D	1.找出企業流程的顧客要求。 2.定義最低水準的優先順序。	透過 SIPOC（suppliers, inputs, process steps, outputs, and customers）流程圖篩選出專案工具，此是定義多層次專案計畫和發展專案計畫工個。
	M	1.衡量流程圖和其能力。 2.建立六標準差的流程水準。	從不穩定走向圖（run charts）可找出蘊涵不穩定的品質水準的因素，常用的工具包括關鍵品質、QFD 和 SPC。不穩定的管制圖蘊涵著可改善的問題，透過流程能力和效能分析，以達預期的目標。簡易和易了解的圖示工具可以協助分析工作，例如柏拉圖、直方圖、
	A	1.分析所有流程資料。 2.偵測最重要的流程變異因素。 3.選擇最佳降低變異的方法和提升能力。	

表 13.18 （續）

管理活動	DMAIC	實施內容	說明
	I	黑帶人員負責流程改善，針對問題改變流程。	趨勢圖和散佈圖。適時地使用管理和規劃工具，如親合圖（affinity diagram）和關係圖（interrelationship diagram），以釐清問題的因果關係。
	C	1.檢核管制圖，驗證流程改善狀態。 2.比較期望結果，指示和建立改善行動。	分析步驟中以使用 ANOVA 和 DFSS 工具為主，改善步驟一般使用要因實驗設計、部分要因設計、平衡區塊設計（balanced block designs）、反應曲面設計、FMEA 和 DFSS 等工具。
三、控制 (一)check	D	1.清楚地定義目標及其導入的改善流程。 2.考慮起初的流程水準。 3.以控制規劃和管制圖評估流程。	此步驟主要是找出信賴區間和假設檢定驗證，取樣工具應確保可衡量資料的品質和數量。
	M	針對特別流程和需求水準衡量進度。	
	A	分析改善流程，在已達到的水準和期望績效間建立相關性。	
	I	1.評估改變的必要性或可否繼續提升流程。 2.選擇具透視價值的資料和使其文件化。	
	C	蒐集和分析實際資料，管制和監測流程，找出衡量方法。	
(二)action，持續地改善流程績效	D	1.定義持續改善的下一個步驟。 2.建立應特別注意的流程。	執行 DMAIC 改善流程，一般六標準差方法，起初計畫以走向圖和管制圖記錄流程效能。當流程進行中，應進行圖中特殊情況分析，適時地予以改善。這些圖可顯示出衡量結果，以利明確陳述，擬定出後續的改善行動。管理者應接受訓練，確實了解報告的需求格式。
	M	考慮所有品質因子，了解顧客滿意度和員工的工作狀況。	
	A	衡量顧客滿意度、企業六標準差水準和其他品質因子，分析企業品質系統的演變。	

表 13.18 （續）

管理活動	DMAIC	實施內容	說明
	I	選擇最有效的改善工具、訓練新員工、要求供貨公司更高的品質標準和導入新的品質因子。	
	C	監測所有決策，確保其品質持續改善。	

資料來源：黃永東（2006），第 23 頁。

九、精實六標準差

由表 13.19 中最後一列可見，ISO、六標準差彼此間能截長補短，因此有人提出「**精實六標準差**」（**Lean Six Sigma, LSS**），像華碩 2007 年便導入，其化學性質如下式。

精實 + 六標準差 = 精實六標準差
（lean）（six sigma）（Lean Six Sigma, LSS）

精實的主要內涵在於找出流程中不能產生價值之處，例如：不良品、重複生產、存貨、等待、不必要的流程、不必要的移動、不必要的運送，並加以解決，減少浪費。不只著眼於局部的減少浪費及提高效率，更重要的是思考如何提高企業整體營運效率。

六標準差採用數據導向的作法，運用統計分析的方法，分析製造過程中不同工序的變異，把變異範圍減到最小，落實 DMAIC 的循環，以減少不良或錯誤，達成每百萬個產品少於 3.4 個缺點的目標。

應用六標準差管理 ISO 品質標準，根據 ISO 標準需求發展工具導入之初即可突顯出效果，且可達到品質和顧客滿意，詳見表 13.19。

表 13.19　ISO 跟六標準差制度比較

管理活動（PDCA 架構）	ISO 品質管理系統	六標準差
一、規劃		
0.目標	透過高品質產品衍生顧客滿意。	透過顧客滿意衍生財務績效。
1.策略	依據標準需求規劃企業流程。	高品質水準的／低損害率的企
	＊流程以靜態方式呈現。	業流程，而實際流程是隨時間
		改變。
2.組織設計		
(1)管理	管理責任清楚。	交託明確的計畫目標，建立組
		織追求目標。
(2)組織	流程擁有者各司其職。	流程擁有者（綠帶人員）、計
		畫執行者（黑帶人員）。
3.獎勵制定：特指資源	人力資源、基礎和工作環境。	計畫需求資源，以人力和財務
		資源為主。
二、執行		
4.用人：特指「訓練」	需要但不具體。	涵蓋所有部門，人員應接受不
		同程度的認證，例如，綠帶、
		黑帶。
5.領導型態	ISO 容易衍生出防弊的消極作	主管以積極的作為，以身作則
	法。	進行品質改善，上行下效，提
		升企業獲利。
(1)計畫管理	PDCA 自願式持續改善模式。	DMAIC/DMADV 持續改善方
		法。
(2)流程	流程導向模式。	SIPOC，企業流程可以再細分
		數個子流程，例如，企業流程
		可以包括供貨公司、專案計
		畫、發展和運送等子流程。
6.領導技巧：特指「方	不具體	具體工具
法」	＊不著重強化顧客滿意度的行動	由黑帶人員和六標準差專家選
	描述。	擇適合流程本質的最佳工具。
	ISO 標準適用所有組織流程，因	
	沒有明確的指導原則，對產業來	
	說並不具體。它並未提供解決行	
	動、品質改善工具和垂直整合等	
	指導原則。	
三、控制：特指「文件」	需求列表	不具體
	＊太多文件和行政工作、成本	
	高、耗時和固定式系統。ISO 要	
	求高度文件化，當系統改變時，	
	所有文件也必須更新，且這些文	
	件需求通常超過實際上的應用。	
	因此，建立和維護 ISO 文件是耗	
	時和耗費成本的。	

表 13.19　（續）

管理活動（PDCA 架構）	ISO 品質管理系統	六標準差
四、評價	精實生產	
（一）適用情況	精實生產的重心在去除流程中的浪費，提高作業效率加速流程速度。	六標準差旨在降低流程或產品的不良，經因果關係的探討，提出相關的改善對策解決問題，降低變異及提高流程的控制，
（二）不適用情況*	精實方法缺乏流程改善所需的統計方法。	六標準差本身無法達到改進流程速度目的。

註：＊代表缺點。

資料來源：大部分整理自黃永東（2006），第 22 頁表一。

第五節　品質管理Ⅲ：員工面——兼論品管圈

全面品質管理的核心便是品管圈，因為「徒法不足以自行」。品管圈不是正式組織，可以一個班（6 個班員）拆成二組，也可以整條生產線做個「命運共同體」。這樣說是有原因的，除了個人績效獎金外，團體獎金金額更大，而這主要是看品管圈的績效而定，即「有福同享」；難聽一點地說，品管也採「連坐法」，有難一起當，用團體力量去要求每一位員工「跟上」，不要變成「害群之馬」。

一、品管圈

對於經驗值外的東西，我們大抵會用既有經驗來比喻，例如吃蛇肉比較像雞肉。同樣地，公司的品管圈比較像軍隊中的「班」（「十條好漢在一班」中的「班」），更貼切的說法，比較像「班」中的伍（三人為一伍）。「班」是正式組織，是軍隊中的最基層單位；「伍」則是生活、訓練作戰的互助小組。由表 13.20 可見，最著名的軍隊的「班」制可說是蒙古帝國的十戶制，約在1190 年代便成型，也是現代軍隊班制的基礎。

公司製造部生產線上作業員所組成的品管小組（3 到 5 人）屬於品管互助小組，有些大學教授會讓學生自行編組來寫報告（從學期報告到學士論文），

都是類似功能，透過同輩壓力，逼迫你不能落後，要跟上，滿像「二人三腳」（或更貼切的說三人四腳），惟有同心同德、一起練習、彼此協助，才能快速達到目標。

有了上述「就近取譬」之後，縱使你沒待過公司生產線的品管小組，也大致抓到品管圈的精髓。

表 13.20　品管小組跟蒙古帝國十戶制比較

	公司內品管圈制度下的品管小組	蒙古帝國的十戶制*，arban（即目前各國軍隊中的「班」）
1.訓練	品管小組是個學習團體，每天檢討（品質）目標達成的方法。	一起生活，十人得像兄弟一樣忠誠相待，親如兄弟的同胞關係最終的證明就是在戰場上不會有人被同胞拋下而被俘。
2.工作	品管小組是個工作單位，彼此協助以達成小組目標（此處是指品質目標）。	一起作戰，最典型的便是十人騎馬在同一列。
3.獎賞	品管小組的獎勵來自於上級，例如品質獎金、精神獎勵則為「本月最佳品管小組」。	獎勵大部分是集體獎勵，即以十戶為對象，去分戰利品。
4.處罰	品管小組的處罰一部分來自上級，一部分來自小組內部的同輩壓力，害群之馬會被孤立、邊緣化。	連坐法，一旦有人作戰叛逃，十戶連坐。

*資料來源：傑克‧魏澤福著，成吉思汗——近代世界的創造者，時報出版公司，2007 年 5 月，一版八刷，第 84 頁。

二、豐田的品管圈

由表 13.21 可見豐田實行品管圈的進程。

表 13.21　豐田實施品管圈

年	事件
1957	豐田開發的第一號國產轎車 CROWN，因零件轉用而製造出缺陷車。
1961	導入全面品質管理（TQC），此舉不僅度過危機，還讓新型 CROWN 銷往美國。
1964	開始品管圈活動，40 幾年來從不間斷，而且視品管圈活動為工作的一部分，全員須參加。

表 13.21　（續）

年	事件
1965	獲得戴明獎。
1993	展開新品管圈活動。
2004	更名為全球品管圈活動（全球化 QCC），包括日本國內，全球豐田全員參加活動，每年 11 月在日本豐田舉行品管圈交流大會，2004 年有 21 個國家、33 家公司 127 名參加。日本豐田技能職系的現場為中心約有 4,400 個品管圈，4 萬人參與，品管圈活動對於豐田的人才育成有很大的貢獻。

三、提案制度

還記得第十一章第三節談到豐田想排除七種浪費，其中之一便是要做到「人盡其才」。在工作上，基於職場倫理，不能越級上報，循正式管道上呈，有可能點子被剽竊或案子被壓下來（忌才的主管會壓抑有能力的部屬），再加上有時員工會對職務以外的事有好點子。

因此豐田推出提案制度，詳見表 13.22。員工把提案視為一種有腦袋、愛公司的現象，連工友、清潔婦都大量提案。

表 13.22　豐田提案制度

管理活動	說明
一、策略	豐田的提案制度稱為「創意功夫制度」，靈感來自於福特汽車的「提案制度」。其方式是跟其他公司相比，盡量採用其他公司的優點，但並非全面複製。
二、組織設計	成立提案審核委員會，來處理員工的提案，平均一人一年約提出 20 件。
三、獎勵制度	當員工的提案被接受和改善，員工並因此獲得有形和無形的獎勵，員工就越有動力要做得更好。 在豐田，小到如何省下一個螺絲釘，都可以被獎勵。以國瑞為例，平均每月有 3,500 件提案，每個員工至少提案 1.2 個，採用率達八成以上，獎金分成 14 個級距，依提案貢獻敘獎。2005 年國瑞就發了近 400 萬元的獎金，降低了 800 萬元的成本且省下的工作時間達到 1 萬個小時。 「錢並非是我們改善的主要誘因，獎金金額不高，有時只有 500 元而已，但是大家會有成就感，因為被公開獎勵。」國瑞汽車公司經理李兆華說，透過自己提出的方案被標準化，落實在生活四周，「會覺得自己創造了很多過去沒有的價值，把改善便成了習慣，」國瑞汽車董事兼副總王派榮說。[3]

表 13.22　（續）

管理活動	說明
四、企業文化	員工不論職位大小，公司極重視員工提案並採用員工提案，這使得員工都會從自己的職位來認真思考可能的改善方案，形成正面循環。
五、用人	連第一線的技術員工，豐田都堅持用高中以上學歷的人，因為他們有能力動腦，能動腦才可以苟日新，日日新。
六、領導型態	在豐田，員工只要聽到其他工廠或供貨公司推行了十分成功的改善方案，就會立即去拜訪學習，並水平式地推動好的改善方案。但是，豐田員工絕不會把別人的改善方案原封不動地導入，一定會再用自己的觀點加以改變，使之成為更佳的改善方案。其他部門的員工要是知道這件事，也會前來參觀，然後重複上述的步驟，導入自己的改善方案。

四、生產中——拉繩制度

自主品管的配套措施便是拉繩制度，又稱燈號管理，根據我們參訪國瑞汽車中壢廠的心得，說明於下。

(一)有問題不要怕拉繩

豐田在每個線上員工的上方皆有一組交通號誌稱為「警示燈」（**andon**），正常情況是綠燈。

1.黃燈要注意

一旦 A 員工在作業過程中，覺得有問題（例如進度落後、組裝錯誤），便可拉「黃燈」，此時，班長便會開始留意 A 員工，並協助 A 員工解決問題。

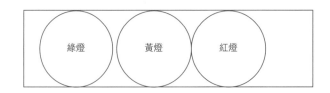

2.紅燈則停止

一旦 A 員工在拉黃燈後三分鐘，無法排除問題，黃燈會自動升級為紅燈。此時課長或工程師會立刻過去，協助 A 員工解決問題。同時整條生產線

便停擺，以等待課長與 A 員工把事情搞定。

3.搞定後，再拉綠燈

一等問題解決後，班長再拉繩轉成綠燈，生產線又恢復正常速度前進。

雖然因一個紅燈號亮起，會造成整條生產線的停止，但是相較之下，小問題立即解決，會比放著小問題不管，最後生產瑕疵品的大問題來得好。只要員工之間能夠理解，就能達成共識，鼓勵他們縱使發現了小問題，也能立刻亮起燈號，不要怕因為這樣造成生產線的停頓。

(二)配套措施──不准罵員工

拉燈制度是事前防止品質不佳，然而「牽一髮動全身」，生產進度往往會被耽誤。然而豐田的想法是「不准製造出不良品」，因此只好犧牲進度。

豐田覺得最難的是「訓練主管不要罵員工」，主管負責生產進度責任，一碰到紅燈，很容易便不高興。如果因此罵員工，以致員工不敢拉燈，有瑕疵汽車沒被檢查出而出廠，終究有一天顧客會發現。與其「丟臉到外面，還不如在家裡丟臉」。由於有這樣的正確心態，因此主管就不會覺得 A 員工拉紅燈是在惹麻煩。

註　釋

①管理雜誌，2008 年 12 月，第 44 頁。

②方文山，「企業不要為 ISO 而 ISO」，管理雜誌，2009 年 8 月，第 84～85 頁。

③商業周刊，2006 年 8 月 7 日，第 66～67 頁，曠文琪。

討論問題

1. 以表 13.1 為架構，舉一家公司為例說明。

2. 以表 13.3 為架構，舉一家公司為例說明。

3. 以圖 13.2 為基礎，看看其他公司如何做的。

4. 以表 13.4 為架構，舉一家公司的一項品管為例說明。

5. 以表 13.8 為架構，舉一家公司為例說明。

6. 以表 13.9 為架構，舉一家公司為例說明。

7. 以表 13.10 為架構，分析各方法的適用時機。

8. 以表 13.12 為架構，再舉一個例子說明。

9. 以表 13.13 為架構，再舉一個例子說明。

10.以圖 13.4 為架構，再舉一個例子說明。

14

品質保證
——品保部的品質管理

降低成本不能只擰毛巾，而是要從創新中改變成本結構。過去中鋼開發一樣新產品要三年的時間，現在只要六個月，是因為有了實驗室、現場、客戶的同步開發模式，加速研發進度。

——**陳源成** 中國鋼鐵公司總經理（2009 年 1 月退休）
財訊雙周刊，2009 年 11 月 26 日，第 28 頁。

品保觀念重於手法

有位工管系畢業生在食品公司擔任品管人員，他告訴我們「品管觀念重於手法」，再加上我們的實務經驗，本章是站在總經理、品質長（品保部主管）立場，盱衡品質保證全局。

第一節　品保部

品質保證部在公司內並不是個大部門，人數不多，而且部門主管級職普遍比製造部主管低一至三級。一般來說，品保部是個冷衙門，除非外界法令大變動，或是產品出台，品保部的重要性才會扶搖直上。

一、品保部的職掌

品保部的職掌相當廣，由表 13.1 可見，跟相關部門的協辦任務，本段簡單說明。在第二節中說明儀器校驗組、第三～四節專門說明成品檢驗、第五節

中說明顧客滿意組業務。

(一)品保部支援採購部

1.當有外包時

當有外包時，採購部會設立外包管理組來負責，其功能在於源頭管理。此時，品保部無須陪同採購人員去供貨公司生產線巡頭看尾。

2.當特殊原料種類多時──品保部零組件驗貨組

當供貨公司來送貨時，採購部只針對一般品（例如包材等標準品）驗貨，比較偏重「數量無誤」。然而，碰到特殊品，則由品保部擔任品質檢驗。

當特殊品、供貨公司多時，有些公司在品保部內成立零組件驗貨組（對外名稱會高一級，例如零組件承認部）以司其職。尤有甚者，在綠色採購的潮流下，採購人員、品保部零組件檢驗人員往往會涉及看廠，了解供貨公司製程，工作量變多。

一旦進貨檢驗不實，製造部一定會發現，因為可用原料量減少（因不堪用料多）或原料不如生產，這是製造部超品保部的地方。

(二)公司內成品檢驗組

成品檢驗是品保部最大壓力所在，捏得太緊怕碎，捏得太輕怕鳥飛走了，因此如何拿捏便很重要。

(三)品保部支援業務部：成品送驗組

公司成品由品保部送交買方品保部取得買方認證，由品保部品質工程師送件原因是因為認證專業程度高，業務部可能力有未逮。在送件之前，也是業務部人員使出渾身解數，才取得向某買方送件認證的機會。

二、品質長

品保部的頭頭有些公司（例如華碩）稱為品質長（**chief of quality, COQ**），但級職頂多到副總經理，常見的是協理、經理，甚至課長。

第二節　量測系統分析——兼論儀器校驗組

你在站上體重計前，往往會習慣性先看指針是否歸零，甚至會問別人「這準不準？」不準，量了也是白搭。同樣地，品保部第一個要做的事便是儀器校驗（簡稱儀校或校驗）。

一、儀器校驗組

儀器用久了，就容易不準。在生活中的例子常見的是體重計，在秤之前，必須先看指針是否歸零，否則會出現**儀器變異**（equipment variance, EV）。常見情況如下，在平常時，體重計呈現 2 公斤，你站上後，指針跑到 74 公斤，其實你體重只有 72 公斤。其他常要調音的包括鋼琴、吉他，甚至連手錶也得對時校正。

在公司裡，製造部量測儀器多，使用頻率高，因此比家中設備往往更需要校驗，有些公司在品保部成立儀器校驗組專司其職。

二、量測系統分析

然而，檢驗儀器只是造成檢驗誤差的五大因素之一，也就是儀器校驗組做的事比儀校廣，只要是會造成量測系統突槌的事都得管。

(一)量測系統

量測系統（measure system）是由構成公司量測的五個相關要素所組成，依邏輯順序，依序列於表 14.1 中第 1 欄。

表 14.1　公司內部的成品檢驗五要素

要素	說明
一、產品	(一)新產品 新產品生產必須倚賴取樣的技巧，才能避免因取樣偏差使產品變異（product variation, PV）或製程變異（process variation）偏小。 最佳的取樣技巧應是隨機取樣，例如試產時間 4 小時，取樣 10 個，每小時取 2 至 3 個樣品，或者每 20 分鐘取一個樣品。 對於新產品，從開發到量產階段，必須進行儀器分析，如此才可以了解新產品與製程是否容易量測，所使用的量測儀器是否具備足夠的鑑別能力，以及檢驗作業指導書是否恰當。

表 14.1 （續）

要素	說明
	(二)舊產品
	對舊產品，因為已經擁有產品的品質紀錄，可以用來比較（GRR）所得到的總變異（total variance, TV），必要時，甚至可取代總變異來計算「量測可重複性與可製性」的百分比，比較不需要擔心取樣的問題。
二、檢驗環境	1.當儀器穩定時。
	2.當儀校得到儀器分析不穩定性時發現儀器。
三、儀器設備	即狹義的「儀器校驗」。
	儀校處理的對象純粹只是儀器設備。
	1.新購儀器
	在儀器設備的驗收過程中，加入儀校的穩定性評估，可更有效地了解儀器是否可以使用。
	2.使用中儀器的校驗
	儀校要求的是儀器的測量讀值與標準的可追溯性，常常需要送到外面，委託具有公信力、擁有更高階標準設備的校驗機構來進行。
	3.申請報廢儀器的判斷
	儀校的分析手法中，在 AIAG 的儀校手冊中，全距法偵測出量測儀器不合格的機率很高，所以，很適合用來快速評估申請報廢的儀器是否堪用。
	4.量測儀器分類
	所有儀器設備建檔管理，有了這些檔案，就可以把儀器適當地加以分類，便可知道公司內存在多少類型的儀器，同時也可掌握各個類型儀器的數量。
	在適當的時機運用儀校可以協助公司進行很多改善工作。
四、檢驗方法	由於大部分公司擁有一種以上量測儀器，而同類型的儀器（例如游標卡尺、磅秤、電表等）數量動輒數十以上，常常讓人困擾：儀校到底要做多少才可以？
	ISO/TS 16949 的 7.6.1 條文來看，每類型只要做一支就可以了，每條生產線各隨機選擇一台進行儀器。
	在確定儀器後，就可決定參與人員，因為該儀器的所有使用者就是當然人選；要是使用者超過 3 人，可以從中隨機抽取 2 至 3 人來進行。
	確定設備和人員後，接著就是選取一個樣品進行短期的穩定性分析，確定系統穩定後，再進行偏倚、線性，以及量測可重複性與可製作分析。
五、檢驗人員	1.小心檢驗人員變異
	檢驗人員有可能會「看走眼」，而出現「檢驗人員變異」（appraiser variation, AV），但一般來說，有經驗的檢驗人員會具備一致性（前後一致）、穩定性。透過「計量系統分析」可了解檢驗人員偏差、線性和穩定性。
	2.可利用儀校來改進檢驗人員的訓練程序，在完成新人的訓練後，以考試方式進行資格認定，再搭配進行新人和有經驗檢驗人員的「量測可重複性與可製作」分析或計數型量具的風險性分析，了解檢驗人員變異，更能確保檢驗人員的訓練成效。如果變異太大或一致性差，更可進一步改進訓練課程。

資料來源：整理自楊麗伶（2009），第 54、58 頁，本書重調下一欄順序。

1.產品

品質表現一向良好的產品，可減少品管頻率；反之，當產品的品質越不理想時，宜多盯緊些。

2.生產環境

檢驗儀器、產品常須在常溫、常壓的環境中，以避免「因時因地」中「因地」帶來的變異。科學實驗的本質是「在一定環境下可複製性」，量測也是如此，但是生產線上環境可能跟標準環境有差異，必須了解此時「空」背景所帶來的影響。

3.檢驗人員

許多看過電視影集「CIS 犯罪現場」的觀眾，都會很熟悉法醫實驗室與刑事偵查人員到現場採樣。品保處的檢驗人員也是如此，要到生產線巡迴抽樣，拿回實驗室檢驗；而且碰到急單時，檢驗的時間壓力更大，就需要加班或增派人員支援。

（二）量測系統分析

量測系統分析（**measurement system analysis**）的用途在於確保量測系統正常無誤，無誤指的是不要出現「變異」（variation），變異指的是偏誤（biased），由表 14.2 可見量測系統分析的架構。

表 14.2　量測系統分析

5W2H 架構	說明
What?	根據 ISO/TS 16949 條款 7.6.1 的要求，是每類型的量測設備系統（each type of measuring and test equipment system），包括表 14.1 中的五項，因為有可能會產生五種變異。 ・產品變異（product variation），例如產品設計的缺陷導致不容易量測； ・環境變異； ・儀器變異（equipment variance, EV），儀校組主要處理此問題； ・方法變異； ・檢驗人員變異（appraiser variation），跟問卷調查時的訪員偏誤一樣。

表 14.2　（續）

5W2H 架構	說明
When?	1.儀器量測系統有變動的時候 儀器量測系統變動常見的狀況是更新儀器、更動儀器量測的產品型態、移動生產環境、全面變更檢驗人員，這時候應再進行量測系統分析，重新評估儀器量測系統的變異是否可接受。 2.視狀況而定 進行量測系統分析的長期穩定性評估來驗證儀器校正週期的適當性，可以發現儀器需要校正的時機，跟規定的校驗週期加以比對，可以讓校正週期訂定得更有效。
Where?	「量測系統分析」評估的是公司量測系統中的變異狀況，只能在公司內部進行，絕對無法委外。
How?	「量測系統分析」中的偏差和線性的分析方法，以統計檢定取代傳統上以校驗讀值與標準值的最大容許偏差，作為判定校驗結果的準則。 進行校驗的人都清楚，校驗結果合格與否，只有使用單位才能決定，而一般的判定方式是把儀器的各點校驗讀值跟標準值的差異加總平均，然後跟儀器測量產品的最小允差加以比較，只要前者小於後者，有些甚至只要前者不大於後者，就可以視為合格。以檢定方式來判定較精密儀器的校驗報告，就可保障所有測量讀值的可追溯性。

第三節　成品內部檢驗

　　品保部的天職便是成品出廠檢驗，替成品出廠品質把關。這比製程品管更單純。

　　當然，由於受表 14.1 由五個要素影響，有可能出現統計上的型 I 錯（產品 OK，但檢驗結果不合格）或型 II 錯（產品瑕疵，但卻檢驗合格）。

一、規格綁標情況

　　在規格綁標情況下，業務部該知會製造部、品保部不要「假戲真做」，否則會自討苦吃，以晶圓代工為例，客戶綁標要求 26±3 nm（奈米），26 奈米看似與 2010 年高階製程 28 奈米很近，但本質上已屬不同世代製程。以這個訂單為例，23～29 奈米都 OK，要是品保部要求產品均值一定要在 26 奈米，而製造部做出來的都在 28、29 奈米，是明顯的「傾向」，品保部會判定產品

有超過上管制線的危險，因此糾正製造部。但是客戶沒異議，而製造部一直穩定地把 28 奈米良率控制在 98%，只有 2% 在 29 奈米，幾乎沒有超過 30 奈米。這種訂單，明眼人一看就知道是規格綁標，投標時只有一家有資格，同業自覺力有未逮，因此連投標書也沒領。

二、檢驗儀器

家中常見的溫度量測儀器如下：量體溫的耳溫槍、非接觸的額溫槍、溫度計，更高敏感的紅外線溫度槍還可量鍋中的油溫（一般油炸溫度為 180 度）。工廠中的量測儀器更多、更精細，底下詳細說明。

(一)量測技術的重要性

量測（measure）就是通稱的「度量衡」，包括物質量、長度、時間、質量、溫度、光強度、電流量……。「度量衡」是科學的基礎，也是社會生活運作的依據。

量測儀器系統準確與否，跟我們日常生活有密切的關係。像電表、水表、瓦斯表，這類家用量測儀器不準會牽涉到我們的荷包；交通秩序如雷射測速儀、GPS 定位標準關係我們交通的便利；衛生安全（例如放射診斷應用 X 射線標準），替輻射醫療安全把關，關係到你我的健康。生活作息、高科技產業、工業製造等，都需要各類型準備的量測技術、儀器及維持這些儀器準確的體系。

(二)常用的通訊量測儀器

美國大哥大電信公司威瑞遜（Verizon Wireless）的 4G 手機長程技術演化（LTE），宣佈針對網路建構所需使用的量測儀器，採用羅德史瓦茲（R&S）測試儀器，包括 CMW500 寬頻通訊測試儀、TS8980 測試認證系統，與 CMW-RRM 無線電資源管理測試系統，詳見表 14.3。[1]

表 14.3　三個部門適用的量測儀器

部門	適用量測儀器
一、研發部	1.利用 CMW500 寬頻通訊測試儀即可進行 MIMO 測試； 2.選用 SMU200A 向量訊號產生器搭配 FSQ 訊號分析儀，其選配可擴充至 40 個 channel fading simulator 及產生 phase coherent 訊號； 3.WinIQSIM2 模擬軟體可整合 AWR、VSS 系統模擬器來進行行動通訊標準和無線寬頻訊號模擬。
二、製造部 　　品管：外部認 　　　　證用	可依需求選擇 SMBV100A 訊號產生器搭配 FSV 頻譜分析儀或使用 CMW500 寬頻通訊測試儀單機，協助使用者輕鬆依循 3GPP 標準執行。量測快速精準，極具成本效益。
三、品保部：外部 　　認證用	TS8980 先期認證測試系統，以結合接收機與發射機的概念，並簡化「長程技術演化」行動裝置相容性射頻測試流程，降低研發階段難以追蹤的問題風險，加快研發時程。

(三)產品特性分類

產品特性最簡單的分類便是依化學、物理特性，詳見表 14.4。

表 14.4　產品特性分類

產品特性　　　分類	說明
一、化學測試	
(一)基本化學特性	針對產品進行下列化學特性測試。
1.耐溫	常規（-20~50℃）、軍規（-40~80℃）
2.耐壓	一平方公分可耐幾公斤。
3.耐酸鹼	
(二)安全性	主要是指「有害物質」的含量。
1.不含鉛	
2.防爆	電氣產品需符合防爆規定。
3.防漏電	
二、物理測試	
(一)度量衡	最基本的物理性質便是「度量衡」，這是產品規格中肉眼可見的部分，以三角飯糰來説，重量 160 ± 10 公克，即公差 10 公克，太輕便有「偷工減料之嫌」。
(二)壽命測試： 　　　測試穩定度 　　　（reliability）	測試產品的耐用年限，採取連續性（即全天）自動測試，甚至採取加壓加溫方式，以「趕時間」，來確定下列。 1.保固期間：產品初次出現故障時間； 2.穩定性：產品重大故障（不堪用）時間。

(四)量測自動化程度

量測儀器自動化程度越來越高，以汽車引擎的組裝來說，像氣門組的活塞安裝，順序與深度是否正確。從頭到尾以表 14.5 中的機器視覺系統盯著，原理也很簡單，跟門禁所用的瞳孔、臉孔辨識道理一樣。

表 14.5　檢測方式

檢測自動化程度	舉例說明
一、電腦自動檢測	美國康耐視公司（Cognex，那斯達克指數股票代碼：CGNX）是全球製程自動化視覺系統、視覺軟體、視覺感測器，以及表面檢測系統及工業 ID 讀碼器領導。 機器視覺的應用包括檢測瑕疵、監視生產線、輔助裝配機器人，追蹤、分類和識別零件。製造業外，視覺技術也著眼於新市場，應用於交通運輸、建築物自動化，以及保全業等範疇。 康耐視公司位於美國麻州波士頓市的 Ntick 郡。 康耐視公司網站 www.cognex.com 或 www.cognex china.com。[2]
二、人工檢測	源台精密扎根 CNC 影像量測儀領域技術，在影像量測產業擁有軟體、電控、機構設計與製造能力，搭載功能完備的自製軟體，符合產業對 CNC 非接觸影像量測快速、重複量測精度、高可靠度的期待。也是少數通過大行程影像量測儀與投影儀 TAF 認證實驗室認證，佈局大陸市場有成，已躍升為全球高階非接觸式影像量測公司之列。[3]

三、檢驗方法

在許多品管文章中，花很多時間談抽樣，統計推論，縱使對工管系學生來說，這些基本知識在統計課程中已有交代，在本處，直接進入重點便可。底下依三個步驟說明。

(一)品管步驟一：抽樣

美國貝爾實驗室的道奇（H. E. Dodge）與羅敏（H. G. Romig）導入了允收抽樣（acceptance sampling）計畫，主要目的在減少抽樣檢查的樣本數。其方式是：從一批產品 M 件母體中隨機抽取 N 件樣本數，如果瑕疵品比例少於或等於某數則接受此批產品，否則就退貨。迄今仍然是企業在檢驗時普遍使用的統計工具。

(二)品管步驟二：異常偵測

統計製程管制（statistical process control, SPC）中的管制圖（control charts）是品質管理中最常用的工具一，目的在監督製程，當製程發生干擾（disturbance）而使產品產生偏差時，管制圖能發出失控訊號，讓製程人員尋找干擾的可能歸屬原因（assignable causes）並進行改善以達成維持產品品質的目的。常見的管制圖詳見表 14.6。

表 14.6　品質管制方法

情況	適用方法
一、單純情況： 　1.觀察值在不同時間具有相同分配且彼此獨立	1924 年蕭華特（Walter Shewhart）發表「管制圖」，管制圖就成為製造業在生產線上控制品質的重要工具，蕭華特因此被稱為「統計品質管制之父」。 (一)蕭華特管制圖 　**蕭華特管制圖**（**Shewhart control chart**）繪製方式簡單易懂，因此被大量應用於實務的問題中，管制圖是統計學的運用，即劃出平均值（中心線，center line, CL），再加減 2 個標準差，得到： 　1.計量值管制圖 　(1)平均數與全距管制圖（-R 管制圖）； 　(2)平均數與標準差管制圖（-S 管制圖）； 　(3)中位數與全距管制圖（Md-R 管制圖）。 　這屬於統計的品質管制（**statistical quality control, SQC**）。 　2.計數值管制圖 　(1)不良率管制圖（**p** 管制圖）； 　(2)不良數管制圖（**np** 管制圖）； 　(3)缺點數管制圖（**c** 管制圖）； 　(4)單位缺點數管制圖（**u** 管制圖）。 (二)累積和管制圖（**cumulative sum chart, CUSUM chart**）
二、中等複雜情況：觀察值有序列相關	(一)調整管制界限法 (二)時間序列法 　1.指數加權移動平均管制圖（**exponentially weighted moving average chart, EWMA chart**）

＊管制圖

　·上管制線（**upper control limits, UCL**）

　·中心線（**center line, CL**）

中心線代表的是可以接受的平均標準。

・下管制線（lower control limits）

上、下管制線是取「平均值的加減 3 個標準差值，標準差是由過去連續 25 點所計算出來的數據」。

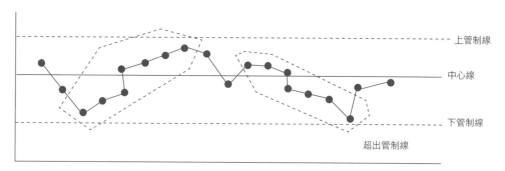

圖 14.1　管制圖

資料來源：《PMP 摘金術》，中國生產力中心出版。

(三)品管步驟三：異常處理

解讀管制圖時，通常會取「連續 7 個監測點」來看，這 7 個點均落於上、下管制線間，表示製程正常；要是 7 個點都集中在中心線的單側，或是連續向上或向下，都屬於異常狀況，詳見圖 14.1。當出現異常狀況，就要先偵測問題點；接下來停止生產、避免繼續製造瑕疵品，最後找出問題發生的原因，並設法予以排除。

・因果分析圖（又稱為魚骨圖或石川圖）：能找出品質問題的癥結。

・柏拉圖分析：每項瑕疵品發生的機率及問題的癥結。

第四節　成品外部檢驗

成品外部檢驗的原因很簡單，尤其是跟人身安全有關的產品（例如食物、藥品、玩具甚至電氣產品），一定是政府關切重點，詳見表 14.7，底下詳細說明。

表 14.7　產品標準

組織範圍	說明
一、國際標準	
(一)全球	ISO 規格、IEC 規格、ITU 規格
(二)區域	1.美規：COPANT
	2.歐規：EN
(三)產業	USB-IF USB 3.0 規格
	美國機械學會規格（ASME）、汽車業規格（QS-9000）
二、國家標準	‧美國：ANSI
	‧英國：BS
	‧台灣：CNS
	‧大陸：GB
三、客戶標準	‧微軟的 Windows 7
	‧惠普觸控螢幕規格

- 某些出口產品必須符合國際標準。最常見的是電氣產品的 UL 認證，詳見下段說明。
- 許多內銷產品，必須符合國家標準。

在台灣，大家最常見的正字標誌產品便是騎機車所戴的安全帽，不論路邊攤賣的 99 元安全帽，或是專業級的昂貴安全帽，挑選時都應注意是否經過 CNS 的合格認證。

一、國際標準

國際通商歷時至少數千年，以戰國時代為例，秦始皇統一六國，其中一件標準化的事便是統一度量衡、貨幣，其中統一度量衡便像今天的國際度量衡標準（詳見下一段說明），此外，還有其他各國共同關心的標準，本處以人身安全為例。

(一)度量衡標準

訂定世界可以共通使用的合理的量測標準體系，起自 1790 年代，在法國開始的「米制法」制定活動，持續成為國際性活動，活用新的科學技術，以發展國際決定長度、質量、時間、電流、溫度、物質量、光度七項基本量，把這些基本量加以組合可以組成所有的物理量。

(二)電氣安全規格

電氣設備能引起的危險大致可分為七類：電擊、能量、火災、熱、機械、輻射、化學等。為了避免使用者、維修人員，在使用或是維修的過程中遭受到這些危險的侵害，產品在設計及製造的過程中都必須避免將來可能發生的危險。

為了確保研發製造的產品的安全性，產品本身必須經過一連串的結構評估、測試、電氣規格標示及使用說明評估等的過程之後，才可說是具備身為一個安全產品的基本要素。

電氣安全檢測涵蓋所有使用到電的 3C 產品，包括電腦、印表機、影印機、碎紙機、電源供應器、果菜機、檯燈、吊扇、手機、PDA 等，不同產品依使用者的年齡，有不同的檢驗項目。

產品的安全性由產品的功能分類，決定這一類產品所應符合的安全規範。縱使是一樣的產品，在不同的使用環境或分類下，所應符合的安全規範也有不同。舉例來說，最常見的插牆式電源供應器（direct plug-in power adaptor），就可能因為所適用的環境及所供應的產品種類，而申請符合不同的安規標準。

在決定好所適用的安規標準之後，便依據此安規標準中對於這類產品的結構要求、電氣特性、正常及不正常操作情形測試、可能的元件損害等，來進行這項產品的安全檢測。

最後檢驗人員將合格的評估結果寫成報告。[④]

(三)全球電氣安檢的代名詞：UL

全球知名的產品安全認證組織（例如 UL）扮演產品安全的把關人，負責測試認證品牌公司所製造要販賣的產品，為消費者在選購產品時提供了最基本的保障。

消費者可至優力公司網站：www.ul.com.tw，輸入待查證公司名稱、產品型號及驗證編號，作 UL 標誌真偽查詢。此外，優力擁有一套驗後查廠服務系統，追查工廠是否繼續遵守優力要求生產產品。優力的檢驗人員會定期到工廠測試或檢測，並且從工廠、公開市場或其他地方抽樣產品，檢驗是否確實遵守優力規範。如果被告知其列名或分級產品有問題時，優力會進行工廠審查，以維護消費者使用產品的安全。[⑤]

> **優力國際安全認證公司（UL）小檔案**
>
> 　　優力國際可說是產品國際安全標準的代名詞，有 1,000 名員工，60 所實驗室，以及 130 個檢測中心，成立一百多年來致力於「提升全球的公眾安全」。身為產品安全的守門人，優力每年編列高額預算投資實驗設備與研究人力，以發展更安全先進測試標準與方法。由於百年來在安全測試上的貢獻，因而獲得消費者高度的信賴。
>
> 　　以在台公司為優力安全有限公司台灣分公司（UL International Service Ltd.-Taiwan Branch）⑥

　　許多認證機構都有市場定位，具體作法是自訂產業標準。以優力來說，2010 年 1 月，發佈電動汽車高功率鋰電池安全標準草案後，宣佈電動車室內與室外用電源線組安全要求。優力持續研發各項電動車相關產品的安全標準來因應全球電動車市場需求熱潮，安全標準範疇包括電線、充電站及連接器等，全力協助汽車發展出更安全性與效率電動汽車與插電式油電混合車。

　　該公司全球電源和工業控制設備事業部總經理 Gary Savin 表示，「電動車元件安全規範發佈，給予優力跟汽車公司合作機會，並影響全球電動車產業的產品設計和開發。」⑦

二、國際間的認證

　　各國常訂有國家標準，一部分原因是作為進口的技術障礙，以減少進口品。出口國的標檢局則會想方設法尋求在台認證，以追求降低認證時間和運用。

(一)製造業技術性貿易障礙：驗證冗長問題最嚴重

　　工業總會為了了解公司所遇到的技術性貿易障礙，進行製造業技術性貿易障礙調查，結果詳見表 14.8，公司普遍認為獲得產品驗證證書批准的時間過長。循正常管道申請驗證，平均時程 3 個月，最長達 6 個月至 1 年，造成產品上市期程延宕，無法跟對手競爭。

　　在 64 項受到技術障礙的產品中，包括皮革製品、貴金屬、卑金屬、武器彈藥、藝術品等的其他類別，所占比重最高，達到 23.53%；其次是化學及醫

藥產品與車輛運輸產品業者，同占 17.65%，以及占 11.76%的電機電子產品。在市場區域上，是以亞洲為重，共有 23 項產品，比重為 35.94%；其次為美洲市場及歐洲市場，比重為 26.56%及 20.31%，非洲市場 7.81%。以國家別來說，大陸依然是台灣最大的出口地區，其次是歐盟與美國。[8]

表 14.8　台灣公司出口面臨的技術性障礙

題目	%
1.進口國標準、檢驗及認證措施不夠透明化，致無法取得相關資料	26.32
2.進口國標準、檢驗及認證措施對台灣有不平等待遇	15.79
3.獲得驗證證書批准的過程太冗長	47.37
4.中央與地方、地方與地方間對相同產品標準不一	10.53
5.進口國不承認台灣實驗室的測試報告	21.05
6.台灣無實驗室可做測試	10.53
7.海關手續繁複或海關官員執法及核定稅率不公	10.53
8.測試報告所使用的語言對公司來說很困難	10.53
9.其他	10.53
合計	100

資料來源：工業總會。

(二)國家間相互認證

國際標準組織的驗證準則到了台灣，由經濟部標準檢驗局擔任國家標準制定機構（National Standards Bodies），進行國家標準的轉訂，如此便可以跟別的國家接軌，即取得標檢局的某項認證，就等於國際標準的認證，經濟部標準檢驗局尋求跨國相互承認認證。以 LED 室內外照明系統為例，標檢局在 2009 年提出適用於以發光二極體為光源的便攜式桌上燈、家庭辦公室及一般場所桌上照明使用燈具標準，並建置 LED 元件／模組／燈具測試系統，2010 年申請美國能源之星認證；2012 年申請德國 VDE 試驗室認證資格。

(三)大陸強制認證

2003 年 5 月 1 日起，大陸實施「強制認證」（指 China compulsory certificate, 3C），規定一些產品必須經大陸官方指定的認證機構、檢測機構或

工廠審查一類的流程後，並取得中國質量中心（CQC）頒發的 3C 證書，產品加施 3C 標誌後，才可以出廠銷售，對進口品也一樣。

2009 年 11 月 24、25 日，執行的「兩岸車輛產業合作與交流會議」。

(四)在台認證

要是國與國之間，無法取得國家標準相互承認，那只好進一步尋求「在地認證」，其中之一，便是在台找一（或多）家委託的認證機構，底下舉一個例子說明。

2010 年 2 月 4 日，推動國際跟財團法人電信技術中心共同啟動「綠色通訊實驗室」，台灣由電信技術中心的太陽能光電模組實驗室提供太陽能光電模組測試服務。[9]

第四次江陳會簽署「兩岸標準計量檢驗認證合作」協議後，2010 年 1 月 22 日金屬中心宣佈，全力協助政府推動兩岸產業共通標準，以及檢驗方法、檢測能力等溝通交流，其中 LED 照明產業列為首波推動重點。[10]

三、國家標準

每一個國家針對一些產品都會訂定國家標準（**National Standard, NS**），在此之前加上國名，便成為「○○國家標準」。從台灣來說，標檢局扮演裁判角色，一方面針對法律訂定執行細則（即行政命令及國家標準），一方面也執行檢測、認證。

(一)政府的檢驗標準

產品的國家標準依產品種類一分為二，詳見表 14.9，即食品由衛生福利部訂定，食品以外的由經濟部標檢局訂定。

表 14.9　政府檢驗標準

產品種類	法源（規範）	檢驗
食品以外	商品標示法	經濟部標準檢驗局
食品	食品衛生管理法	衛生福利部食品暨藥物管理局

(二)正字標記

從 1951 年起實施正字標記驗證制度，是唯一具法律位階的驗證標記，經過經濟部標準檢驗局推廣，已成為消費者採購的依據，值得大家信賴的標記。

正字標記的英文號為 CNS Mark，其圖式 CNS正 是由「CNS」及「正」所組成，「CNS」代表國家標準，「正」表示合於規範、合於法則。代表其產品品質符合國家標準，其製造工廠的品質管理符合指定的品管制度驗證（CNS 12681 或 ISO 9001 品質管理系統）。正字標記品目達 873 種，正字標記公司有 628 家、產品 1,923 件。

「正字標記」跟其他標章最大的差別，在於它是「品質與品管的雙重驗證」，所要求的產品檢驗最具代表性，因為必須由標檢局或其認可實（或試）驗室，至工廠隨機抽取樣品後，再依國家標準的全部項目做檢驗，而不是由公司自行選擇樣品送至實驗室檢驗。

標檢局會持續地管理，每年都會不定期進行工廠查核、品管追查及派員至廠抽樣，並依國家標準進行全項檢驗，以確保其產品品質穩定地維持符合國家標準。

(三)國家標準認證

2010 年，標準檢驗局重點工作建置六大新興能源產業標準、檢測技術與驗證平台。雖然如此，基於政府一體、善用總體資源。考量，標檢局有幾項檢驗是委託其他單位執行，例如。

- ・國家時間與頻率標準實驗室委託中華電信研究所；
- ・國家度量衡標準實驗室委託工研院量測中心；
- ・國家游離輻射標準實驗室委託能源部核能研究所。

四、產業標準

產業標準隔幾年才會變動一版，大都由產業組織檢驗、授證，以二個例子來說明。

1.USB 設計論壇

以通用序列匯率排（universal serial bus, UBS）2008 年 10 月標準公告來說，公司必須把產品送到制定標準的 USB 設計論壇（UBS-Implementers

Forum）。

2.微軟認證

2009 年 8 月 25 日，台灣微軟在南部及中部辦公室，成立「Windows 7 應用測試中心」，提供完整的應用程式（包括多媒體程式、作業工具、遊戲及防毒軟體等）相容性測試所需的軟硬體設備、新功能開發應用及企業用戶的諮詢服務。⑪

五、客戶標準檢驗Ｉ──檢驗機構認證

要是產品標準是由客戶決定的，那麼產品檢測可能由表 14.10 的三種單位來做。

(一)誰來檢測

檢驗單位至少有表 14.10 中的三種。

第一者檢測主要用於公司內部，即品保部對製造部產品的檢測。

第二者（買方）檢測常出現在買方採購部擔任，不像產品那樣有普遍的標準。一般來說，客戶標準都是由買方的品保部來檢驗，稱為客戶認證或第二者檢測。少數情況下，是委由**驗證機構**（**certification body**）提供第三者認證，主因是買方在國外或在地買方缺乏實驗設備。

表 14.10　三種稽核單位

	第一者	第二者（買方）	第三者
用途	公司內部稽核	供應鏈稽核	驗證稽核
人稱	我	你	他
又稱		認證機構（accreditation body）	驗證機構（certification body）

(二)三種認證

龜毛一點地說，檢驗、測試、認定、認證是四件事，一如「己已巳」是三個不同的字。在表 14.11 中，可以看出實驗室認證難度最高。

表 14.11　三種認證

活動	檢驗機構認證	產品驗證	實驗室認證
全名	產品檢驗制度認證	產品驗證制度	實驗室能力認可制度
基本概念	對個別產品的檢查	對系列產品的證明	評估實驗室的能力
執行機構	買方或第三者執行	由第三者執行	買方或第三者執行
實質判定	直接判定符合性	不直接判定符合性	不直接判定符合性
符合性標的	檢查是否符合標準或其他規範性文件與／或一般規定	評估是否符合標準或其他規範性文件	評估是否符合標準或其他規範性文件與／或一般規定
保證條件	在檢查當時的條件環境下提出報告保證	一般提供證書保證持續符合性	一般提供持續符合性
決定人員	執行檢查人員	由執行評估人員以外的其他人員做核發證明決定	執行評估人員或其他人員
許可證核發	無	核發證書或標記	對實驗室核發證書或標記
產品的標記	產品	在許可證下，標記可放置在產品上	標記可用在實驗室報告
後續追查	僅在檢查計畫的要求下執行	通常提供持續符合性保證	通常提供持續符合性保證
使用中產品檢查	全部檢查	不屬於產品驗證範圍	不屬於實驗室認證範圍

資料來源：李步賢（2005），第 56 頁，表一。

(三)實驗室認證與例子

「實驗室認證」是證明某實驗室符合某標準或規範，由於標準檢驗局也可以委外檢驗，因此外部獨立檢驗機構必須取得「其特定能力實驗室」的實驗室認證。

台塑石化（6505）油品多數外銷，因此必須通過許多國際認證，取得證書後，產品才能順利外銷。

例如總部設在法國巴黎的 BVQI（Bureau Veritas Quality International），檢查 ISO 系列的認證，一年檢查 2 次，一次 10 萬美元以上。另外，不少產品也要符合 WEEE 和 RoHS 等綠色環保規範，這些都是台塑石化不小的支出。一年耗費上億元，不如自己成立企管顧問公司，節省成本。

　　台塑石化一口氣成立三家企管顧問公司，分別是「六輕油品行銷管理顧問」、「台塑石油行銷管理顧問」、「塑化油品行銷管理顧問」，都由台塑石化董事長王文潮兼任董事長，2008 年 2 月起營運，實驗室取得國際組織的實驗室認證，因此稱為公司「專屬驗證機構」（captive certification body）。

(四)全球最大驗證公司：瑞士通用檢驗公證集團

　　瑞士通用檢驗公證集團（SGS）是世界最大的檢驗、測試、鑑定、驗證集團，以遍佈全球 140 多個國家的全球網路，營業項目寬廣，專業的實驗室人員，及完善的儀器設備。其在台灣深耕的子公司稱為台灣檢驗科技公司（SGS TW），光是國際驗證服務部就有 100 多位員工，加上集團體系龐大，可以提供客戶更快速、一站式的服務，這就是為何始終在國際、在台灣驗證穩居龍頭地位的主要原因。

SGS 小檔案

瑞士通用檢驗公證集團（SGS 集團）成立於 1878 年，早期為歐洲的糧食貿易商提供農產品檢驗。隨著業務在全球的不斷增長，SGS 的規模和服務範圍逐漸拓展。20 世紀中期，開始提供檢驗、測試和認證等服務，涵蓋工業、礦產、石化等行業。於 1952 年以瑞商遠東公證股份有限公司註冊、成立台灣分公司。1981 年，SGS 集團股票在日內瓦掛牌上市。2001 年起，SGS 集團分類為 10 個業務線，及 10 個營運區域的經營架構。

　　毒奶、麥當勞砷油事件都指名它驗明正身；生鮮蔬果、大閘蟹等農漁產品、連吸毒犯的尿液，都經過它之手；消費產品如電子零件、紡織機能材料、自行車零件、通訊電磁波測試，甚至便利商店的服務品質等，統統靠台灣檢驗公司的眼來把關。重大公共工程如高鐵、台北高雄捷運、高雄世運的綠建築場館，也都看得到它檢驗認證的蹤跡。

　　台灣檢驗公司為了符合在地市場需求，以二班制服務客戶，從早上 8 點到晚上 10 點，機器運作 16 小時，也因此拿下海關進口生鮮食品的標案，早

上 8 點拿到的蔬果，中午即可回到機場。

「新案進來，第一個就想到台灣檢驗公司」緯創資通資深經理舒國璋表示，就算是地圖上指不出的國家，台灣檢驗公司都有辦法掌握當地法規，「直接打電話到任何一個對口，我問的問題丟過去，就有答案了。」在地化服務，合作就有信任感。

「我們賣的是信賴，一張紙！」瑞士通用檢驗公證集團東亞區營運長兼台灣區總裁楊崑山說，檢測服務的成敗關鍵在於「人」，實驗室就是打團體戰。

台灣檢驗科技公司小檔案

成立時間：1952 年，公司登記於 1990 年

台灣區總裁：楊崑山（東亞區營運長）

資本額：6,200 萬元

員工數：1,800 人

主要業務：檢驗、鑑定、測試和認證服務公司

主要客戶：農業、工業、石化、電子、建築、流通服務業等。

「在事業成長曲線的起飛階段就得投入，」楊崑山認為，切入政策規範，才能搶得先機。台灣檢驗公司過去曾參與許多建築材料的檢測，像台北一〇一的鋼構、焊接測試等，但隨著環保概念的興起，世界衛生組織訂定了包括低化學物質等 15 項健康住宅標準。

民眾不只要求農產品「無農藥殘留」，連建築物都強調要「無有害物質」。於是，台灣檢驗公司領先切入健康住宅認證，主動說服營建公司，從建屋到交屋過程，委外給台灣檢驗公司介入施工監測，建立建物的生產履歷。台灣檢驗公司總管理處經理陳冠宏說：「自己說好沒有用，需要第三方公證單位做見證的，就有我們存在的空間。」

因此，台灣檢驗公司的服務鏈上下延伸，從買地的環境評估、土壤污染分析、建築材料測試、施工到完工的品質監測，等於滲透到客戶的生產流程，營建公司不用自己養品管人員，還能多賺到消費者一份「依賴」。

讓台灣檢驗公司大紅的毒奶事件，考驗的不僅是市場眼光的精準度，更是組織靈活度。

2008 年看準食品安全衛生的趨勢，台灣檢驗公司增購 6 台檢測設備，沒想到機器才剛進廠不到一個月，9 月 13 日就爆發三聚氰胺事件。每天湧進的奶製品近千件，換算一分鐘得有檢測 1.5 個樣品的能力；電話鈴聲每分鐘響起，實驗室仍需維持其他生產線運作。

公司緊急調度一倍的人力進行行政支援，專門負責接電話、打研究報告，還得進行拆箱、備樣等瑣碎工作，讓檢驗人員專心進行資料判讀。24 小時不停班，二星期吃下 2,000 萬元的營業額，當時第一次接觸的食品公司雀巢、桂格，現在都成為台灣檢驗公司長期顧客。[12]

六、客戶標準檢驗II：客戶認證

第二者單位（買方）檢測證明的結果僅是為第二者單位所使用，可作為其他人參考。一般來說，取得產業龍頭客戶（例如個人電腦中的惠普）的認證，其餘買方就好講話。所以你到了許多公司的會議室，甚至總機旁櫃子，往往都可見到一班子客戶認證的證書，以顯示其豐功偉蹟。

第五節　顧客滿意組

顧客滿意大抵是業務部的工作，有些公司則放在品保部，缺點是品保部人員比較缺乏行銷觀念。

一、顧客滿意組

顧客抱怨（customer complain，俗稱客訴）的原因大都是買到瑕疵品、產品壞了，這些都跟品質有關。因此很多公司一事不煩二主，在品保部下設顧客滿意組（對外名稱高一級，例如顧客滿意部或顧客服務中心），負責表 13.1 中右下角的幾件業務。

- 客訴處理，且對內，定期（例如每月）製作客訴報告上呈總經理（少數情況下董事長）；
- 顧客滿意度調查；

・維修。

二、ISO 9001 對顧客滿意度的規定

國際標準化組織為了強化 ISO 9001 品質管理系統中顧客滿意度要素，TC176SC3 組成相關工作小組，針對顧客滿意制定一系列標準，提供企業在產品與服務提供過程中有效提升顧客滿意度。

三、外界機構的顧客滿意度──以美國筆電市場為例

在消費者心中，誰是電腦品牌 NO.1？美國電腦維修公司 Rescuecom 的執行長卡普蘭（Josh Kaplan）說：「華碩和蘋果是維修頻率最低的電腦廠牌。」

卡普蘭表示，消費者心目中的理想電腦是維修率低、公司支援度高，如果品牌公司配備的零組件品質不好，消費者尋求其他維修公司的頻率就會增加，滿意度也跟著下降。評估電腦可靠性時會把電腦的主機板、記憶體和音效卡、搭載的防毒軟體和 Office 套件納入考量。有不少品牌公司額外提供「一指通」的資料恢復系統，減少消費者的維修需求。

蘋果公司的麥金塔系統和筆記型電腦市占率高，有能力在專賣店推出免費的支援系統 Apple Genius Bar，「這是別人所沒有的服務」。

2009 年，「電腦可靠度報告」中，華碩因易 PC 加持，顧客滿意度大幅成長，詳見表 14.12。

第三方電腦維修商 Rescuecom 統計來自 2 萬名消費者維修電腦的電話，以各品牌市占率調整後，計算消費者的滿意度。其中，華碩以 306 的高分居次。

表 14.12　2009 年美國電腦可靠度排行

排名	公司	得分
1	蘋果	365
2	華碩	306
3	聯想的 Think Pad（原 IBM 筆電）	305
4	東芝	199
5	惠普	149

資料來源：Rescuecom，2010.2.23。

四、顧客滿意程度——以微軟為例

2002 年，全球最大軟體公司微軟，因程式經常當機和安全性不足二大問題，顧客滿意度屢創新低而面臨危機。「如果微軟的作業每當機一次，微軟就要賠 1 美元，比爾·蓋茲也會破產。」憤怒的網友如此留言。

從 2007 年開始，微軟開始把改善顧客滿意度列為最重要目標。但微軟有 4 億以上的使用者，產品多又複雜，包括電腦作業系統、Xbox 電視遊樂器，要如何改善數億使用者的滿意度？微軟設計出「卓越服務策略」（customer & partner experience）制度，全球只新增 200 人（占全球人力的 0.3%），就讓全球六萬名員工動起來，2003～2005 年，微軟在全球的顧客滿意度提高了 17 個百分點。

(一)設計九類問卷，每年進行二次調查

微軟在全球 60 多家分公司，設立直屬總經理的卓越服務策略主管，在台灣，這個業務由微軟專案副總經理陳慧蓉負責，負責改善整個台灣微軟的客戶滿意度。

「我的責任，就是跟各部門討論策略、把卓越服務策略變成全員運動。」陳慧蓉說，第一件工作就是建立檢驗成效的可靠方法。美國微軟先按九類客戶，各設計出全球一致的問卷，在 9 月和 3 月，各辦一次全球顧客滿意度調查，每次調查結果，會直接進入公司資料庫，每半年檢討一次改進的績效。

調查結果甚至可以清楚分析微軟全球每位員工的顧客滿意度。有沒有達到預期目標，業務人員外部顧客滿意度目標，服務對象是內部員工的財務人員，也有內部顧客滿意度目標。

每半年，微軟營運長凱文·透納（Kevin Tuner）為各區域總經理打考績，顧客滿意度就是排名第二的重要指標。每個月營運長會議，各國「卓越服務策略」主管呈報的顧客滿意度重大問題，也會固定出現在會議第二張投影片上。

(二)找顧客來罵產品，了解對方需求

陳慧蓉分析，過去微軟是以產品為導向，產品做好就算及格，但在服務導向的時代，這卻只是剛開始。服務導向主張「一個人一旦買了我的產品，就會

一買再買的終生價值」。

像 2000 年，調查顯示企業客戶覺得微軟的業務人員服務時間不夠多。台灣微軟決定找有長久合作關係的指標客戶，到公司來「罵產品」，每次請二個企業客戶，直接告訴所有員工他對微軟服務的印象。

但有些客戶剛開始根本不想理微軟，後來派出副總邀請，加上大中華區總裁黃存義親自接待，光泉和光寶集團的資訊部主管才都點頭到微軟跟員工座談。「光泉資訊部主管每一次就講了 40 分鐘，說我們 2002 年之前有多糟！」陳慧蓉回憶，客戶大力抱怨：「你們不要只講自己的產品，要多講怎麼用在我這邊的客戶端才有用，不要講我聽不的語言！」台下微軟員工才恍然大悟，把客戶要的觀念打進心裡。

2003 年，因為問題太多，微軟甚至曾要求所有研發人員 3 個月不准研發新產品，專心改善客戶抱怨問題。2003 年後，客戶滿意度開始上升，台灣微軟三年來的大型企業客戶滿意度上升 30%，在亞太區僅次於印度。微軟在客戶滿意管理上的變革，正是這家科技巨人由生產思維轉向服務思維的重要一步。

(三)訂應變機制，96% 案件三天內結案

找到問題之後，如何改進複雜的軟體產品服務？遇到策略上的問題，陳慧蓉會召集行銷、工程、客服等單位的資深經理以上主管，組成小組，協調如何跨部門解決問題。

像客戶曾經抱怨，微軟的線上知識庫中文資料太少，可是經費不夠把這麼大量的資訊全部翻成中文，陳慧蓉召開小組共商，最後用最新的機器翻譯技術先翻成中文初稿，再由工程師幫忙審訂。

微軟建立客戶服務的緊急應變機制，台灣微軟規定，客戶申訴案件必須一天內回覆，3 天內結案，否則，電腦系統會直接發電子郵件給黃存義。客戶服務系統是全球互通的，如果新加坡的客戶打電話抱怨，系統就會自動把要求轉到新加坡的服務窗口。

2006 年，台灣微軟 96%的案件會在 3 天內結案，牽涉到核心的程式碼或涉及全公司改變的問題，則必須打報告，把問題送到美國微軟的營運長會議決定。

註　釋

①經濟日報，2010 年 1 月 12 日，B3 版，劉美恩。

②經濟日報，2010 年 2 月 2 日，C2 版，李正宗。

③經濟日報，2010 年 2 月 2 日，E1 版，吳青常。

④經濟日報，2009 年 10 月 30 日，D3 版，項家麟。

⑤工商時報，2003 年 4 月 18 日，專刊 2 版，程鏡明。

⑥經濟日報，2003 年 4 月 18 日，專刊 7 版。

⑦經濟日報，2010 年 1 月 11 日，A18 版。

⑧工商時報，2009 年 8 月 30 日，A4 版，譚淑珍。

⑨工商時報，2010 年 2 月 5 日，A15 版，王中一。

⑩經濟日報，2010 年 1 月 23 日，A6 版，宋健生。

⑪經濟日報，2009 年 8 月 27 日，D3 版，簡立宗。

⑫林育嫻，「台灣檢驗科技十年營收翻四倍」，財訊月刊，2009 年 10 月，第 138～140 頁。

討論問題

1. 以一家大公司資料為例，說明品保部對採購部的支援。

2. 以一家大公司為例，說明其品保部在公司組織的位階，品質長的級職。

3. 以表 14.2 為架構，說明其量測系統分析。

4. 以表 14.3 為基礎，再舉一個例子。

5. 表 14.4 產品特性還有那些分類（註：例如機電光）？

6. 以表 14.6 為例，$\overline{X} - R$、$\overline{X} - S$、$M_d - R$ 管制圖是否大同小異？

7. 以圖 14.1 為基礎，舉一個具體例子說明。

8. 繼續充實表 14.7 的內容。

9. 舉一個例子來說明表 14.11。

10. 以一年國家品質獎為例，說明得獎公司的評分。

15

運籌管理與售後維修

曾經有位在製造和零售業的老闆告訴我，他的經營哲學是「抄、操、超」。我聽了以後，馬上回應：試問其詳？這位老闆說：我先「抄」襲最好對手的作法，然後再鍛鍊我的員工，「操」員工的工夫，員工鍛鍊好了以後，最後可以「超」過對手。這就是他的「抄、操、超」的管理哲學。乍聽之下，很有道理，思索了一陣子後，發現這個管理哲學其實大有問題。

第一步是「抄」襲對手最佳實務的工夫，就算抄襲到對手的作法，員工也接受鍛鍊，能否超越對手，還是未知之數。因為對手早已發展出千錘百鍊的最佳實務，一時之間，如何能夠超越？時間一拉長，對手也在進步，抄到的其實是上一版本，除非對手停滯不前，想要超越對手，渺不可及。

—— **湯明哲** 台灣大學國企系教授兼副校長
天下雜誌，2008 年 5 月 21 日，第 149 頁。

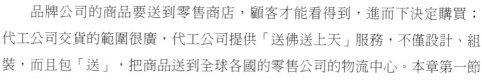

貨暢其流，物盡其用

品牌公司的商品要送到零售商店，顧客才能看得到，進而下決定購買；代工公司交貨的範圍很廣，代工公司提供「送佛送上天」服務，不僅設計、組裝，而且包「送」，把商品送到全球各國的零售公司的物流中心。本章第一節說明公司如何做全球運籌管理。

零售公司把商品賣出後，針對耐久商品會出現售後服務（大抵包括保養和維修）的需求，品牌公司在商品保固期間有義務提供售後服務，本章第二節會

做說明。

第三節說明商品售出後出現重大瑕疵時,品牌公司進行產品召回,能修就修,不能修就退貨,在一些公司,這簡稱「退修」,跟「退休」一詞發音一樣。

第四節說明當顧客手上的商品不能再用了,品牌公司如何進行廢棄物回收、處理與再生可讓資源再活一次,屬於綠色生產的最後一環。

第一節　全球運籌管理──以鴻海為例說明

在行銷管理 4P 中,實體配置包括物流與店面販售,對代工公司來說,全球運籌管理(global logistics management, GLM)比物流範圍更廣,當然,貨運公司也把物流的範圍擴大,幾乎想承包公司全球運籌管理的外包公司。

一、客戶的需求

「貨暢其流」才能「物盡其用」,以代工公司來說,有二種交貨方式:出口港岸邊交貨(FOB)、送達買方指定地點(CIF),後者比前者多加運費和保險費。

二、公司對策:價量質時之「時」──全球運籌的 time to money

美國「物流管理協會」(Council of Logistics Management)定義**運籌管理**(**logistics management**)為:「物流從起源點到消費點之有效流通,而專注於規劃、物品、服務相關資訊,及儲存的企劃、執行與控制的過程,以達到顧客的要求。」

(一)全球運籌管理系統

全球運籌管理偏重「網路接單,快速交貨和後勤管理」,強調經營效率,即用正確的方法做事。

(二)運籌主管的職掌

及時出貨才能拿到錢(time to money),因此許多電子公司成立運籌管理

部，主管級職高達副總，以處理出貨等運籌事務，其職掌如表 15.1 所示。

表 15.1　運籌主管的職掌

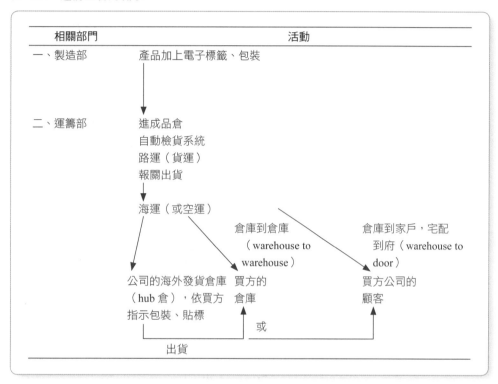

(三)運籌管理方式

運籌管理中的出貨地點的選擇，取決於二項成本因素，即關稅與運費。

1.X 軸：關稅

在第三章公司工廠地點的選擇中，已說明品牌、代工公司會為了節省成品進口關稅，而選擇在巴西、印度等消費地組裝。然而，一般來說，零組件是低（甚至零）關稅，所以還是集中在大陸生產。

2.Y 軸：出貨急迫程度

在第五章中有提及大部分電腦公司會在 9 月時跟代工公司敲定明年出貨量，並且逐月小幅修正。只有碰到意外情況下，才會下急單，急單的量常是小單，為了搶市場，代工公司往往只好啟用美國（或歐洲）的區域中心組裝，多

負擔一點點直接人工成本,但卻可以比大陸空運出貨省更多。

　　由此可見,「出貨急迫程度」看似考量時效,但是在全球一日空運圈的情況下,距離已不太是問題,重點還在於成本。

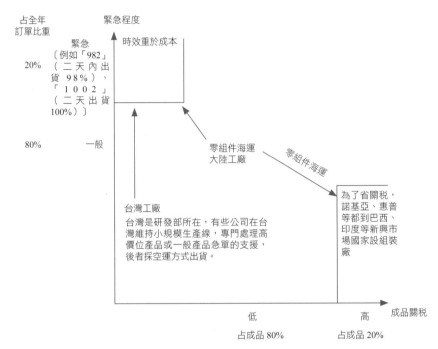

圖 15.1　影響生產地點的二大因素

(四)大陸出口的運輸方式

　　大陸出口的運輸方式,視出口地區而定,詳見表 15.2。

　　鴻海集團董事長郭台銘作戰講究的方法不見得一開始就是完美的辦法,而是用決心,不斷修正直到客戶滿意為止。鴻海為了快速交貨,永遠有意想不到的解決方案,甚至連廣東的快艇也搬了出來。「世界上沒有完美的辦法,但是總有更好的方法。」郭台銘表示。

表 15.2　大陸出口的運輸方式

目的地	歐洲	美、日
一、設廠地點	2010 年起，鴻海、廣達等至大西部的重慶市、四川省成都市設廠。	1.大陸山東省：例如富士康集團的煙台廠，據稱比昆山出口快二天。 2.大陸江蘇省昆山。
二、運輸方式	陸運，2012 年，歐亞新鐵路完工後，預估總運輸時間比海運可節省 13 天。	海運。

　　整體出貨常以台灣跟大陸整機出貨來比較，結論也是滿直接的，大陸出貨比台灣出貨便宜約二、三成。

　　1.台灣整機出貨

　　「台灣接單，台灣出貨」的**台灣整機出貨**（**Taiwan Direct Shipment, TDS**）情況，大都僅限於高階產品、急單。

　　2.大陸整機出貨

　　1990 年代開始的「台灣接單，大陸出貨」方式，鴻海主要採取此方式，少數公司（例如華碩）則偏重採取「大陸接單，大陸出貨」方式，皆屬於**大陸整機出貨**（**China Direct Shipment, CDS**）。

　　以資訊產品為例，大陸出貨還依工廠所在地區而不同。

　　1.上海地區

　　上海地區的組裝產品層次較高，例如筆記型電腦、掃描器。

　　2.深圳地區

　　深圳地區組裝產品層次較低（例如桌上型電腦）。

(五)區域中心組裝

　　歐、美、日是台灣公司八成客戶所在地，台灣公司的工廠之所以不設在此地，主因當然是「什麼東西都貴」，因此在客戶所在地設立區域中心組裝，自然也屬於例外管理，大部分都限於新品（在當地設計比較快）或是急單。

　　「Hub」主要是發貨倉庫，也就是物流中心的觀念，鴻海把「Hub」直接建在客戶旁邊，一方面提供客戶快速服務，一方面客戶自己不用增加備料的負

擔，要用時，就直接由鴻海快速提供，降低成本。

運用物流中心（Hub）的運籌管理方式，使零組件有效管理，讓物流的規模和生產的訊息結合。

2001 年 7 月，鴻海美國最大的發貨中心在德州休士頓市設立，就在康柏（2003 年，被惠普合併）總部不到半小時車程處，等於是康柏自己的發貨中心。

此發貨中心跟康柏只有一門之隔，而組裝線做到什麼程度，零件就可以提供到什麼程度，貨物一旦跨過倉庫大門就等於出貨，可以開始向客戶算帳。發貨中心就是一個小型物流公司，靠出貨進貨的「週轉率」來自負盈虧，組裝線只要拿到零件，幾乎就等於出貨，庫存等於「零負擔」。

「只要停留超過 15 分鐘，就要設倉管制！」郭台銘認為不管是零件、物料、組件和半成品，只要走出發貨中心或沒有成為成品出貨，都要在電腦上管制，隨時查得到流向。〈郭台銘佳言錄〉中，「出貨」和「銷貨」的定義如下。

1.「出貨」是製造地到發貨倉，對客戶沒收錢的一段。

2.「銷貨」是發貨倉到客戶倉，對客戶收錢的那一段。

每週有 100 個以上貨櫃的零組件在發貨中心交會，發貨中心甚至可以發貨給其他組裝公司。「公司也可以避免零組件價格波動的壓力。」鴻海負責美國發貨中心的譚米・李（Tammy Lee）對記者表示。

像是晶片組、中央處理器、記憶體等關鍵零組件的價格很貴，如果發貨中心管理不善，光是貨物折價的損失恐怕就會虧錢。鴻海靠的是自己投資千萬美元的資訊系統，加上自己寫的軟體，用「e 化」來預測庫存，掌握存貨進度。「我們的存貨不會超過 2 天以上！」

三、電子標籤

代工公司替品牌公司在產品上貼上標籤，歐美零售公司越來越注重自動化，電子標籤便很適用於快速驗收、上架點貨與消費者結帳櫃檯結算。

(一)電子標籤簡介

在 2007 年，電子標籤（**radio frequency identification, RFID**）已進入第

2 代（頻譜範圍 860～960 MHz，即超高頻 UHF），讀取率 95%，EPC Gen2 標準已經被 ISO 所認可，電子標籤成本降至 10 美分（以單次購買 100 萬個為單位），2009 年出貨量約 60 億個。其運用從棧板（pallet）或盒裝（case）層次，提升到產品品項層次（item level），例如電子標籤貼附於 DVD 或 VCD。

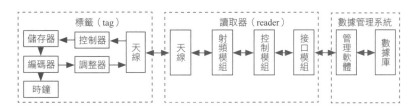

圖 15.2　電子標籤的成分

1.標籤

標籤（tag）也稱為應答器，是電子標籤系統的真正載體，由標籤天線和標籤專用晶片（大陸稱為芯片）組成。每個標籤具有唯一的編碼並黏附在產品上，用來儲存需要的識別和傳輸資訊，跟傳統條碼的編號相似。

標籤有很多種類，依功能可劃分為唯讀標籤、可寫入標籤、微處理器標籤和感應器標籤。

調整器可分為主動式和被動式二種，主動式標籤表示標籤主動地發送射頻能量供讀取器讀取資料，被動式標籤是利用讀取器的載波讀取標籤上的資料。

2.讀取器

讀取器也稱感應器（transceiver），負責讀取或寫入標籤訊息，單獨地完成數據的讀寫、顯示、處理。讀取器包含控制模組、射頻模組、接口模組和天線。讀取器和標籤通訊遵循命令響應協議，讀取器正確地接收和解碼標籤的數據後，經過一系列特定演算決定標籤是否需要重發數據或停止發送數據。透過這種協議，讀取器可以在很短時間和很小空間識別多個標籤，同時有效地防止識別詐騙。

3.數據管理系統

數據管理系統負責數據訊息的儲存、管理和標籤的讀寫控制，系統可以是各種大小不一的數據庫或供應鏈系統，也可以是特定行業或高度專業化的數

據庫。電子標籤工作時，讀取器透過天線發射一定頻率的射頻訊號，標籤收到訊號後會產生感應電流，並藉由感應電流獲得能量以發射資料或標籤主動發射某一頻率的射頻訊號，讀取器把收到的載波訊號解碼後傳送到數據管理系統。數據管理系統根據邏輯運算判斷標籤的合法性，針對不同的設計做出相應的處理。

(二)貨櫃的電子封條

電子標籤的運用方式之一便是貨櫃等的電子封條，須經固封後方可讀取；未固封、被開啟、破壞（包含剪斷與拆封後裝回），即無法讀取。所使用封條符合 ISO/PAS 17712 High Security 規範，已通過美國驗測，可用於跨國應用。詳細功能如下。

1. 進出口貨物全程監控：貨櫃從工廠出貨裝箱時便扣上電子封條，記錄貨物出貨資料，運送至進口公司收貨的過程中，寫入運送過程資料（例如啟動時間、抵達港口時間、轉口資訊、出關和進關等資訊），提升資訊透明度，促進貨物安全與效率。

表 15.3　電子標籤被動式電子封條硬體規格

效能特性	
工作頻譜	860～960 MHz
無線射頻標準	EPCglobal Class 1 Gen2
記憶體	192 bits with TID Code
讀取距離	14 公里
讀取速度	80 公里／小時
實體特性	
尺寸	鎖身與天線：14.2 公分
	插銷：8 公分
	電子封條：20.8 公分
重量	1.05 公斤
運作環境溫度	−20℃～70℃
國際認證	
電子封條	C-TPAT ISO/PAS 17712
RFID	ISO/IEC 1800-6

2.貨櫃場貨櫃管理：把貨櫃加裝電子封條，遠距離讀取，方便管理貨櫃位置與進出。

3.貨櫃車輛管理：把貨櫃車加裝電子封條，管理車輛行車路線。

四、報關

2001 年，美國遭受 911 恐怖攻擊之後，為維護邊境安全，採取「TPAT」報關制度，世界關務組織（WCO）在 2005 年 6 月理事會年會上通過全球貿易安全與便捷標準架構（SAFE framework），透過「優質企業認證」，對符合守法和安全供應鏈標準的業者賦與優質企業的資格，並給予通關便捷優惠。[①]

(一)好處

各國海關間同意相互承認彼此的優質企業地位，藉以建構全球經貿安全系統。在擁有相互認證機制的國家中，優質企業都享有同樣的快速通關優惠，詳見表 15.4。

全球實施優質企業認證的國家包括美國、紐西蘭、新加坡、歐盟與大陸。台灣在 2010 年先就進出口公司實施優質企業的安全認證制度（AEO）。

(二)資格

優質企業（Authorized Economic Operator, AEO） 指的是貨物在國際間移動的業者，經海關或其代表人遵照世界關務組織所訂或類似的供應鏈安全標準核准。由表 15.4，優質企業應具備的資格，有效期 3 年。第一階段推動進、出口業者申請，將納入運輸、承攬與倉儲等業者。[②]

台灣康寧顯示玻璃、欣銓科技等企業已獲選為優質企業，擁有進出口貨物全球快速通關的優惠。

表 15.4　優質企業資格與通關優惠

優惠等級 資格	一般	安全認證
一、資格	即現行優良公司，包括擁有經濟部核發的出進口績優公司證明標章或貿易績優卡，或成立 3 年以上，近 3 年平均每年出進口實績總額達 1,400 萬美元以上。	1.符合一般優質企業條件； 2.近 3 年無重大違章情事； 3.具有債務償付能力並符合相關安全管理要求。
二、通關優惠		一般優質公司優厚的快捷通關優惠，並享有國際相互認證，貨物全球跑時都能比照享有快速通關的好處。 最低文件審查及貨物抽驗比率。
(一)進口公司		抽中查驗者，得適用簡易查驗並優先查驗。 按月彙總繳稅。 自行具結替代稅費擔保最低文件審查及貨物查驗比率。
(二)出口公司		抽中查驗者，得改為免驗。 免經電腦比對貨物進倉訊息，即可受理報關。 享有貨物未放行案件單一處理窗口協助通關。

資料來源：財政部。

(三)大陸出口報關

　　鴻海的最大生產基地深圳龍華工業園，就看得到全大陸最有效率的「運送能力」。深圳海關平均每天有 2.5 萬只貨櫃進出，素有「天下第一關」之稱，深圳海關關長龔正在 2002 年時也開始創新制度，推動「電子口岸」的連線設置，把出口額達 1 億美元、5,000 萬美元、3,000 萬美元的企業先分成三類，作為審查規格的不同標準。接著再細分成「空車」、「轉關」、「進關」等不同情況，以 IC 卡進行報關清點。

　　富士康集團的「鴻富錦保稅工廠」就是大陸第一家完成電子報關系統的公司，在大陸海關「聯網監管」模式下，透過 EDI 電子數據交換報關系統，深圳海關直接跟「富士康」連線。

簡單地說，在貨物進關之前，報關的流程就已開始，海關人員也直接從電腦上掌握，進一步抽查。龔正充滿自信地表示，企業不出門，就可以完成驗關手續。

五、物流——以優比速為例

空運物流公司著名的有美國的優比速（UPS）、聯邦快遞（Fed Express），本段以優比速提供的服務為例說明物流公司能替你做到什麼，並以 2008 年 8 月大陸承辦的夏季奧運為例。

大陸從開幕典禮到閉幕儀式，每場表演與賽事都呈現國際級的水準，這些成果有賴各個環節天衣無縫的配合，奧運指定優比速物流贊助，在本次賽事籌辦中，扮演了不可或缺的關鍵角色。

1. 採購管理系統（procurement management system）：記錄所有的訂單，監測出貨後貨物接收狀態。

2. 倉儲管理系統（warehouse management system）：優比速為此詳細調查及規劃，成立了「奧運物流中心」（olympic logistic center），作為「中央樞紐」，這也是優比速為單一客戶所管理的最大倉庫，倉儲量 130 萬噸。幾乎所有競賽場館、非競賽場館及訓練場館所使用到的物資，都在此出庫、入庫，並進行倉儲、庫存管理及遞送服務等作業，光是在奧運比賽的前 2 週，優比速每天就要處理 32 萬件貨物。

3. 資產管理系統（asset management system）：提供以貨物價值及遞送目的地的方式來追蹤存貨，並可同時提供資料給予任何訂單及資產有關的賣方。

優比速動員 2,000 人以上，包括運輸、人力資源、科技解決方案、安全檢控等各領域的員工；217 輛物流遞送車 24 小時待命，隨時處理奧運期間的物流服務。

在比賽場館裡所有競賽相關器材以及輔助材料，包括 254 艘獨木舟、小艇暨伐艇、奧運場館的電腦和記分牌、體積大至 58.75 立方公尺的船艇架，小至僅有拇指大的奧運紀念徽章；再加上 7 萬件以上的運動員行李、運動員獲獎證書，還有 400 噸的電視轉播器材等，這些合計共超過 1,900 萬件的物品，

重量總計超過一萬噸，相當於國家游泳中心「水立方」鋼骨架重量的 1.5 倍，也全由優比速所負責運送。為期 16 天的賽事當中，優比速達成「零事故率」的物流運送服務。

優比速先施行模擬測試（trial runs），包括等待紅綠燈所花費的時間、每座橋樑、隧道的寬度及高度，都經過仔細的測量，不放過任何可能的問題點與細節，以確保每件貨物都能準時而安全的送達，而這也是優比速能夠準確掌握當地市場的關鍵。

(一)物流方向

「從品牌公司到顧客」稱為正向物流；逆向物流（reverse logistics，或逆物流）在物流程序中扮演買方產品退回、瑕疵品維修與再製、物品再處理、物品再生、廢棄物清理及有害物質管理的角色，詳見圖 15.3。

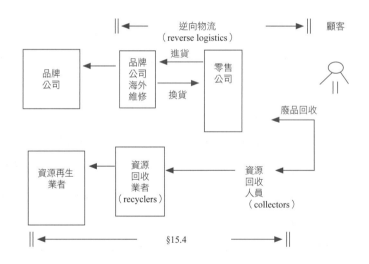

圖 15.3　逆向物流與廢棄物回收

(二)綠色物流

符合節能減碳等的物流稱為「環保物流」（green logistics，或綠色物流），作法詳見表 15.5。

表 15.5　綠色物流的作法

物流方向	正向物流	逆向物流
說明	一、包裝 　　經由包裝技術的改善及減少廢棄物的產生，已達到降低成本的目的。 二、運送 (一)原料物流 　　藉由整合供應鏈，及時生產（JIT）及戶對戶服務（DTD）能提供更具彈性及更有效率的貨物配送。 (二)產品物流 ・透過準時的航班安排，提升企業的可靠度； ・利用軸輻式系統（hub-and-spoke system）網路廣泛的提高配送效益； ・盡量採用對環境污染小的方案，例如採用燃耗量小的貨車、近距離的配送、夜間運輸（減少交通阻塞、節省燃料和減少排放）等； ・整合派送中心及零售賣場以降低成本並讓供應鏈更具多元化。	廢料處理及報廢品回收等逆向物流系統，「綠色物流」就是結合環保及運輸配送效益的代名詞。

(三)逆向物流的集散地

桃園航空城機場園區中有 200 公頃以上土地為「航空貨運園區」，可作為「逆向物流」的維修中心。產品（例如面板、LED）可送到機場維修中心修復，時間越短，成本越低，且亞洲鄰近國家的瑕疵品也可透過綿密的航空網路來台維修，並且在很短的時間內再送出去。此有助吸引跨國企業來台，成為零組件發貨中心，例如汽車的發貨中心，標準化產品可送到區域基地做客製化的產品，即標準化產品做最後一道產品加工。[3]

(四)發貨中心的例子

DHL 成立供應鏈（DHL Supply Chain, DSC）台北零組件物流服務中心，投資 3,500 萬元。該中心由 DSC 營運，可為業界的零組件庫存管理及配送，

提供高效能且集中的供應鏈解決方案。例如，退貨物流服務解決方案，涵蓋退貨收取、瑕疵零件識別以及重新貼標等逆向物流服務，提供再包裝、回收及廢料處理及客服中心等服務。[4]

第二節　售後服務：保固維修
——以和泰汽車為例

「花無千日好」，同樣地，產品售出後，遲早會有故障，顧客會來送修，品牌公司常設有維修公司或維修中心，來負責產品保固維修與保固後維修。

比較令人好奇的是，大部分公司都把售後服務部設在品保部下，把一個僅具有品質衡量的單位，兼部分製造部功能（即瑕疵成品修正服務部分）。

一、維修的功能與會計處理

以表 15.6 來說明二個維修期間，維修服務的功能和會計處理。

表 15.6　保固與維修的會計處理與功能——以汽車為例

期間	保固期間	保固期之後
一、功能	以汽車來說，保固期有降低車主使用成本的功能，透過「4 年或 6 萬公里」的保固保證，車主更有信心買車。	維修費用是車主第一、二大的使用成本，尤其汽車逾 8 年後，維修費用往往高於汽油費用。
二、會計處理	1.2011 年以前 保固義務屬於或有義務，賣方僅於產品有瑕疵時附有法定或推定義務。於財務報導期間結束日，公司應估計義務是否很有可能發生，而有依國際會計認列 37 號公報應認列的義務。針對所將提供的保固義務估計未來成本，作為額外的銷貨成本。 2.2012 年，國際會計準則（IFRS）實施後，把收入中屬於未來可能必須提供保固服務的部分予以遞延。	維修收入是營業收入的一部分，對汽車經銷商來說，有時會占二成。

(一)產品生命成本

耐久商品（durable goods）是指可耐用 1 年以上的東西，常見的有 3C 產品（包括家電）、汽車、家具等。由於使用期間長，對消費者來說，會考慮產品生命週期成本（product life cost）來計算「效益成本分析」中的「成本」。

對消費者來說，是成本，但對銷售公司來說，則是收入，以汽車來說，可分為二個部分。

1.採購成本

品牌公司主要賺製造利潤，品牌公司大都透過經銷商（比較像統一超商旗下加盟店）賣車，行銷利潤大都由經銷商賺走。

2.使用成本

汽車的使用成本很廣，常見的有汽（柴）油支出、每年保險費和過路費、停車費。但是經銷商關心的有二項：保養費（以每 5,000 公里作為保養週期，少數組件以年為週期）和修理費。

由圖 15.4 可見，保養費每年幾乎一樣，比較不會因為車的年紀而改變。至於修理費則跟人的醫療費很像，銀髮族（65 歲以上）的醫療保健費是一般人三倍以上。在保固期（一般為 3 年）內，車主幾乎花不到修理費，一旦過了 10 年，大小毛病就發生，主因是汽車公司對很多組件採取**計畫性廢棄**（**planned obstacle**），組件（例如水箱、行車電腦）壽終正寢。

至於小家電，由於採購成本低，有時修不如買，維修費用與維修方便性（維修點與維修速度）便沒那麼重要。

(二)維修對品牌公司、經銷商的功能

由於汽車維修是塊大餅，大家都想搶。由表 15.7 可見，正廠總是想方設法讓車主過了保固期後仍會回來維修。美國汽車售後服務產業協會（AAIA）在 2009 年 3 月研究發現，經銷商的汽車維修費用平均比獨立維修公司貴 34%，讓消費者、公司年額外多付 117 億美元。[5]

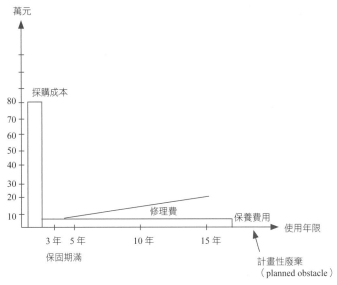

圖 15.4　汽車的產品生命成本——以 2000 cc 汽車為例

表 15.7　正廠跟他廠汽車維修的勾心鬥角

4M 公司	零組件	儀器	方法	人員
一、正廠	汽車公司透過提供經銷商正廠零組件，賺取「細水長流」的錢。	汽車公司會提供經銷商維修電腦與參數，且會規定遺失的罰則，報廢時一台（舊）換一台（新）。	提供經銷商有關汽車的線路圖等。	提供經銷商維修人員維修訓練。
二、一般	1.他廠，尤其指專做維修市場（after market, AM）的，例如車燈中的堤維西。 2.正廠翻修件。	設法買到正廠的檢測電腦與參數，有時一台約 10 餘萬元。	自行研發修車技術，跟同業交換心得。	找正廠正職員工來撐場面。

二、豐田在台灣稱為和泰

　　和泰汽車（2207）是日本豐田全球第一家代理商，和泰汽車於 1947 年成立，在 1949 年跟豐田簽定代理合約，豐田第一輛賣到海外的車就是由和泰代理到台灣。

　　和泰延續豐田的政策，提供中古車的交易認證及販售服務，和泰透過原廠技師以 160 項嚴格認證顧客提供中古車，並推出「一家買車，全台保固」的政策，讓顧客可以安心購買「原廠認證中古車」。

<table>
<tr><td>

和泰汽車（2207）小檔案

成立：1947 年 9 月
董事長：黃南光
總經理：蘇純興
公司地址：台北市松江路 121 號 8 樓
營收：（2010 年）743.7 億元
盈餘：（2010 年）48.54 億元、每股純
　　　益 10.36 元，新車市占率 31%
員工數：4,700 人

</td><td>

蘇純興小檔案

出生：1967 年
現職：和泰汽車總經理
經歷：和泰汽車資深副總經理
　　　LEXUS 部協理
　　　國瑞汽車副總經理
學歷：美國麻州理工大學管理碩士

</td></tr>
</table>

和泰汽車的小損傷快速維修區
圖片提供：和泰汽車

三、和泰追求「價量質時」的維修優勢

　　和泰從 2002 年開始蟬連市場龍頭，一部分原因，就來自於售後服務。在汽車公司經銷商之間，和泰藉由本專案來定義他們存在的價值，把整合與行銷工作的附加價值做到最大。由表 15.8 可見，和泰提高維修「價量質時」競爭優勢的作法。

2000～2004 年，和泰持續進行 65,000 多份顧客意見調查，結果，顧客的反應也多是希望進廠維修時，「不要等太久。」

所以 2003 年起，和泰導入「總是為你設想」專案，想法很單純，就是讓顧客等待的時間縮短。

表 15.8　和泰提升維修「價量質時」競爭優勢的方法

競爭優勢	措施
一、價	
二、量	
三、質	針對汽車進廠的第二大主因鈑金噴漆，為了更能確保維修品質及效率，和泰把豐田最著名、原本應用在生產線上的豐田生產，換個空間，搬到維修廠來實行。 以往修理金額在 1.5 萬元以下的鈑金噴漆，平均要花 4.3 天才能完成，進行流程改造 2.5 天，如果有預約只要 1 天。 流程改造是依鈑金噴漆所需的流程，切成數個工作站，每站一位技術人員，一站 1 小時。分站作業，一旦下個流程的技術人員，發現前一站做得有瑕疵，不利自己工作，就會立即提出並改善。 「每個人都專業化，比較不會出錯，」和泰售後服務本部協理張民杰說。
四、時 I：維修 (一)客戶端	快速維修（express maintainance）。 和泰推行「預約制度」、電子維修估價（簽約保養場也提供價格透明化的維修套餐）。
(二)領料	假設一輛車預約早上 8 點進廠保養或維修，前一天晚上，所有為了這輛車準備的零件都已在車位旁等待了。
(三)製程技術	1.動作研究 　和泰進行一連串動作研究，把技術人員維修汽車時的所有動作，用攝影機錄下。把 4,800 秒內的 415 個動作，一一分解分析，刪除其中無效的動作，最後剩下 158 個必要動作。 2.雙人作業 　最簡單的第一步是把原本的單人維修，直接增加為雙人作業。 　但可不是多點人來修，就解決得了問題，核心在於「把沒必要的剔除，」張民杰說。「2005 年在嘗試三人作業，能再縮短顧客等待的時間。」
五、時 II：理賠 申請	和泰還架設遠端勘估平台，大幅縮減保險審理時間。當任何事故車進廠，和泰利用錄影機，把鏡頭傳送到保險公司理賠員的辦公室，把過去需要 2 到 3 天的理賠審核，縮短在 30 分鐘內完成。

資料來源：整理自天下雜誌，2005 年 12 月 1 日，第 96～97 頁。

　　首先是占進廠車輛一半以上的定期保養，不論幾萬公里的保養，包含檢修在內，從接車到和顧客說明，保證 1 小時內完成。在看似單純「把時間還給顧客」的想法背後，其實和泰早已佈滿完整、強大的資訊系統支援。

　　對顧客來說，顧客滿意度果真由導入前的 80%，提高到 93%。顧客回廠率更提高到近 90%，加上維修時間縮短，保修廠使用效率提高，對各經銷商的服務收入也有直接助益，總服務收入由 73 億元，到 2003 年到 100 億元。

　　對維修員工來說，換來更高的收入，技術人員的業績是按照維修車輛數決定，現在他們平均每個月維修的車輛成長 11～34%，收入比未導入專案前，增加 14～24%。[6]

四、維修品質

　　維修服務品質屬於服務品質的一部分，本書一以貫之，以「價量質時」為大分類，把服務品質分類，詳見表 15.9，進而中、細分類。

　　之後，便可以設計維修品質問卷，請維修顧客填寫，以了解對公司（或外包維修公司）維修滿意程度。

表 15.9　維修服務品質構面

大類	中類	細類
一、價		維修收費標準合理
二、量		跟「時效」相關
三、質	(一)溝通	1.溝通零距離；
		2.了解顧客需要；
		3.主動關懷顧客；
		4.良好的申訴管道；
		5.維修後公司會主動詢問顧客使用的情況。
	(二)服務態度	1.服務人員的服裝乾淨整齊；
		2.櫃檯／服務人員的態度親切；
		3.服務人員有耐心傾聽及處理顧客訴說的問題；
		4.服務人員的專業能力；
		5.服務人員對所有顧客有同等待遇。
	(三)可靠性	1.活動內容跟廣告訊息相符合；
		2.維修人員具良好技術；
		3.送修的物品再故障率低。
	(四)信用	1.公司的聲譽；
		2.合理的價格。

表 15.9　（續）

大類	中類	細類
四、時	(一)便利性	1.維修據點的密集度高； 2.跟顧客間易於聯繫； 3.顧客能方便查詢所送修物品的狀況。
	(二)時間	1.接受服務時間短； 2.維修時間迅速； 3.送修到取件時間短。

第三節　產品召回

　　產品銷售後，一旦碰到普遍性的瑕疵，公司往往會宣佈產品召回（recall），其中尤其以**安全考量的召回**（**safety recall**）更是必要。

　　2009～2010 年，豐田在美國的汽車召回，由於資料豐富，因此留待《生產管理個案分析》第十四、十五章專章討論，本節以產品召回為主軸。

一、產品召回的熱度圖

　　熱度圖是個很好用的觀念，跟風險管理（例如機器當機、工業安全、產品召回）相關事項都可適用。圖 15.5 便是產品召回熱度圖，底下詳細說明。

(一)X 軸：嚴重程度

　　依產品瑕疵的嚴重程度來分，**功能瑕疵**（**funtional vice**）只會影響產品能不能用，但是**致命瑕疵**（**safety vice**）事關人命，人命無價，可說非常嚴重，底下以美國的嬰兒車為例說明。

　　英國品牌瑪格羅蘭（Maclaren）是全美第一大嬰兒車品牌，因好推、耐用獲得口碑，許多好萊塢名流都愛用，包括布萊德‧彼特、凱特‧溫絲蕾、網球名將阿格西、莎拉‧傑西卡派克、伊莉莎白‧赫莉都是愛用者，在台灣也廣受政商名流喜愛。

　　嬰兒車依年齡層區分，從剛出生的新生兒到 2、3 歲幼童有不同尺寸，最多可載重 25 公斤，售價 100～360 美元。

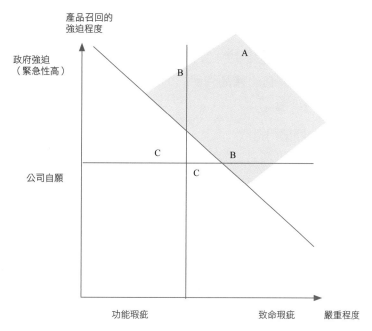

圖 15.5　產品召回的熱度圖

2009 年 11 月 9 日，美國聯邦「消費品安全委員會」在聲明中指出，英國品牌「瑪格羅蘭」摺疊式嬰兒車（該款由大陸製造）在消費者打開使用或收起時，兩側鉸鏈有可能讓孩童手指卡入，造成指尖撕裂甚至夾斷的風險。建議消費者當收疊推車或打開推車時，應注意孩童不可留在推車上，以免發生孩童手指被夾傷情形。

瑪格羅蘭美國子公司接獲 15 件孩童手指放入鉸鏈處的報告，美國有 12 件斷指案例。該公司強調，這些受傷案例並不是孩童坐在嬰兒車時發生。已自動回收 1999～2009 年在美國售出的約 100 萬台嬰兒車，並提供消費者修理工具（包括保護蓋），把有危險的鉸鏈部位蓋住。回收印有「瑪格羅蘭」字樣的所有單人及雙人輕便型嬰兒車（又稱傘車）。[7]

(二)Y 軸：強迫程度

產品召回可依公司的意願分為政府**強迫召回**（**complusory recall**）或是公司自願召回。一旦輿論譁然，事情鬧大了，政府只好出手，強迫要求公司限期召回，依緊急程度來說，強迫召回的急迫程度最高。

底下舉一個自願產品召回有安全之虞的例子，讓你了解其程序。

二、三道處理程序

公司難得碰上產品召回的情況，因此產品召回也屬於危機處理程序。建議分三階段處理。

1.公關部門道歉

由公共事務部主管在第一時間提出道歉，會讓外界覺得公司有誠意，針對同一件事，只消道歉一次，多次道歉只會讓大眾覺得公司只會道歉。

2.品保部出面善後

在第二時間，由品保部主管出面，宣佈產品召回與維修之道。會讓買方覺得公司有能力，不是「只有口惠而無實惠」。

3.總經理出面

當產品召回後處理一段期間，買方的疑慮、憤怒已消了一半，此時總經理再出來安撫民心。

三、責任歸屬

產品召回的錯在品牌公司，因此所有維修成本、換貨皆由公司概括承受；甚至還會有產品召回的消費者津貼事宜，以讓顧客消消氣。

(一)責任歸屬

產品瑕疵的原因可依公司內外部來區分，常是零組件出問題，零組件公司該扛責任，底下以諾基亞手機充電器的例子來說明。

要是公司研發部、製造部該為產品瑕疵負責，亡羊補牢，接著就是提出對策。

1.零組件供貨公司認購

2009 年 11 月 13 日，諾基亞宣佈召回 1,400 萬個瑕疵手機充電器，全由大陸電子代工公司比亞迪電子產出，而比亞迪電子公司承擔全數費用。損失最高 4.8 億元，在此消息傳出後，比亞迪電子股票價格狂跌 2 天。

諾基亞發言人 James Etheridge 指出，這批有問題的充電器，是 2009 年 6 月中至 8 月初生產的型號 AC-3E 和 AC-3U，以及在 4 月中到 10 月底間生產的 AC-4U，共三款充電器，主要供應歐洲與美洲市場。因外部塑膠殼膠脫

落，致使部分零件外露，當使用者把充電器插入電插座時，會觸碰到內部零件，有觸電危機，導致安全上的疑慮。

比亞迪電子發出公告，表示諾基亞積極合作處理，以改良出現問題的充電器。業界分析，代工生產電子產品難免遭遇品質瑕疵，加上諾基亞向來跟比亞迪電子關係緊密，因此相信對比亞迪電子來說，不會因此出現轉單危機。[8]

2.品牌公司認賠情況

2009 年迄 2010 年 1 月，日本本田汽車在全球已發生三起同一瑕疵的起火事件，二起在美國、一起在南非。2009 年 9 月，南非開普敦一名小女孩子在車上睡覺時遭逢意外。

英國本田發言人說，2009 年已在南非召回所有 2002～2008 年款的 Fit（在英國稱為 Jazz）汽車，而 2009 年英國發生火燒車事件，造成一名孩童喪生後，2006 年 1 月從英國召回 17.2 萬輛，美國與拉丁美洲召回 14.1 與 22.9 萬輛。

2010 年 1 月 29 日，本田宣佈，在全球市場召回 64.6 萬 Fit 與 City 車款，以修復電動窗開關的瑕疵。二車款的電動窗開關，可能會讓水進入主電源開關，進而可能導致起火。

本田在聲明中指出：「在某些非常嚴酷的操作環境下，水、雨水或其他液體可能會進入駕駛座的車窗，觸及窗戶的主電源開關，造成開關功能受損，可能會導致開關故障及過熱……而開關過熱可能導致濃煙、融化或甚至起火。」

召回的 Fit 車型中，只有一成需要更換開關，其餘只需加裝防水擋板以防止水滲入。這次召回汽車主要是由大陸、日本、巴西、泰國、馬來西亞和印度製造的。[9]

(二)風險理財

產品召回後，對公司來說，風險已出現，必須花錢消災。責任歸屬決定誰負擔產品召回的直接成本（維修、退換貨），由表 15.10 可見「風險理財」（即出險後善後款那裡來）之道。

表 15.10　產品召回的責任歸屬與風險理財

責任歸屬組織範圍	風險理財
一、公司外部：零組件、供貨公司	1.若瑕疵的部分是因零組件有問題，品牌公司通常會向供貨公司要求索賠。該賠償義務通常會在購貨合約中明文規範，使品牌公司有合約權利。 2.要是合約中並未明定，公司也可能藉由向供貨公司提出保固權利或補償權而企圖獲得賠償。
二、公司內部 (一)研發部：設計不良	1.風險移轉：產品責任保險 在某些情況下，公司也可能對召回風險進行投保。 一與二、1. 這二項理賠作為公司保固費用的減項，並於合併資產負債表列入應收客戶款中。
(二)製造部：製程瑕疵	2.風險自留 於回收行動決定時，對於召所發生的成本，義務人須對其履行義務所需的成本認列準備。

第四節　廢棄和回收、處理與再生

　　產品走到終端便成為廢棄物，綠色消費趨勢下，對品牌公司在**廢棄物管理**（**waste management**）方面的要求越來越高。甚至越來越多的政府從減少廢棄物（即減廢），逐漸往「零廢棄物」（零廢）標準邁進。品牌公司必須妥籌對策。

一、問題與對策

　　廢棄物本身會造成地球負擔（尤其是環境污染），因此必須妥善處理，否則人類與生物都會深受其害。

(一)問題嚴重性

　　國際知名的麥肯錫顧問公司合夥人比爾‧斯曼（Bill Wiseman）在演講中指出，電子產品不斷推陳出新，每年全球產生的廢電子產品 3,000～4,000 萬噸，其中只有 15～30% 能妥善回收，其餘都被丟棄到垃圾掩埋場，或被運到大陸、墨西哥等新興國家傾倒，造成嚴重環境污染。[10]

　　2008 年，台灣回收電子電器物品數量共 147 萬台、廢資訊用品 277 萬

件,總量 8 萬噸,不過,平均每人每年回收量僅 3.9 公斤,回收率僅 32%,還有成長空間。

(二)轉念

國際工業生態學會(International Society of Industrial Ecology)程序委員會成員之一、耶魯大學教授葛雷德(T. Graedel)說,「我們必須揚棄『廢棄物』一詞,應該把它們當作剩餘資源。這些多餘的資源蘊涵潛在的價值,只是尚未被發揮運用而已。」[11]

生物學家、社運人士康盟納 1971 年在《環境的危機》一書中率先提出「零垃圾」這個名詞。零垃圾是指,研發、製造、消費和再生利用產品的一連串過程,不造成任何拋棄的廢棄物。

提倡生態設計的《搖籃到搖籃》(*Cradle to Cradle; Remaking the Way We Make Thing*)一書作者布朗嘉(Michael Braungart)指出,公司所拋棄的東西只是原材料冰山的一角,平均占整個生產製程所用原材料的 5%,「再生利用不會改變那堆垃圾,我們首先必須重新思考如何製造產品。」

推動「零垃圾」從提高材料再生利用率著手,最後則希望改變產品製造的方式。舊金山市環保局局長布魯孟菲德說:「垃圾並不需要存在的,它是設計上的瑕疵。」如今地毯業者 Interface、化學業者巴斯夫、家具公司 Herman Miller 和 Steelcase、服飾業者耐吉、Patagonia 都從讓產品更易再生利用的角度來重新設計產品。

輝瑞藥廠綠化學小組前負責人邱伊表示,「零垃圾」不會有實現的一天,不過卻是個有用、積極的目標。以前 4 分鐘之內跑完 1,600 公尺,被視為不可能的任務,如今已成為中距離職業賽跑選手的標準,「我們永遠無法以 0 分鐘跑完 1,600 公尺,但時間每縮短 1 秒都是令人興奮的。」

麻州理工大學綠化學中心主任華納說:「零垃圾這個理念可能做不到,它可能只是一個神話,不過這不代表邁向零垃圾這個目標不值得努力。」[12]

1987 年,布朗嘉在德國創辦環境保護鼓勵機構(Environmental Protection Enforcement Agency, EPEA);1995 年,他跟邁克唐納(William McDoough)創立設計化學公司 MBDC(McDonough Braungart Design

Chemistry），從商業的角度，協助企業導入搖籃到搖籃的概念。

獲選為《時代雜誌》2007 年「環保英雄」的德國學者布朗嘉，就是結合商業和環保的最佳代表人，他提出搖籃到搖籃的概念，鼓勵企業一起邁向「零廢棄」的新時代。

2002 年，布朗嘉跟美國生態建築設計師邁克唐納合寫《搖籃到搖籃》，就是用可再生墨水，印刷在合成塑料紙上，書頁可以防水、也可以不斷分解，製作成為下一本全新的「書」，就是具體實踐。

生態效率（eco-efficiency）觀念強調透過減量、再生和回收，降低資源的消耗和能源利用。布朗嘉認為生態效率太消極了，他提出更積極的生態效益（eco-effective）觀點，希望產品透過環保設計，回收後能成為新的原料，製造下一批的新產品，完全不產生任何「廢棄物」。

布朗嘉舉例，銷往歐洲的南韓音響器材和電子裝置，以前是用舊報紙當包裝填充物，但是報紙含有有毒性油墨和粉塵，現在改用稻殼填充，運到歐洲以後，稻殼還可以成為製作磚頭的材料。[13]

二、步驟一：回收

保特瓶由於有押瓶費，回收可退費，因此 1980 年以來，回收率一直名列前茅。相形之下，保麗龍（最常見的是自助餐餐盒）就令消費者缺乏回收誘因，所幸業者還有微薄的誘因。

回收是處理、再利用的前提，因此各國政府都想方設法提高誘因（包括罰則），來鼓勵用戶回收，對零售公司則規定設立回收站（例如廢家電、廢電池）。

＊諾基亞只回收舊手機

前台灣諾基亞總經理、2009 年 3 月調任諾基亞大中華區與韓國零售業務總監的程宗楷指出：「諾基亞從 2001 年就開始陸續針對手機回收作業，進行流程建置，那時的回收點只設在直營維修中心與旗艦店，當時全台不超過 10 個點，」由於先前的試作，讓台灣諾基亞有很好的回收處理經驗，包括對相關法令，以及如何跟諾基亞全球回收運作配合。

經過幾年的試作，從 2009 年起，台灣諾基亞擴大在 64 個行動體驗館和

三家旗艦店內提供回收服務。一方面已經有一定的通路規模能向大眾宣導，而且具備手機回收及回收再利用的能力，所有品牌的手機、零配件諾基亞都收。

台灣諾基亞如何處理回收手機？「因為回收、處理、再利用需要有政府核頒的特殊執照，這並不是諾基亞的業務，」程宗楷表示，透過海運的方式送到新加坡去做分解再利用，全亞洲區回收手機都是按照同一流程處理。⑭

三、步驟二：回收處理的電腦公司

許多電腦公司回收加上處理舊電腦和周邊產品，相關措施如表 15.11 所述。在工廠生產後或廢棄物回收，皆會面臨破碎處理的必要，以減少空間，甚至容易分離其中可回收物資。這類機器稱為粉碎機，依物質特性而不同，例如：擠壓式脫水機、保麗龍擠押機、脫水揉碎機等。

2009 年 8 月，聯想集團新系列的 ThinkPad 筆電，就使用 10～25% 來自水瓶的回收塑膠；戴爾公司推出一款由回收零件製造的桌上型電腦，稱為 Studio Hybrid。

表 15.11　電腦公司回收處理方式

電腦公司	回收	回收後處理
惠普	在 2006 年 6 月之前，惠普原到府回收他牌的電子產品，但整套電腦必須付費約 35 美元。 2006 年 6 月 27 日，惠普宣佈，在暑期巡迴免費收集電子廢棄物。回收車在 6 到 9 月間，在科羅拉多、康乃迪克、伊利諾、馬里蘭、明尼蘇達、新墨西哥與奧勒岡州巡迴收集。	1995 年，惠普跟加拿大的諾倫達金屬礦產公司在加州合建再生利用廠，工作人員先取出廢棄印表機、電腦可以再用的零組件，接著把整部機器切割、壓縮，透過磁鐵和氣流分類，取出的貴金屬歸諾倫達所有，鋁、玻璃、塑膠則賣給再生處理公司，沒有剩下任何東西必須送往掩埋場。 惠普 2005 年再生利用共 74,780 噸的硬體，和印表機卡匣，成長率 16%。再生處理業務處於小虧狀態，但惠普把經營再生利用業務，視為建立公司聲望和形象的一項投資。

表 15.11 （續）

電腦公司	回收	回收後處理
戴爾	戴爾公司從 2004 年啟用回收方案，消費者必須購買新的戴爾電腦，才能把任何品牌的舊電腦或印表機免費交給戴爾公司處理。沒有買戴爾電腦的人，每盒電腦廢棄物的處理費是 10 美元，每盒不得超過 22.5 公斤重。 2006 年 6 月 29 日，戴爾公司宣佈，9 月起在美擴大電子廢棄物的回收計畫，免費到府回收任何廢棄的戴爾產品。已先在歐洲施行，11 月推行到全世界其他地區。消費者需要上網登錄產品的水號，然後包裝好，等待取件。 這些物品被送到戴爾公司在美國的處理中心，有些整理過後可以再利用，有的拆成零件回收使用。	戴爾公司 2005 年修護 3,628 噸重的電腦設備，部分電腦翻新後外銷海外，如果電腦無法復原，則把零組件和原材料再生利用。 該公司發言人希爾頓強調：「我們的目標是讓再生利用一部電腦，如同購買電腦一樣容易。」 在 2006 年元旦的消費電子展上，戴爾董事長兼執行長麥可‧戴爾說：「這是對客戶、對地球有益的事。我向每一家個人電腦公司下挑戰書，也加入我們的行列。」
蘋果	蘋果公司在 2006 年 6 月擴大對美國消費者的回收計畫，不管是從網站或者是零售商店購買新的蘋果電腦，消費者收到一筆舊換新補助，免費回收舊電腦。沒有買新電腦的消費者，每套電腦回收費為 30 美元。	

四、步驟三：電子廢棄物資源再生

2009 年全球廢電子產品回收產值 110 億美元，成長率 8.8%，顯示廢電子產品回收處理是一個極具成長潛力的新興市場。

2008 年台灣回收 8 萬噸，其中 6 萬噸可再利用，資源回收產值突破 500 億元，詳見圖 15.6。

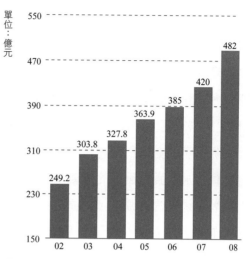

圖 15.6　資源再生產業產值

資料來源：經濟部工業局。

　　過去大家都把重心放在該如何處理廢棄物，而 2003 年起重視是否有更好的回收再利用方式。資源使用的未來趨勢已經由「自始至終」「從搖籃到墳墓」（cradle to grave），演進為「週而復始」（從搖籃到搖籃）。以透過再生機制重新再提煉成新的原料，大大減輕人類對地球資源的消耗。

(一)再生公司

　　「綠電再生公司」是由東元、聲寶、台灣松下和台灣日立等 12 家電公司，在 1998 年籌設。綠電再生公司跟大陸的再生資源開發公司（該公司是大陸國務院在 1989 年批准成立，隸屬於中華全國供銷總社）簽定「廢電子資訊產品回收處理合作協議」，打算投資 10 億元，在廣東、四川、黑龍江、江西、湖北等地興建廢電子回收處理廠，協助解決全球廢電子產品造成的資源浪費與環境污染問題。[15]

(二)政府的措施

　　2003 年 3 月 11 日，台灣第一座環保科技園區於高雄誕生，宣告一個兼顧環保與產業發展的全新綠金商業時代已經展開。在園區中，甲公司製造的廢棄物可能對乙公司大有用處，例如從廢棄的碳鋅或鹼性電池中取得鐵、鋅用二氧化錳等，再作為製造業的原料；把面板製程中的玻璃基板瑕疵品經研磨技術處

理後,再送回到面板廠使用。

　　四座園區核准入區的 82 家公司,共中有近一半屬於資源化公司,還有部分屬於高級環保技術的公司。這些公司的營運,正說明了「環保是一門好生意」的理念。以高雄園區為例,2008 年共利用再生資源物約 17.1 萬噸,產出 2.7 萬噸再生原料或再生產品,創造年產值 7.3 億元。

　　環境資源部廢管處處長何舜琴強調,讓不同產業間建立資源循環鍵結,正是邁向零廢棄及永續發展目標的重要策略。資源循環鍵結的案例,一再證明人們常說「垃圾是錯置的資源」,把原本要丟棄的廢棄物資源化變成資源物後,有二種直接的環保效益:一是減少廢棄物的產生,減少掩埋場或焚化爐的負擔,也減少環境污染的機會;二是增加資源物,減少原物料的耗用,也就減少原物料開採與製造所耗用的能源環境污染。[16]

　　至於大陸,於 2011 年起實施「廢棄電器電子產品回收處理管理條例」,規範電視、冰箱、洗衣機、冷氣機和電腦的回收處理事宜。

(三)垃圾即黃金

　　自 2001 年 10 月修正公佈廢棄物清理法以來,工業局輔導資源再生產業,藉由健全法令制度、強化產業運作規範及管理、協助產業再生技術研發、加強產業輔導、再生技術及產品推廣行銷等,輔導產業把廢棄物轉化為有價資源,解決產業廢棄物去化問題及減少自然的浪費。

　　整體工業廢棄物資源再生量能,從 2002 年 804 萬噸至 2008 年 1,269 萬噸。整體工業廢棄物資源再利用率達 76.5%,由於資源循環利用所減少的原物料開採與燃料的使用,進而減少溫室氣體排放量 661 萬噸。

　　資源再生產業是以資源永續循環為主軸,提高產業回收再利用再生資源,追求工業生產零排放為目標。

(四)3C 產品回收龍頭——佳龍科技

　　把「垃圾即黃金」觀念發揮得最透澈的公司之一是佳龍科技(9955),從電子廢五金回收廠升級成原料供貨公司。佳龍總經理吳界欣的事業佈局:在台灣,由 3C 產品延伸至汽車家電等,營業區域由台灣延伸到大陸等。在技術方面,例如跟日本小島化學合作,跨足白銀回收精煉領域。至於外界津津樂道

的主機板回收提煉黃金，他認為這只是副產品，不是公司成立的目的。

佳龍科技（9955）小檔案

成立：1996 年 9 月
董事長：吳耀勳
總經理：吳界欣
公司住址：桃園縣觀音鄉榮工南路 12 號
營收：（2010 年）74.53 億元
盈餘：（2010 年）2.47 億元

吳耀勳小檔案

出生：1952 年 9 月 10 日，雲林縣台西鄉
現職：佳龍科技董事長
經歷：餐廳、塑膠工廠老闆、計程車司機
學歷：日本大阪市近畿大學肄業

註　釋

① 經濟日報，2009 年 12 月 10 日，A19 版，吳碧娥。

② 經濟日報，2009 年 10 月 19 日，A2 版，余麗姿、蘇秀惠。

③ 經濟日報，2009 年 12 月 23 日，A16 版，陳美珍。

④ 工商時報，2009 年 10 月 30 日，A12 版，葉建田。

⑤ 工商時報，2009 年 12 月 19 日，A8 版，鍾志恒。

⑥ 天下雜誌，2005 年 12 月 1 日，第 96 頁。

⑦ 中國時報，2009 年 11 月 11 日，A6 版，王嘉源、葉正玲。

⑧ 經濟日報，2010 年 1 月 30 日，A8 版，簡國帆。

⑨ 經濟日報，2009 年 11 月 14 日，A12 版，李純君。

⑩ 工商時報，2010 年 1 月 16 日，E1 版，李水蓮。

⑪ 工商時報，2009 年 10 月 21 日，A4 版，薛孟杰。

⑫ 經濟日報，2001 年 3 月 28 日，A15 版，官如玉。

⑬ 經濟日報，2007 年 12 月 19 日，A14 版，陳珮馨。

⑭ 遠見雜誌，2009 年 4 月，第 28～29 頁，童儀展。

⑮ 經濟日報，2009 年 12 月 7 日，D7 版，李正宗。

⑯ 經濟日報，2009 年 12 月 1 日，C3 版。

討論問題

1. 找一家電子代工公司，說明其如何交貨給買方，（註：可參考表 15.1 架構）。

2. 以圖 15.1 為基礎，找一家公司說明其各種情況下的出貨狀況。

3. 以表 15.2 為基礎，以鴻海、廣達為例，說明其如何交貨給客戶（例如惠普）。

4. 以圖 15.2 為基礎，找一個品牌的電子標籤說明。

5. 以圖 15.3 為基礎，找一家公司舉例說明。

6. 以表 15.7 為基礎，舉一家手機維修公司（例如聯強國際）或汽車公司（例如福特汽車）經銷商怎麼做的。

7. 以表 15.8 為基礎，舉一個具體的案例說明。

8. 以表 15.9 為基礎，以一家公司一個產品（多次）召回情況說明。

9. 以表 15.10 為基礎，予以更新。

10. 以一家公司一個產品為例，說明其如何回收處理與再生。

16

生產控制
——績效評估與修正

　　2008 年一年，台塑集團四大公司有 1,400 多件改善案，改善效益 80 億元，2007 年效益超過 100 億元。改善包括去瓶頸、擴建、環保、工安、原料效率提升、節能減碳，所有加起來。

　　這就是動力，不管怎麼樣，我們就是追求做到至善為止。

——**王瑞華**　台塑集團副總裁

天下雜誌，2009 年 11 月 4 日，第 68 頁

有衡量才有改善

　　公司經營「將本求利」，「本」指的是「成本」，生產管理課程主要討論的是價值鏈中核心活動的各項成本。

　　就跟學生的小考、期中考、期末考一樣，分數不是目的，透過考試，讓學生可以衡量學習績效，並採取補救措施；例如找出那邊自己最弱。同樣地，在生產管理的最後一章，討論生產控制，這包括二項：績效評估（check，本章第一節）、行為修正（action），即 PDCA 循環中的 CA；俗稱數字管理。

　　本章有頭有尾，第二～四節仍以豐田式管理中的「改善」為主軸，這屬於行為修正。

　　為了方便你參考，我們把各部門關鍵績效指標及其說明放在附錄。

第一節　績效評估

　　績效評估就是衡量各部門的績效，並且來跟目標值相比，來分析目標達成度。

一、績效衡量指標

　　「冤有頭，債有主」，每一部門所需負責的績效指標也不同，由表 16.1 第 4 欄可見，在此之前，先說明二大類績效指標。

　　1.「價量質時」競爭優勢

　　「價量質時」可說是中介目標，藉此競爭優勢以達成經營績效目標。

　　2.平衡計分卡

　　平衡計分卡的四項績效指標有因果順序「學習→績效→顧客滿意→財務」，而這又跟「價量質時」競爭優勢幾乎有一一對映關係。

表 16.1　績效指標

競爭優勢	平衡計分卡	本書相關章節	負責部門
一、價：成本優勢	(一)學習績效	§10.5 動作標準化的精準複製 §10.6 標準化的執行	製程技術部
(一)目標達成率			
(二)生產力			
二、量	(二)流程績效	chap10 chap11	製程技術部 製造部
三、質		chap13	製造部品管組
(一)品質		chap14	品保部
(二)顧客滿意程度	(三)顧客滿意程度	§14.5	
(三)召回			
(四)售後維修			
四、時			
(一)研發		§6.3	研發部
(二)採購		chap8	採購部
(三)製造		§11.2 製造資源規劃	製造部生管組
(四)運籌		§15.1 全球運籌管理	運籌管理部
	(四)財務績效		

二、生產力的種類

生產力（**productivity**）是把財務績效進一步仔細分析。

(一)**總生產力**（total productivity）

2010 年台灣實質經濟成長率 10.82%，從生產因素所得的角度（即總成本），即在同樣投入情況下多生產 10.82% 的產值。為了避免價格變動的影響，因此採取 2001 年的物價指數作基期，也就是 2010 年的（名目）產值除以該年（累積）物價指數，便得到實質產值。

(二)**偏生產力**（partial productivity）

總生產力是所有生產因素同心齊力的成果，當然，我們也會關心單一生產因素對生產力的貢獻，這就是偏生產力。

1.偏生產力是不通的觀念

可惜的是，偏生產力本身的意義不大，例如 2009 年時，勞工生產力增加 12%，這是假設其他生產因素維持舊有（2009 年時）狀況時，勞工生產力的提升。但是，如果沒有新機器的搭配，勞工生產力就不會成長這麼高了。簡單地說，詳見〈16-1〉式。

$$TP = \alpha_0 + \alpha_1 \mathring{L} + \alpha_2 \cdot \mathring{K} + \alpha_3 \cdot \mathring{L}\mathring{K} + \cdots\cdots\cdots\cdots\cdots\cdots\cdots \qquad 〈16\text{-}1〉$$

其中，。：dot，即成長率。

上式可說是總生產力成長率，來自勞工生產力成長（$\mathring{L}$）、機器生產力成長（$\mathring{K}$），以及勞工、機器琴瑟和鳴的共同影響（$\mathring{L} \cdot \mathring{K}$）。當然，你可以說這一項數值不大，不過那可不能言之過早。

最後，很多公司用「人均產值」、「機器每小時產值」來說明生產力，這大都是「以偏概全」，除非其他情況不變，但是這往往不是事實。

2.量增、質變

無論是總、偏生產力，來源皆有二：一是生產因素的量增（例如勞工數增加），當然也有可能量減，例如，2001 年，每週工時從 48 減至平均 42；一是質變（例如勞工素質提升），最明確的便是平均學歷逐年上提。

「量增」，以量取勝的部分，不是技術的貢獻，因此必須剔除，詳見表16.2。

表 16.2　四種生產因素對生產力的貢獻

資源	實體資產		能力	
生產因素	土地（Land）	資金（K，即機器）	勞工（L）	董監事（E）
因素所得	地租（rent）	利息（interest）	薪資（wage）	利潤（profit）
量 （即自然成長）	√	√	√	√
質		・原料 ・機器設備 ・能源 ・方法（即技術）		・素質 ・經營能力 ・管理能力

註：（ ）內為生產因素的英文代號。

三、舉例說明偏生產力

以筆電雙雄 2010 年的經營績效，適當加工得到下列二種偏生產力，來具體說明偏生產力，詳見表 16.3，由於缺乏雙雄直接人工、機器（產線）數目，表中 (5)、(6) 皆為舉例數字。

(一)直接員工生產力

由表中 (8) 可見，廣達的直接人工生產力指標之一「人均產值」，小贏；但表中 (9)，廣達人均產量小輸。

(二)機器生產力

由表中 (10)、(11) 可見，仁寶的機器生產力皆略勝一籌。

表 16.3　2010 年仁寶跟廣達的偏生產力比較

生產力 ＼ 公司	仁寶（**2324**）	廣達（**2382**）
(1)營收	8,519 億元	10,919 億元
(2)代工量	4,820 萬台	5,210 萬台
(3)毛益率		
2009 年	2.9%	2.2%
2010 年	4%	1.4%
(4)盈餘	232.72 億元	223 億元
(5)直接人工數*	40,000 人	50,000 人
(6)生產線數*	100	120
(7)平均售價 　＝ (1)/(2)	17,674 元	20,958 元
(8)人均產值 　＝ (1)/(5)	2,130 萬元	2,184 萬元
(9)人均產量 　＝ (2)/(5)	1,205 台	1,042 台
(10)機均產值 　＝ (1)/(6)	8,519 萬元	7,800 萬元
(11)機均產量 　＝ (2)/(6)	48.2 萬台	37.2 萬台

*本章假設。

四、總經理的腦：總經理室

每週，總經理收到來自業務部、廠務部等的產銷資料，接著就進行檢討，其中針對廠務部分，重點在於「價量質時」目標是否達成。

在大公司中，人員較齊，總經理室中有經營分析組，其專長為「管理會計」，替總經理在製造部上呈「差異分析與對策」報告上提出幕僚意見，讓總經理主持檢討會議時很快進入狀況。

經營分析組人員大都來自會計部中的成本會計組或是製造部的企劃組。

第二節　豐田企業實務流程 I
──步驟一到步驟四

當出現負缺口（實績低於目標值），接著便必須妥籌對策，而**豐田企業實務**（**Toyota Business Practices, TBP**）只是專家的修辭策略，本質上只是企業管理活動，詳見表 16.4。

基於篇幅平衡考量，我們把此一分為二，本節介紹步驟一到四，下節說明步驟五到八。

表 16.4　豐田企業實務流程

管理活動	豐田企業 實務流程（8 步驟）	說明
一、規劃	(一)設定目標	1.明訂目標； 2.訂定超越常識的目標； 3.把目標「可視化」：最常為企業遠景。
	(二)釐清問題	必須要讓所有浪費都看得見，也就是要推動「看得見管理」（讓所有問題、所有浪費能立即呈現出來）。 可視化的真諦在於讓員工立即看見想知道的資訊。
	(三)解析問題	1.訂定培養人才的架構與作法； 2.現地現物（genchi genbutsu），在現場找答案；
	(四)分析根本原因	「連問五次為什麼」（ask-why-five-times），必須教導員工如何嚴謹而有系統地因應問題，讓員工具備駕馭矛盾的力量。
	(五)研擬因應方案	1.營造橫向溝通的環境； 2.要求每個員工寫下「作業要領書」（工作訣竅報告）； 3.時常稱讚有創意的員工；
二、執行	(六)試驗因應方案	1.活用報告會及會議； 2.「太多人有知識，但是要化為行動，才會變成智慧。」大野耐一說。 3.第一線員工被授權去找出製造汽車和即時修正問題的較佳方法。
三、控制	(七)結果標準	1.統一工作方法； 2.A3 報告促使員工選取解決問題最關鍵的資料，並以一張紙的篇幅來表達，便於廣為傳播。A3 報告這個名稱的由來，是因為這個流程使用 A3 大小的紙張，這是一種簡明扼要的溝通工具。
	(八)監測結果與流程	1.持續作業； 2.橫向展開改善活動。

一、步驟一：設定目標

豐田對員工從上到下都有設定目標，要求員工挑戰自我、超越主管設定的目標，目標管理活動如表 16.5 所示，寫下簡單說明。

(一)追求「完善」：獨孤求敗

「完善」的意思為「完全剔除浪費」，整體價值流從開始到完成都沒有一滴點的浪費，但卻是達不到的理想狀態。這點具有重要的管理意涵，因為要不斷地追求完善的境界，企業改善的動力才不會消失。

「追求極致」是日本人的傳統思想，豐田式管理只是其中一個典範，2010 年 1 月 25 日，探索頻道的節目「亞洲飲食」以日本料理為例，來說明日本人對料理的尊重，進而說明日本人追求極致的傳統。

表 16.5　豐田的目標管理活動

管理活動	說明
一、規劃	
(〇)目標	持續改善的主要目的就是要消除所有的浪費，「豐田持續改善」連結到公司的中長期遠景與年度方針，持續改善事業經營，力求創新與價值。
(一)策略	任何微小改善都不可以輕忽其價值，集結小改善而整合成為大規模的成果。「不斷改進」精神指進步是由千百萬個漸進的對策堆砌而成，有別於「一步到位」的作法。這跟美式的喜愛冒進動作與大步躍進（俗稱改革、革命），截然不同。
(二)組織設計	生產線成本中心、品管圈。
(三)獎勵制度	提案制度。
(四)企業文化	1.豐田為了要深植持續改善的企業文化於員工行為中，而建立了豐田風範、豐田思想，作為豐田人的準則。 2.容許犯錯，因為要不斷發掘問題，進行改善。
二、執行	
(五)用人	希望員工都要有問題意識，且有解決問題的能力。
(六)領導型態	豐田相信：第一線工作者是最了解問題的專家，只是一般公司都忽視釋放第一線工作者的能量。「員工奉獻寶貴的時間給公司，如果不妥善運用他們的智慧，才是浪費，」這是大野耐一的名言。
(七)領導技巧	「沒有人喜歡自己只是螺絲釘，工作一成不變，只是聽命行事，不知道為何而忙，豐田做的事很簡單，就是真正給員工思考的空間，引導出他們的智慧。」大野耐一說。
三、控制	

．極致

日文中的「極致」一詞，在英文中並沒有相對應的字，它至少包含三個意義：執著、熱情、完美（主要指一絲不苟的追求完美主義）。

《哈佛商業評論》上有一篇文章因此評論如下：「豐田最可怕的是一種原則的力量，一種追求極致的思維，而不是生產工具與方法而已。」日本經濟新聞說：「豐田有著向極致企業挑戰的改革基因。」[1]

豐田為了徹底消除浪費，因此全面性的推動改善，而且是持續不斷地進行改善，「持續改善」可說是豐田式管理的核心活動，不斷地消除浪費，不斷地消除無附加價值的作業，不斷地向「追求完美」邁進。豐田董事長張富士夫把持續消除浪費的改善形容為「自乾毛巾裡還要擰出更多水分出來」。

舉一個數字，就能知道追求極致的力量。在台灣，電子業的不良率在千分之五到十，在豐田，這數字的境界是：百萬分之七。

．傳統

日文中的「傳統」一詞也是很矛盾，並不是指「一成不變」，而是用新方法來保存舊產品，例如懷石料理（日本頂級料理）、拉麵都是日式料理的代表，隨著時代演進，推出新產品，但產品特色、精神仍延續。

(二)挑戰

《第八個習慣》的作者史蒂芬・柯維（Stephen R. Covey）認為，人有四種才能：智能、身體、情感與精神。大多數公司只勉強使用到員工的前二種才能，但是豐田卻開發了後面二種。改變了人習慣安逸、不願意脫離舒適圈的習慣，去引導員工成長，不斷挑戰自己。[2]

(三)「完美」的對象

人人都可以改善、事事都可以改善，時時都可以改善。

二、步驟二：釐清問題──缺口分析

豐田的訓練師發現，最難學習的部分是徹底了解情況。了解情況始於以開放客觀的心態觀察情況，並把實際情況拿來跟目標相比較，為了釐清問題，起始點是必須親自到問題的發生地點。

全球資訊連結無比方便，按幾下電腦按鍵，即可取得大量資料。但傑出的

管理者知道，這中間還缺少了一點東西。電腦產生的報表當然扮演很重要的角色，惟有透過第一手的接觸，才能讓人們看到一些被隱藏的事實。

(一)現場主義的歷史沿革

要探究這種現場主義文化的源頭，須回溯到豐田草創初期及其創辦人家族，詳見表 16.6。

表 16.6　現場主義的沿革

高階管理者	說明
一、豐田喜一郎（掌權期間 1937～1950 年）	豐田員工都聽說過一個故事：工廠裡有一名研磨機操作人員，因無法處理他碰到的問題，在現場痛哭流涕。豐田喜一郎斥責該員工不該那樣。他挽起袖子從油槽撈出一堆污泥，然後對該員工說，要解決問題，就不要怕弄髒手。
二、大野耐一（掌權期間 1950～1965 年）	大野耐一認為，如果不充分了解實際情況，就不能解決問題與做出改善。
	「站到那個圓圈裡，觀察作業流程和思考。」大野圈（ohno circle）是豐田實踐現場主義最著名的表徵，讓管理者通盤且徹底地掌握現場流程與細節，以找出問題的真正起因，進而做到確實的改善。
	前任北美地區豐田汽車製造公司總裁箕浦照幸，進豐田的在職訓練便是「大野圈」。有天早上箕浦照幸一進工廠，就被主管立即要求：「站到那個圓圈裡，觀察作業流程和思考。」至於要看什麼，則毫無交代。就這樣，他在圈圈裡連續站了 8 個小時。
	晚餐時刻，主管回來了，問他看到了什麼？「流程中有太多的問題……」箕浦回答。
	這份精神傳承至今，縱使是豐田海外員工，也都會經歷大野圈的考驗。起初員工往往不明所以，但是當被問及「看到了什麼」、「對於流程有什麼看法」、「問題的真正原因為何」時，答不出細節與所以然的員工就會明白自己對真實情況有多不了解，對自己的工作有多無知。
	這就是大野圈真正的用意，要讓管理者通盤且徹底地掌握現場流程與細節，以找出問題的真正起因，進而做到確實的改善，「在製造業，資料固然重要，但我認為最重要的是『事實』，」大野耐一強調。
	豐田實施的現場主義，「觀察現場」只是手段，最終目的在於激發深度的思考做決定。「一提到品質，就應該馬上看出那裡不合格；一提到數量，就應該立刻說出是按計畫進行，還是落後於計畫。如果能做到這樣，問題就能立刻查明，大家就想提出改革方案。」大野耐一這番話，充分傳遞了豐田貫徹現場主義的用意。[3]

表 16.6　（續）

高階管理者	說明
三、張富士夫（掌權期間 1995 年～ 2009 年 5 月）	張富士夫常常默默站在工廠現場，一站半小時，觀察每個流程，有時甚至直接爬到機器下面看。 用腦思考還不夠，還要用眼睛觀察。「我們要員工在現場找答案！」2006 年國瑞汽車總經理橫濱孝志說。

(二)現場主義的用途

「現場主義」強調眼見為憑，了解真相，這對各部門都很重要，限於篇幅，只能以表 16.7 摘要說明。

表 16.7　現場主義對各部門的重要性

組織層級	說明
○、高階管理者	高階管理者分析市場趨勢，不能只靠專家研究與統計數字，那樣只會做出「冷氣房決策」，以致決策跟現實脫節。
一、研發部	研發人員必須聽取顧客的意見與需求，來改進汽車的研發。
二、採購部	沒有一家公司像豐田如此身體力行第一手觀察的原則，從製造現場到產品研展，甚至到總公司幕僚功能，豐田的「現場主義」（go and see）理念，已滲透到公司上上下下所有人。在核准任何一筆投資案之前，豐田負責投資全球土地及建物的主管，一定會到現場審視投資標的物。
三、製造部	
（一）對新進員工訓練	豐田訓練新進員工的方式，便是讓他們透過實際操作去學習領會豐田式管理的精髓，其中最重要的就是現場直接觀察，他們不讓你去「設想」機器會發生何種失誤或是為何發生，而是讓你在機器旁邊直接觀察到問題的發生，由機器告訴你問題為何？ 對管理者來說，現場主義讓他對作業能有更深入地了解。 把辦公室開會時間減少，盡量到生產現場行走，去發掘無附加價值的環節。
（二）對標準動作	也是由現場員工發展出來。

三、步驟三：解析問題——決定問題輕重緩急

找出了問題的癥結之後，豐田會依據圖 2.2 熱度圖，把問題重要程度分

類。如此，便能確保資源分配集中在最重要、最有價值的問題上，詳見圖
16.1。

1.重要性

區辨問題時，豐田會要求主管依據安全性、品質、生產力、成本等基本績
效指標，進行全盤思考，辨識出問題的重要程度，以製造部來說，「安全性問
題」當然是最重要的。

2.急迫性

有那些截止期限會受到此問題影響？要是未能及時完成，後果如何？

3.未來傾向

這問題是越來越糟、漸有改善或維持原狀？

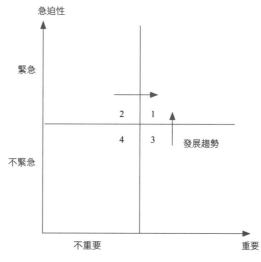

圖中 1～4 代表重要程度順序

圖 16.1　熱度圖的運用

四、步驟四：分析根本原因

企業問題只是任何問題中的一部分，而問題解決程序都是一樣的（即管理
活動），由表 16.8 可見。

表 16.8　太極生二儀，二儀生四象的問題解決程序

管理活動	六標準差下的 DMAIC	福特汽車的 8D	豐田的五個為什麼		
			項次	問題層次	各個層次的對策
一、規劃 界定（define）		D0：基礎訊息（basic information）			
		D1：主題選定及小組形成（use team approach）	WHY1	・為什麼機器會突然停了？	・因為機器超載負荷，使得保險絲燒斷了。
		D2：描述問題及現況掌握（describe the problem）	WHY2	・為什麼機器會超載負荷？	・因為軸承的表面潤滑油供給不夠。
	衡量（measurement）	D3：執行驗證的暫時防堵措施（implement and reify interim containment action）	WHY3	・為什麼軸承表面會潤滑不足？	・因為供給潤滑油的幫浦故障失靈了。
	分析（analysis）	D4：定義及驗證真因（define and reify root cause） D4 是要因分析，目的在於透過簡單的「5W」，有系統地、更深入地挖掘問題的根本原因，以期找出正確的對策。	WHY4	・為什麼潤滑幫浦會故障失靈？	・因為幫浦的輪軸被嚴重耗損了。
		D5：列出、選定及驗證永久對策（choose and reify permanent correct action）	WHY5	・為什麼潤滑幫浦的重要輪軸會被嚴重耗損？	・因為顆粒狀的雜質跑到輪軸裡面去了，使得潤滑油供給失靈，輪軸摩耗因而增大。
二、執行 改進（improve）		D6：執行永久對策及效果確認（implement permanent corrective action）			

表 16.8　（續）

管理活動	六標準差下的 **DMAIC**	福特汽車的 **8D**	豐田的五個為什麼		
			項次	問題層次	各個層次的對策
三、控制　控制（control）		D7：預防再發及標準化（prevent recurrence） D8：恭賀小組及未來方向（congratulation your team）			

(一)一場文字遊戲

由表 16.8 可見，觀念源頭在於「管理活動」（規劃─執行─控制），六標準差 DMAIC、福特汽車 8D、豐田「五個為什麼」只是操作化步驟罷了。

(二)豐田「五個為什麼」是 8D 的一部分

大野耐一強調，真正的解決問題必須找出問題的根本原因，而不是問題源頭；根本原因隱藏在**問題源頭的背後**（**question behind question, QBQ**）。

利用「5W：五個為什麼分析」找出原因點（**point of cause, POC**）。豐田認為，連問五次「為什麼」，對解決問題非常有效。舉例來說，在機械工廠裡保護員工安全很重要，牆壁上也貼滿了注意安全的宣導標語，卻還是發生員工手指被機械弄傷的工安事件。

主管第一次問「為什麼？」即能了解發生工安事件是因為「某位工人把手指伸到機器裡」；再問一次「為什麼？」就能獲得「因為機器不動了，員工想要了解原因，所以徒手檢查」的訊息；

三問「為什麼？」就會發現機器不動的原因，在於沒有定期維修，所以需要重視定期保養機器的問題……。

豐田認為，員工每天問自己五次「為什麼」，會督促一個人用省思、無法預期的方式看事情，更會幫助小組成員用新的、獨創性的方法，檢視舊議題。因為，第一次問時，大部分的人回答都很膚淺；第二次、第三次後才會認真地

看待問題;第四次、第五次後,就會有完整的解決方案出爐。

　　然而,企業想建立「提問企業文化」,讓員工從自問「為什麼」當中,達到對公司的認同感,端視主管是否樂於學習「為什麼式」的提問技巧。常問這類問題,會幫助員工把問題提升到因果、目標與結論的更深一層面向。④

(三)福特汽車 8D

　　福特汽車為了要求其供貨公司在品質改善活動中有一遵循的標準,所以設計了這一套 **8D**(**diciplines**)改善步驟的標準作業流程,也提供供貨公司有關 8D 的訓練與 8D 報告的制式表格,作為供貨公司品質提升的一項最有效的改善工具,由於步驟清楚,因此遍及許多公司。

第三節　豐田企業實務流程Ⅱ
——步驟五到步驟八

　　時序進入「妥籌對策」階段,此即步驟五的研擬因應方案,本節從此點起頭,到最後步驟八的維持戰果。

一、步驟五:研擬因應方案

　　「如果我們要讓員工成長,讓企業成長,就要把錯誤當作成功的材料,」2006 年國瑞總經理橫濱孝志說。因此,當地板上出現漏油,豐田主管會花半小時跟員工討論,而不是花五分鐘罵人,或把油擦掉就了事。套用「問五次為什麼」,大抵可找到對策。

　　如果是機器漏油,為什麼會發生?如果答案是機器襯墊磨損,為什麼會磨損?

　　如果是質料不好,為什麼會買這個襯墊?

　　如果比較便宜,為什麼要買這種便宜產品?

　　難道沒想過安全問題嗎?

　　最後得出的答案是,因為公司以節省短期成本作為對採購部績效評估的原因,豐田會因而修改對採購部的績效評量制度,以求根本解決。⑤

二、步驟六：試驗因應方案

1.任何改善假設都要經過實驗

豐田式管理主張任何假設都要經過實驗，例如遇到問題先假設發生原因，然後進行實驗以得出正確或錯誤的結果，甚至根據結果繼續研究有沒有改善空間，而不是自己想當然爾的認為可能是某種原因，或許運氣好猜對了，但無法再次複製出同樣結果。

2.鼓勵員工儘可能多做實驗

豐田鼓勵員工（包括管理者）要儘可能地多做實驗，並利用漸進方式增加實驗的複雜度，這可讓員工找到改善的方法。

3.管理者要像教練

豐田希望管理者能扮演教練的角色，提供意見、指導員工進行改善，而不是親自動手幫員工完成工作，這種方式或許要花較長的時間，但卻讓豐田各階層的員工都能擁有解決問題的能力。

4.改善與對策

「改善」是對於可能，但不一定會發生的問題事先予以追究要因，並尋求適切的解決方法來消除問題的真因，降低甚至消除其發生的可能性，屬於主動出擊地提升既有水準，即為「△→○」。

「對策」是在最短時間內將現狀的生產線問題予以解決，使問題不再延續與擴大，該對策內容不一定是最佳方案，但針對目前困擾的問題可以有效地控制，屬於需求式的被動式解決問題，意即「X→△」，對此仍需繼續檢討、改善及精進之。

X 代表「不良」（NG, no good）

△ 代表可接受

○ 代表 ok

5.不花錢的最厲害

花錢的事叫投資，用智慧與腦力的事才叫改善。某家國際石油公司在推行每波執行計畫時，都會進行訓練遊戲。這個遊戲在工廠替換主要零件的時候（換成一個不同尺寸的零件），假裝有幾個小的金屬零件成為維修上的問題。資深經理與生產和維修工程師組成小組，一起計算出在不影響安全的情況下，

可以縮短多少組裝零件所需的時間。這個遊戲讓大家體驗到：大幅的改善遠超過任何人一開始的想像，不需要巨額投資就可以達到。此外，去除一些不必要的活動也可提高安全性。以前，員工總認為只有透過資本支出才能改善生產績效，但是遊戲後的幾個月，參與遊戲的人已經改變這個想法。

三、步驟七：結果標準化

步驟七是產生並執行對策，評估對策的執行結果，要是對策有效，才能變成新標準化方法的一部分。

(一)及時生產

人類行為改變程序套用冰箱中冷凍庫的方式「解凍—固著—再解凍」。同樣地，改變習慣很難嗎？當然不容易，推動豐田式管理就像一場意識革命。

豐田式管理不認為現狀就是「最佳管理水準」，也就是現狀並非最好，必然存在許多不盡理想的問題點，因為不滿於現狀所以才能自我要求持續改善，朝向無浪費的生產良品的管理目標努力。把完整的改善效果透過標準作業，使前回改善成果定著後，才能再出發著手下一階段更上一層樓（level-up）的改善。

四、步驟八：監測結果與流程——維持管理

生產線上問題的找出解決之道（即對策）並不容易，知難行更難，改善指的是新的操作方式，這跟員工的老習慣可能格格不入。一般來說，如果沒有採取表 16.9 中的「維持管理」措施，員工可能學了新把戲後 2、3 個月，又採取老方法。

表 16.9　維持管理的過程

過程	說明
一、目標	「維持管理」涵蓋已往問題的對策，以及事前預估可能發生問題的預防對策，特別是過去許多作業發生過的問題，經過仔細深入地真因調查後所實施的適切對策。
二、手法步驟	(一)修正「標準書」（SOP） 第一步是修訂作業要領書，使內容趨於完善，並且讓員工了解到作業要領書修改之所以然，則後續作業標準的修訂才會有例可循。生產現場持

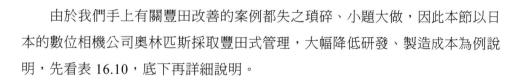

表 16.9　（續）

過程	說明
	續在軟／硬體均處於正確、有效率的作業條件，而能順利完成加工良品的任務，這就是「標準化」的意義。
	(二)訓練：技能評價
	1.教導員工修正的作業方式與要訣，並朝技術熟練目標努力。
	2.理想作業狀態也是為現場管理很棒的訓練方式，可透過各項作業間的交流與平行展開，使更多類似作業間有成功對策手法及失敗經驗可以學習，可以省去自己嘗試錯誤的學習時間和代價，能夠因充分交流而全面提高管理水準。
	對於不同作業的橫展（平行展開）想法有二。
	(1)僅橫展到類似作業，避免不同類型的作業經驗造成採用上的困擾；
	(2)期望該構想的展開有拋磚引玉或是舉一反三的成效，達到真正橫向展開的目的。
	這二種橫展方式，何者為佳？端賴部門主管對員工作業執行力的了解程度與課題的解決對象的重要性而定，如果部屬的聯想力強或積極程度高，則可採用後者；但入門者或是作業相似度高者，則以前者較適用。至於作業設置之初，還沒發生任何不良經驗，宜參考已往其他生產線的作業經驗，早期回饋到新作業準備要項內，以求不再發生類似問題，造成不必要的浪費。
	(三)主管對員工的作業觀察
	管理者藉由作業觀察以驗證對策成果，以及定期巡迴觀察以檢視員工的作業方法是否正確，以維持對策的成效。

第四節　製程改善的例子：日本奧林匹斯 ──豐田式管理的運用

　　由於我們手上有關豐田改善的案例都失之瑣碎、小題大做，因此本節以日本的數位相機公司奧林匹斯採取豐田式管理，大幅降低研發、製造成本為例說明，先看表 16.10，底下再詳細說明。

表 16.10　奧林匹斯公司在研發、製造階段的成本管理方法

部門	成本	說明
一、研發	目標成本法（target costing）研發部對產品成本的影響稱為「設計在內成本」（designed-in costs），一般來說，只有八成產品能符合目標成本，即目標可達成，但卻有挑戰性。	π ＝ P － AC（利潤）（售價）－（平均成本）目標　例如出　此處指目標成本利潤　廠價目標成本法的技巧主要指價值工程，方式如下，可說是「精實研發」（lean design）。 1.採購：壓迫供貨公司符合成本目標。 2.研發：限制研發人員可用零組件數目，即增加所有產品的共用零組件，以享受採購的數量折扣。 3.研發：盡量用便宜貨（例如用塑膠取代金屬或玻璃）。 4.製造：盡量設計出可用機器取代勞工的生產過程，即易製性。
二、製造	(一)產品特定改善成本法（product-specific kaizen costing），本個案的研究對象 Stylus Zoom 機型便適用此法，其中鏡頭組裝方式更新設計，以減少晶片數目。	當產品已經上市，在產品壽命期間內仍有改善空間（即成本高於目標成本時），除了上述 1～3 方式外，在生產面，則委外生產。但由於產品重新設計牽一髮動全身，所以此法不適用於銷量產品，僅運用於產品上市後不久，以求後效大一些。在目標成本法、產品特定改善成本法時，研發人員還可使得上力，以後者來說，產品還可重新設計（redesign），這偏重效能。
從這階段開始，產品已定型，即不能重新設計	(二)一般改善成本法（general kaizen costing）。	在量產階段，管理階層設定每條生產線降低成本目標，例如。 1.原料。 2.直接人工：例如合併一些工序以縮短製程（或加速生產速度）。 3.製造費用：甚至連採購部等的管銷費用都有降低成本目標。
	(三)功能團體管理（functional group management），全廠分成 10 個自治團體。 (二)、(三)偏重生產效率。	這是成本中心，但外在稱為利潤中心，原因有二。 1.藉以增加收入或／和降低成本。 2.藉以改變員工心態，以便對公司獲利「與有榮焉」。
	(四)產品成本法（product costing），此法比較消極、守成（即其他四法所達成的成果）。	此法在於協調四個方法，透過提供最新成本資訊，以便了解實際成本跟目標成本距離。

資料來源：整理自 Cooper & Slagmulder (2004), pp. 46～48。

一、實驗設計

本節以美、法二家大學教授 Cooper & Slagmulder（2004）的實證研究為主。

- 研究公司：日本東京市的奧林匹斯（Olympus Optical Co. Ltd.）。
- 研究對象：旗艦數位相機 Stylus Zoom。
- 研究期間：1998～2003 年，共 6 年，每年訪談一次，每次 10 天。
- 受訪對象：奧林匹斯公司的研發與製造人員，工廠在 Tatsuno，最底層的生產線員工。

二、研發時──拋棄宿命論

奧林匹斯推翻成本宿命論，即「八九成的成本在研發階段」就已卡死了，此宿命論有些名稱「設計在內成本」（**designed-in costs**）、鎖死成本（locked-in costs）。

透過成本管理，奧林匹斯每年成本降低 17%，對於壽命 2 年的產品來說，成本可降低三成，即比目標成本降三成。

所以對長壽型產品，確有必要採取產品全壽命成本管理（full-cycle management），而這對產品是否上市的決策有很大影響，因為可以破盤價上市，隨著暢銷，可以邊作邊降低成本，總的來說，還是可能達成獲利目標。

三、生產後：改善

製造部有很大發揮空間降低製造成本，詳見表 16.10 中說明。

四、成本管理方式

Cooper & Slagmulder 把奧林匹斯的成本管理方式分成二種，詳見表 16.11，其中降低成本（cost reduction）是真的能「一暝小一寸」，而「成本抑制」（cost containment）是「守成」，可說是維持管理的結果。

表 16.11　二種降低成本的用詞

功能	部門、方法
一、降低成本（cost reduction）	一、研發部：目標成本法
	二、製造部
	(一)產品特定改善成本法
	(二)一般改善成本法
	(三)功能團體管理
二、成本抑制（cost containment）	(四)產品成本法

(一)功能團體管理

功能團體管理（functional group management）是成本中心甚至利潤中心（再加上投資中心，三種合稱責任中心）的運用。

1.小組

小組每天檢討成本目標達成度。

2.生產額

每個自治團體每週開一次會，檢討目標達成度。當某團體持續表現不佳，上層會派員提供協助，不過，這對該團體可說是臉上無光。

(二)環環相扣

表中這五個六法是環環相扣，不是各自為政的。

註　釋

①商業周刊，2006 年 8 月 7 日，第 64 頁，曠文琪。

②商業周刊，2006 年 8 月 7 日，第 63～64 頁，曠文琪。

③經理人月刊，2009 年 1 月，第 138～139 頁，謝明彧。

④經濟日報，2008 年 3 月 16 日，C5 版，黃信玄。

⑤商業周刊，2006 年 8 月 7 日，第 66 頁，曠文琪。

討論問題

1. 套用表 16.3，分析二家相似公司（例如台積電 vs. 聯電，宏碁 vs. 華碩等）的生產力。

2. 以表 16.4 為例，你還看過那些相似的「豐田○○○」，請問是否「大同小異」（換湯不換藥）？

3. 以表 16.5 為基礎，舉一家公司一個部門、單位甚至一個專案，說明其目標管理活動。

4. 以圖 16.1 為基礎，舉一家公司待解決問題的「輕重緩急」的拿捏。

5. 以表 16.8 為基礎，舉一個具體問題來詮釋此表如何使用。

6. 以表 16.9 為基礎，舉一個具體案例來詮釋。

7. 以表 16.10 為基礎，舉一個具體案例來說明。

8. 以表 16.11 為基礎，以一個行業為對象，各找一家一、二、三流公司，並比較其財務績效。

附錄：
各部門關鍵績效指標（KPI）

附錄一　業務部

影響層面	投入績效	轉換績效	產出績效
一、價	市場調查費	1.成品庫存金額	1.平均客單價（average sale price, ASP）$= \dfrac{營收}{銷量}$
		2.成品週轉次數 $= \dfrac{營業成本}{成品庫存金額}$	2.毛益率 $= \dfrac{毛益}{營收}$
		3.成品平均銷售天數 $= \dfrac{365 \text{ 天}}{成品週轉次數}$	3.純益率 $= \dfrac{純益}{營收}$
二、量			
三、質		顧客需求變動率	1.研發工程變更率 2.客戶取消訂單率
四、時	市場調查時間	市場調查準時完成率	1.顧客需求準時送研發部、製造部 2.訂單前置時間

附錄二　研發部

影響層面	投入績效	轉換績效	產出績效
一、價	1.整個部門：研發密度 $$=\frac{研發費用}{營收}\geq 3\%$$ 2.整個部門效率 $$=\frac{研發費用}{目標研發費用}<1$$ 3.專案效率 $$=\frac{專案研發費用}{專案目標研發費用}<1$$		1.營收績效 (1)新產品占營收比 $$=\frac{過去 3 年產品營收}{營收}\geq 15\%$$ (2)當年產品 $$=\frac{當年產品營收}{營收}$$
二、量		1.工程變更率	1.新產品目標數 2.專利數 3.新產品得獎數目
三、質 四、時		1.研發時間 2.時間達成率 $$=\frac{研發時間}{目標研發時間}\times100\% <1$$	產品規格準時送達製造部

附錄三　資材部

影響層面	投入績效	轉換績效	產出績效
一、價			1.庫存值比率 $$=\frac{標準庫存金額}{實際庫存金額}$$ 2.存貨流動資產比 $$=\frac{存貨金額}{流動資產}$$ 3.存貨成本 4.平均儲存天數
二、量	庫存量目標達成率 $$=\frac{標準庫存量}{實際庫存量}$$		
三、質 四、時	製造部提出申購單	盤點正確率	1.採購部前置時間 2.（對製造部）缺料次數

附錄四　採購部

影響層面	投入績效	轉換績效	產出績效
一、價		2.採購人員生產力 (1)人均採購值 $=\dfrac{採購金額}{採購人員數}$ (2)採購費用比 $=\dfrac{採購部門費用}{採購金額} \times 100\%$	1.目標達成率 $=\dfrac{實際採購金額}{預算採購金額}$
二、量		1.供貨公司發展一年開發新供貨公司數目	數量正確性
三、質		採購合約變更數	購料退貨率 $1.=\dfrac{退貨金額}{購料毛額}$ $2.=\dfrac{退貨重量}{購料毛重}$ 3.供貨公司不良率 $=\dfrac{剔除的供貨公司數目}{供貨公司總數}$ 延遲交貨罰金
四、時	採購前置時間		
(一)針對供貨公司	供貨公司交貨前置時間		供貨公司準時交貨率
(二)針對製造部	原料入資材倉時間		從採購至原料入現場倉所需時間 1.採購準點率 $=\dfrac{及時入庫數量}{採購數量}$ 2.單一購料延誤天數

附錄五　工務部

影響層面	投入績效	轉換績效	產出績效
一、價	1.設備妥善率 2.整備時間 3.設備故障數、故障時間 4.費用比 $=\dfrac{修護費用}{機器購置金額} \times 100\%$	製造費用比 $=\dfrac{修護費用}{製造成本} \times 100\%$	1.費用營收比 $=\dfrac{修護費用}{營收} \times 100\%$ 2.費用產量比 $=\dfrac{修護費用}{產量}$
二、量	設備故障數 預防維護執行率 生產製程穩定性	產能利用率 $=\dfrac{已派工時間}{可派工時間} \times 100\%$	1.派工完成率 $=\dfrac{修護工時}{派工時間} \times 100\%$
三、質			
四、時	產品的總移動距離	1.緊急工時率 $=\dfrac{緊急修護工時}{已派工時間} \times 100\%$	

附錄六　製程技術部

影響層面	投入績效	轉換績效	產出績效
一、價		工程變更率 1.工程變更次數	
二、量			
三、質			
四、時	換線所需時間		1.生產週程時間 2.排轉達成率

附錄七　製造部的材料生產力

影響層面	投入績效	轉換績效	產出績效
一、價		物料週轉率 $= \dfrac{營業成本}{原料金額}$	呆廢料金額
		在製品週轉率	平均原料成本率 $= \dfrac{原料成本}{營收}$
二、量			(一)產出率（$= \dfrac{O}{I}$） $= \dfrac{產出量}{原料量} \times 100\%$ (二)下降率 $= 1 - 產出率$ $= \dfrac{下降量}{原料量}$

附錄八　製造部的機器生產力

影響層面	投入績效	轉換績效	產出績效
一、價	整備時間	1.產能利用率 　＝稼動率 − 機台開動率 　$= \dfrac{\text{機台生產時間}}{\text{機台應生產時間}} \times 100\%$ 　生產時間＝應生產時間 　　　　　− 公休及未排時間	值：機均產值 (1)生產線 　$= \dfrac{\text{營收}}{\text{生產線數}}$ (2)機器數 　$= \dfrac{\text{營收}}{\text{機器數}}$ (3)考量機器好壞時 　$= \dfrac{\text{營收}}{\text{製造費用}}$
二、量			1.量：機均產量 (1)生產線均產量 　$= \dfrac{\text{產量}}{\text{生產線數}}$ (2)機均產量 　$= \dfrac{\text{產量}}{\text{機台數}}$
三、質			
四、時			

附錄九 製造部之員工生產力

影響層面	投入績效	產出績效
一、價	1.人員出勤率 $$=\frac{員工出勤時間}{員工應出勤時間}\times 100\%$$ 2.員工運用率（類似員工產能利用率） $$=\frac{員工工作時間}{員工出勤時間}$$ 3.員工工作時間＝員工出勤時間 － 員工未工作時間	(一)人均產值 (1)狹義 $$=\frac{營收}{直接人工}$$ (2)廣義 $$=\frac{營收}{總員工數}$$ (3)考量員工素質 $$=\frac{營收}{直接人工成本}$$
二、量		(二)人均產量（每人產量） $$1.=\frac{產量}{直接人工（人數）}$$ 2.考量員工素質（每小時產量） $$=\frac{產量}{直接人工時數}$$
三、質 四、時	多能工比率	

附錄十 製程品管組

影響層面	投入績效	產出績效
一、價		(一)廠內良率 $$=\frac{良品量}{成品量}\times 100\%$$ 不良率＝1 － 良率 良品分為 1.A 級品率 $$=\frac{A 級品量}{成品量}$$ 2.B 級品率 $$=\frac{B 級品量}{成品量}$$ 3.次級品率 $$=\frac{次級品量}{成品量}$$

附錄十一　環工安部

影響層面	投入績效	轉換績效	產出績效
一、環保			
(一)空氣			1.碳排放量
			2.環保局罰單、罰款金額
(二)噪音			噪音量
(三)水			1.廢水回收再利用率
			2.費用比＝水費／營收
			3.產出投入比＝產量／用水量
二、工安			1.工傷人數
			2.工損天數
			3.工傷金額
三、衛生			
四、電			(一)能源使用效率
			1.費用率比
			$=\dfrac{電費}{營收}$
			2.產出投入比
			$=\dfrac{產量}{耗電度數}$

附錄十二　品質保證部

影響層面	投入績效	轉換績效	產出績效
一、價	(一)檢驗費用		
	1.進料	1.不良在製品金額	1.不良成品的金額
	2.在製品	2.不良在製品修正成本	2.不良成品修正成本（重做成本）
	3.產品		3.客戶進貨後修正成本
二、量			(二)出廠良率
			1.出廠良率
			$= \dfrac{買方接受量}{出貨量}$
			買方接受量 = 出貨量 － 買方退貨量
三、質：客戶			
(一)維修率	服務性零件達成率	2.保固費用率	
		$= \dfrac{該產品保固費用}{該產品營收} \leqslant$ 目標費率	
		保固費用 = 品質保證成本	
(二)召回	1.召回率	2.召回費用	
	$= \dfrac{該產品召回量}{該產品銷量}$	$= \dfrac{該產品召回費用}{該產品營收}$	
	2.召回新聞嚴重程度、刊發報刊數、版別、版位、版面大小		
(三)顧客滿意程度	1.產品退貨率	2.客訴率	2.公司做的調查
		$= \dfrac{該產品客訴人數}{該產品銷量}$	
(四)外界刊物評價			1.網路（含社群網站）口碑
			2.報刊評比
			3.專業機構評比

附錄十三　運籌管理部

影響層面	投入績效	轉換績效	產出績效
一、價	1. $\dfrac{物流費用}{營收} \times 100\%$		
二、量			
三、質		$\dfrac{包裝不當量}{出貨量} \times 100\%$	成品檢驗合格率 $= \dfrac{合格量}{出貨量}$
四、時			1.準時交貨率 2.延遲交貨罰款金額

參考文獻

第一章　生產管理快易通

1. 陳時奮，「OEM 廠商應推出自有品牌嗎？」，世界經理文摘，2005 年 3 月，第 132～139 頁。
2. 哈佛商業評論，2005 年 3 月，第 113～125 頁。
3. 魏納‧芮納茲和沃夫岡‧烏拉嘉，「製造業升級四部曲：加值服務於增值」，哈佛商業評論，2008 年 5 月，第 108～116 頁。
4. 林玉惠等，「製造業轉型為服務導向企業之研究：以服務科學的觀點」，科技管理學刊，2009 年 6 月，第 59～96 頁。
5. 蓋瑞‧皮沙諾與史兆威，「搶救製造業競爭力」，哈佛商業評論，2009 年 7 月，第 92～106 頁。
6. 張惠清，「江夏海兵法重現中國 3C 通路戰」，今周刊，2009 年 8 月 31 日，第 58～61 頁。
7. 卡文，「流程導向的內部稽核規劃」，品質月刊，2009 年 11 月，第 28～33 頁。
8. 陳良榕，「中國追兵，進逼台商」，財訊雙週刊，2009 年 11 月 12 日，第 152～161 頁。

第二章　產能管理——董事會的職責

1. 張鳳譯，「豐田神話破滅後的新聖經」，商業周刊，1146 期，2009 年 11 月，第 82～86 頁。
2. Bonabeau, Eric, "Understanding and Managing Complexity Risk," MIT SMR, Summer 2007, pp.62-68.
3. Huckman, Robert S. and Darren E. Zinner, "Does Focus Improve Operational

Performance? Lessons from the Management of Clinical Trials," Strategic Management Journal, 29, 2008, pp.173～193.

4. Kull, Thomas J. and Srinivas Talluri, "A Supply Risk Reduction Model Using Integrated Multicriteria Decision Making," IEEE Transactions on Engineering Management, Aug. 2008, pp.409-419.

5. Sheffi, Yossi and James B. Rice Jr., "A Supply Chain View of the Resilient Enterprise," MIT SMR, Fall 2005, pp.41-48.

第四章　生產策略的執行──總經理立場

1. 劉順仁,「管理會計之成本分析」,經理人月刊,2009 年 7 月,第 138～149 頁。

2. 劉蓮芬、黃國峰,贏直中國,知識流出版公司,2009 年 7 月。

3. 楊裕熙,「如何成為一位優秀的內部稽核人員?」,品質月刊,2009 年 12 月,第 32～40 頁。

4. Cooper, Robin and Regine Slagmulder, "Achieving Full-Cycle Cost Management," MIT SMR, Fall 2004, pp.45-52.

第五章　業務部跟製造部的密切接合

1. 林福仁、林煌基,「資訊分享以強化時基競爭力:台灣半導體產業供應鏈資訊整合之研究」,中山管理評論,2003 年 9 月,第 533～570 頁。

第六章　研發部跟製造部的密切接合

1. 楊玲郎、林志明,「新產品開發與設計評估之電腦輔助決策系統研究」,科技管理學刊,2002 年 6 月,第 161～184 頁。

2. 劉明盛等,「萃思 TRIZ 創新法則的應用」,品質月刊,2008 年 2 月,第 55～58 頁。

3. 黃永東,「以 ISO/4040 標準系列強化產品生命週期評估」,品質月刊,2008 年 2 月,第 15～20 頁。

4. 楊麗伶,「十四年後改版的 APOP 有什麼新面貌?」,品質月刊,2009 年 2 月,第 18～21 頁。

5. 黃友俞、張添盛,「縮短新產品開發時程之研究──以高爾夫球具為例」,科技管理學刊,2009 年 9 月,第 1～32 頁。

6. 江睿智,「最不糕餅的餅店,日出鳳梨酥醜蛋糕賣翻天」,非凡新聞周刊,2009 年 8 月 30 日,第 96～101 頁。

7. 李共齡譯,「摩托羅拉的創新啓示」,世界經理文摘,2009 年 10 月,第 88～93 頁。

8. 呂執中、張立穎,「精實產品開發之推動模式」,品質月刊,2010 年 7 月,第 44～48 頁。

9. 王毓雯,「郭台銘、李焜耀都指名要的鳳梨酥」,財訊雙週刊,2010 年 8 月,第 136～139 頁。

10. Amaral, Jason etc., "Putting It Together: How to Succeed in Distributed Product Development," MIT SMR, Winter 2011, pp.51-58.

11. Hopkins, Michael S., "How Sustainability Fuels Design Innovation," MIT SMR, Fall 2010, pp.75-81.

第七章　供應鏈管理──策略性採購、董事會的採購權責

1. 傑弗瑞‧萊克與崔永勳,「建立緊密的供應鏈夥伴關係」,哈佛商業評論,2004 年 12 月,第 114～126 頁。

2. 林明杰、陳至柔,「內外整合、產品創新性與顧客熟悉度對新產品優勢影響之實證研究──以金融服務產業為例」,科技管理學刊,2009 年 6 月,第 27～58 頁。

3. 麥倩宜,27% 的獲利奇蹟:綠色產業的致富真相,橡樹林出版,2009 年 7 月。

4. 安納斯‧伊爾等,豐田供應鏈管理──創新與實踐,麥格羅‧希爾出版公司,2009 年 10 月。

5. den Butter, A. G. etc., "Rethinking Procurement in the Era of Globalization," MIT SMR, Fall 2008, pp.76-80.

6. Dyer, Jeffrey H. and Nile W. Hatch, "Using Supplier Networks to Learn Faster," MIT SMR, Spring 2004, pp.57-63.

7. Fraser, P. Johnson and Robert D. Klassen, "E-Procurement," MIT SMR, Winter 2005, pp.7-10.

8. Sgourev, Stoyan R. and Ezra W. Zuckerman, "Industry Peer Networks," MIT SMR, Winter 2006, pp.33-38.

9. Sodhi, Mohan S., "How To Do Strategic Supply-Chain Planning," MIT SMR, Fall 2003, pp.69-75.

10. Soares-Aguiar, Antóio and Antóio Palmd-dos-Reis, "Why Do Firms Adopt

E-Procurement Systems? Using Logistic Regression to Empirically Test A Conceptual Model," IEEE Transactions on Engineering Management, Feb. 2008, pp.120-132.

11. Stuart, Ian etc., "Case Study: A Leveraged Learning Network," MIT Sloan Management Review, Summer 1998, pp.81-93.

12. Sytch, Maxim and Ranja Gulati, "Creating Value Together," MIT SMR, Fall 2008, pp.12-13.

13. Wolf, Horst-Henning, "Making the Transition to Strategic Purchasing," MIT SMR, Summer 2005, pp.17-20.

第八章 功能性採購管理——採購部與資材部

1. 童超塵，「建構台灣 IC 設計產業之供應商績效評估模式及實證」，科技管理學刊，2009 年 6 月，第 1～26 頁。

2. 周鈺璇等，「應用精實六標準差改善物料配送績效」，品質月刊，2009 年 8 月，第 23～30 頁。

3. 蔣大成、李昭融，「提升倉庫備料服務品質之作法」，品質月刊，2009 年 9 月，第 51～55 頁。

第九章 綠色管理系統——專論綠色生產

1. 賽門‧查達克，「企業責任之路」，哈佛商業評論，2004 年 12 月，第 143～152 頁。

2. 張智維等，「生命週期評估模式探討瓦楞芯紙紙漿配比最佳化研究」，品質月刊，2006 年 2 月，第 43～49 頁。

3. 徐自強，「環境管理系統新國際標準（ISO14001：2004）心得報告」，品質月刊，2006 年 4 月，第 83～90 頁。

4. 曾沁音譯，喬‧麥考爾著，綠經濟——提升獲利的綠色企業策略，麥格羅‧希爾出版。

5. 樂為良譯，史考特‧庫尼著，愛地球，小企業也能賺大錢，繁星多媒體出版。

6. 蔡爭岳等，「企業執行綠色製造之考量方案探討」，品質月刊，2007 年 12 月，第 34～39 頁。

7. 葛雷葛利‧安魯，「跟生物圈學經營」，哈佛商業評論，2008 年 2 月，第 158～166 頁。

8. 黃正忠，「綠色科技與永續經營」，品質月刊，2009 年 7 月，第 11～16 頁。

9. 呂文賢等，「氣候變遷及碳揭露」，品質月刊，2009 年 7 月，第 20～26 頁。

10. 蔡政哲，「邁向綠色前瞻企業的永續經營之道──企業社會責任」，品質月刊，2009 年 7 月，第 27～34 頁。

11. 瑞姆·尼度摩魯，「綠色創新力」，哈佛商業評論，2009 年 9 月，第 39～48 頁。

12. 陳介山等，「以標準因應氣候變遷」，品質月刊，2009 年 10 月，第 10～16 頁。

13. 呂執中、黃文星，「符合綠色產品標準之管理系統導入模式」，品質月刊，2009 年 10 月，第 48～53 頁。

14. 葛雷葛利·安魯與李察·艾登森，「三大綠徑通榮景」，哈佛商業評論，2010 年 8 月，第 122～129 頁。

15. Hopkins, Michael S., "How SAP Made the Business Case for Substainability," MIT SMR, Fall 2010, pp.69-72.

第十章　製程技術與標準化──工業工程面

1. 蔡耀宗，「SOP 為基礎的現場改善」，品質月刊，2007 年 10 月，第 9～11 頁。

2. 陳永甡，「標準化之探討」，品質月刊，2007 年 10 月，第 19～23 頁。

3. 萊克與梅爾，豐田人才精實模式，麥格羅·希爾公司，2007 年 11 月。

4. 羅侑南，「過程是關鍵──製程設計管制」，品質月刊，2008 年 4 月，第 49～52 頁。

5. 約瑟夫·霍爾和艾瑞克·詹森，「讓標準流程活起來」，哈佛商業評論，2009 年 3 月，第 94～102 頁。

6. Sinka, Rajiuk and Charles H. Noble, "The Adoption of Radical Manufacturing Technologies and Firm Survival," Strategic Management Journal, 29, 2008, pp.943-962.

第十一章　豐田式生產──作業管理面

1. 傑佛瑞·萊克，豐田模式──精實標竿企業的 14 大管理原則，麥格羅·希爾公司，2004 年 7 月。

2. 楊義明等，「精實生產與其他生管系統之介紹」，品質月刊，2005 年 11

月，第 51～58 頁。

3. 方景一、金長烈，完全圖解 Toyota，寶鼎出版公司，2006 年 10 月。

4. 麥可‧韓默，「企業變革的順流逆流」，哈佛商業評論，2007 年 5 月，第 128～132 頁。

5. 豐田生產方式研究，圖解豐田生產方式，經濟新潮社，2007 年 10 月。

6. 麥克‧甘迺迪，豐田導入記——一個貫徹產品開發豐田化的企業故事，臉譜 出版公司，2008 年 2 月。

7. 魏梅金，「時碩科技 TPS 心法打造黃金生產線」，能力雜誌，2008 年 1 月，第 50～56 頁。

8. 李鴻生、楊錦洲，「細說豐田生產方式」，品質月刊，2009 年 3 月，第 13～18 頁。

9. 李鴻生、楊錦洲，「豐田生產方式之看板系統」，品質月刊，2009 年 4 月，第 42～49 頁。

10. 李鴻生、楊錦洲，「TPS 系統之收容數與置場」，品質月刊，2009 年 5 月，第 42～47 頁。

11. 李鴻生、楊錦洲，「TPS 系統之平準化」，品質月刊，2009 年 7 月，第 50～57 頁。

12. 李鴻生、楊錦洲，「TPS 系統之消除浪費」，品質月刊，2009 年 8 月，第 42～50 頁。

13. 中衛發展中心，最新圖解豐田生產方式之基本實踐，中衛發展中心，2009 年 11 月。

14. 李鴻生、楊錦洲，「TPS 系統之物與情報之流動」，品質月刊，2010 年 3 月，第 37～44 頁。

第十二章　工廠的環工衛與工務

1. 張容彬、張筱祺，「整合性之標準作業程序」，品質月刊，2005 年 11 月，第 59～62 頁。

2. 吳文仁，「航運業在 ISM 架構下如何建置 OHSAS 18001 職業安全衛生管 理系統」，品質月刊，2006 年 1 月，第 64～66 頁。

3. 張容彬、張筱祺，「工安與標準作業程序」，品質月刊，2006 年 1 月，第 67～70 頁。

4. 徐自強，「職業健康安全國際標準 OHSAS 18001：2007 心得報告」，品質 月刊，2008 年 2 月，第 21～24 頁。

5. 許耀文，「台灣推行 OHSAS 18000 產業經營績效之研究探討」，品質月 刊，2008 年 2 月，第 25～31 頁。

6. 朱興華、朱敬平等，「推動多元化工業節水，創造新興水資源，提升產業競爭力，品質月刊，2010 年 9 月，第 21～27 頁。

第十三章　製造部的製程品管

1. 萊克與梅爾，實踐豐田模式，麥格羅・希爾公司，2005 年 11 月。
2. 黃永東，「六標準差管理應用至 ISO9000：2000 之探討」，品質月刊，2006 年 2 月，第 21～24 頁。
3. 詹昭雄，「理級主管品質基本功」，品質月刊，2007 年 9 月，第 80～81 頁。
4. 白賜清，「2007 品質論壇——精實六標準差記要」，品質月刊，2007 年 9 月，第 45～67 頁。
5. 李田樹譯，「問題的解答就在『現場』」，EMBA 世界經理文摘，2007 年 10 月，第 72～81 頁。
6. 詹昭雄，「品質預見預防之層次與人因錯誤影響分析」，品質月刊，2008 年 4 月，第 33～34 頁。
7. 王雪明，六標準差專案管理，品質學會出版。
8. 豐田英二，豐田的最強基因——成就百年大業的經營語錄，先覺出版公司，2008 年 6 月。
9. 馬修・梅，豐田創意學，經濟新潮社，2008 年 11 月。
10. 彭建文，「問題診斷技術—3-Legged-5-Why 分析」，品質月刊，2009 年 7 月，第 47～49 頁。
11. 李鴻生等，「TPS 系統之製造品質管理（Ⅰ）」，品質月刊，2009 年 9 月，第 36～45 頁。
12. 呂執中等，「整合 FMEA 及品質成本模式於醫療產業」，品質月刊，2009 年 11 月，第 10～13 頁。
13. 孫嘉正等，「如何有效執行動態 PFMEA」，品質月刊，2009 年 11 月，第 34～37 頁。
14. 李鴻生等，「TPS 系統之製造品質管理（Ⅲ）——異常處置與維持管理」，品質月刊，2009 年 12 月，第 41～47 頁。

第十四章　品質保證——品保部的品質管理

1. 李易諭，「品質管理」，經理人月刊，2005 年 11 月，第 122～133 頁。
2. 林公孚，「ISO 9001 與品質團體獎的卓越經營績效模式」，品質月刊，

2006 年 2 月，第 12〜14 頁。

3. 詹昭雄，「工程師之品質基本功」，品質月刊，2008 年 3 月，第 57〜58 頁。

4. 蘇朝墩，品質工程，品質學會出版。

5. 徐自強，「應用可靠度工程於管理系統績效之改善」，品質月刊，2008 年 4 月，第 60〜64 頁。

6. 蔡耀宗，「量測技術最新動向簡介」，品質月刊，2008 年 4 月，第 53〜56 頁。

7. 林松茂，「8D 改善步驟──多問 5Why 來採取矯正預防改善措施」，品質月刊，2008 年 5 月，第 65〜68 頁。

8. 呂奇傑等，「應用獨立成分分析與蕭華特管制圖解統計製程監控」，中山管理評論，2009 年 3 月，第 81〜113 頁。

9. 李鴻生、楊錦洲，「TPS 系統之製造品質管理 II ── 傾向管理與變化管理」，品質月刊，2009 年 10 月，第 54〜60 頁。

10. 楊麗伶，「讓 MSA 發揮最大功效」，品質月刊，2009 年 11 月，第 54〜58 頁。

11. 阮翊峰，「歐、美、中品質管理模型對提升教育品質之啓示」，品質月刊，2009 年 12 月，第 17〜23 頁。

12. Cooper, Robin and Regine Slagmulder, "Achieving Full－Cycle Cost Management," MIT SMR, Fall 2004, pp.45-52.

第十五章　運籌管理與售後維修

1. 陳建豪，「科技垃圾毒？人心更毒？」，遠見雜誌，2005 年 11 月，第 58〜61 頁。

2. 黃文啓譯，「美軍後勤革新要務」，國防譯粹，2007 年 12 月，第 4〜19 頁。

3. 黃永東、劉炯廷，「導入 RFID 在供應鏈管理的最佳實務作法」，品質月刊，2009 年 5 月，第 56〜60 頁。

4. 林立綺，「和泰汽車 3 大渡險絕招力抗景氣冰風暴」，能力雜誌，2009 年 10 月，第 64〜70 頁。

5. 李明營、李雅妮，「台灣成功導入自主研發 RFID 被動式電子封條」，現代物流／物流技術與戰略，2009 年 10 月，第 19〜22 頁。

6. 林松茂，「資源回收與廢棄物管理」，品質月刊，2009 年 11 月，第 51〜53 頁。

7. Dasu, Sriram and Richard B. Chase, "Designing the Soft Side of Customer Service," MIT SMR, Fall 2010, pp.33-39.

第十六章　生產控制──績效評估與修正

1. Birkinshaw, Julian and Michael Mol, "How Management Innovation Happens," MIT SMR, Summer 2006, pp.81-88.
2. Shook, John, "Toyota's Secret: A3 Report," MIT SMR, Summer 2009, Vol. 50, Issue 4, p.30.

索 引

四劃

五劃

六劃

七劃

八劃

九劃

十劃

十一劃

十二劃

十三劃

十四劃

十五劃

十六劃

十七劃

十八劃

十九劃

二十劃

二十一劃

二十二劃

二十三劃

英文

國家圖書館出版品預行編目資料

生產管理／張保隆，伍忠賢著／王派榮校閱.
　-- 初版. -- 臺北市：五南圖書出版股份有
　限公司，2011.06
　　面；　公分
　ISBN 978-957-11-6264-5（平裝）

1. 生產管理

494.5　　　　　　　　　　100005507

1FRB

生產管理

作　　者 ―	張保隆　伍忠賢
校　　閱 ―	王派榮
企劃主編 ―	侯家嵐
責任編輯 ―	侯家嵐
文字編輯 ―	余欣怡
封面設計 ―	盧盈良
出 版 者 ―	五南圖書出版股份有限公司
發 行 人 ―	楊榮川
總 經 理 ―	楊士清
總 編 輯 ―	楊秀麗
地　　址：	106台北市大安區和平東路二段339號4樓
電　　話：	(02)2705-5066　　傳　　真：(02)2706-6100
網　　址：	https://www.wunan.com.tw
電子郵件：	wunan@wunan.com.tw
劃撥帳號：	01068953
戶　　名：	五南圖書出版股份有限公司

法律顧問　林勝安律師

出版日期　2011年6月初版一刷
　　　　　　2024年9月初版五刷

定　　價　新臺幣680元

經典永恆・名著常在

五十週年的獻禮——經典名著文庫

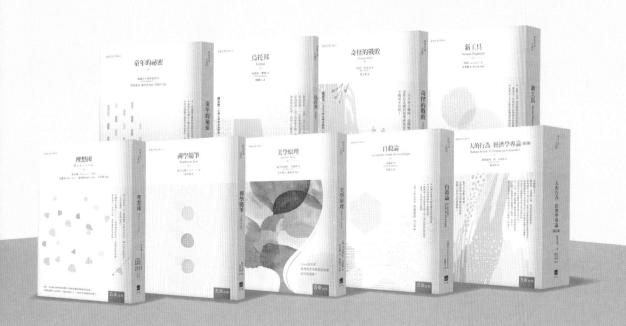

五南，五十年了，半個世紀，人生旅程的一大半，走過來了。

思索著，邁向百年的未來歷程，能為知識界、文化學術界作些什麼？

在速食文化的生態下，有什麼值得讓人雋永品味的？

歷代經典・當今名著，經過時間的洗禮，千錘百鍊，流傳至今，光芒耀人；

不僅使我們能領悟前人的智慧，同時也增深加廣我們思考的深度與視野。

我們決心投入巨資，有計畫的系統梳選，成立「經典名著文庫」，

希望收入古今中外思想性的、充滿睿智與獨見的經典、名著。

這是一項理想性的、永續性的巨大出版工程。

不在意讀者的眾寡，只考慮它的學術價值，力求完整展現先哲思想的軌跡；

為知識界開啟一片智慧之窗，營造一座百花綻放的世界文明公園，

任君遨遊、取菁吸蜜、嘉惠學子！